응용축산미생물학

박승용 · 백영진 · 정충일
조진국 · 김기일 · 배귀석 공저

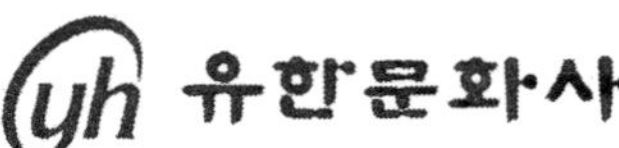

머리말

축산업은 크게 한우, 비육 및 낙농유우, 양돈, 양계 등 축종별로 가축을 사양하는데 필요한 사료영양, 육종번식, 수의질병 분야와 축산활동으로 생산되는 축산물을 가공 이용하는 분야로는 고기, 우유 및 모피가공 등의 분야로 나누어 볼 수 있다. 지난 30여 년간 각 분야별로 지속적인 발전을 거듭해 왔으나, 최근 축산폐수 및 환경 분야가 새롭게 주목받는 분야로 등장하였다.

필자의 일부는 지난해 고기 및 우유와 관련된 발효미생물과 오염미생물을 다룬 축산식품미생물학이란 서적을 집필하였으나, 필자들이 속한 전공 학문인 축산학 관련 미생물에 대한 응용 범위를 고려한 전문서적이 필요하다고 생각하게 되었다. 그래서 약 10여 년 전부터 사료업계의 변화를 몰고 온 발효사료 제조 및 사일리지 제조와 관련한 미생물, 반추위미생물, 그리고 축산폐수처리와 관련된 환경미생물을 전공한 신진학자들과 함께 응용축산미생물학을 출간하게 되었다.

가축위생과 질병에 관련된 공중미생물 및 병원미생물도 축산업과 관련된 전문 분야이긴 하지만, 이에 관하여는 별도의 전공서적이 여러 권 출간되어 있는 관계로 본 서적에서는 다루지 않았다. 그러나 응용축산미생물학은 축산학을 전공하는 학생들에게는 물론, 축산업에 종사하는 전문인들에게 축산관련 미생물을 이용하고 응용하는데 있어서 이에 관한 올바른 이해를 증진시키는 데 도움이 될 것으로 판단된다.

이 책의 발간을 앞두고 아쉽게 느껴지는 부족한 부분이 발견되지만, 계속적인 개정을 통하여 채워 나갈 것을 다짐하면서, 이 책의 출간을 흔쾌히 허락하신 유한문화사 천승배 사장님과 임직원들에게 감사를 드립니다.

2006년 3월 1일

저자 일동

차 례

제 1 편 응용축산미생물 / 17

제 2 편 미생물실험법 / 317

제 1 편

응용축산미생물

제 1 장

미생물 영양과 대사

1. 미생물 영양

미생물은 생장에 필요한 영양소를 외부환경인 세포 밖으로부터 섭취해야 하며, 필요한 영양소에는 주영양소와 미량원소가 있다. 주영양소로는 탄수화물·지질·단백질·핵산 등의 합성과 에너지를 생산하는 데 필요한 10여 가지와 보조인자인 미량원소가 있다. 이들 물질들이 적절한 수준으로 공급될 때에 미생물 개체수가 증가하는 생장현상이 나타난다. 미생물의 생장은 영양소뿐만 아니라 pH·온도·산소농도 등 많은 환경조건에 의하여 영향을 받는다.

1.1 영양소

1) 주영양소

미생물체 조성을 분석해 보면 세포 중량의 95% 이상이 탄소·수소·산소·질소·황·인·칼슘·칼륨·마그네슘·철 등으로 구성된 물질이 주요 구성물질임을 알 수 있다. 이 물질들 중에서 탄소·수소·산소·질소·황·인 등은 탄수화물, 지질, 단백질, 핵산 등의 구성성분으로 존재하며, 유기영양소로 이용된다. 반면에 칼슘·칼륨·마그네슘·철 등은 세포내 이온으로 존재하며, 여러 가지 생리작용에 다양한 역할을 하게 된다.

2) 미량원소

미량원소들로는 망간·아연·코발트·니켈·구리·몰리브덴 등이 있으며, 이들은 매우 적은 양으로도 미생물 생장에 충분하며 무기영양소로 이용된다. 일부 효소활성부위(Zn^{++}), 인산기 전이 촉매효소에 도움(Mn^{++}), 질소 고정에 필요(Mo^{++}), 비타민 B_{12}의 구성요소(Co^{++}) 등을 구성한다.

3) 환경반영 영양소

주영양소와 미량원소 이외에 미생물이 서식하고 있는 환경을 반영하는 영양소가 있다. 바다와 염분을 함유하고 있는 호수나 식품 염지액에서 서식하고 있는 미생물들은 고농도의 나트륨 이온에 따라 생장이 좌우되기도 하며, 규조류에는 세포벽 형성에 필요한 규산염(SiO_2)을 필요로 한다.

4) 생장인자(growth factor)

미생물체에 필수적인 세포성분이거나 또는 그 전구물질이면서 미생물에 의하여 합성되지 않는 유기화합물을 생장인자라고 한다. 생장인자로는 아미노산, 퓨린과 피리미딘 염기, 그리고 비타민 등이 있다.

1.2 탄소원

영양적인 측면에서 볼 때 미생물이 독특한 성질은 다양한 형태의 탄소원을 이용한다는 점이다. 유기물을 형성하는 데 필요한 탄소원은 수소를 제공하는 많은 분자들과 분자가 산화된 상태여서 수소를 함유하지 못하는 이산화탄소(CO_2)가 있다. 이산화탄소를 고정하여 환원시켜 유기분자를 형성하는 독립영양생물(autotroph)은 이산화탄소를 탄소원으로 이용한다. 탄소원으로 환원되었거나 기존의 유기물을 이용하는 종속영양생물(heterotroph)은 탄소원과 에너지로서 모두 유기영양소를 이용한다.

1.3 영양요구성의 변화와 요구형태

1) 영양요구성 변화

미생물의 영양요구성은 종들 간에 매우 다양하다. 대다수의 자연에 존재하는 미생물 종들과 같이 영양을 요구하는 원영양미생물(prototroph)이 합성기구에 변이가 일어나면 자연으로부터 얻은 영양분을 이용하여 필요한 영양소를 합성하지 못하게 된다. 따라서 외부로부터 이러한 물질들을 획득하여야 하는데, 이를 영양요구미생물(auxotroph)라고 한다. 이들은 주로 특정 아미노산 합성이 차단되어 나타나는 것이 대부분이다. 이와 같은 영양요구미생물은 아미노산이 핵산 구성물질이라는 점에서 미생물 유전학 연구에 중요하다.

2) 영양요구 형태

미생물이 생장을 하기 위해 필요한 물질들은 전자, 수소 및 에너지원이다. 전자원에 따라서 환원된 무기물을 이용하는 무기영양생물(lithotroph)과 유기물로부터 전자 또는 수소를 얻는 유기영양생물(organotroph)이 있다. 에너지원에 따라서 광합성 중에 포착된 빛에너지를 이용하는 광영양생물(phototroph)과 유기물이나 무기물을 산화시켜 에너지를 얻는 화학영양생물(chemotroph)로 나눈다. 생합성을 위한 탄소·에너지·수소·전자원으로서 유기물을 이용하는 화학종속영양생물(chemoheterotroph)이라고 하며, 모든 식품 유래 병원균은 이에 속한다. 오염된 호수나 하천이 주요 서식지인 광종속영양생물(photolithotropic heterotroph)과 철·질소·황 등이 분자와 같은 환원무기물을 산화시키는 광독립영양생물(phototrophic autotroph), 그리고 생지화학적 물질순환에 중요한 화학독립영양생물(chemotrophic autotroph)에 속하는 미생물은 적으나 생태학적으로 중용성이 있다. 무기에너지원과 유기탄소원에 의존하는 생물을 혼합영양생물(mixotroph)라고도 한다.

1.4 영양소의 흡수

미생물의 생존과 생장을 위해서는 영양소를 외부로부터 세포내로 운반하여야 한다. 이온화된 물질들은 막공(pore)을 통하여, 지질이나 비극성물질은 막지질을 통하여, 그 밖의 물질들은 운반체(carrier)에 의하여 세포막을 통과하게 된다. 생물의 영양소 흡수기작은 매우 특수하다. 특히 반드시 필요한 물질만 흡수하며, 사용하지 않는 물질의 유입은 세포생장에 도움이 되지 않는다. 양양소가 부족한 환경에서 살아남기 위해서는 세포내 농도보다 낮은 농도의 영양소를 세포내로 흡수할 수 있어야 한다. 따라서 세포내 영양소 유입과 관련된 수송기작에는 여러 가지 수송기작을 활용하게 된다.

1) 수동수송(passive transport)

수동수송은 농도가 높은 세포외 환경에서 농도가 낮은 세포내로 구배를 따라 이동하는 수송기작으로서 에너지가 필요하지 않는다.

확산(diffusion)은 수동수송의 하나로서 세포막의 비특이적인 지질층에 의해서 분자들이 무질서운동으로 일어난다. 따라서 확산속도는 세포의 지름에 반비례한다. 지질을 통한 확산은 확산물질이 지질에서 용해성·온도와 같은 요인에 의해서 영향을 받으며, 막공을 통한 확산은 세포막의 선택적 투과성에 의하여 물과 수용성 분자 또는 H^+, Na^+, Cl^- 등과 같은 이온들이 통과기작으로서 확산물질의 전하, 크기, 막공 표면의 전하에 따라서 영향을 받는다.

촉진확산(facilitated diffusion)은 비특이적인 운반체의 도움을 받아 분자들이 세포막 내로 이동하는 수송기작이다. 운반체들은 확산물질의 농도에 비례하여 확산속도를 달리한다. 즉 농도가 2배 많을 때에는 확산속도는 2배 증가한다.

삼투(osmosis)는 물만 선택적으로 통과시키는 확산을 말한다. 이와 같이 순수한 용매가 용액 속으로 들어가려는 경향을 말하는 것으로서, 삼투압에 의하여 물이 세포주변 환경으로 빠져 나가 세포질이 줄어들거나 함몰될 때 고장액이라고 하며, 세포의 부피가 변하지 않을 때를 등장액이라고 한다.

2) 능동수송(active transport)

능동수송은 구배농도에 역행하는 이동을 수행하는 수송기작이다. 따라서 이 때에는 에너지를 소비하게 된다. 미생물에 있어서 능동수송은 세포내 영양소 농도보다 낮은 주변 환경으로부터 영양소를 흡수하는 면에서 중요한 기작이다.

3) 집단수송(group translocation)

원핵세균에서 세포 외부의 영양물질이 세포막을 통과할 때 영양물질의 구조가 화학적으로 변화를 받게 되는 경우를 집단수송이라고 한다. 집단수송에 의하여 세포내로 유입되는 영양물질로는 탄수화물·지방산 및 핵산 구성요소들이 있다.

*E. coli*는 유당을 인산화하여 세포 내부와 세포 외부의 농도구배를 형성하지 않도록 함으로써 많은 유당을 수송할 수 있다. 대표적인 집단수송은 인산기 공여체로서 포스포에놀피루브산(PEP ; phosphoenolpyruvic acid)을 사용하는 인산전이 효소시스템(PTS ; phosphotransferase system)이다.

PEP + 유당 ──────→ Pyruvic acid + 유당 Ⓟ
세포내 이동

인산전이 효소시스템은 3종류의 효소와 열 안정성이 있는 단백질(HPr)로 구성되어 있다(그림 1-1).

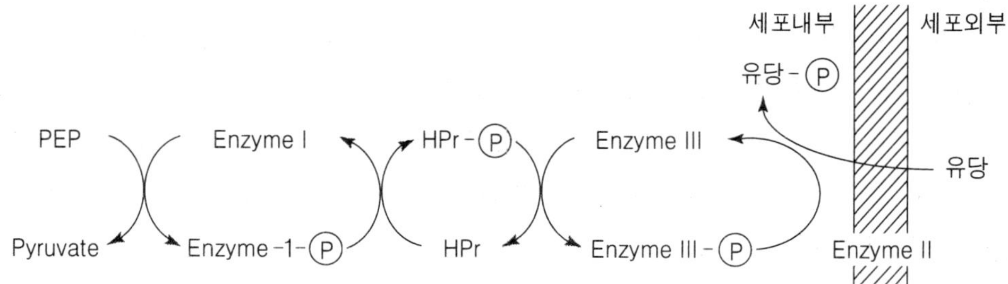

그림 1-1. 고에너지 인산화합물 PEP와 당인산전이 효소시스템

2. 미생물대사

2.1 대사와 에너지

대사(metabolism)라는 것은 세포 내에서 일어나는 모든 화학적인 물질의 전환을 말하는데, 미생물에 있어서는 생육과정에서 일어나며, 배지로부터 흡수된 물질이 세포 성분의 구성물질로 전환되는 것을 말한다.

따라서 대사는 생명체가 생명현상을 유지 발전시키기 위하여 전개되는 분해(catabolism : 단백질 · 탄수화물 · 지질)와 합성(anabolism, biosynthesis : ATP를 이용하여 세포의 핵산, 효소, 각종 세포 성분, 세포벽 등)의 2가지 과정이 동시에 진행되는 것이다(표 1-1). 이 과정에서 반드시 필요한 것이 에너지인데, 생체는 열기관이 아니므로 열을 에너지로 이용할 수 없다.

따라서 물질의 산화반응에서 방출되는 에너지를 독특한 방법으로 포착하여 사용한다. 산화는 수소나 전자가 제거되는 반응이며, 이 때 에너지가 방출되는데, 이것이 열로서 소실되기 전에 자유에너지로의 효율적인 저장수단이 고에너지 결합을 가진 화합물의 형성이다. 그러한 화합물의 구조 속에 에너지를 저장해 두는 것이다.

세포가 운동하고 생체 내의 화학반응에 필요한 에너지를 획득하기 위하여 전개되는 생명현상의 과정은 합성과 분해의 연속과정이다.

영양물질의 분해과정에서 방출되는 화학에너지를 ATP, 1, 3-diphosphoglyceric-acid, phosphoenol pyruvate, thioester(acetyl CoA), creatine phosphate 등의 고에너지 화합물에 저장했다가 재이용하게 된다. 에너지의 사용처는 기계적인 일(섬모 · 편모운동), 침투적인 일(능동수송), 산화환원전위의 변화, 화학적 세포물질의 합성, 발효열 등이다. 또한 미생물의 대사를 혐기적 대사와 호기적 대사로 구분하기도 한다. 혐기적 대사는 무산소 상태에서 증식하는 발효(fermentation)를 말하며, 이 과정의 ATP 생성은 기질 수준에서의 인산화에 의하여 얻어진다. 호기적 대사는 산소 이외의 화합물(NO_3, H_2SO_4, CO_2)을 전자수용체(산화제)로 사용하는 경우는 혐기적 호흡(anaerobic respiration)이라 한다.

표 1-1. 합성과정 및 분해과정의 열역학적 특성

Anabolism(합성)	낮은 자유에너지 상태의 물질들을 높은 상태의 자유에너지 상태로 만들어 가는 과정
Catabolism(분해)	높은 자유에너지 상태의 물질을 분해하여 자유에너지가 낮은 상태로 만들어 가는 과정

표 1-2. 물질대사 과정에서의 자유에너지 변화

구 분	화학반응	에너지 수지
호 흡 (호기적 대사)	$C_6H_{12}O_6+6O_2 \rightarrow 6H_2O+6CO_2+686\ kcal$	① 원핵세포 : 38 ATP 생성 (EMP 8개 + TCA 30개) = 38×8 kcal = 304 kcal가 저장 즉, $\frac{304}{686}$ × 100 ≒ 44% 저장 ② 진핵세포 : 36 ATP 생성 (EMP 6개 + TCA 30개) 즉, $\frac{36\times 8}{686}$ × 100 ≒ 42% 저장
발 효 (혐기적 대사)	$C_6H_{12}O_6 \rightarrow 6O_2+2C_2H_5OH+52\ kcal$	2 ATP 생성, 2×8 kcal = 16 kcal가 저장 즉, $\frac{2\times 8}{52}$ × 100 ≒ 30%가 저장

포도당을 에너지원으로 하여 산화와 알코올 발효가 완전히 일어난 경우의 자유에너지(free energy) 변화는 표 1-2와 같다. 포도당의 에너지원에 있어서 호흡에서는 총 에너지의 44%를 ATP로 저장했다가 합성에 재이용하며, 발효에서는 30% 밖에 회수하지 못한다. 이와 같이 두 개 반응의 에너지 수지에서 이를 비교해 보면 호기적 대사가 혐기적 대사보다 ATP 수율 면에서 19배 더 크고, 에너지량에서 비교하면 13.2배 더 크다. 증기기관의 에너지 효율이 10%에 지나지 않는 것과 비교하면 생체의 에너지 효율이 매우 높다는 것을 알 수 있다.

2.2 물질대사에서 ATP의 생성

물질대사에서 ATP는 기본적으로 다른 두 가지 생화학적 메커니즘, 즉 기질수준 인산화반응(substrate level phosphorylation)과 전자전달(electron transport)에 의해 생성된다.

① 기질수준 인산화반응

기질수준 인산화반응에서 ATP는 에너지 생성반응의 중간 대사산물에 존재하는 고에너지 인산기를 ADP에 전달함으로써 형성된다. 다음 반응을 예로 들 수 있다.

물 분자를 제거한 결과 2-phosphoglyceric acid에 존재하는 인산기의 저에너지 결합인 ester 화합물이 phosphoenol pyruvic acid의 고에너지 결합인 enol 화합물로 전

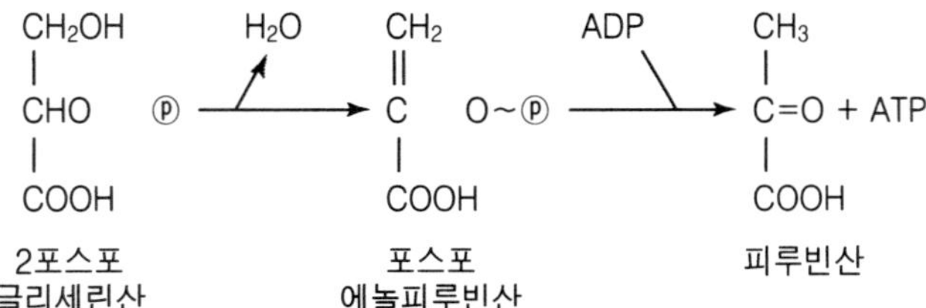

환된다. 이 고에너지 결합의 인산은 ADP에 전달되며, 그 결과 ATP 한 분자가 형성된다.

② 전자전달에 의한 ATP의 생성

호흡과 광합성을 포함한 다양한 미생물의 물질대사 양식에 있어서 ATP는 세포막 내에서 고정된 배열을 하고 일련의 운반체들을 통한 전자전달로 생성된다.

전자전달계가 복잡하고 그 구성원이 다양하다고는 하나 이들은 어떤 공통된 특성을 지니고 있다. 전달계의 구성원은 가역적인 산화-환원반응을 수행할 수 있는 운반분자들이다. 전달계의 각 구성원은 자신보다 앞선 운반분자와 반응하여 환원될 수 있고, 자신을 뒤따르는 운반체에 의해 산화될 수 있다.

전자전달계의 특이한 예를 보면, 어떤 구성원은 수소원자 [하나의 전자(e^-)와 하나의 양성자(H^+)]를 전달하는 반면에 다른 구성원은 단지 전자만을 전달한다. 세포막에서 운반체의 배치는 수소 운반체는 세포 바깥쪽을 향해, 전자 운반체는 세포 내부를 향해 운반하도록 위치해 있다. 그러므로 전달계 내에서 수소 운반체와 전자 운반체의 각 연결에 의해 양성자는 세포 밖으로 전달된다(그림 1-3).

그렇지 않으면 세포막은 양성자를 통과시키지 않는다. 결과적으로 전자전달은 전달계 내의 총괄적 반응(최종 전자 수용체에 의한 최종 전자 공여체의 산화)에 의해 방출된 화학에너지의 일부를 막을 가로지른 전자와 양성자의 구배 형태로 보관한다.

양성자 구동력(protonmotive force, Δp)이라고 하는 이러한 구배에서 외부로 방출

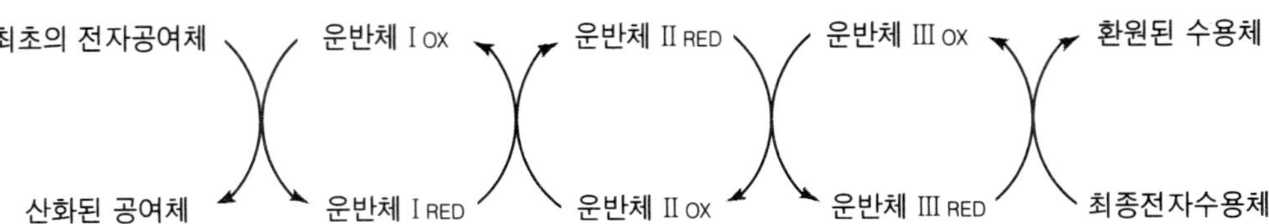

그림 1-2. 전자전달계의 모식도

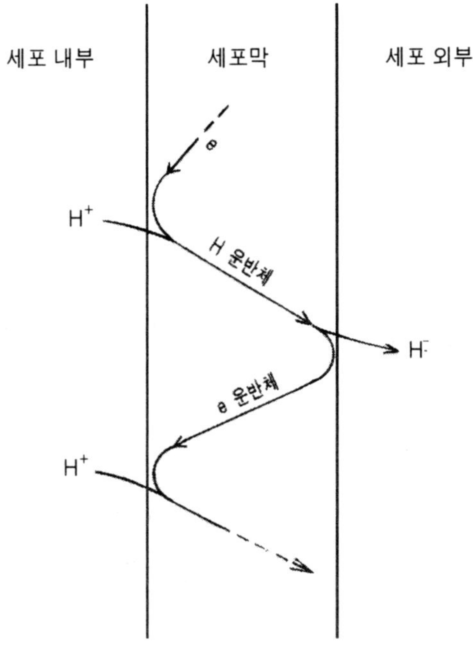

그림 1-3. 전자전달계에서 수소 운반체와 전자 운반체의 연결에 의한 양성자의 배출을 나타내는 모식도

된 양성자는 필요한 경우 언제든지 다시 일을 할 수 있는 효율적인 잠재 에너지의 한 형태이다. 이는 어떤 투과 효소계로 하여금 외부로부터 세포내로 공급되는 기질을 농축시키게 하고, 편모에 의한 세포운동에 에너지를 공급하며, 또한 ADP로부터 에너지가 요구되는 ATP의 합성을 수행한다.

1) 물질대사에서 ATP의 역할

모든 생합성 및 중합 반응경로와 일부 조립반응은 ATP 또는 반응성이 높은 인산기를 지닌 다른 화합물의 참여를 요구한다. ATP의 화학구조는 그림 1-4에 나타내었다. ATP는 두 개의 인산기가 무수결합(anhydride linkage)에 의해 부착된 AMP의 유도체이다. 부호에 의해 나타낸 두 결합은 고에너지 결합(high-energy bond)으로 특히 반응성이 높음을 나타낸다. 그러므로 ATP는 많은 중간 대사산물에 인산기를 전달할 수 있고, 그들을 활성화된 형태로 전환시킬 수 있다.

이들의 표준 자유에너지는 인산화된 중간 대사산물이 생합성 반응에 참여할 수 있는 열역학적으로 유리한($\Delta G^0 < 0$) 수준으로까지 증가된다. 그러나 반응물이 인산화되지 않은 형태의 반응은 열역학적으로 불리하다($\Delta G^0 > 0$). 그러므로 ATP의 생성은 생합성 회로가 작동하기 위해서 요구된다.

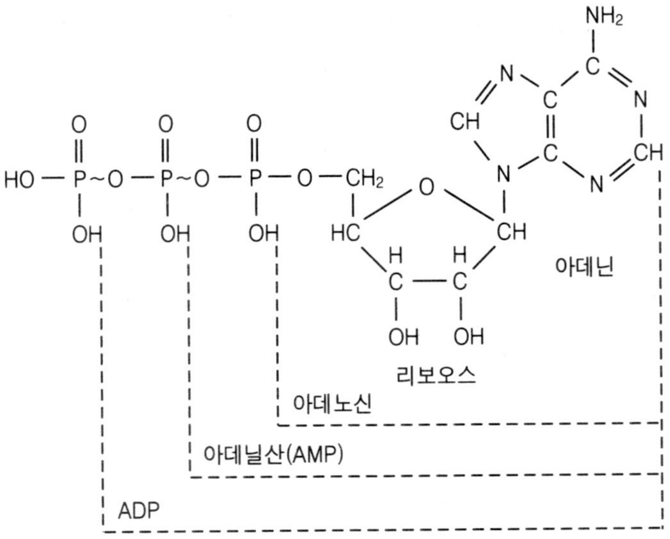

그림 1-4. ATP의 구조

가수분해를 통해 얻어질 수 있는 ATP의 여러 성분들을 나타내고 있다.

아데노신 — Ⓟ ~ Ⓟ ~ Ⓟ + H_2O →
(ATP)
아데노신 — Ⓟ ~ Ⓟ ~ Ⓟ　　$\Delta G_0 = -7.3\ \text{kcal}$
(ADP)

아데노신 — Ⓟ ~ Ⓟ + H_2O →
(ADP)
아데노신 — Ⓟ ~ Ⓟ　　$\Delta G_0 = -7.3\ \text{kcal}$
(AMP)

아데노신 — Ⓟ + H_2O →
(AMP)
아데노신 + Ⓟ　　$\Delta G_0 = -7.3\ \text{kcal}$

고에너지 결합을 가지는 다른 화합물들

ATP의 고에너지 결합의 특이한 반응성은 이들이 가수분해 될 때의 ΔG^0(자유에너지)를 AMP의 인산[에스텔 결합에 의해 아데노신에 부착되어 있으므로 반응성이 적어 저에너지 결합(low-energy bond)이라 한다]이 가수분해 될 때의 ΔG^0와 비교해 봄으로써 분명해진다.

ATP는 생합성의 중간 대사산물을 활성화함으로써 생합성 반응이 진행될 수 있도록 하고, 에너지 생성반응에 이용할 수 있는 자유에너지의 일부를 포획하는 역할을

표 1-3. 중간 대사산물을 활성화시키는 ATP 외의 고에너지 화합물과 그에 의해 추진되는 생합성 반응

고에너지 화합물		활성화로 생합성 되는 물질
구아노신-ⓟ~ⓟ~ⓟ	GTP	단백질(리보솜 기능)
우 리 딘-ⓟ~ⓟ~ⓟ	UTP	세균 세포벽의 펩티드글리칸층 글리코겐
시 티 딘-ⓟ~ⓟ~ⓟ	CTP	인지질
데옥시티미딘-ⓟ~ⓟ~ⓟ	dTTP	세균 세포벽의 지질 다당류
아실~SCoA	아실 조효소 A	지방산

수행한다고 볼 수 있다.

비록 ATP가 이와 같은 활성화반응의 대부분에 직접 참여한다고는 하나, 고에너지 결합을 가지는 많은 다른 고반응성 대사산물들이 생합성의 일부 경로에서 특이한 활성화단계로 들어간다. 이러한 모든 고에너지 화합물을 ATP의 하나 또는 그 이상의 고에너지 결합을 이용하여 형성될 수 있으나, 때때로 이화작용에 의하여 직접적으로 형성된다. 이들이 관여하는 일부 대표적인 활성화 단계와 함께 이 화합물들을 표 1-3에 열거하였다.

2) 물질대사에서 환원력의 역할

모든 산화반응과 마찬가지로 유기대사산물의 생화학적 산화도 전자를 제거하는 반응이다. 대부분의 경우에 대사산물의 산화는 전자 두 개가 제거됨과 동시에 양자 두 개가 상실된다. 이것은 두 개의 수소원자가 제거되는 것과 같은 것으로 탈수소반응(dehydrogenation)이라 한다. 반대로 대사산물의 환원은 대개 두 개의 전자와 양자의 획득을 의미하며, 수소화 반응(hydrogenation)이라 할 수 있다.

예를 들면, 젖산(lactic acid)이 피루빈산(pyruvic acid)으로 산화되는 과정과 피루빈산이 젖산으로 환원되는 과정은 다음과 같이 나타낼 수 있다.

$$\begin{array}{c} COOH \\ | \\ CHOH \\ | \\ CH_3 \\ \text{유 산} \end{array} \rightleftharpoons \begin{array}{c} COOH \\ | \\ C=O \\ | \\ CH_3 \\ \text{피루빈산} \end{array} + 2H$$

가장 빈번히 생물학적 산화와 환원을 매개하는 화합물(탈수소반응에 의해 방출되는 수소원자의 수용체로 작용하고, 수소화 반응에서 요구되는 수소원자의 공여체로서

작용)은 두 피리딘 뉴클레오티드이다. 즉 nicotinamide adenine dinucleotide(NAD)와 nicotinamide adenine dinucletide phosphate(NADP)인데, 이들의 구조는 그림 1-5에 나타내었다.

이들 피리딘 뉴클레오티드는 니코틴아미드기의 부위(그림 1-6)에서 쉽게 가역적인 산화-환원반응을 수행할 수 있다. 피리딘 뉴클레오티드의 산화형은 환원형보다 하나 더 적은 수소원자를 운반한다. 또한 산화형은 질소원자가 양전하를 가지고 있어서 환원 시에 두 번째 전자를 받을 수 있다. NAD와 NADP의 가역적인 산화-환원은 다음과 같이 표시할 수 있다.

$$NAD^{+} + 2H \qquad NADH + H^{+}$$

그리고

$$NADP^{+} + 2H \qquad NADPH + H^{+}$$

실제로 세포내에 저장되어 있는 NAD의 대부분은 산화된 상태로 유지되고, NADP는 주로 환원된 상태로 유지된다. 어떤 에너지 생성반응은 NAD^{+}보다는 NADP^{+}를 환원시키지만, 서로 다른 산화형이 어떻게 유지되는가는 완전히 밝혀지지 않았다.

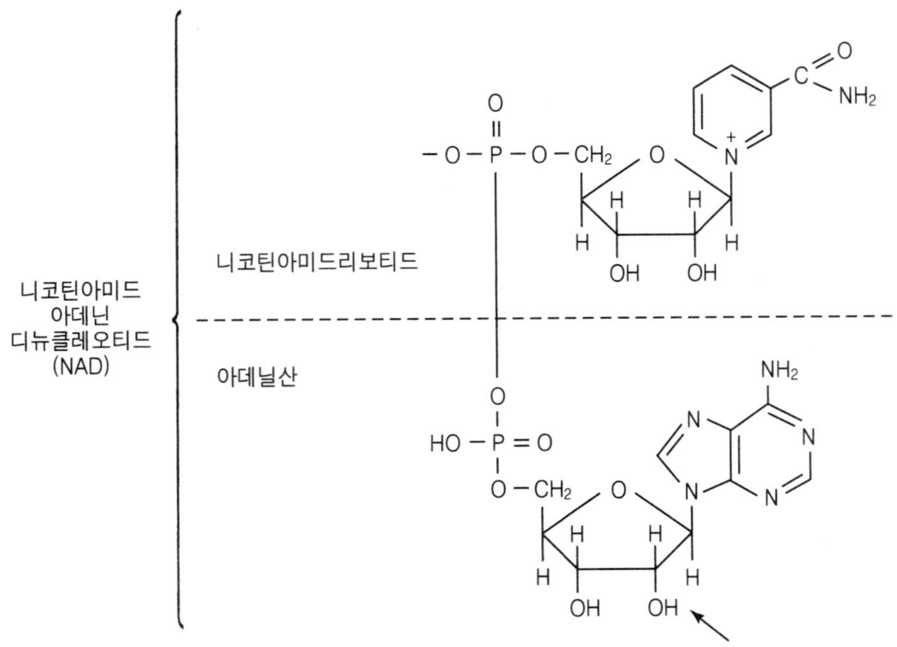

그림 1-5. NAD의 구조

NADP는 NAD 분자의 아데닌 부분에서 리보오스기의 2′위치 (화살표)에 에스텔화되어 추가된 인산기를 갖는다.

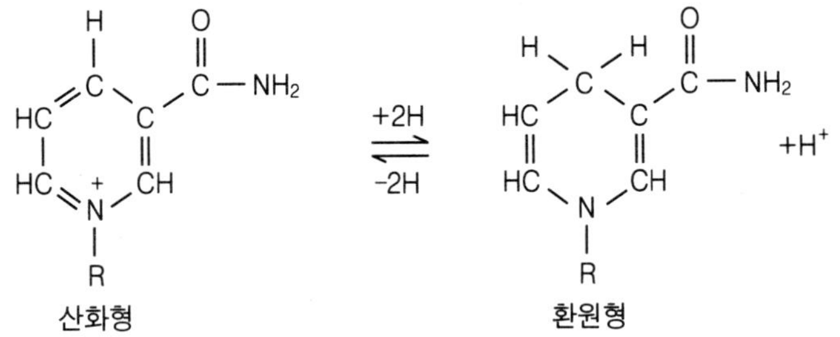

산화형 $\underset{-2H}{\overset{+2H}{\rightleftharpoons}}$ 환원형 $+H^+$

그림 1-6. 뉴클레오티드의 니코틴아미드 부분의 산화형과 환원형

그러나 수소 전이효소(transhydrogenase)가 중요한 역할을 한다고 것은 의심할 여지가 없다. 이 효소는 다음과 같은 반응을 촉매하는데, 반응의 평형은 ATP에 의하여 변화될 수 있다.

$$NADP^+ + NADH \rightleftharpoons NADPH + NAD^+$$

3) 혐기성 호흡

혐기성 호흡은 본질적으로 종속 영양체의 호기성 대사(또는 호기성 호흡)와 동일한 생화학적 경로를 포함하지만, 주로 전자전달계의 최종 전자 수용체로서 작용하는

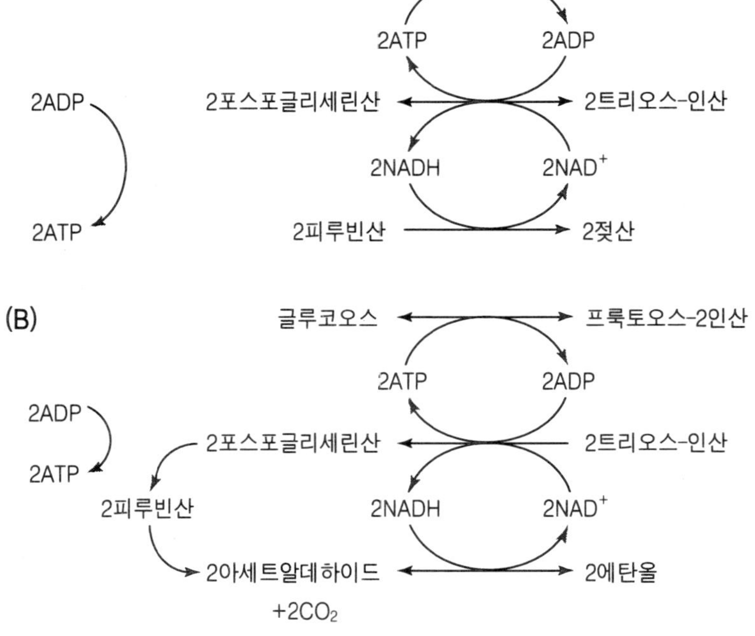

그림 1-7. 젖산발효(A)와 알코올 발효(B)의 비교

화합물에 있어서 차이가 있다.

최종 전자 수용체로 산소분자 대신에 질산염(NO_3^-) 또는 황산염(SO_4^{-2}), fumarate, trimethylamine oxide가 그에 상응하는 역할을 할 수 있다. 질산염이나 황산염의 경우 이들의 환원물 역시 최종 전자 수용체가 될 수 있고, 혐기성 호흡의 단계를 형성한다. 즉, 질산염 환원의 경우 질산염이 첫 전달계의 최종 전자 수용체이며, 그의 환원물인 아질산염(NO_2^-)은 다음 전자전달계의 전자 수용체가 되며, 그것의 환원물인 아산화질소(N_2O)가 최종 전자전달계의 전자 수용체가 된다.

이 과정은 질소의 비휘발성 형태가 휘발성 형태로 전환되기 때문에 탈질화반응(denitrification)이라고 하는데, 대부분의 생물체의 성장과 발달에 필요한 고정된 질소가 이 과정에서 수중 내지 토양환경으로 방출된다.

4) 발효

일반적인 원리는 두 가지 발효에 의해서 설명된다. 즉, 효모에 의한 일부 젖산균의 전형적인 혐기성 물질대사인 알코올 발효와 일부 젖산균의 전형적 물질대사인 호모

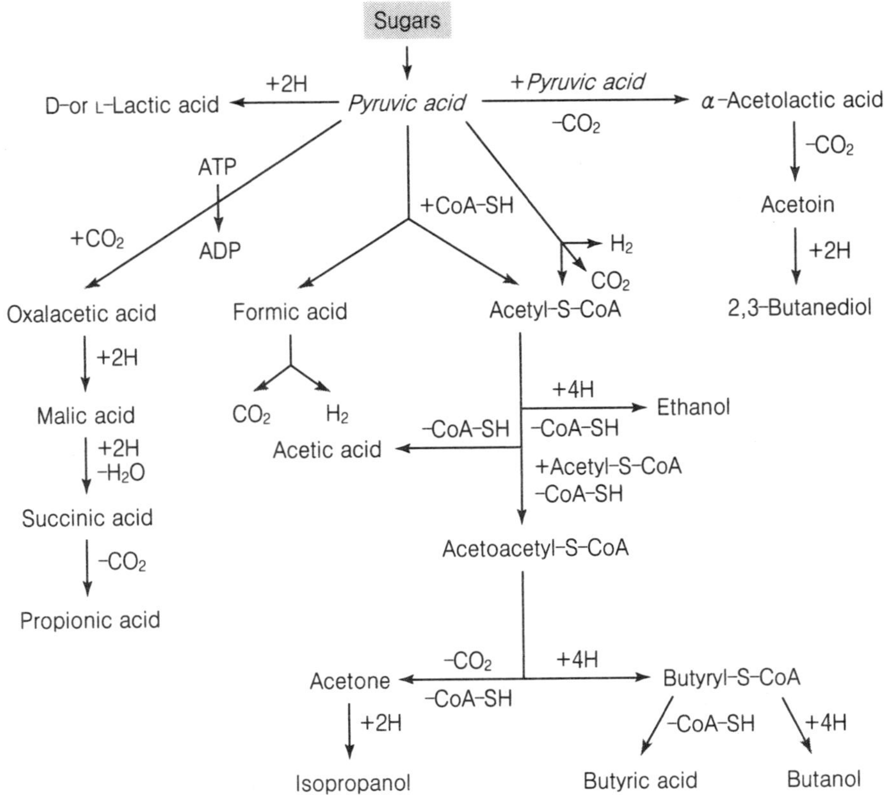

그림 1-8. 세균의 당발효시 피루빈산으로부터 유도되는 주요 최종 생성물

(homo) 젖산발효가 그것이다. 이들 두 발효과정(그림 1-7)은 모두 엠덴-마이어호프(Embden-Meyerhot) 경로를 이용한다. 이 경로에서 환원된 두 분자의 NAD는 뒤이어 일어나는 피루빈산의 대사를 포함하는 반응에서 재산화된다.

호모 젖산발효의 경우 이 산화는 피루빈산이 젖산으로 환원된 직접적인 결과로서 일어난다. 알코올 발효의 경우 피루빈산은 먼저 탈카르복실화되어 아세트알데하이드를 형성한다. NADH의 재산화는 이 아세트알데하이드가 환원되어 에탄올을 형성하는 반응에 수반되어 일어난다. 엠덴-마이어호프(Embden-Meyerhof) 경로는 발효에 의해 포도당을 피루빈산으로 전환시키는 가장 보편적인 반응경로이며, 젖산이나 에탄올 이외의 다른 발효 최종 산물을 생성하는 많은 세균에서 수행한다. 피루빈산 대사의 여러 가지 양식을 그림 1-8에 요약하였다.

모든 발효 기작이 엠덴-마이어호프(Embden-Meyerhot) 경로를 따르는 것은 아니다. 포도당의 어떤 발효는 5탄당 인산경로를 따르며, 다른 일부는 엔트너-도도로프(Entner-Doudoroff) 경로를 따른다.

2.3 생체 고분자 물질의 생합성

1) 생합성의 개요

모든 유기물질은 네 종류의 고분자 물질, 즉 핵산, 단백질, 지질 및 탄수화물로 이루어져 있다. 이들 고분자 물질은 빌딩 블록이라고 하는 저분자의 유기화합물로 구성되어 있다. 각 고분자 물질은 이들을 구성하고 있는 빌딩 블록들의 화학적 유형에 의해 결정된다. 즉, 핵산에 있어서는 nucleotide이고, 단백질의 경우는 아미노산, 그리고 다당류에 있어서는 단당류가 되며, 지질은 구성에 있어 좀더 복잡하고 다양하다.

이들의 전구체는 지방산, 폴리 알코올, 단순 당류, 아민 그리고 아미노산 등을 포함한다. 위의 4종류의 고분자 물질을 합성하는 데에는 약 70여 종의 서로 다른 빌딩 블록이 필요하며, 촉매를 위해 수많은 효소를 합성해야 한다. 하나의 세포를 만들어 내기 위해서는 약 150여 종의 서로 다른 작은 분자들이 필요한 것으로 알려져 있다.

2) 탄수화물의 대사·합성

탄소원자 6개를 가진 단당류를 hexose라고 하며, 에너지원·세포벽·협막·점막·저장물질 등의 구성 원료가 된다. 자연에 존재하는 hexose는 대부분 다당류 또는 2당류에 존재한다. 섬유소(cellulose)·전분·글리코겐·한천·자당(sugar)·유당 등이 hexose를 가지고 있다. 다당류는 세포 밖으로 분비된 미생물의 효소에 의해서 가수분해 된 다음에 섭취된다. 곰팡이류는 일반적으로 섬유소나 전분과 같은 다당류를 잘

표 1-4. 세포의 고분자의 종류와 이들을 구성하는 빌딩 블록

고분자	빌딩 블록의 화학적 성질	빌딩 블록의 종류(개수)
핵 산		
RNA	리보뉴클레오티드	4
DNA	데옥시리보뉴클레오티드	4
단백질	아미노산	20
다당류	단당류	~15[a]
복합지질	다양하다.	~20[a]

[a] 이들 고분자의 빌딩 블록의 수는 대개 매우 적다.

표 1-5. 다당류 합성계

다당류	반복단위	전구체
글리코겐	α-D-글루코오스(1→4)	UDP-글루코오스(동물), ADP-글루코오스(세균)
셀룰로오스	β-D-글루코오스(1→4)	GDP-글루코오스
크실란	β-D-크실로오스(1→4)	UDP-글루코오스
폐렴구균 Ⅲ형 캡슐 다당류	β-D-글루코론산(1→4)	UDP-크실로오스
	β-D-글루코오스(1→3)	UDP-글루코오스

분해하는 효소를 만들어서 분비한다.

세균류는 제한된 종류, 즉 *Mycobacterium*, *Clostridum* 및 방선균 등이 이를 분해한다. 한천은 갈락토오스와 갈락튜론산으로서 구성된 다당류인데, 보통 해양미생물에 의해서 분해된다.

자연에 존재하는 다당류는 세균에 의해서 가수분해되어 단당류가 되지만, 이와는 대조적으로 세포내 저장물질인 다당류는 가인산분해(phosphorolysis)된다. 즉, 무기인산(H_3PO_4) 분자가 중합된 물질(다당류)에 첨가되어 hexose 인산이 생성되는 것이다. 젖먹이동물의 장내에는 젖 중의 유당을 분해하는 효소인 β-galactosidase를 분해하는 미생물들(예: 대장균·젖산균 등)이 있다. Hexose는 우리딘-2인산 포도당(Uridine Diphosphate Glucose, UDPG)을 통해서 생합성 된다. UDPG란 포도당이 활성화된 것이다. 약 20여 종의 뉴클레오실 당이 미생물에 의해서 특이적으로 생성되고 있다. UDPG는 다음과 같은 양식으로 생성된다.

Glucose + ATP → Glucose-6-phosphate → Glucose-1-phosphate + UTP → UDPG + PPi

생체내에 탄수화물이 많으면 탄수화물의 분해방향으로, 또 탄수화물의 농도가 낮으면 탄수화물의 합성방향으로 phosphatase의 활성이 전환된다. 다당류의 합성은 분해의 단순한 가역반응이 아니고 뉴클레오실 당(예: UDP-glucose)에 당의 단위가 점차로 결합하여 다당류가 생긴다.

3) 지방산의 대사

지방산의 대사는 지방의 에스텔 분해에 의해서 시작된다. 이 때 lipase라는 효소가 촉매에 관여한다. 지방산은 β-산화(beta oxidation)에 의해서 탄소원자가 2개씩 절단되며, 그 분해과정은 그림 1-9와 같다.

지방산이 완전히 산화되면 많은 양의 에너지가 발생한다. 예컨대, 16개의 탄소원자로 구성된 palmitic acid는 130개 분자의 ATP를 만든다.

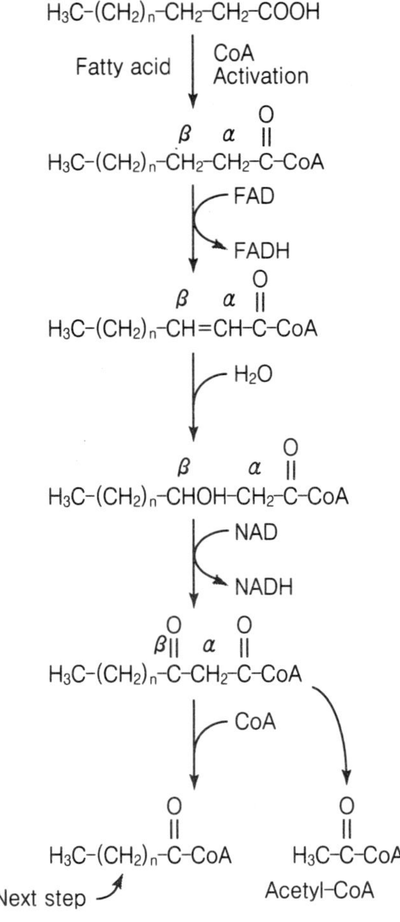

그림 1-9. 지방산의 β-산화

지방산의 생합성은 acetyl-CoA의 탄소 2개가 순차적으로 결합하여 이루어지는데, 이 반응에는 분해할 때와는 다른 효소가 관여한다. Acetyl-CoA의 acetyl기의 운반체를 acyl carrier protein(ACP)이라고 하며, 소분자의 단백질이다.

Acetyl-CoA로부터 공급된 부분의 2개의 탄소는 malonyl-CoA와 결합하여 malonyl ACP에 결합된 탄소 2개가 지방산 합성효소의 촉매작용으로 지방산으로 옮겨지면서 지방산 분자는 커진다. Acetyl-CoA로부터 이소프레노이드(iso-prenoid)가 생합성된다. Iso-prenoid는 iso-prene의 중합체이며, 카르티노이드(홍색 색소), 보조효소 Q 등은 iso-prenoid이다. 이소프레노이드의 생합성 과정은 다음과 같다.

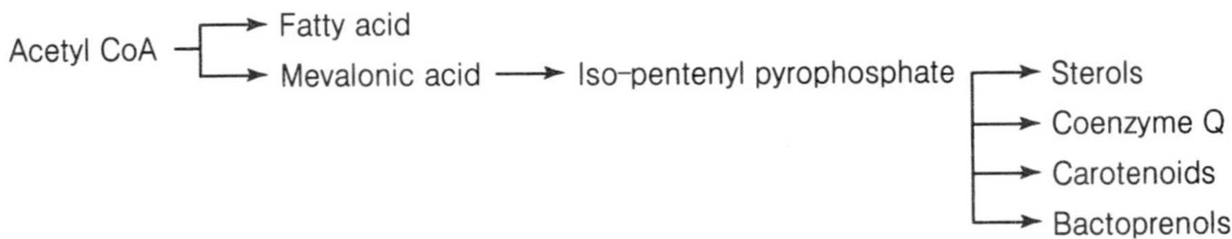

4) 아미노산의 대사

아미노산은 여러 가지 형태로서 이용된다. 가장 간단하고 미생물에 보편적인 반응은 아미노산기 전이반응(transamination)이다. 이 반응에서는 아미노기와 케톤기와의 교환이 일어나서 다른 아미노산을 생성한다. 탈수소반응에 의해 NAD^+ 관여 하에 아미노산은 케톤산으로 전환한다. 아미노기는 NH_3가 되고, 다른 아미노산으로는 되지 않는다. 또 탈탄산반응에 의해서도 카르복실기는 CO_2로 되고, 아미노산은 아민으로 된다. 이들의 반응에는 모두 특이한 효소가 필요하다.

병원성 세균인 *Streptococcus*, *Staphylcoccus*, *Bacillus*와 같은 토양미생물, *Pseudomonas*와 같은 식품 부패균 등은 단백질을 분해하여 얻은 아미노산을 가지고 생장에 이용한다.

단백질을 분해하는 효소는 크게 나누어 2종이 있다. 하나는 펩타이드(peptide)로 분해하는 것이며, 다른 하나는 펩타이드를 더 잘게 절단하는 효소인데, 이들을 통틀어서 protease라고 한다. 보편적인 아미노산은 자연계에 약 20여 종이 있으며, 필수아미노산이란 그 생물이 만들지 못하는 아미노산이다. 단백질을 구성하는 아미노산의 탄소 골격은 주로 TCA(tricarboxylic acid) 회로에서 생긴 중간 산물인 oxaloacetic-acid와 α-keto-glutaric acid의 것이다.

이들 골격으로부터 aspartic acid, glutamic acid가 각각 생성된다. 이를 두 가지의 아미노산은 위에서 말한 아미노기 전이반응에 의해서 다른 종류의 아미노산이 된다.

Lysine은 좀 색다른 경로로 생합성 된다. 그 가운데 하나는 α-aminoadipic acid를

표 1-6. 아미노산의 생합성 유도체

전구대사물질		아미노산	계 열
α-케토글루타린산	글루탐산	글루타민 아르기닌 프 롤 린	글루탐산
옥살아세틴산	아스파틴산	아스파라긴 메티오닌 트레오닌 ↓ 이솔루신 리 신[a]	아스파틴산
포스포엔올피루빈산+에리트로오스-4-인산		트립토판 페닐알라닌 티 로 신	방향족
3-포스포글리세린산	세 린	글 리 신 시스테인	세 린
피루빈산		알 라 닌 발 린 루 신	피루빈산
리보오스-5-인산+ATP		히스티딘	

[a] 일부 조류와 균류에서는 리신이 α-케토글루타린산으로부터 합성된다.

표 1-7. 아미노산 생합성 경로로부터 유도되는 다른 질소성 구성분

경 로(계 열)	다른 질소성 생성물
글루탐산[a]	폴리아민류
아스파틴산[a]	디아미노피멜산, 디피콜린산
방 향 족	ρ-히드록시벤조산, ρ-아미노벤조산
세 린	푸린, 포르피린
피루빈산	판토텐산

[a] 글루탐산, 글루타민 및 아스파르틴산은 또한 수많은 생합성 경로에서 아미노 공여체로 작용한다.

경유하는 것이며, 다른 하나는 diaminopimelic acid를 경유하는 것이다. 둘은 다 같이 α-keto, α-glutaric acid를 최초의 물질로 하고 있다.

5) 단백질의 생합성

아미노산은 단백질 합성에 원료물질로서 이용된다. 이 합성의 장소는 리보솜(ribo-

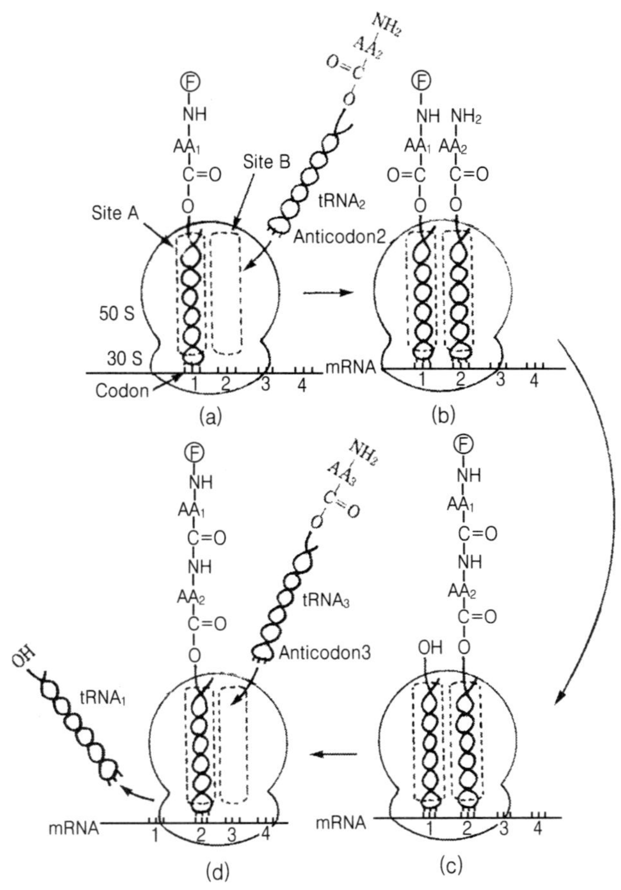

그림 1-10. Ribosome 표면에서의 폴리펩타이드의 합성

some)이며, m-RNA, t-RNA, r-RNA 등의 RNA들이 참여하고 있다(그림 1-10). 그러나 비교적 짧은 펩타이드의 결합이 리보솜 이외의 장소에서 이루어지는 때도 있다.

6) 중합반응의 일반적 원리

단백질과 핵산은 고분자 각 유형의 특징적인 결합으로 서로 연결되어 있는 소단위(단위체)들로 구성된 생체 중합체(biopolymer)들이다. 모든 생체 중합체의 소단위들은 가수분해에 의하여 유리될 수 있다. 그러므로 이들 생체 중합체의 생합성에는 의례적인 화학적 관념으로 볼 때 가수분해의 역반응인 탈수반응을 통한 소단위들의 결합이 수반된다.

생체 중합체들은 화학적 또는 효소적 방법에 의하여 이들을 구성하는 소단위들로 가수분해 될 수 있다. 그러므로 단순한 탈수반응에 의한 이들의 생합성은 열역학적으

표 1-8. 생체 중합체와 그 구성 단위체 및 단위체의 활성형

생체 중합체	구성 단위체	단위체의 활성형
단백질	아미노산	아미노아실 tRNA
핵 산	뉴클레오시드 일인산	뉴클레오시드 삼인산
다당류	단 당	당뉴클레오시드 이인산

로 불리하다. 따라서 모든 생체 중합체의 정확한 합성은 먼저 단위체의 화학적 활성(chemical activation)에 의하여 이루어진다.

이와 같은 활성화에는 ATP가 소모되고, 운반분자에 단위체가 결합하는 것이 포함된다. 그 다음 운반체로부터 신장하는 중합체 사슬에 단위체가 전달되어 열역학적으로 유리한 중합반응이 일어난다. 주요한 생체 고분자들의 단위체가 활성화된 형태를 표 1-8에 표시하였다.

핵산과 단백질 합성의 일반적 방법은 그림 1-11과 같다. 하나의 세균 세포는 각각 평균하여 약 200여 개의 아미노산 잔기들의 정확한 서열로 연결된 수천 종의 서로 다른 단백질들을 합성할 수 있다. 이들 단백질을 합성하는 데 필요한 정보는 대부분

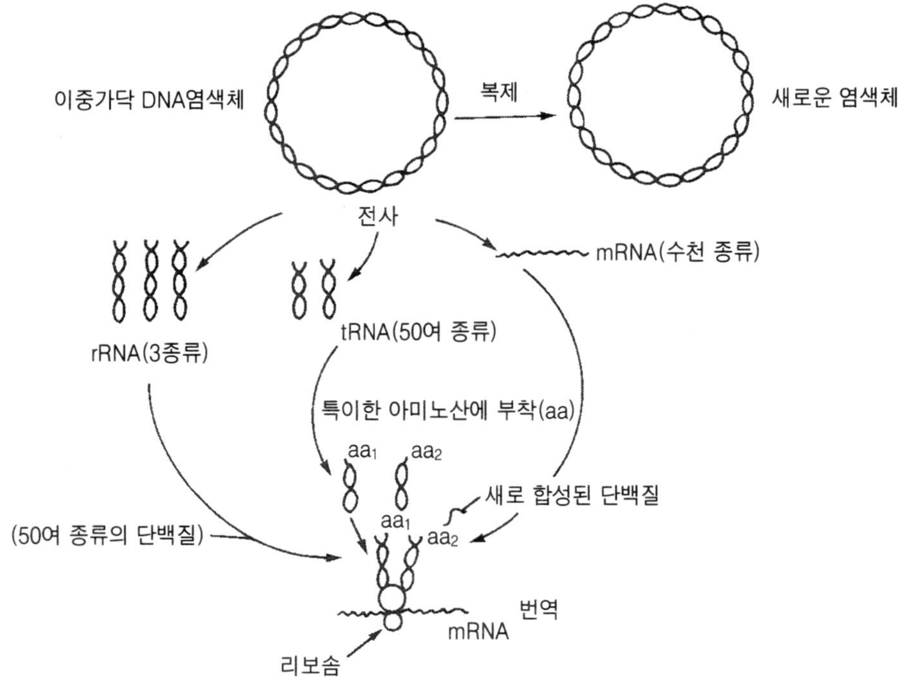

그림 1-11. 핵산과 단백질 합성의 일반적인 과정

이 환상의 이중나선으로 되어 있는 세균의 염색체인 DNA의 뉴클레오티드 서열에 암호화되어 있다(어떤 세균은 플라스미드라고 하는 작은 환상의 DNA를 갖는다).

복제(replication) 과정에 의해 염색체는 정확히 복제되므로 자손의 세포들은 같은 단백질을 합성할 수 있는 정보를 받을 수 있다. 암호화된 염색체의 정보가 아미노산들이 단백질로 중합되는 순서를 결정하는 과정은 두 단계로 일어난다. 즉, 전사와 번역이다.

① 전사(transcription) : DNA 이중가닥 중 한 가닥의 정보가 RNA로 전사된다. 즉, DNA 가닥은 RNA 단일가닥이 중합되는 데 있어서 주형으로 작용하고, 그 길이는 세균 염색체에 있는 하나 내지 몇 개의 유전자에 해당한다. 이들 RNA 분자들 중 전령RNA(messenger RNA, mRNA)라 불리는 RNA는 DNA에 암호화된 정보를 단백질 합성기구로 운반한다.

② 번역(translation) : 단백질 함량은 리보솜[(ribosomal RNA, rRNA)과 단백질로 구성되어 있다]이라 불리는 리보핵단백질 입자에서 일어나는데, 리보솜들은 mRNA 분자에 붙어 있다. mRNA 분자들이 운반한 정보는 운반RNA(transfer RNA, tRNA)라 불리는 특이한 유형의 RNA 분자들에 의해 단백질 분자로 번역된다. 이들 tRNA 분자들은 다기능적이다.

즉, 이들은 리보솜에 결합할 수 있고 특정 아미노산에 부착할 수 있으며, 또한 mRNA의 특정 뉴클레오티드 서열을 인식할 수 있다. 각각의 tRNA는 mRNA상의 3개의 뉴클레오티드 서열(codon)을 인식하여 하나의 특징적인 아미노산에 결합될 수 있다. 그래서 여러 가지 아미노산들이 특이적인 tRNA 분자들에 의해 리보솜으로 오게 되고, 여기서 이들은 mRNA에 암호화된 서열대로 단백질로 중합된다.

3. 미생물 생육

3.1 생물적 요인

식품의 산업적 발효가 아닌 자연 발효와 부패는 자연 생태계에서 일어나는 현상과 마찬가지로 여러 종류의 미생물이 혼재하는 미생물 혼합계를 나타낸다. 혼합계에 공존하는 미생물들 사이에서 나타나는 상호간의 영향으로는 상조적인 경합, 상해적인 경합과 중립공생(neutralistic symbiosis) 등이 있다.

상조적인 경합현상으로는 공생작용(symbiosis)과 공동작용(synergism)이 있으며, 상해적인 경합현상으로는 길항(antagonism)현상과 경합(competition)현상이 있으며, 그 외에 항생(antibiosis)현상과 기생(parasitism)현상이 있다.

1) 공생작용

(1) 호혜공생(mutualistic symbiosis)

공존하는 미생물 서로 간에 생장 및 생존에 도움을 주는 영향을 말한다.

(2) 편혜공생(commensalism)

공존하는 미생물 중 한 편이 다른 미생물에게 유리하도록 작용하는 영향을 말한다.

2) 공동작용

단독으로 존재할 경우에는 나타나지 않던 기능이 공존할 경우에 나타나는 현상을 말한다.

3) 길항과 경합

미생물 혼합계에서 영양소, 산소, 생활공간 등을 경합적으로 경쟁을 하거나, 한 종류의 미생물이 다른 미생물에게 불리한 대사산물(유기산 등)을 생산하여 저해(pH 저하로 인한)하는 현상(길항)을 말한다.

4) 항생

Bacteriocin, nisin 등의 항생물질을 생산하여 다른 미생물의 생육을 억제하는 작용을 말한다.

5) 기생

한쪽 미생물이 다른 미생물에 기생하는 경우를 말한다.

3.2 화학적 요인

물리적인 방법을 통하여 축산식품 및 낙농식품의 부패방지를 위한 보존법을 적용하기 어려운 경우에 화학적 방법이나 물리적 방법을 병행한 방법으로 저장성을 향상시킬 수 있다. 미생물의 생육에 영향을 주는 화학적인 요인들로는 수분, pH, 산소, 식품에 존재하는 영양물질의 화학적 특성, 생육을 저해하기 위하여 첨가하는 보존료, 기타 기계세척 물질 및 살균제 잔류물 등이 있다.

1) 수분

수분활성도(water activity, a_w)는 식품의 물에 대한 친수성을 나타내는 지표가 된다. a_w가 낮은 식품의 수분은 식품성분과 결합수의 형태로 존재하므로 오염미생물에 의한 이용률이 낮다. 미생물이 이용하는 자유수에는 식품성분이 녹아서 용액으로 되어 있으나 미생물이 이용가능한 양은 수분(moisture)의 함량보다는 수분활성도를 주로 사용한다.

a_w는 식품 건조와 염장의 의의로서는 수용액의 성질로서 중요하며, 식품 보존상의 견지에서는 미생물이 생육할 수 있는 최저한계의 수분활성도로서 중요하다.

최적 수분활성도 보다 낮은 a_w에서는 유도기의 연장, 생육속도의 저하, 균체량의 감소 등이 나타나며, 영양소의 농도가 충분하면 *Salmonella* 의 최저 a_w값이 저하된다. 생육 최적온도에서는 낮은 a_w에 대해서 저항성이 증가하며, 포자의 발아에 필요한 a_w는 생육 최적온도에서 가장 낮은 값을 보인다. 곰팡이 포자의 발아속도는 유도기의 연장, 발아개시의 지연, 발아관의 신장속도 저하 등이 나타난다.

세균의 생육과 관련하여 수분활성도가 저하되면 유도기 연장과 더불어 세포 분열속도 감소현상이 나타난다. *Staphylococcus aureus* 의 생육속도는 a_w 0.99에서는 1.3분열/시간이지만, a_w 0.95에서 는 0.3분열/시간 수준으로 감소된다.

수분활성도가 0.98에 달하는 신선식품은 표면에서 미생물에 의한 변패가 일어나지만

표 1-9. 식품의 수분활성도와 수분함량에 따른 증식이 가능한 미생물의 종류

수분활성도	관련식품	수분함량	관련미생물
0.95	육가공제품 (식염 0.7%, 40% 설탕)	-	*GNR, Spore formers, 일부 Yeasts
0.91	건조 햄, 중기 숙성치즈 (1.2% 식염, 55% 설탕)	-	Yeasts, lactic acid bacteria, Bacillaceae
0.87	장기 숙성치즈, 가당연유 (1.5% 식염, 65% 설탕)	-	대부분의 Yeasts
0.80	밀가루, 쌀, 두류	15～17%	*Stap. aureus*, mould
0.75	아몬드, 잼, 매머레이드	15～17%	호염성 세균(*Micrococcus halodenitrificans*, *Vibrio costicolus*)
0.65	건조 오트류	10%	내건성 곰팡이(*Asp glaucus*, *Asp. candidus*)
0.60	건조과일, 캔디, 캐러멜	15～20%	호삼투압성 효모(*Sacc. rouxii*, *Hansenula*, *Debaryomyces*, *Pichia*)
0.60 이하	면류, 향신료, 건조란, 비스킷, 건빵, 전분	2～12%	미생물 번식 못함

* GNR : Gram negative and rod shape bacteria

표면 수분증발에 의하여 수분이 감소하면 다시 내부 수분의 이동에 의하여 어느 정도의 수분활성도는 계속 유지된다. 수분활성도가 0.7 이하인 축산식품의 수분함량을 표 1-9에서 보면 탈지건조육 15%, 건조난백 10%, 전지분유 15%이하, 탈지분유 8% 이하로서 수분함량에는 차이를 보인다. 이 때 *Staphylococcus aureus*(생육최저 a_w = 0.86)의 증식은 불가능하다고 볼 수 있다. 식품의 수분활성도와 수분함량, 그리고 그 조건에서 증식이 가능한 미생물의 종류를 보면 표 1-9와 같다.

오염 미생물의 생육을 저해하기 위한 수분활성도 저하 방법에는 가당·염장·냉동·농축·건조 등의 방법이 있다.

2) 수소이온 농도(pH)

미생물은 pH 생장범위가 있으며, 최적 생장 pH에 따라서 호산성 세균(acidophiles)은 pH 1.0~5.5, 호중성 세균(neutrophiles)은 pH 5.5~8.0, 그리고 호알칼리성 세균(alkalophiles)은 pH 8.5~11.5이다. 그러나 세포 내부의 pH는 원형질막이 양성자에 대하여 비투과성이기 때문에 중성을 나타낸다. 그 이유는 양성자와 수소이온은 세포 내부의 pH를 유지하기 위하여 세포 밖으로 배출되기 때문이다. 미생물의 생육 적정 pH는 미생물이 생성하는 효소가 최적 활성을 나타내는 pH에 따라서 다르며, 포자형성 미생물의 경우에는 발아(germination)시기의 pH가 생육적정 pH와 다를 수도 있다.

일반 식품 부패균은 pH 5.5 이하에서는 거의 생육하지 못하며, 강한 단백질 분해력이 있는 일부 미생물은 저장난백과 같은 알칼리성 식품에서도 생육한다. *L. acidophilus* 나 *L. bulgaricus* 는 pH 5~6 범위에서는 비교적 안전하나 pH 5.0 이하가 되면 사멸한다. 미생물의 생육단계에서는 대수기 또는 정지기(stationary phase)일 때에 낮은 pH에 대한 저항성이 가장 크다.

중간 pH 범위에서는 내열성이 가장 크며, 산성 pH 범위에서는 내열성이 감소되므로 산의 함량이 많은 통조림은 약한 살균조건에서 이루어진다. 식품 보존료의 항균력은 식품의 pH에 따라서 다르게 나타나며, pH가 낮을수록 항균력이 강해지는데, 이는 산성 보존료의 비해리형 분자농도가 높아지기 때문이다.

3) 산소

산소가 미생물의 생육에 미치는 영향은 유리 산소의 필요성에 따라서 다르다. 배지나 식품 환경에서 유리산소의 환원정도를 전기적으로 표현하는 산화환원전위(oxidation reduction potential ; Eh 또는 ORP)이다. 호기성 미생물의 발육에는 높은 Eh(+200 mV 이상)를, 혐기성 미생물의 발육에는 낮은 Eh(-200 mV 이하)를 요구한다.

혐기성 미생물을 배지에서 증식하려면 배지의 산화환원전위를 낮추는 환원물질들(ascorbic acid, cysteine, thioglycolic acid)을 필요로 한다.

일반적으로 thioglycolic acid는 배지 중의 용존산소와 결합하여 H_2O를 생성한다. Cysteine은 알칼리 영역에서 불안정하고 ascorbic acid는 열에 불안정하다. 신선한 식물성 식품에는 비타민 C와 환원당이, 동물성 식품에는 -SH기와 같은 환원성 물질들이 있으며, 세포가 호흡하고 활성을 가지는 동안에는 산소 확산에 저항하여 산화환원전위를 낮추려는 경향이 있어 신선한 식품 내부는 ORP가 낮거나 평형을 이루고 있다. 따라서 신선한 식품은 표면 부근에서 호기성균에 의한 산패가, 식품 내부에서는 혐기성균에 의한 부패가 일어난다.

일부 젖산균이나 수소세균과 같이 공기 중의 산소농도(160 ㎜)보다 낮은 산소분압(20～40 ㎜) 하에서 생육이 양호한 미호기성(microaerophiles)도 있다.

산소가 환원되면 과산화수소(H_2O_2), 슈퍼옥사이드(superoxide radical O_2^-) 및 하이드록실 유리기(hydroxyl radical, OH•)가 생성된다. 이들은 강력한 산화제이고 쉽게 세포성분을 파괴하기 때문에 독성을 나타낸다. 이 독성 산소 유도체에 대하여 미생물이 보유하는 효소로는 과산화수소를 2분자의 물과 산소로 분해하는 카탈레이스(catalase)와 수소분자와 슈퍼옥사이드를 과산화수소와 산소로 변화시키는 슈퍼옥사이드 디스뮤테이스(superoxide dismutase) 등이 있다. 산소내성 미생물은 슈퍼옥사이드 디스뮤테이스를 갖고 있으며, 절대혐기성 세균은 이들 효소가 없다.

4) 이산화탄소

탄산가스는 *Staphylococcus aureus*의 enterotoxin 생성에는 CO_2가 필요하나, 150 ㎜의 탄산가스는 일부 곰팡이의 생육을 지연시킨다. 대기 중의 이산화탄소보다 다소 높은 농도에서는 미생물의 증식이 촉진되나, 고농도에서는 일부 pH의 저하에 의하거나 이산화탄소 자체의 대사계 억제작용에 의하여 저해된다. 축산식품의 저장을 위해서는 달걀・냉장육・베이컨 등을 이산화탄소를 2.5%, 10～30%, 100% 조절하는 기체환경 조절포장법을 이용하기도 한다.

젖산균과 효모는 이산화탄소에 대하여 내성이 있으며, *Pseudomonas aeruginosa*의 농도에 따라 세대기간이 연장된다. 반면에 호기성 세균과 곰팡이는 호흡 중에 생성된 이산화탄소가 비산(飛散)되지 않고 축적되어 amylase나 protease의 생성이 현저하게 억제된다. 식품성분 중에는 미생물의 생육을 저해하는 물질이나 식품의 발효과정에서 대사산물로 생성되는 것을 억제하는 물질들이 있다.

5) 식품유래 성분

난백에는 lysozyme이 Gram 양성균을 용균하여 배아를 보호하기 위한 목적으로 함유되어 있으며, avidin은 biotin을 킬레이트화 하여 미생물이 이용하지 못하게 하며, 난백의 conalbumin과 우유의 lactoferrin은 철이온을 봉쇄하여 Gram 음성균을 저해한다. 우유의 lactenin(lactoperoxidase)은 항균력을 갖는다. 발효과정에서 생성되는 대사산물 중 유기산・알코올・아질산・항생물질・박테리오신 등은 미생물 억제작용이 있다.

6) 식염

식염의 미생물 억제작용은 삼투압에 의하여 원형질 분리를 일으키며, 탈수작용으로 세포내 수분을 제거하며, 효소단백질에 대한 염석효과, 염소이온의 독작용을 들 수 있다. 이러한 저항성은 다른 요인들에 의하여 다소 차이가 있다. 베이컨과 같은 고농도 식염 중에 보존할 때 표면이 붉은색을 보이는 것은 고도 호염세균(extremely halophilic bacteria)이 생육할 때 나타나는 색소에 의한 것이다.

식염의 미생물 억제작용은 생육 최적온도에서는 더 높은 식염농도를 요하는데, *Clostridium botulinum* 의 생육을 저지하는 데에는 37℃에서는 8% 이상의 식염을 요한다고 한다. 호염균 중에서 반드시 식염을 요구하는 *Micrococcus halodenitrificans* 가 있는 반면에 다른 염류로 대체할 수 있는 *Vibrio costicolus* 가 있는데, 이는 염류의 기능이 단지 수분활성도 유지에 있기 때문이라고 볼 수 있다.

7) 보존료

보존료는 dehydroacetic acid, sorbic acid, benzoic acid, propionic acid 또는 그들의 나트륨염과 칼슘염, 또는 ester형 등이 있다. 데히드로 초산은 금속이온의 킬레이트화 작용을 나타내어 단백질 합성을 저해하며, 솔빈산은 지방대사 중간산물이 세포내에 다량 축적하여 탈수소효소계의 작용을 억제한다.

8) 살균제

식품공장에서 사용되는 살균제로는 의료용과는 달리 염소제・비누・세제・유화제 등을 총칭하는 계면활성제 중에서 살균력이 있는 것을 말한다. 세척수 중에 0.2 ppm의 염소가 있으면 대장균 등의 무포자 세균은 30초 이내에 사멸되며, 바이러스는 저농도에서 불활성화 되지만, 세균포자에 대한 사멸효과는 매우 낮다.

염소 농도 50～100 ppm의 차아염소산 용액에 침지하거나, 200 ppm을 소독액으로 분무하여 살균한다. 계면활성제 중에서 비이온계나 음이온계는 살균력이 없으며, 양이온 계면활성제(역성비누)는 세정력은 없으나 살균력을 가지므로 식품공장에서 손 소독용에 효과적으로 사용된다. 양성 계면활성제는 세정력도 있으므로 손·용기·기구 소독제로 사용된다.

3.3 물리적 요인

1) 온도

온도는 미생물의 모든 활동에 가장 큰 영향을 미치는 물리적 요인이다. 미생물의 최적 생육온도에 따라서는 호냉균(psychrophile)·중온균(mesophile)·호열균(thermophile) 등으로 구분하고, 다시 생육가능 온도 범위에 따라서는 저온성균(psychrotroph)과 내열성균(thermotroph) 등으로 나눈다.

미생물의 생육속도는 생육 최저온도와 최적온도 사이에서는 화학반응과 같이 온도 상승과 더불어 온도계수(Q_{10} value)는 2가 되며, 최적온도 이상에서는 온도계수는 감소된다. 미생물의 최적 생육온도는 균체 합성속도가 최대일 때의 온도나 또는 단백질 변성속도가 최저로 되는 때의 온도라고 볼 수 있으며, 한편으로는 대수기 때에서 생육속도가 가장 빠른 때의 온도라고도 볼 수 있다.

일반적으로 미생물의 영양세포나 곰팡이의 포자는 60℃에서 10분 정도에서 사멸되며, 세균의 포자는 100℃에서 30분간의 가열에서도 사멸되지 않으므로 가압멸균, 간헐멸균 등의 방법이 사용된다. 생육 최고온도보다 훨씬 높은 온도에서는 세포내 효소단백질의 불가역적인 열변성으로 인하여 사멸된다(표 1-10). 반대로 최저온도보다 낮은 조건에서는 세포합성 속도가 저하되어 세대기간이 매우 길어지게 되지만 쉽게 사멸되지는 않아 보존법으로 이용된다.

포자의 발아온도는 일반적으로 영양생장시의 생육 최적온도와 같지만, 가온 또는 가열하면 발아를 활성화(activation)시킨다. 이러한 가열을 heat activation이라고 한다. *Bacillus*의 포자는 60℃에서 30분간의 가열처리, *Neurospora terrasperma* 포자는

표 1-10. 생육 최고온도와 효소 불활성화 온도

균 명	생육 최고온도	불활성화 온도		
		Indophenol	Catalase	호박산 dehydrogenase
Bacillus mycoides	40℃	41℃	41℃	40℃
Bacillus subtilis	54℃	60℃	56℃	51℃
Thermophile	76℃	65℃	67℃	59℃

50℃에서 수분간 가열처리에 의하여 발아가 촉진된다. 생육온도 범위 이상 또는 이하의 온도에 대하여는 가열처리에 의한 미생물 사멸과 이를 응용한 축산식품의 보존성 증진방법, 냉동처리에 의한 미생물 활성억제를 통한 축산식품 보존성 증진방법 등으로 응용되며, 이에 관하여는 각각 관련된 절에서 설명하기로 한다.

2) 광선

(1) 가시광선(visible light)

800～400 ㎚의 빛은 광합성 미생물을 제외한 미생물의 생육을 억제한다. 광합성 미생물에 있어서 가시광선은 광합성을 위한 에너지원으로 이용된다. 곰팡이에 대한 가시광선에 의한 영향은 균사의 생육을 저해하는 정도이다.

광합성 미생물이 가지고 있는 엽록소, 세균엽록소, 사이토크롬, 플라빈과 같은 색소는 광감수제(photosensitizer)로 작용한다. 식품 표면에 서식하는 미생물들은 광산화에 의한 세포 손상을 보호하기 위하여 카로티노이드 색소를 이용하는데, 이 색소는 단일산소의 활성을 억제하기 위하여 단일산소로부터 에너지를 흡수하여 여기(勵起, excite)되지 않도록 한다.

(2) 자외선(ultra violet)

자외선은 단파장과 높은 에너지 때문에 모든 종류의 미생물에 대하여 살균작용이 있으며 미생물의 변이를 일으킨다. 400～15 ㎚의 파장 중에서 살균력이 강한 파장영역은 250～260 ㎚로서 태양광선은 대기층에 거의 흡수된다. 자외선 살균등(저압 수은등)이나 태양등(고압 수은등)은 인공적인 자외선을 방출한다. 파장영역 250～260 ㎚에서 살균력이 강하게 나타나는 것은 핵산의 최대 흡수파장(260～265 ㎚)에 가까우므로 미생물의 핵산이 손상되거나 높은 에너지 때문이다. 핵산의 손상은 DNA에 티민 이합체(thymine dimer)가 형성되기 때문이며, DNA가닥에 인접한 두 개의 티민은 공유결합하여 DNA 복제와 기능을 억제한다.

자외선에 대한 미생물의 저항성은 Gram 음성균인 대장균과 *Salmonella* 의 감수성이 가장 높고, Gram 양성 구균도 높은 감수성을 나타낸다. 포자형성균은 비교적 저항성이 있으며, 포자의 저항성은 더 강하다. 효모균의 저항성은 포자의 저항성과 비슷하지만 곰팡이의 저항성은 그보다 훨씬 크다.

자외선 조사에 의한 미생물 변이주의 출현율은 매우 높으며, 일부 미생물의 경우 자외선과 가시광선의 중간 파장영역인 365～450 ㎚의 파장 범위에서 자외선을 조사하지 않은 처리에 비하여 생존균수가 높게 나타나는 광 재활성화(photoreactivation)

현상을 일으키기도 한다.

(3) 전리방사선(ionizing radiation)

1.0~0.05 ㎚의 파장을 가지는 전리방사선으로는 감마(γ)-선, X-선이 있으며, 기타 α-선 및 우주선, 최단 파장인 가속 β-선(전자선) 등이 있다. 전리방사선의 조사는 식품의 조사 살균에 일부 국가에서 허용하고 있으며, 침투력이 강하고 대량으로 살균처리가 가능할 뿐더러 열을 발생시키지 않는 냉살균(cold sterilization)이 가능하여 식품산업과 제약산업에서 응용하고 있다. 그 외에도 포자 발아방지, 살충 및 산란방지효과, 과일의 숙성도 조절에 의한 품질개선 목적으로도 연구되고 있다.

미생물에 대한 전리방사선의 살균작용은 DNA나 RNA 등에 방사에너지가 흡수되어 나타난다는 표적설(target hit theory)과 미생물체내의 수분 등을 전리 또는 여기(勵起)시켜 치명적인 효과를 준다고 하는 이온화설(ionizing theory)에 의하여 설명되고 있다.

미생물의 전리방사선에 대한 저항성은 Gram 양성균이 Gram 음성균에 비하여 크고, 포자형성균이 비포자형성균에 비하여 강하다. 효모의 저항성은 곰팡이보다는 크지만 Gram 양성균보다는 약하다. 전리방사선에 가장 높은 저항성을 보이는 미생물은 Gram 양성균에 속하는 *Micrococcus*, *Corynebacterium*, *Streptococcus*, *Lactobacillus* 이다. 외부 환경조건에 따라서는 산소가 있을 때보다는 없을 때가 강하며, 습한 상태보다는 건조한 상태의 세포가 강하며, 대수기의 세포보다 유도기의 세포가 더 강하다.

식품의 살균에 조사되는 전리방사선의 조사량에 따라서 살균효과가 다르며, 포자형성균(*Clostridium botulinum* ; D값 0.12~0.238 Mrad)의 완전사멸에 목표를 두고 통조림 산업에서 응용하는 radappertization, 우유의 저온살균에 해당하는 특정의 무포자 병원균의 사멸 목적의 radicidation은 격리 환자용 냉동식품(영국)이나 육제품의 살균(러시아)에 허용되고 있다. 그 외에 특정의 부패세균을 감소 또는 사멸시켜 식품

표 1-11. 축산식품 오염미생물의 전리방사선에 대한 감수성

균 명	식품명	D값(Mrad)
Clostridium perfringens	식 육	0.21~0.24
Clostridium botulinum E형	육 즙	0.20
Streptococcus faecalis	육 즙	0.05
Escherichia coli	육 즙	0.02
Salmonella typhimurium	동결란	0.07
Micrococcus radiodurans	우 유	0.25

보존성을 향상시키고자 하는 radurization은 생선류(100～400 Mrad)에 대하여 2～6배의 보존기간 연장 또는 과일류(200～300 Mrad)에 대해서 최대 5일 이내의 보존기간 연장효과가 있었다고 한다. 축산식품 오염미생물들의 전리방사선에 대한 감수성은 표 1-11과 같다.

3) 압력

(1) 삼투압(osmotic pressure)

세포는 유도기에 주변으로부터 영양분을 흡수하여 세포내의 삼투압을 높인다. 미생물은 세포의 모양과 조정능력을 유지하기 위하여 주위 환경보다 높은 원형질의 삼투압을 유지하게 된다. 세균은 choline, proline, glutamic acid 등의 아미노산 섭취나 합성을 통해서, *Halobacterium salinarium*은 K^+을 통하여 삼투압을 증가시킨다. 균류는 설탕, mannitol, glycerol, arabitol과 같은 다가 알코올(polyols)을 용질로 사용한다. 세포내의 삼투압과 주변 환경인 식품이나 배양 배지의 삼투압과의 차를 팽압(膨壓, turgor pressure)이라고 한다. 팽압은 최고 시기에 15기압까지 증가하며, 15기압은 0.15 ㎎/μ^2의 신장력으로 세포벽에 작용한다는 의미이다.

외부 삼투압에 대한 저항성에 따라서 4% 식염농도 이하에서는 생육이 불가능한 절대 호삼투압균, 12～15% 식염존재 하에서 생육이 가능한 호삼투압균(osmophiles), 내삼투압균으로 나눌 수 있지만, 식염에 의한 삼투압은 이와 구별하여 호염균(halophiles)이라고 부른다. 호삼투압균의 원형질의 삼투압은 배지의 삼투압보다 높고, 세포내의 물은 결합수가 높은 비율을 차지한다.

(2) 수압(hydrostatic pressure)

해저 깊은 곳의 수압이 300기압 이하에서는 대부분의 미생물은 생육이 정지되지만, 600～1,000기압 이하의 압력 하에서 생육이 가능한 미생물을 호압균(barophiles)이라고 한다. 고압은 원형질의 점도와 탄성, 대사활동에 영향을 주어 생육속도를 저하시키는데, 세포분열도 억제되어 사상으로 증식하는 형태적 변형도 일어난다.

참고문헌

1. Brock, T. D. and M. T. Madigan, 1988. "Biology of Microorganisms."
2. Kornberg. A., 1984. "DNA Replication" Trends in Biochem. Sci.(9) : 122.
3. Lehninger, A. L., 1982. "Principles of Biochemistry" 67～108.
4. Stanier, R. Y., M. Doudoroff and E. A. Adelberg, 1972. "General Microbiology" 3rd ed. 226～297.
5. Talaro, K. and A. Talaro, 1993. "Foundations in microbiology" p 194～224.
6. 김창한, 이재동, 강국희, 송민동, 조동욱, 정기철, 1992 일반미생물학. 215～256.
7. 배무, 이영록, 1991. 미생물학. 78～148.

제 2 장

사료용 미생물

1. 서 론

사료용 미생물은 국내에서는 이미 1962년에 발효사료 연구가 있었으나, 1974년에 Parker에 의해 생균제(probiotic)이란 단어가 사용하기 시작하면서 가축의 생산성을 개선시킬 목적으로 *Saccharomyces cerevisiae, Lactobacillus acidophilus, Aspergillus oryzae, Bacillus subtilis* 등을 단순히 부형제와 섞는 형태로 제조되었고, 국내에서도 1980 후반부터 생균제가 처음으로 보급되기 시작하였다.

그 후 생균제 및 발효사료는 20년간 괄목할 만한 성장을 보이고 있으며, 그 내용에 있어서도 많은 변화가 생겼다. 1990년대는 좀더 다양한 복합균주의 개발과 함께 새로운 기능성을 갖는 제품들이 나오기 시작하였고, 2000년에는 새로운 형태의 생균제와 더불어 효소 및 면역 생리활성 등의 기능성을 갖는 제품도 다양하게 소개되고 있다. 현재 국내의 생균제 및 발효사료 시장은 연간 약 500억 원 이상으로 추정되며, 크고 작은 400여 회사에서 다수의 제품이 소개되고 있다.

그러나 이들 제품을 직접 생산하는 업체는 많지 않고 대부분 미생물을 수입 또는 OEM생산에 의지하거나 간단한 고체발효에 의하여만 제조하는 영세업체가 대부분이다. 생균제와 발효사료의 효과에 있어서는 연구자 간에 많은 논란이 있다. 즉, 효과가 인정되는 연구와 그렇지 않은 연구가 함께 나오고 있는데, 이는 미생물이 갖는 미온적인 특성도 있고 장기적인 투여에 의해 효과가 나타나는 경우가 많아 연구결과의 원인을 규명하기 어려운 점이 있기 때문이다.

그러나 항생제 대체물질로서 일부 사양가들이 생균제의 효과를 인정하고 있으며, FTA협약에 따른 농축산물의 경쟁력 강화와 친환경축산을 위해 다시 가축용 미생물이 증가하고 있다. 최근에는 진보하고 있는 생명공학기술과 다양한 부산물을 이용한 발효사료가 대두되어 국내 축산업에 적용되고 있다.

생균제와 발효사료는 부존자원이 없는 우리나라에서 개발하여 고품질의 축산물의 생산에 이용할 필요가 있으나 체계화된 자료는 부족한 실정이다. 본 장에서는 생균제와 발효사료 등에 이용되는 미생물을 중심으로 하여 정의, 제조방법과 사용효과 등에 대하여 서술하고 문제점도 살펴보고자 한다.

2. 생균제

2.1 생균제의 정의

유산균, 효모, 누룩균, 고초균 등을 주로 혼합하여 가축에게 유용한 균들을 이용하여 사료효율 증대, 질병 감소, 가스악취 제거 등의 목적으로 이용하는 살아있는 미생물제제를 말한다.

2.2 생균제의 작용

최근에 사료에 항생제의 사용을 규제하게 됨에 따라 그 항생제 대체제와 기능성 물질로서 미생물이 생균제(probiotics)라는 이름으로 관심을 많이 끌게 되었다. 생균제의 의미는 1974년 Parker가 장관내 세균총의 균형을 조절할 수 있는 세균이나 물질로 정리한 후, 1989년 Fuller에 의하여 「장내 미생물의 균형을 개선함으로써 숙주동물에게 유익하게 작용하는 생균 첨가물」로 정의되고 있다. 생균제에 대한 관심은 미생물이 동물의 장내에서 유해 미생물을 억제하고 미생물 균형을 유지하여 건강을 증진시키고 동물의 영양개선에 기여하기 때문이다. 기본적으로 생균제는 미생물이 소화관 내에 도달해서, 소화관 내에서 증식되고 있는 유해균을 배제하고, 젖산균 등의 유용균을 증식시켜서 정상적인 장내균총의 균형을 회복 유지하여 효과를 발휘한다.

가축에 생균제를 투여하는 경우는 가축에 대한 안전성(safety)이 대단히 중요하며, 사료내의 항균성 물질과의 병용하는 경우가 많기 때문에 항생물질의 영향을 받지 않도록 주의하는 것이 필요하다. 따라서 생균제가 갖추어야 할 조건은 숙주에 대해서 독성이 없고, 발육조건(pH, 온도)이 광범위하며, 위나 십이지장에서 사멸되지 않고 충분한 균량이 작용부위에 도달하여 젖산을 빠르게 생성하여 유해세균에 대한 억제력이 있으며, 장내에 잘 정착하여 장내균총을 정상화하는 기능이 있어야 한다.

현재 생균제용으로 사용되고 있는 젖산균주로는 장내세균총 중에서 유용한 역할을 하는 것으로 알려져 있는 대표적인 젖산균인 *Lactobacillus, Enterococcus, Bifidobacterium* 등이 잘 알려져 있다. 이와 같은 젖산균주는 장내 생육환경에 대한 저항성, 사료첨가 시 펠렛제조 과정에서의 내열성 및 사료첨가용 항생제에 대한 저항성이 높은 균주를 선발하여 축산용 생균제로 사용하는 것이 바람직하다. 결국 생균제의 본질적인 기능은 미생물의 특성에 달려 있다고 할 수 있다.

2.3 생균제의 미생물

생균제에 주로 이용하는 모든 미생물은 일반적으로 안전하다고 인정되는 GRAS규정(표 2-1)의 미생물을 이용하는데, 그 중에서 다양한 미생물을 서로 단독 배양하여 혼합하거나 복합배양을 하여 이용하고 일반적인 발효사료와 TMR사료에는 젖산균과 효모, 바실러스가 주를 이루고 있고, 사일리지는 젖산균류가 주로 이용된다. 초기에는 외국에서 많은 제품들이 수입되어 왔으나 최근에는 국내 사양환경에서 분리한 것이나 분양받은 것을 사용하는 업체가 많으며, 수입제품과 효과 면에서 차이가 없는 것으로 평가되며, 차별화된 미생물이나 제품의 개발이 필요하다. 사용되는 미생물의 속과 종은 제조업체마다 다르나 본 장에서는 대표적으로 사용되는 젖산균, 효모균, 납두균, 곰팡이균, 광합성균의 특징 및 효과에 대하여 다음과 같이 설명하고자 한다.

표 2-1. GRAS(generally recognized as direct fed) 미생물

Lactobacillus	*acidophilus* *casei* *fermentum* *plantarum* *bulgaricus* *lactis* *reuterii* *brevis* *cuvatus* *delbruekii* *cellobiosus*	*Streptococcus* *Enterococcus* *Bifidobacterium*	*thermophilus* *intermedius* *faecium* *faecalis* *adolescentis* *animalis* *breve* *thermophilum* *infantis* *longum*
Lactococcus	*lactis var lactis* *lactis var cremoris* *diacetylactis*	*Propionibacterium*	*freudenreichii* *shermanii*
Pediococcus	*acidilacticii* *cerevisiae* *pentosaceus*	*Bacteroides*	*amylophilus* *capillosus* *ruminocola* *suis*
Bacillus	*coagulans* *lentus* *subtilis* *linchenformis* *pumilus*	*Aspergillus* *Saccharomyces* *Candida*	*niger* *oryzae* *cerevisiae* *kefyr*

1) 젖산균(Lactic acid bacteria)

일반적으로 가축의 장이나 분변에서 채취 분리한 젖산균 중에서 생균제(probiotic) 능력이 뛰어난 것이 주로 이용된다. 조건적 혐기성 미생물이기는 하나 공기가 있건 없건 잘 자라며, 젖산을 생산하여 장의 산도를 pH 3.0~4.0으로 낮추어 잡균의 오염을 방지하며, 살아서 가축의 소장에 도달하여 장 상피세포에 서식하면서 과산화수소 및 천연 항생물질을 생산하여 병원성 미생물의 증식을 억제한다. 각종의 비타민, 아미노산, 핵산, 항균물질, 항암물질 등을 생산하여 가축 장내미생물 균총의 안정, 사료효율 증가, 내병성 증대 등의 효과와 가축 분변의 암모니아, 황화수소가스 등 악취제거 효과가 있다.

젖산균에 의해 생성된 유기산들(젖산, 초산)은 그람음성 병원균의 저해제로 작용한다. 또 acidophilin, acidolin, lactocidin, nisin 등과 같은 천연의 항균물질을 분비하며, 균주에 따라 이들을 생성하는 능력의 변이가 크다.

*L. acidophilus*는 건강한 성인과 마찬가지로 우유를 먹은 어린아이의 장내에서 발견되고 있으며, 장내 정착능력이 있는 요구르트 스타터로서 중요성을 인정받은 균주로 발효 유제품에도 첨가되지만 가축용 생균제나 발효사료에 빈번하게 이용되고 있다. 또 *L. casei*는 1920년대까지만 해도 장내에서 생존하지 않는다고 믿었으며, 이 균주가 장 정착 균주로서 밝혀지면서 치즈·요구르트 등의 축산물 발효스타터, 면역 생리활성물질 등의 생산과 같은 새로운 기능성을 지닌 균주로 인정되고 있다.

표 2-2. 젖산균의 기능 분류

Natural flora	Adjunct	Detrimental
천연 항생물질 생산 (antibiotic production)	질병치료 (disease theraphy)	영양적 경쟁 (nutrient competition)
유기산 생산 (organic acid production)	예방적 치료 (preventative theraphy)	
낮은 pH 혹은 산화환원 전위 (lower pH or O/R potential)		
경쟁적 억제 (competitive antagonists)		
담즙산 분해 (bile deconjugation)	효소작용 (enzyme source)	글루크로니드 가수분해 (glucuronide hydrolysis)
발암물질 억제 (carcinogen supression)		발암물질 활성 (carcinogen activation)

자료 출처: Sandine(1979)

이러한 젖산균들은 건강보조식품의 생균제제로도 판매되고 있다. 이 외에 *L. fermentum, L. plantarum, L. bulgaricus, L. lactis, L. brevis, L. delbruekii, Sterptococcus* sp. 등이 사용되고 있으며, 최근에는 reuterin이라는 항균물질을 분비하는 *L. reuteri*이 많이 사용되고 있다. 이 외에 자체적으로 가축사양 환경에서 분리한 젖산균을 이용하고 있다.

비피더스균은 모유 영양아의 분변에서 최초로 분리된 절대혐기성 미생물로 인체와 동물의 장내 우점균이다. 신생아와 어린동물의 장에서 분리한 균주로서 어린아이 분변 중 30%를 비피더스가 차지하고 있으며, 초기 면역능력이 약한 어린아이의 면역력을 지켜주고 있는 것으로 추정된다. 최근 대부분의 국내 요구르트에 필수적으로 첨가되고 있을 정도로 장을 보호하는 기능을 인정받고 있다. 비피더스도 젖산, 낙산 등의 유기산을 생성하여 장내 pH를 저하시키고, 장내 유해미생물을 억제하고, 연동운동을 자극하며, 정장효과가 있어 가축의 장을 튼튼하게 해주고 질병을 막아 준다.

2) 효모(Yeast)

효모는 맥주 · 청주 · 빵 등의 발효에 이용되는 균주로서 효모가 분비하는 amylase, cellulase, proteinase 등의 작용으로 셀룰로오스, 글루칸, 펙틴 등 난분해성 물질의 분해를 촉진시켜 소화흡수를 돕는다. 발효사료로 많이 이용되고 있는 효모는 *Saccharomyes cerevisiae*와 *Candida utilis, Candida kefyr*이며, 이러한 효모는 영양적으로도 우수한 특성을 갖는 단백질사료이다.

아미노산의 조성이 우수하며, 알코올 · 글루타민산 등의 천연 향미물질을 생산하여 사료의 기호성을 증진시키고 비타민 B와 UGF(미지 성장인자)를 합성하며, 지방합성 전구물질인 초산을 생산한다. 또한 산소와의 결합능력이 있어 장내 혐기성 박테리아의 활동을 도와준다. 외국에서 가축사료로 가장 많이 이용되어 왔던 효모는 건조 맥주효모이며, 펄프 폐당액으로부터 생산된 토룰라 효모도 근래에는 사료로 상당히 이용되고 있다. 그 외에도 건조 알코올효모와 기타 건조효모들이 약간 이용되고 있으나, 우리나라에서는 아직까지 효모가 사료로 널리 이용되지 못하고 있으며, 겨우 첨가제의 형태로 이용되고 있을 정도이다.

(1) 사료용 효모

가) 맥주효모

맥주효모는 Saccharomyes속 효모로서 맥즙의 발효가 완료되어 맥주를 여과하면 이상의 맥주효모(brewer's yeast)가 분리된다. 이 효모 중에서 종효모로 사용하는 것을 제외하고는 잘 씻어서 건조시켜 미국에서는 양계사료용 효모로 이용하고 있다.

나) Torula 효모

Torulopsis속에 속하는 효모를 펄프 제조시에 생기는 아황산 펄프폐액에 배양증식하여 건조시킨 것이다. 건조시킬 때는 충분히 가열하여 효모세포를 완전히 죽여서 발효력이 없도록 하는데, 이는 생산된 효모가 발효력이 강하면 소화관 내에서 소화되지 않을 우려가 있기 때문이다. 외국에서는 Torula 효모가 상당히 많이 이용되고 있으나, 우리나라에서는 거의 이용되지 않고 있는 실정이다.

다) 건조알코올 효모

건조알코올 효모는 알코올 또는 증류주 제조공정 중 알코올 발효액을 증류하기 전 또는 증류 후에 분리하는 Saccharomyces속의 효모를 건조한 것이다.

라) 기타 효모 및 효모 배양물

사료용 효모로서 이용되고 있는 것 중에는 여러 가지가 있으나, 제조법 및 용도 등에 따라 다음과 같이 구별된다.

① 건조효모 : 효모의 배양기로부터 분리한 Saccharomyces속의 비발효성의 건조효모로서 미국에서는 단백질 함량이 40% 이상이면 사료로서 인정된다.

② 효모 배양물(Yeast culture) : 효모의 발효성이 없어지지 않는 방법으로 효모 배양물을 건조한 것으로 부형제로도 많이 사용되고 있다.

3) 곰팡이(Fungi)

곰팡이에는 여러 속이 있으며 대부분은 유해곰팡이가 많으나 유용한 곰팡이로 *Aspergilus oryzae*와 *Aspergilus niger*가 GRAS 자격이 있는 균으로 많이 사용되고 있으며, 주로 고체배양에 의하여 생산된다. 코오지 곰팡이의 대표적인 균주로 청주·된장 등에 사용되어 왔으며, 녹말 당화력, 단백질 분해능력이 뛰어나며, amylase를 생산하여 사료성분의 탄수화물 분해능력을 높여 준다. 유용물질을 외부로 분비하는 능력이 있어 효소와 같은 생리활성 물질을 액상배양에 의하여 생산하는 데에도 사용이 된다. 사료성분 중에서는 포도당 등을 이용하여 구연산·초산·젖산 등의 유기산을 생성하여 독특한 항균성 대사산물을 생성하여 유해미생물의 증식을 억제한다. 이 외에 위와 장의 산성화, 효소의 활성화를 촉진시키고, 가축 고유의 면역기전을 자극하여 장내 면역성을 증가시킨다.

4) 바실러스(Bacillus)

콩에 존재하는 균주로 *B. subtilis, B. coagulans, B. lentus, B. linchenformis, B.*

pumilus 등이 있으며, 메주 발효균주로서 포자를 형성하는 특성이 있어 열에 강하여 펠렛, 익스트루젼, 분쇄 등에 대한 내성이 있다. α-Amylase, protese의 생산능력이 뛰어나며, 특히 체외 효소로서 가축소화에 필요한 단백질 분해효소를 생산한다. DPA(디피콜린산)라는 항균성 물질을 생성하여 소화기내의 유해미생물을 억제하며, 젖산균 등 장내 유익 미생물 균총의 증식을 촉진하며, 비타민 B군의 합성능력이 있다.

5) 광합성 미생물

빛을 자신의 에너지원으로 이용하는 홍색 비유황 계통의 광합성 미생물로서 붉은 색소(카로티노이드)를 생성한다. 특히 Rhodobacter capsulatus는 효모보다도 아미노산이 풍부하여 어류의 사료로도 사용되고 있다. 유해 미생물의 생장을 억제하는 길항작용을 하며, 발효미생물과는 상호 공생적 관계에 있는 미생물로서 오폐수 정화 및 가축분뇨의 악취(유화수소, 암모니아, 페놀류 등) 제거에 효과적이며, 이들 유해가스의 유해가스 제거 반응기작은 다음과 같다.

$$CO_2 + H_2S \rightarrow (CHO) + H_2O + 2S$$

$$C_4H_7O_2\text{-}Na + 2H_2O + 2CO_2 \rightarrow 5(CHO) + NaHCO_3$$

$$C_6H_6O_5 + H_2O \rightarrow (CHO)_2 + 2CO_2 + H_2\uparrow$$

2.4 생균제의 제조방법

생균제 균주는 계대배양 하여 활력을 유지하며, 각 균주에 해당하는 산업용 미생물 배지를 만들고, 발효기 120℃, 1기압의 조건으로 20분간 멸균하고 냉각시킨 다음 생균제 균주를 접종하여 각 균주에 따라 1일에서 3일간 30~40℃에서 배양하면서 발효시킨다. 발효가 완료된 배양체는 통에 받아 원심분리 또는 한외여과를 통하여 농축한 다음 동결건조 하여 미생물 원말을 만든다. 미생물 균체를 미강, 왕겨, 제올라이트, 질석 등의 부형제와 30분 정도 혼합하여 포장함으로써 생균제 제조를 완료한다.

동결건조 시설이 없는 경우는 또 하나의 방법으로 발효 배양체를 공냉각을 시키고 냉장상태에서 보관한다. 코지배양을 하기 위해 쌀겨 등의 고체원료에 첨가하여 수분을 30~40% 유지하면서 하루에 수회 혼합하면서 약 1~3일간 발효를 시키고, 발효가 끝난 다음 저온에서 건조시키고 포장하여 생균제를 제조한다. 제조한 생균제의 품질검사로 냄새, 외관, 미생물 균수 등을 행하며, 정해진 규격에 합격한 경우에 출고한다.

2.5 생균제의 이용

미생물을 액상발효나 고체발효에 의하여 배양하고 건조한 다음 각 가축에 맞는 부형제에 10^7 CFU/g 정도 되게 혼합한 것을 소·돼지·닭의 사육에 표 2-3에 해당하는 비율로 첨가하게 되며, 생균제가 이용되는 경우는 크게 다음과 같이 분류된다.

1) TMR 생균제

TMR은 젖소 사양관리의 한 방법으로 세계적으로 인정되어 많은 선진 낙농국에서 이용되고 있으며, 1980년대 후반부터 TMR 사양관리가 국내에 도입되어 경기도 일원을 중심으로 크게 번성하였다. 그러나 TMR에 대한 이해 부족으로 번식률 저하 등 여러 가지 문제로 인해 한동안 주춤하다가, 1990년 이후 다시 TMR에 대한 농가 인식이 새롭게 바뀌면서 급여하는 농가가 증가하는 추세이다.

TMR 생균제 사료는 인체는 물론 가축에게 해가 없는 미생물로 소에서 분리한 미생물 중에 세계적으로 인정받는 GRAS(일반적으로 안정성을 인정받은 미생물)에 등록된 균주만을 사용하여 발효시킨다. TMR 사료의 문제점은 장기간 보관하면서 급여하므로 이때 수분이 많으면 부패하게 되어 사료를 버려야 되며, 잘못하면 가축에게 치명적일 수 있다. 생균제를 TMR 사료에 첨가하는 경우는 TMR 사료의 장기보존이

표 2-3. 생균제의 일반적인 사용법

축종	구 분	첨가율	첨가량
소	· 어린 송아지(～50 kg)	0.3～0.5%	· 대용유 1 kg당 30～50 g
	· 육성우(～분만 전)	0.3～0.5%	· 사료 1톤당 2～3 kg
	· 비육우, 젖소	0.1～0.2%	· 사료 1톤당 1～2 kg
	· 건식, 습식 TMR사료	0.1～0.2%	· 습식TMR 사료 : 0.1% 혼합하여 1주일간 발효후 급여 · 건식TMR 사료에 0.1% 혼합 후 급여
돼지	· 포유자돈(～이유)	0.3～0.5%	· 입붙이 사료급여시 : 사료 1 kg당 30～50 g
	· 자돈(이유～30 kg)	0.2～0.4%	· 사료 25 kg 1포당 50～100 g
	· 육성돈, 비육돈(～출하시)	0.1～0.2%	· 사료 1톤당 1～2 kg
	· 모돈(후보돈, 임신돈, 포유돈)	0.1～0.2%	· 사료 1톤당 1～2 kg
	· 톱밥돈사에서		· 톱밥돈사 10평당 1 kg
닭	· 병아리 입추할 때	0.3～0.5%	· 입추사료 1 kg당 30～50 g
	· 중추(～2주령)	0.2～0.4%	· 중추사료 25 kg당 50～100 g
	· 성추(2주～4주령 출하시)	0.1～0.2%	· 사료 1톤당 1～2 kg
	· 왕겨 계사에서		· 계사 100평당 10 kg

가능하게 된다. 발효로 인해 사료가 흡수되기 좋은 형태로 변하여 젖소가 좋아하는 향이 나오게 되며, 젖소의 수명이 길어지고, 유량이 증가하여 생산성을 높여 준다. 이 밖에 TMR 사료 생균제는 송아지 설사 예방, 육질 개선, 사료효율 개선, 분뇨냄새 개선, 면역기능 강화 등이 있다고 연구자들에 의해 보고되고 있다. 이러한 효과들이 나타나게 하기 위해서는 발효뿐만 아니라 건물섭취량 등 사료성분에 대한 분석이 사전에 필요하다.

2) 양돈용 생균제

돼지에 가장 무서운 적은 설사로 소화기성 질병(설사 유발하는 병원균 : 대장균, 살모넬라)은 어린 가축일수록 치명적이다. 돼지용 생균제에는 이러한 소화기성 질병을 억제하는 미생물을 사용한다. 효과로는 표 2-4에 나타낸 바와 같이 육성돈 생산성 증가, 성장촉진 및 사료효율 개선, 분뇨의 악취제거 효과가 있다고 한다.

3) 양계용 생균제

닭에 가장 무서운 적은 살모넬라(가금티프스 원인균)으로 설사를 유발하여 닭의 성장을 저해하고, 심지어 폐사를 유발하는 치명적인 질병이다. 또한 닭은 암모니아 농도가 50 ppm을 넘으면 성장이 느려지고, 100 ppm 이상이면 폐사의 원인이 된다. 생균제의 미생물은 암모니아를 감소시키는 데 일조를 한다.

효과는 육계의 생산성 증가, 성장촉진 및 사료효율 개선, 계사 암모니아 가스 억제, 가금티프스 예방, 계사바닥 발효효과 증가(바닥을 치우지 않고 연속으로 병아리 입식 가능)이며, 산란계의 경우도 생산성 증가, 사료효율 개선, 계사 암모니아 가스 억제, 가금티프스 예방, 산란율, 난질개선, 소화율 향상, 면역기능 강화 등에 효과가 있다고 일반적으로 알려지고 있다.

표 2-4. 생균제의 사용효과

소	돼지 · 닭 · 개	양어 및 친환경 농업
· TMR 사료 발효제 · 송아지 설사 예방 · 젖소 유량, 유질 개선 · 고기소 육질 개선 · 사료효율 개선 · 분뇨냄새 개선 · 면역기능 강화 · 생산수명 연장	· 육성돈 생산성 증가 · 고급 브랜드육 생산 · 성장촉진 및 사료효율 개선 · 분뇨의 악취제거 · 장 개선 및 질병예방 효과 · 산란율, 난질개선 · 소화율 향상 · 면역기능 강화	· 피부질병 예방 · 소화촉진 및 증체율 향상 · 수질개선 및 오염방지 · 면역기능 향상 · 유기질 비료 발효 부숙제 · 작물병해 길항작용 · 작물의 성장촉진

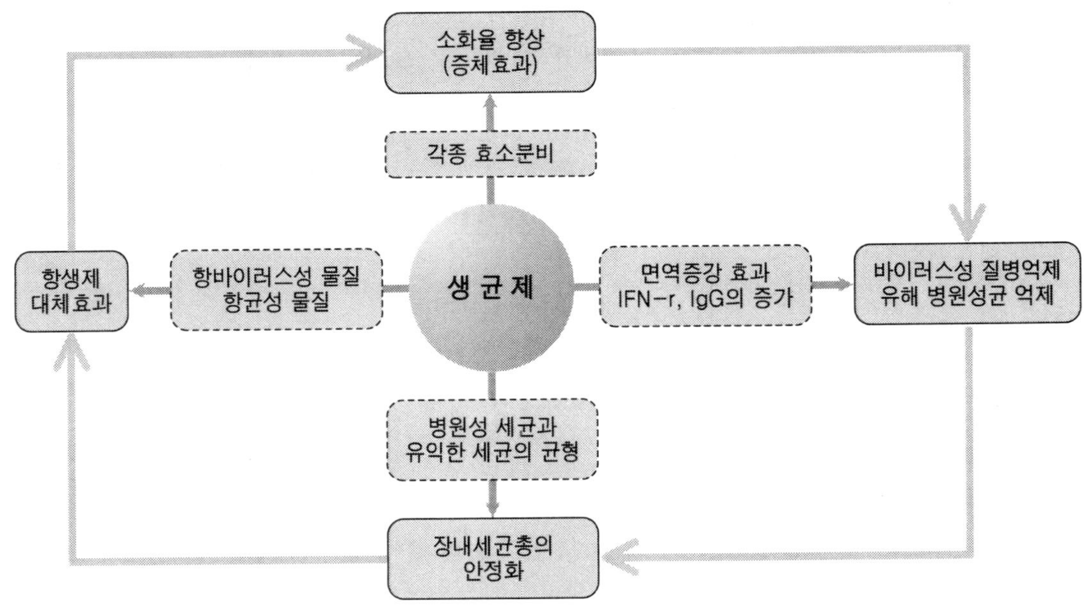

그림 2-1. 생균제 미생물의 기능

4) 사일리지용 생균제

(1) 사일리지(silage)의 정의

사일리지는 엔실리지(ensilage)라고도 하며, 수분함량이 다소 많은 생초류(목초, 야초, 사료작물 등을 사일로(silo)에 충진하여 주로 유산균 발효에 의하여 생성된 젖산이 부패분해균 등 잡균의 성장을 억제함으로써 저장성이 부여된 다즙질 조사료이다.

(2) 사일리지의 특성

사일리지의 장점은 생초를 다즙성 그대로 연중 저장하여 건초보다 유용하게 이용할 수 있으며, 영양분 손실을 건초의 50~60%까지 줄일 수 있는 점이다. 또 건초제조가 곤란한 악천후에도 사일리지 제조가 가능하며, 저장면적도 건초에 비하여 적으면서도 가식부분이 많다. 그리고 노동력이 적게 들고 젖·고기 등의 축산물의 품질을 좋게 하는 점이다. 사일리지의 단점으로는 사일로의 건조·커터 등 경비가 많이 소모되며, 사일리지의 재료를 단시일 내에 수확 운반하여 제조하여야 한다. 수분함량이 많으므로 건초에 비하여 약 3배의 중량을 감당해야 하며, 첨가제나 미생물제제를 사용하는 데 어느 정도 경비가 필요한 점이다.

※ 사일리지 제조방법

일반적으로 젖산균 속(10^7 CFU/g)으로 구성된 미생물제제를 옥수수·호밀·청예

보리・볏짚 등을 사일리지로 담글 때 1톤에 유산균 200 g을 포도당 10 kg과 함께 물 30리터에 적당량 녹여 골고루 뿌린다. 이때 사일리지 품질에 영향을 미치는 요인은 사일로 내의 공기, 수용성 당함량, 수분함량, 재료의 절단길이, 저장온도, 진압과 밀봉 등에 의해 좌우된다. 알카리 처리에 비하여 발효공정이 번거롭고 발효볏짚의 제조비용 등이 문제가 되고 부패현상이 많은 경향이 있어서 발효처리 시에는 그 보존성에 더욱 주의하여야 한다. 사일리지의 호기성 부패에는 주로 효모가 더 많이 관련되어 있는 것으로 알려져 있으며, 효모의 수를 감소시키기 위해 프로피온산을 함께 접종하여 발효시키는 방법의 연구가 시도되고 있다.

(3) 사일리지의 미생물

보통 작물의 젖산균의 수는 대부분이 10^3 CFU/g 정도이며, 주로 *L. plantarum, L. cellobiosus, Leuc. mesenteroides, S. lactis* 등이라고 한다. 일반적으로 작물의 수확 도중에 젖산균수가 증가하는 것으로 알려져 있으며, 사일로에 담을 때에 대략 10^5 CFU/g까지 되고, 2~3일 만에 10^9 CFU/g 정도 달했다가 서서히 감소하게 된다고 한다. 사일리지 발효의 초기에는 주로 Streptococci와 Leuconostocs가 주로 생장하다가 pH가 저하함에 따라 Pediococci와 Lactobacilli가 더 많이 생산하게 된다고 하며, 발효 말기에 달하면 건물량이 낮은 사일리지에서는 젖산균의 약 75% 정도가, 건물량이 높은 사일리지에서는 약 97.5%가 hetero형 젖산균으로 대치된다고 하며, 이는 초산에 대한 내성 차이에 기인하는 것 같다고 한다.

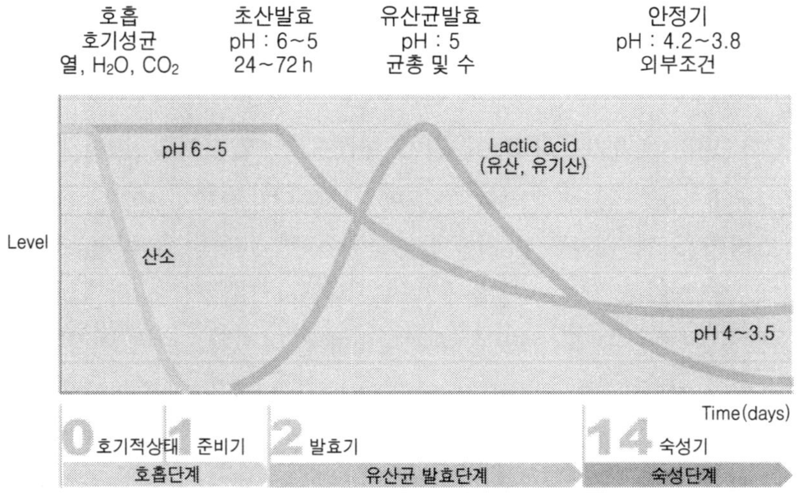

그림 2-2. 사일리지의 제조단계

(자료 출처 : Pitt and Shaver, 1990)

젖산 발효의 대부분은 사일리지 발효의 초기에 일어나므로 초기에 homo형 젖산 발효가 잘 일어나는 것이 중요하다. 목초에 있는 수용성 탄수화물 중에 glucose와 fructose를 미생물이 사용하여 발효되면 젖산의 생성에 의해 pH가 낮아지고, 다른 미생물은 생장을 억제하게 되어 저장성이 증진된다.

※ 사일리지 스타터

건물량이 낮은 목초를 사일리지로 만드는 때에는 발효가 잘 되지 않을 때가 많아서 산을 첨가하여 사일리지를 만드는 경우가 많은데, 안전성 때문에 초기의 발효를 위하여 젖산균을 접종하여 촉진하는 것이 바람직하며 이 때 사용되는 것이 젖산균 스타터이다. *L. plantarum*과 *P. acidilactici*가 가장 적합한 사일리지 스타터로 알려지고 있으며, 이들을 10^6 CFU/g 이상으로 첨가했을 때에 일반적으로 좋은 사일리지가 만들어진다고 한다. 사일리지 제조 전에 작물을 반건조시키면(건물 35% 이상일 때에) 젖산균의 생장에 유익하며, 포도당을 첨가하면 단당류 함량이 낮은 사일리지에서도 젖산균의 생장이 좋아서 좋은 사일리지를 만들 수 있다.

(4) 사일리지 발효의 메커니즘

사일리지 재료의 수용성 당분함량(당밀 등)은 직접적으로 사일리지의 젖산발효를 좌우하며, 포도당의 첨가가 젖산발효를 촉진하여 신속한 pH의 저하를 가져온다고 한다. 사일로에서의 산소의 배제는 젖산발효를 촉진하지만 산소의 농도가 높아지면 효모와 그람 음성균이 증가한다. 이때 개미산을 목초 톤당 2.7 kg 첨가하면 사일리지의 pH가 약 4.7 정도로 저하되며, 효모의 생장과 그람 양성균들을 억제하고, 건물유실을 막을 수 있다고 한다. 사일리지는 산소에 노출되는 즉시 효모들의 생장으로 유기산과 나머지 당분이 소실된다. 그리고 pH가 상승하고, 다른 호기성 세균들이 생장하게 되어 부패가 시작된다. 사일리지의 색이 검게 변하고, 사일리지의 풍미가 나빠지게 되며, 그람 음성균과 효모 및 곰팡이들에 의해 부패하게 된다.

사일리지 스타터를 첨가하는 경우는 젖산균들이 빨리 자라게 되며, 작물의 탄수화물을 이용하여 젖산과 초산을 생산해서 pH를 저하시키게 된다. 이 낮은 pH와 해리되지 않은 유기산 분자의 작용에 의해 부패미생물이 억제됨으로써 저장할 수 있게 되는 것이다. 사일리지의 pH가 저하되지 않으면 대장균을 비롯한 유해세균의 수가 증가한다. 한편, 클로스트리듐과 같은 경우는 혐기성 미생물이므로 사일로를 밀봉하여도 생육할 수 있으며, 또 젖산을 이용해서 butyric acid를 생성하거나 사일리지의 pH를 상승시키게 되며, 단백질을 분해하여 사일리지의 영양가치를 저하시키게 된다.

사일로를 열어서 사일리지를 먹이기 시작하면 사일리지는 공기에 노출되며, 이때부터 호기성 미생물이 생장해서 젖산과 초산을 분해하면서 사일리지를 부패시키게 되므로 주의해야 한다.

2.6 외국에서의 생균제 이용

본래 probiotics는 인체에 해당되는 생균제를 지칭하고 있으나, 한국에서는 인체용 가축용을 가리지 않고 사용하고 있다. DFM(Direct Fed Microbials)가 미국에서 불리는 가축/사료용 생균제의 정식 명칭이다. 미국에서는 생균제 균주의 사용범위를 FDA에서 공인한 GRAS에서 규정하고 있으며, 유럽 등의 선진국에서 생균제의 사용은 자가 배합사료 위주로 경영되기 때문에 사용되는 양은 규모에 비해 많지 않으며, 가격도 상당히 비싼 편이다. 사용목적은 우리나라에서와 마찬가지로 비육돈, 비육우, 젖소, 육계, 식용 토끼 및 칠면조에서도 사용하고 있다. 일본에서의 생균제는 배합사료 회사중심으로 사용되고 있고, 배합사료에 대해서 일반적으로 0.02～0.2%의 비율로 첨가 혼합되고, 가축의 생산성 향상을 목적으로서 사용하고 있다.

대상 배합사료는 포유 자돈용 사료(대용유)가 압도적으로 많지만 모돈용 사료나 포유기 송아지 사료(대용유)에도 사용하고 있다. 또 닭에서는 종래에는 각각의 양계장에서 배합사료에 첨가되어서 사용되는 것이 많고, 최근에는 유추용이나 종계용 배합사료에의 사용이 보급되고 있다. 동물용 의약품으로서의 생균제는 설사 등의 소화기 질병의 치료를 주목적으로 사용하고 있다. 이러한 용도 중에서 사용비율이 큰 것은 사료원료이며, 대부분의 배합사료에는 생균제가 첨가되고 있으며, 그 사용수량은 연간 1천톤 이상이 된다.

3. 발효사료

3.1 발효사료의 정의

주변에서 손쉽게 구할 수 있는 각종 부산물을 가축의 특성에 따라 배합비에 맞게 구성하여 가축의 대사를 촉진, 방지 또는 원활히 해줄 수 있는 특수 미생물들과 혼합하여 일정기간 발효 및 건조시켜 만드는 사료를 말한다.

3.2 발효사료의 필요성

FTA협약에 따른 축산물의 경쟁력 강화와 고급 축산물에 대한 소비 욕구가 증대하고 있는 현 상황 하에서는 그 어느 때보다 질 좋은 사료가 절실히 필요하다. 지구의 이상 기후로 인한 국제 곡물가의 상승으로 사료 원료를 전량 외국에서 수입해야 하는 우리로서는 주위에서 쉽고 값싸게 구입할 수 있는 각종 유기질 부원료를 이용한 발효사료 제조가 절실히 요구된다.

기능적으로는 축산물의 각종 질환, 질병을 예방하고 축산농가의 환경을 개선하고 나아가 축산물의 국제 경쟁력을 강화시키기 위해 안전한 축산물을 공급해야 한다. 발효사료는 각종 유용한 폐자원을 이용함으로써 폐기물 처리비용을 줄이고, 환경을 보존하며, 축산농가 소득에도 기여할 수 있는 일석삼조의 효과를 거둘 수 있다.

3.3 발효사료의 특성

발효사료의 미생물은 사료성분 중의 전분, 당을 분해하여 유기산 및 알코올로 전환시켜 pH가 대략 4.0 정도로 낮아져 유해 미생물의 증식이 억제되어 사료 안전성과 저장성을 높여 주는 특성이 있다. 또 발효사료는 다즙성 사료나 폐기 부산물을 가축에 맞게 재활용할 수 있어 생산비 절감에도 도움이 되며, 장내균총의 유익한 미생물 평형을 이루어 가축의 건강과 성장증진을 이루어 생균제제 대용역할이 가능하다.

발효사료의 장점은 곡류와 두류의 성분을 미생물 발효에 의해 분해하고 소화를 돕는 효소생성 및 생체에 유용한 생균제(probiotics)를 공급하게 되며, 휘발성 지방산의 합성이 일어나 흡수 에너지량이 증가하며, 조단백질, 중성세제 불용성 섬유와 산성세제 불용성 섬유의 소화율이 증진된다. 지방의 포화도에 변화를 주어 불포화지방산을 증가시켜 육질내의 지방산 조성을 변화를 주고, 스트레스 완화로 인하여 결과적으로 육질개선 효과를 부여해 준다.

특히 효모가 첨가된 알코올 발효사료는 탄수화물과 당을 휘발성 지방산으로 전환하고 에너지 흡수율을 높여 주고 사료 섭취량을 증가시킨다. 조단백질, 비단백태질소, 아미노산 등을 가수분해하여 저분자의 물질로 분해하며 사료 이용성을 증진시킨다. 그러므로 발효사료는 가축의 생산성 증진 및 사료효율 개선과 세균성 및 식이성 설사증 예방, 생체 면역력 증강, 악취발생 감소로 친환경적인 안전축산물 생산에 유용하다고 할 수 있다.

※ 발효사료의 급여효과

① 사료효율이 월등히 높기 때문에 증체율이 높다.
② 사료의 향미가 좋기 때문에 기호성이 높다.
③ 육질이 개선된다.
④ 출산일이 단축되는 등 임신, 출산의 안정도가 높다.
⑤ 미생물제제를 사용하므로 축분을 양질의 원료로 재활용할 수 있다.
⑥ 설사, 호흡기 질환, 소화기 질병 등 발병률이 줄어든다.

⑦ 가축분뇨의 수분 감소와 악취제거로 사육환경 개선 및 환경오염 방지
⑧ 채식량 증가, 면역기능 향상으로 유량·유지율 증대와 체세포수가 감소한다(일부 자료 출처 : 포천시 농업기술센터).

3.4 발효사료의 미생물

발효사료에 주로 이용하는 미생물은 생균제와 같이 안전성이 입증이 된 GRAS 규정의 미생물을 사용하며, 생균제제를 첨가하여 발효시키거나 다양한 미생물을 단독배양하거나 복합배양을 한다. 일반 발효사료와 TMR 발효사료는 젖산균과 효모, 바실러스, 곰팡이균이 주로 사용되며, 제조업체마다 미생물이 다르다. 표 2-5에 제시된 미생물들이 주로 이용되고 있으며, 각 미생물의 특징과 효과는 앞의 생균제 항목에서 기술하였기 때문에 참고하기 바란다.

3.5 발효사료 종류

1) 급여대상 축종에 따른 분류

① 양돈발효사료 : 비육돈용, 번식돈을 위한 발효사료

표 2-5. 발효사료 구성 미생물의 예

미생물	종 류	미생물수
Lactic acid bacteria	*Lactobacillus acidophilus* *Lactobacillus plantarum* *Lactobacillus casei* *Lactobacillus fermentum* *Bifidobacterium animalis* *Bifidobacterium thermophilum* *Bifidobacterium infantis* *Bifidobacterium longum* *Enterococcus facium*	1×10^7 cfu/g
Yeast	*Saccharomyces cerevisiae* *Candida utilis* *Candida kefyr*	1×10^7 cfu/g
Fungi	*Aspergillus niger* *Aspergillus oryzae*	1×10^7 cfu/g
Bacillus	*Bacillus subtilis* *Bacillus licheniformis* *Bacillus coagulans*	1×10^7 cfu/g

② 양계발효사료 : 크게 산란계용 사료와 육계용 사료로 나눌 수 있으며, 각각의 비육단계나 산란단계에 따라서 여러 가지 발효사료가 생산된다.
③ 축우발효사료 : 비육을 목적으로 사육하는 소에 급여하는 사료를 말하며, 비육 전기·중기 그리고 비육후기 발효사료로 구분되며, 낙농우용 발효사료도 있다.
④ 애견발효사료 : 애완견용, 성견용 발효사료
⑤ 특수발효사료 : 양어용과 실험동물용 발효사료
⑥ 기타 가축의 발효사료 : 말, 면양, 토끼, 밍크, 메추리, 오리, 고양이 등의 발효사료

3.6 발효사료의 제조방법

1) 원료사료

수입한 사료는 물론 사료회사가 확보하고 있는 단미사료 및 보조사료를 원료로 구입할 수 있다. 공급자는 옥수수·보리·밀·호밀 등(전용 우려품목)은 파쇄 후 어분·석회석 등의 식용할 수 없는 물질을 섞어 농가에 공급하고, 전용 우려품목이 아닌 강피류, 박류, 기타 보조사료는 단일원료로 공급하게 된다. 이외에 쌀겨, 키토산, 남은 음식물, 식료품 제조 부산물, 톱밥 등을 원료로 이용하는 경우도 있다. 식료품 제조 부산물인 비지박 및 맥주박을 알코올 발효사료 제조원료로 이용하여 반추가축의 비육사료로 활용하고자 하는 노력이 경주되고 있다.

2) 발효사료 배합기의 종류와 제조

소규모로 할 경우는 1톤 이하의 발효사료 배합기를 이용하는 것이 바람직하며, 대규모로 제조할 경우는 TMR 제조용 배합기를 이용하는 것이 좋다.

(1) 일반 발효사료 배합기와 제조

가) 일반 발효사료 배합기

오늘날 발효사료 제조기는 상기의 밀폐식 배양장치 중 회전드럼식을 응용하여 완전무균은 아니지만 미생물의 발효가 신속하게 이루어지도록 회전을 하면서 일정한 배양온도를 유지하도록 한 것을 많이 사용하고 있다. 즉, 앞서 기술한 고체배양장치는 시설비용과 면적이 많이 소요되고 조작방법이 어려워 그림 2-3과 같은 간편한 발효사료 배합기를 이용한다. 이때 배양기 외부 자켓에 열매체유를 넣어 온도를 조절하면 효과적이고, 능률적으로 발효를 향상시켜 주고 수분이 많은 부산물, 또는 음식 찌

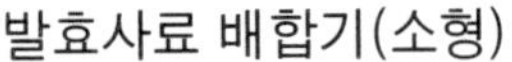
발효사료 배합기(소형)

포장시설

그림 2-3. 발효사료 배합기와 포장시설

꺼기를 이용할 때 탁월한 성능을 발휘한다.

나) 발효사료 배합기를 이용한 발효사료 제조

발효사료 배합기는 소형 발효기계는 1일 1.5~2톤 정도의 생산용량으로 일반농장에 적합하며, 용량에 따라 중형 발효기계(3T/일)와 대형 발효기계(5~30 T/일)가 있다. 기계구성은 발효기, 컨베이어, 발효기, 송풍기, 버너, 배출장치 등으로 되어 있으며, 운전방식은 투입 → 살균 → 부자재, 미생물 투입 → 발효 → 건조 → 배출 → 포장의 순으로 이어진다. 발효시간은 수분함수량과 미생물의 종류 및 원료의 구성 등에 따라 차이가 있으며, 약 1~15일 정도까지 다양하다고 할 수 있다.

※ 일반 발효사료의 제조예

〈사례 1〉

① 미생물제제 준비
② 물 40 ℓ (2말) + 당밀 300 ㎖(종이컵 2컵) + 생균제 1 ℓ 혼합
③ 밀기울(쌀겨, 분말사료) 100 kg과 충분하게 혼합
④ 용기(비닐봉지)에 밀봉저장 : 발효단계
- 용기(20 kg) 5~6개 : 20℃, 혐기성 상태 유지
- 여름 3~4일, 겨울 15~20일 발효

⑤ 개봉 후 급여(알코올취 발생) : 급여사료의 3% 기준, 하루 1번 급여
- 두당 급여사료가 10 kg이라면 발효사료 300 g 급여
- 분말발효사료 100 kg은 한 끼에 333두에게 급여 가능

〈사례 2〉

미생물 원액(분양용 종균) 5ℓ를 물 12ℓ에 희석하여(수분 30% 기준) 발효사료 배합기나 소형 발효기계에 넣고 분말 배합사료 100kg과 30분 정도 혼합한 후, 용기에 밀봉 저장하여 7～15일 숙성시킨 후 개봉하여 급여한다(급여사료의 3% 기준).

〈사례 3〉

또 하나의 예로 전분박과 배합사료를 혼합한 경우는 전분박(30%) + 배합사료(30%) + 밀기울(20%) + 억새건초(17.9%) + (요소 1%) + 석회고토(1%) + 미생물(0.1%)을 발효기 내에서 혼합하여 40℃ 내외 온도에서 6시간 정도 발효시킨다.

운전시 주의할 점은 배양시 오염이 일어날 소지가 있으며, 미생물 증식에 의한 과도한 열 발생으로 미생물이 사멸할 수 있어 기온에 대한 온도제어가 필요하다.

(2) TMR 제조용 배합기와 제조

가) TMR 제조용 배합기

양방향에서 가운데 쪽으로 미는 방식의 2오거형 배합기, 위 2개의 오거는 사료를 뒤로 보내고 밑의 오거는 앞 방향으로 보내는 방식의 3오거형 배합기, 밑에 오거를 2개 설치하고 위에 오거를 2개 설치한 것으로 밑에 2개의 오거는 앞쪽으로 사료를 밀어서 올리고 위 오거 2개는 뒤로 보내 밑으로 떨어뜨리는 방식의 4오거형 배합기, 물레모양 오거가 함께 있는 릴타입 배합기, 중앙에 스크류를 세워 사료가 올라가도록 하며 가장자리 쪽으로 사료가 내려가며 혼합되는 구조의 수직오거형 배합기, 외통을 돌려서 밑의 사료를 위로 올려 떨어뜨리며 중앙의 스크류는 통 내부의 사료를 이송 및 배출시키는 덤부링 배합기는 어느 것이나 혼합성능만 있으면 발효사료 제조에 적합하다고 할 수 있다.

나) TMR 제조용 배합기를 이용한 발효사료 제조

※ 원료사료 배합순서

TMR 제조시 원료사료의 투입순서를 어떻게 하느냐에 따라 혼합의 균일도에 많은 영향을 미친다. 이스라엘의 Meori Rosen 박사는 다음과 같은 순서로 단미사료를 투입하여 혼합하는 것이 바람직하다고 제시하였는데, 이 순서에서 건조한 생균제 미생물을 투입할 때 수분이 있을 경우에는 뭉쳐 버릴 가능성이 있으므로 처음에 투입하는 것이 바람직하다. 그리고 미생물의 고른 분산을 위하여 투입하기 전에 사료원료나 부형제에 일단 혼합한 다음 투여하는 것이 좋을 것으로 사료된다.

첫째, 비타민이나 미량광물질 등의 첨가제는 각각 무게를 달아 사전에 예비 혼합하여 배합기에 넣는다.
둘째, 길이가 긴 건초나 볏짚 등 조사료를 넣고 3~5분 절단한다.
셋째, 농후사료를 넣는다.
넷째, 전지 면실과 같이 잘 분리가 되지 않는 재료를 투입한다.
다섯째, 사일리지와 같은 것을 넣는다.
여섯째, 감귤박, 맥주박, 물과 같이 아주 습기가 많은 재료를 넣는다.
일곱째, 마지막 원료를 투입하고 난 후 3~4분 정도 혼합한다.

국내에서 생산되는 TMR의 수분은 평균적으로 건식 TMR의 경우 12~14% 내외이며, 습식 TMR의 경우는 39.4~40.8% 내외인데, 이 때 미생물의 증식이나 발효를 위해서는 습식 TMR 정도의 수분이 필요하다. 또 가축의 성장 및 생산능력에 적합한 배합사료의 영양소 농도를 사양표준이나 사료배합 제조업체의 사양지침을 참고하여 결정한 다음 원료사료의 영양가와 가격을 바탕으로 계산기 또는 배합비 계산 프로그램으로 농가 자가사료 배합프로그램 등을 이용하여 배합율표를 작성하여 배합한다.

※ 배합시 유의사항

① 배합사료의 영양소 함량을 맞추기 위해서는 원료사료의 영양가를 정확히 알아야 한다. 이를 위해서는 입고되는 원료마다 분석이 이루어져야 하지만, 현실적으로 쉽지 않기 때문에 축산기술연구소의 한국표준사료성분표(1988)의 내용 참고를 권장한다.

② 축종별로 영양소 공급량이 과부족 되지 않게 하고, 최대 수익을 보장받기 위해서는 사양단계를 설정한 후 사양단계별로 배합사료의 영양소 농도를 다르게 조정해 주어야 한다.

(3) 고체배양기

발효사료의 배양방식은 기본적으로 고체배양 방식에 의존하는 방식이며, 밀폐식 배양장치와 회전드럼식이 원칙적으로 사용되나, 최근에 국개법 및 발효사료 배합기가 많이 사용되고 있어 간단히 소개하고자 한다.

가) 고체배양기술의 적용

미생물의 배양은 주로 대형 발효조를 이용한 액상배양 기술의 발달과 함께 발전되어 왔다. 반면에 고체배양은 식품과 효소생산에 오래 전부터 이용되어 오던 기술인데,

최근 액상배양보다 높은 효소생산성을 보이는 고체배양 연구결과가 다수 발표되고, 소규모로 농산 폐자원의 재활용하는 법이 대두되면서 다시금 관심이 집중되고 있다.

고체배양은 주로 낮은 수분함량에서 진행되기 때문에 세균오염 가능성이 낮고 발효기의 단위 부피당 기질 용적량이 많다. 또 생성물을 추출하여 분리할 경우 액상배양에 비해 적은 용매로 저렴하게 분리가 가능하며, 발효 종료 후 잔류물은 사료나 비료로 이용하므로 폐수처리 비용이 적게 든다. 운전 중에는 강제 통기공정이 가능하여 산소공급, 이산화탄소 제거, 발생 열 제거 등 세 가지 효과를 동시에 가져올 수 있으며, 특히 곰팡이의 분생포자는 장기간 보관이 가능하고, 반복적으로 스타터로서 이용이 가능하다.

이에 비하여 단점은 기질의 교반이 어려워 세포성장, 온도분포, 습도 등이 불균일하고, 기질 내 생리적·물리적·화학적 환경이 다르므로 이를 균일하게 조절하는 것은 어렵다. 고체기질은 열전도도가 낮아 온도조절이 어렵다. 강제통풍이 유일한 온도조절 방법이고, 세포성장과 발효 공정상의 매개변수를 신속히 측정하는 것이 어렵다. 기질의 낮은 수분함량으로 인해 배양 가능한 미생물의 종류가 진균류와 곰팡이 그리고 몇몇 세균에 한정된다. 온도가 유일한 세포성장 조절 변수이고, 자동화와 연속배양이 어렵다. 고생산성에 기여하는 인자를 구명하기가 어려워 다분히 실험적이고 경험에 의존한다는 것이다.

나) 고체배양기의 종류

고체배양기의 종류는 Sato와 Sudo(1999)에 의하면 tray fermentor(코지생산용 발효기), packed-bed fermentor(충전형 발효기), rotary drum Fermentor(회전식 드럼 발효기), Fluidized-Bed Fermentor(유동층 발효기)로 나눌 수 있다. 고체배양기술의 이용분야는 발효식품으로는 우리나라의 메주와 누룩 등이 있으며, 일본의 납두(natto) 및 코지(koji) 발효에 주로 이용되며 고체배양 공정으로는 대개 tray fermentor를 이용한다.

사료에의 이용분야에는 곡류와 두류에 포함된 전분, cellulose, hemicellulose 등의 성분을 미생물에 의한 고체발효법으로 반가공하여 일부 분해하고 미생물에 의해 생성된 효소를 사료에 잔류시켜 가축의 소화·흡수를 높이는 데 이용한다. 미생물로는 *Bacillus*속과 *Aspergillus*속이 이용되고 amylase, protease, cellulase, 그리고 xylanase 등의 효소를 생성하여 사료를 일부 가수분해하는데 생성된 당과 아미노산은 가축의 사료 섭취량을 높이는 효과를 부여한다. 여기에 함께 효모를 접종하여 발효하면 단백가가 높아지고 growth factor 공급효과가 예상된다.

사료의 고체배양 공정으로는 packed-bed 또는 rotary drum fermentor가 이용되며,

발효 후 반가공된 사료는 건조 후 납품된다.

고체배양기술은 아직까지 대형화와 자동화가 힘들고, 정밀한 조절이 어려운 점 그리고 연속배양 등의 다양한 배양기술의 적용이 어려운 것이 문제점으로 남아 있다. 하지만 발효사료를 위한 배양방법으로는 액상배양이 갖지 못하는 특장점을 갖고 있어 앞으로도 계속 발전할 것으로 예상된다.

다) 고체배양의 분류

※ 고체배지와 공기와의 접촉형식에 따른 분류

고체배양은 대량 배양일 경우에 공기의 접촉이 호기성 미생물의 증식에도 필요하지만 증식에 따른 발열이 70℃ 되는 경우가 있어 열을 제거하는 방법이 가장 중요한 문제가 된다. 고체배지와 공기와의 접촉형식에 따라 배양장치는 두 형식으로 분류되는데, 일반적으로 배지를 5～6 cm 이하의 얇은 층으로 하여 배양실의 실온으로 배지의 온도를 제어하며, 공기는 자연환기 또는 표면에 강제통풍을 하는 정치배양 방식과 금속망이나 다공판 위에 배지를 수십 cm의 두께로 싸서 바람이 위쪽 또는 아래쪽 방향으로 배지층을 강제통풍 되면서 흐르게 한다. 배지의 온도는 바람의 온도로 조절하는 내부 통기배양 방식이 있다. 이외에 유동배양은 밀폐구조로 하거나 자동제어도 가능하나 아직 실제 생산에는 이용되지 않고 있다.

라) 고체배양 장치의 분류

※ 국개법

대표적인 정치배양으로 그림 2-4와 같이 나무바닥 위 또는 3 cm 정도 깊이의 나무, 스테인레스, 플라스틱 등으로 만든 상자(麴蓋, 누룩상자, tray)에 배지를 넣어 잡균의 오염을 막기 위하여 증기 살균한 다음 식균하고 살균한 배양실에서 배양한다. 엄격한 의미에서의 밀폐배양은 아니지만 상자 안의 공기온도의 변화가 완만하면 상자의 공

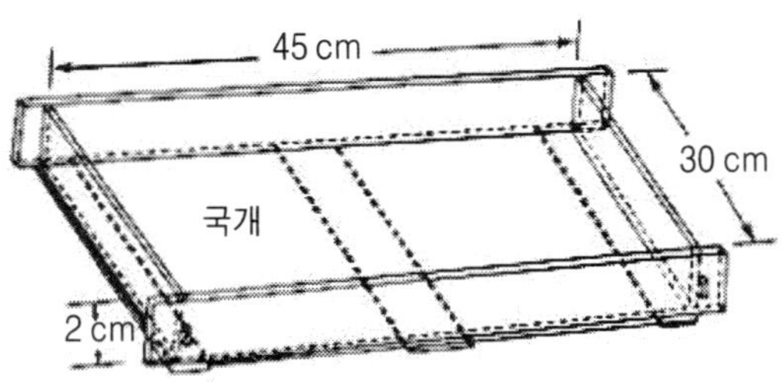

그림 2-4. 국개 상자

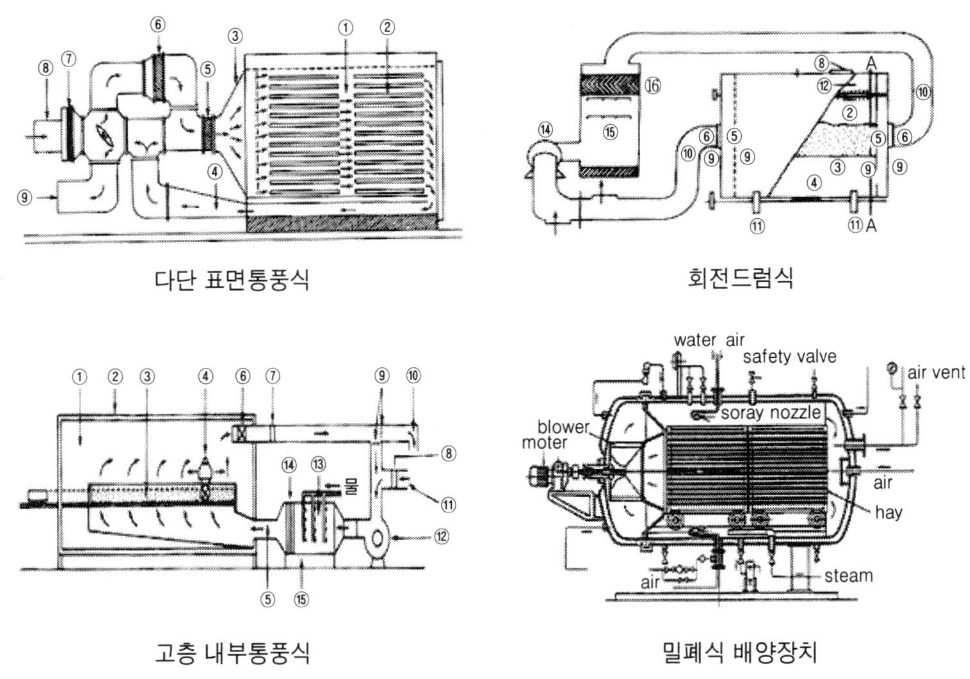

다단 표면통풍식　　회전드럼식

고층 내부통풍식　　밀폐식 배양장치

그림 2-5. 고체배양 장치의 종류

기 출입속도가 대단히 낮기 때문에 잡균의 침입은 비교적 적다.

대량 배양의 경우에는 선반을 여러 단 만들어서 그 위에 엷게 깔거나 상자 안에 엷게 깔아서 그 상자를 여러 개 쌓아 올리게 된다. 어느 경우라도 배양실이 커야 하고, 작업이 수동식으로 이루어지기 때문에 자동화가 어렵다. 현재 국내에서는 미생물을 접종한 국개를 온도를 일정하게 맞춘 항온실에서 2～3일 배양하는 방법이 저렴하게 생산하는 방법으로 이용되고 있다. 정치배양방식으로서 기계화된 것으로 실제 고체배양 생산에 이용되는 것은 그림 2-5와 같이 4가지 배양장치가 있다.

3.7 발효사료의 가치 평가

발효사료는 대부분이 식물성과 동물성으로 되어 있으며, 사료 및 식물의 영양적 가치를 평가하는 데는 1865년 독일의 Weende 시험장에서 창안된 방법으로 시료의 수분, 조단백질, 조지방, 조섬유, 조회분 및 가용무질소물 등의 6가지 함량을 분석하는 화학적 평가법이 가장 널리 사용된다. 더욱 과학적으로 평가하기 위해서는 사료를 단백질의 가치로 표시하는 생물학적 평가법, 그리고 영양률, 가소화단백질, 사료효율, 에너지, 단백질 비율 등을 계산하여 평가방법이 병용되는 경우도 있다.

3.8 발효사료 부산물 종류 및 이용시 문제점

TMR의 장점은 값싼 부산물을 이용할 수 있는 장점이 있으므로 지역별·계절별로 생산되는 부산물의 사료가치 평가를 통하여 TMR 발효사료 제조시 이용하여야 한다. 가축생산비 중에 사료비용은 대략 50~60%를 차지하며, 축산업의 수익성을 평가할 때 가장 중요하게 고려되는 사항이며 많은 양축농가들이 되도록 쉽게 구할 수 있는 부산물을 이용하고 있다. 발효사료로 이용이 가능한 부산물은 표 2-6에 제시된 바와 같이 부산물의 종류에 따라 다양한 형태가 있으며, 이러한 발효양식과 급여량 등은 바뀔 수 있다.

또 농후사료와 곡류가공 부산물사료의 공급가격은 계절과 지역, 세계 곡물시장에

표 2-6. 사료 이용가능 주요 부산물

분 류			종 류
농업부산물	고간류	짚류	볏짚, 보리짚, 귀리짚, 밀짚 등
		간류	콩깍지, 콩대, 서숙대, 옥수수대 등
	근괴류		고구마, 감자, 돼지감자, 타피오카 무우, 당근
농산가공부산물	강피류		당밀흡착강피류, 쌀겨, 보릿겨, 대두피, 옥수수겨
	가공부산물		전분박, 맥주박, 주정박, 식혜박, 배지밀박, 감귤박, 가솨박, 포도박, 두부(비지)박 등
	유박류		대두박, 임자박, 채종박, 아마박, 면실박 등
식품가공부산물류	제과제빵 부산물		제빵, 제과, 제면
축산 및 수산 (가공)부산물	도축부산물		육(골)분, 혈분, 제각분, 우모분, 가금부산물분, 반추위 내용물 등
	가공부산물		어분, 어즙흡착, 새우분, 피혁분, 잠용박 등
	가축분		계분, 돈분, 우분
임업 및 임산 (가공)부산물	나뭇잎		떡갈나무, 뽕나무, 갈참나무 등
	생지엽		나뭇잎과 줄기
	두과수엽류		싸리, 아카시아, 칡 등
	목재부산물		톱밥, 펄프 등
산야초	화본과 야초		바랭이, 수크령, 솔새, 개솔새, 억새, 새, 갈대, 실새풀 등
	두과 야초		개완두, 매듭풀, 칡, 자운영, 살갈퀴, 차풀, 갈퀴나물, 나물, 돌콩 등

자료 출처 : 정완태, 2005

따라 영향을 받기 때문에 영양적 충실성과 공급의 용이성, 가격 등을 종합하여 발효사료 제조에 임하여야 하겠다. 또 박류, 식품부산물, 두과사료작물들 중에는 유해성분이 함유되어 기호성을 낮추거나 소화대사 작용을 저해하기도 하고, 가축 생산성을 낮추는 역할을 하고 심하게는 가축 폐사에 이르게 되는 경우도 있다. 발효사료 이용시의 문제점을 잘 파악하여 대처하고 이용하면 축산업에서 차지하는 사료비용을 상당부분 줄일 수 있다. 발효사료 원료의 경우는 발효되는 것이 전제되어야 하므로 발효산물의 미생물수를 평가하여 발효억제물질이 있는지 파악하여야 할 것이다. 따라서 최소의 사료비용으로 안전축산물을 생산하기 위해서는 사료의 안전성과 영양적 가치를 파악하고, 사료로서의 가치를 검정한 후 가축에게 급여하는 것이 바람직하다.

최근에 각 지방자치단체의 농업기술센터는 농가의 발효사료 제조를 위하여 유산균, 고초균, 효모균, 누룩곰팡이, 방선균 등의 미생물 배양액을 농가에 1 ℓ 씩 무상 공급하고 있다. 발효사료를 이용한 농가에서는 암모니아 가스가 현저하게 줄고 파리의 발생률이 많이 줄었으며, 송아지 설사예방과 사슴포피염이 감소됐다고 한다. 실제 발효사료를 먹이고 있는 방병운(47. 천안 성남면) 씨는 사료 섭취량이 많아져 우유 생산량이 늘었고, 분뇨 냄새가 줄었으며, 특히 사료 섭취량이 늘어나 유지방 함유율이 전체 평균 0.2% 높아져 추가 소득이 발생하는 등 좋은 효과를 거두고 있다고 평가하고 있다.

3.9 발효사료의 이용

발효사료의 이용은 일반 가축의 사양에 첨가하여 이용하는 경우와 TMR 발효사료와 사일리지 제조에 이용하는 경우가 있다. 효과는 육성돈 생산성 증가, 고급 브랜드육 생산, 성장촉진 및 사료효율 개선, 분뇨의 악취제거, 장 개선 및 질병예방 효과, 산란율, 난질개선, 소화율 향상, 면역기능 강화 등으로 생균제 항목에서 설명한 것과 대략 같다. 가축의 사양에 첨가하여 이용하는 경우는 생균제 이용의 경우와 커다란 차이가 없으므로 TMR 발효사료와 사일리지에 대하여 기술한다.

1) 가축사양 사료에 이용

발효사료는 농가 자체로 개발된 것을 많이 사용하며, 급여는 대개 가축사료에 0.1～3.0% 첨가하여 혼합하거나 사료 위에 드레싱하여 급여한다. 이렇게 가축에 급여하였을 경우는 효과는 양축농가의 사료비를 30～50% 절감하고, 소화흡수율은 80～95% 증가되며, 육질이 좋아지고(A등급 실현), 축분이 줄고, 20～30% 정도 악취제거 효과가 있다고 보고되고 있다.

2) TMR 발효사료

TMR(total mixed ration)은 섬유질 배합사료를 이야기 하며, 매번 급여할 모든 사료를 한꺼번에 혼합해서 급여하는 방식을 말한다. TMR은 수분함량이 적은 건식 TMR (20% 이하)과 수분함량이 높은 습식 TMR(40～50%)로 구분되며, 급여형태에 따라 배합사료와 함께 급여하는 소위 세미 TMR과 다른 사료는 전혀 급여 않는 완전 TMR로 구분할 수 있다. 최근에는 완전 TMR과 습식 TMR을 선호하고 있는 추세이나 습식 TMR의 수분이 40～50% 정도여서 쉽게 부패되기 때문에 TMR을 미생물을 이용하여 발효시키면 보존성이 길어지고, 기호성 및 생산성 향상, 소화기능 및 면역력 향상, 질병 억제효과, 사료요구율 및 증체율 향상 등을 기대할 수 있다.

TMR의 발효미생물 수는 발효가 이루어지면 10^7～10^9 cfu/g(사료)에 이르게 된다. 이 미생물들에 의해 반추위내에서 균일한 발효가 일어나 에너지와 단백질 이용을 극대화하여 소의 건물섭취량을 최대화시킴으로써 젖소의 경우는 유량을 증가시키고 육우의 경우는 육질을 개선한다. 이들이 생산하는 효소와 면역활성물질은 소화를 돕고 병원성 미생물의 오염을 막아 축우의 생산성과 사료효율을 개선한다. 이외에 편식을 막을 수 있는 장점이 있으며 농가, 식품부산물 등 부존 사료자원을 최대로 활용하면 사료비를 절감할 수 있다.

(1) TMR 발효사료의 필요성

TMR 사료는 유우의 소화와 비유생리에 최고로 적합한 사료로 들 수가 있으나, 신선한 TMR 사료라도 문제점이 있는데 그것은 하절기의 기온의 상승에 의한 품질의 열화이다. TMR 사료는 일반적으로 소가 편식을 하기 때문에 가수하여 30～50%의 수분량으로 한다. 그렇기 때문에 TMR 사료는 하절기에는 아침에 제조한 것이 오후에는 열화(부패)가 시작되고 건물섭취량(DMI)이 감소한다.

유기산 등에 의하여 방부적인 처리를 할 경우는 기호성이 안 좋아지는 등의 문제가 있다. 그러므로 TMR 사료의 수분량을 40～50%로 하여 젖산발효시키면 하절기의 열화, 부패가 방지되어 약 1주간 개방상태로 품질이 유지되므로 TMR 발효사료는 특히 하절기의 품질 저하에 필요하다.

(2) TMR 발효사료 제조

가) TMR 발효사료의 원료

표 2-7에는 전형적인 TMR 배합원료를 나타내었다. 원료로서 단미사료는 품질이 일정하여야 하고, 가격이 저렴하여야 함과 동시에 기호성이 있어야 하며, 안정적으로

확보할 수 있어야 한다. 원료는 소에 있어 사료의 내용이 변화하는 것은 매우 중요한 문제로서 반추위 성상에 변화를 일으켜 식욕부진, 식체 등을 유발할 수가 있다. 사료 성분이 변한다고 하는 것은 미생물의 배양액이 변한다는 것을 의미하기 때문에 일정한 성분함량을 유지하는 것이 중요하다. 제조시 이상적인 건물함량 범위는 최소 30%, 최대 65% 정도이다. 건물함량이 50% 미만인 섬유질 배합사료는 건물섭취를 제한한다. TMR에 가장 중요시되는 것이 비육단계별로 섬유질 농도를 결정하는 것이다.

사료섭취량을 많게 해야 할 시기에는 기호성이 높은 원료를 선택해 주어야 한다. 전체 사료 섭취량은 TMR의 건물함량에 따라 좌우되며, 이상적인 건물 함량 범위는 최소 30%, 최대 65% 정도이다. 섬유질 배합사료에서 가장 중요한 것은 비육단계별로 섬유질 농도를 결정하는 것이며, 조사료 입자는 이론상으로 약 0.95 cm가 되지만 발효 시 공기의 출입을 원활하게 해주기 위해 5～10 cm로 절단하는 것이 좋다.

TMR에 필요한 사료원료 배합비에 대한 충분한 지식을 쌓고 전문가의 자문을 통해 배합비를 작성한다. 발효미생물이 증식하기 위한 수분함량은 35～45%가 최적이며, 적정온도는 20～40℃ 정도가 되어야 한다. 낮은 온도에서는 발효가 더디게 진행되며, 높은 온도에서는 발표 진행속도가 빨라져서 발효열이 많이 생성되어 오히려 미생물 증식을 억제하게 된다. 각종의 TMR 원료는 수분함량이 35～45% 되게 조절하고, 혼합기에서 골고루 섞은 후 적당한 용기(톤 백이나 마대자루 등)에 담아 창고 내에 보관하면서 발효시킨다.

계절에 따라 발효시간이 다르지만 여름철은 약 2일에서, 겨울철에는 약 1～2일이면 발효 TMR 특유의 향긋한 사일리지 냄새가 나고 발효가 완료된다. 여름철에는 과도한 발효열이 문제가 되어 소들이 기피하는 경향이 있어 유기산 등을 활용하여 발효열을 억제하는 것도 하나의 방법이다. 겨울철에는 반대로 기온이 낮아 발효가 진행

표 2-7. TMR(%, as-fed basis) 중의 원료 사료배합량

Ingredient	Content	Ingredient	Content
Alfalfa	7.0	Gluten meal	10.5
Cotton seed hull	1.3	Wheat bran	6.0
Cotton seen	4.5	Maltose by-product	9.9
Beet pulp	2.0	Soybean meal	1.5
Bagasse	1.0	Oat	2.0
Alfalfa pellet	4.0	Rapeseed meal	1.5
Brewer grains	22.4	Water	1.5
Corn	20.0	Premix	2.5
Soybean hull	2.5		

되지 않는 문제점이 있으므로 난방기구를 사용하여 적어도 20℃ 이상은 유지해 주는 것이 바람직하다.

TMR 발효사료는 일반적으로 이용되는 자가배합사료, 유통사료 등을 발효시켜 사료화한 것이다. 젖산균의 증식에 필요한 수분함량을 필요로 하기 때문에 다즙질성의 미이용 자원, 주로 식품부산물의 이용이 가능하다. 그런데 다즙질성의 식품부산물 중에는 두부박처럼 하절기의 기온상승에 의해 신속히 부패하는 것이 많은데, 이것들도 젖산발효에 의해 품질이 어느 정도는 유지된다.

TMR 공장에서는 일반적으로 조사료 또는 조사료의 일부 및 농후사료, 미네랄 등을 혼합하고 수분함량을 40~50%로 하여 트랜스백에 두꺼운 비닐백을 사용하여 혼합사료(TMR)를 충진하고 공기를 뺀 후 밀봉한다. 약 1주~2주를 젖산발효의 숙성기간으로 하여 발효사료가 완성된다. 정상적인 발효 TMR의 보존기간은 1달도 가능하나, 개봉 후에는 산소와의 접촉으로 호기성 발효가 일어나 곰팡이가 피기 쉽다. 이를 위하여 햇볕이 잘 들고 통풍이 잘 드는 곳에 사료원료들을 보관하는 것이 좋다.

나) TMR 발효사료의 제조실험

실제 TMR 공장에서 미생물의 처리를 달리한 후 나타난 TMR 발효사료별 제조 결과를 소개한다. 제조공정은 발효사료용 원료를 확보하고 발효사료 배합비를 작성한

사진 1

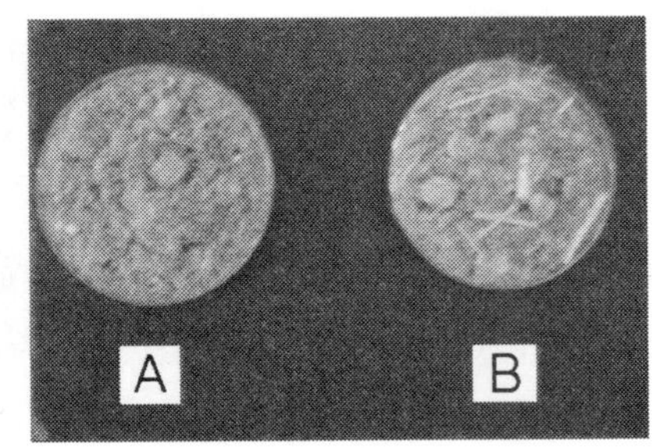

사진 2

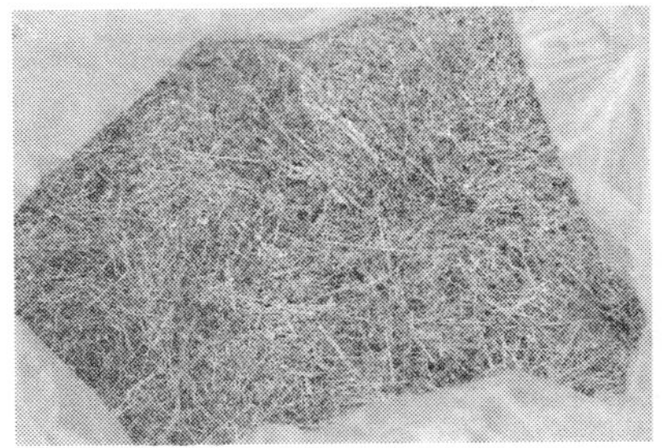

사진 3

사진 4

그림 2-6. TMR 발효사료의 제조단계

다음 각 원료를 살균처리, 수분 및 air를 유지하면서 발효사료에 알맞는 균주를 접종하고, 약 10일간 발효하면서 발효상태를 확인하고 완료되면 저온에서 건조 후 포장하였다.

각 처리구의 구성은 일반적으로 많이 사용되는 효모 단독제제와 *Lactobacillus* sp, *Bacillus* sp, *Aspergillus* sp, *Yeast* 등으로 구성된 액상 및 분말제품을 DFM의 개념으로 TMR 사료에 직접 투여하고, 또 다른 경우는 액상을 투여하여 분말상의 1차 발효 stater를 만들고, 이것을 TMR 사료 제조시 투여하여 제품화하여 비교하였다.

각 처리별로 1 kg의 시료를 1 mm 두께의 비닐백에 넣은 후 밀봉상태로 저장하였다. 시료의 저장은 평균온도가 10℃ 되는 실내에서 하였으며, 저장기일은 4일이었다. 그리고 저장 후 0, 1, 4일째에 각각 3점의 시료를 채취하여 외관적 상태, pH, 미생물수를 조사하여 품질검사를 하였다. 액상의 미생물액을 미강, 단백피 등의 부형제와 섞고 발효배합기(사진 1)에 넣은 다음 약한 rpm으로 고루 혼합하며 24시간 배양하였다. 사진 2A와 같이 완성된 발효스타터를 톤백에 담아 하루 이상 숙성을 시키고(사진 3), TMR 사료 제조시 첨가하여(사진 2B) 농가에 공급할 TMR(사진 3, 4)을 만들었다.

다) TMR 발효사료의 제조결과

① 시료의 외관상태 및 냄새 : 1차 발효한 stater를 이용하여 고체배양하고, 이것을 TMR 사료의 제조에 이용하였을 때는 저장 1일 후부터 가스가 생성되어 비닐이 팽창되어 사료의 외관상태가 가장 좋은 효과가 관찰되었다. 기타 제품은 저장 후 가스의 생성이 미미한 것으로 판단되었다. 색깔변화는 3일째에 1/3～1/2 정도 변색되는 것으로 관찰되었다. 발효 향은 발효스타터를 이용한 경우가 가장 좋았으며, 효모만 이용한 경우는 발효는 잘된 것으로 판단되나 알코올취가 너무 강하여 자극성을 갖게 되어 사료의 섭취율이 떨어지는 것으로 평가되었다. 액상 미생물을 직접 이용한 경우는 저장시료의 상층부에 곰팡이가 생기기 시작하였다. 저장일수가 지날수록 곰팡이에 의한 오염정도가 진행되었으며, 3일째에는 시큼한 냄새가 나기 시작하고, 7일째부터는 악취가 약간 발생하기 시작하였다(결과 미제시).

② pH 변화 : 개봉 혹은 밀봉저장된 시료의 pH 변화는 표 2-8에 나타낸 바와 같이 효모 및 생균제 분말, 1차 발효스타터를 첨가하여 TMR 사료를 만들었을 때 저장 후 0일째에는 pH가 5.97 및 6.47, 6.16이었으며, 저장기간에 따라 pH가 서서히 감소되어 저장 1일에는 5.14 및 5.09, 5.21이었고, 저장 4일에는 4.65 및 4.35, 4.32로 낮아졌다. 젖산균의 생성으로 pH가 낮아진 것으로 생각되며,

이 중 1차 배양 후 얻어진 발효스타터를 첨가하는 경우가 가장 낮은 것으로 나타나 발효가 촉진된 것으로 평가되었다.

③ 미생물수의 변화 : 총 균수는 저장 1일에는 대개 1.0~1.6×10^7 cfu/g의 범위이던 것이 저장 4일에는 3.7 및 6.0×10^7 cfu/g, 1.8×10^8 cfu/g으로 나타나 효모 단독제제보다는 미생물을 골고루 포함한 생균제 분말 경우가 10배 이상 증가한 것으로 나타났다. 이 영향은 *Lactobacillus*를 비롯하여 *Bacillus*, yeast 등이 증식하여 나타난 결과로 사료되었다. TMR 사료의 제품별로 대장균수를 측정하였을 때 저장 1일에는 대개 4.5×10^3 cfu/g ~ 6.5×10^4 cfu/g의 범위이던 것이 저장 1일에는 생균제 분말제품의 경우를 제외하고는 대장균수가 급격히 감소하여 저장 4일에는 검출이 되지 않았다. 이는 TMR 사료의 pH가 미생물들에 의하여 낮아진데 기인한 결과로 사료된다.

(3) TMR 발효사료의 급여사례와 평가

발효사료에는 비유용의 TMR 발효사료와 세미 발효사료가 있고, 비유용에 한하여 건유용 발효사료가 있다. 건유용의 필요성은 pH 4의 산성사료가 분만 전후를 통하여 급여되는 것에 의하여 루멘 미생물의 증식에 영향을 줄 것에 대한 배려 때문인 것이다.

급여방법은 TMR 발효사료에 대하여는 신선한 TMR 사료와 똑같이 연속적인 급여를 한다. 비유량별로 소들을 그룹으로 나누든지 고비유소에 대한 비유량에 대한 농후사료의 탑드레싱이 이상적이다. 세미 발효사료에 대해서는 목건초, 헤일리지, 사일리지 등을 병용하여 필요 영양량을 충족하고, 고비유소에 대해서는 농후사료를 탑드레싱을 하거나 소그룹별로 급여관리를 한다. TMR 발효사료의 이용에 의한 모건초, 헤

표 2-8. 각 미생물제제를 이용한 TMR 발효사료의 pH 및 미생물수의 변화 (미생물수 단위: cfu/g)

구 분	제조 당일			제조 1일후			제조 4일후		
	효 모	생균제 분말	1차발효 스타터	효 모	생균제 분말	1차발효 스타터	효 모	생균제 분말	1차발효 스타터
총 균수	7.5×10^6	1.6×10^7	2.2×10^7	3.5×10^7	7.9×10^7	3.9×10^7	3.7×10^6	6×10^7	1.8×10^8
Lactobacillus	3×10^5	2.2×10^6	3.8×10^6	2.7×10^6	7.9×10^7	3.9×10^7	3.7×10^6	6×10^7	1.8×10^8
Bacillus	3×10^5	2.2×10^6	3.8×10^6	2.7×10^6	7.9×10^7	3.9×10^7	3.7×10^6	6×10^7	1.8×10^8
Yeast & Mold	3×10^5	2.2×10^6	3.8×10^6	2.7×10^6	7.9×10^7	3.9×10^7	3.7×10^6	6×10^7	1.8×10^8
pH	5.97	6.47	6.16	5.14	5.21	5.07	4.65	4.35	4.32
E. coli	4.5×10^3	6.5×10^4	4.3×10^5	-	1.6×10^2	-	-	-	-

일레지 등의 자급사료를 이용하는 동안은 평행하게 농후사료의 첨가급여에 의하여 필요 영양량을 섭취시키면 좋다. 비육사료인 농후사료와 발효사료를 체중의 1.5% 수준으로 제한급여하는 경우도 있다.

가) TMR 발효사료의 성분변화

TMR 발효사료의 발효 전후의 영양성분에 관하여 표 2-9에 나타냈다.

① 젖산 : 발효사료의 젖산량은 9.3%로 높고, 일반적인 사일리지의 2% 전후를 생가하면 상당히 높은 생성량이다. 젖산농도의 증가는 젖산균의 증식에 의한 결과이고, 통상의 사일리지 비교하면 경이적이다. 일반적인 사일리지가 하절기의 고온기에 꺼내면 표면이 하루 만에 쉽게 2차 발효하지만 발효사료는 약 1주일 간

표 2-9. 발효 전후의 성분변화

분 석 항 목	세미 발효사료			TMR 발효사료	
	발효 전	발효 40일 후	발효 후의 평균치(검체수)	발효 전	발효 30일 후
수분	43.0	45.3	45.9(11)	44.5	48.0
조단백(CP)	17.4	18.8	17.9(10)	14.9	15.3
단백질분획					
용해성(RSP)	14.7	30.5	31.5(10)	19.5	29.3
분해성(RDP)	31.6	42.6	47.5(6)	36.1	43.4
비분해성(RUP)	68.4	57.4	52.5(6)	63.9	56.6
결합(BP)	10.5	9.7	8.0(10)		
산성세제 섬유(ADF)	23.2	19.9	17.4(9)	21.7	20.1
중성세제 섬유(NDF)	46.9	38.5	37.1(9)	38.6	36.7
전분	19.7	18.7	25.7(6)	23.6	24.5
비섬유탄수화물(NFC)	34.9	31.6	37.1(9)		
조지방(EE)	6.6	7.6	6.5(12)		
회분	5.5	5.2	5.6(12)		
비타민A	0.11	0.25	0.13(2)		
pH	5.5	4.3	4.1(12)	4.9	4.3
암모니아태질소	0.02	0.09	0.1(12)		
낙산	0	0	0(12)	0	0
젖산	1.16	5.4	9.3(11)		8.6
초산	0.25	1.6	1.1(11)		1.4
프로피온산	0	0.02	0.01(12)	0	0
가용성당류				8.6	4.5
NFC(전분 + 유기산)	15.2	12.9	11.4		

변하지 않는다. 이것도 젖산생성에 의한 산도 차이에 의한 것이라고 판단된다.

② 당질 : TMR 발효사료의 사례에서는 발효 전 8.6%가 4.5%로 감소하였다. 이 사실은 유산균이 당을 분해하여 감소한 것이다. 따라서 비섬유탄수화물(NFC)치의 감소가 예상된다.

③ 루멘내 용해성 단백질(RSP), 루멘내 분해성 단백질(RDP)의 증가, 루멘내 비분해성 단백질(RUP)의 감소 : 젖산균발효에 의한 조단백질(CP) 중의 RSP, RDP의 증가, RUP의 감소가 보였다. RSP치가 세미 발효사료는 발효 전의 14.7%가 30.5%로 207.5% 상승하였고, TMR 발효사료는 발효 전의 19.5%가 29.3%로 150.3% 상승하였다. RDP치는 세미 발효사료는 발효 전 31.6%가 42.6%로 134.8% 증가하였고, TMR은 발효 전 36.1%가 발효 후 43.4%로 120.2% 증가하였다. RUP에 관해서는 RDP의 상승에 따른 감소가 세미 발효사료에서는 1.6%, TMR 발효사료에서는 11.4%였다. 젖산발효에 의해 루멘내의 단백질 분해율이 증가하는 것이 소에게는 좋고 나쁜 것이라기보다는 단백질 소화성상의 변화로 보고 급여 설계시에 그 점을 충분히 배려하는 것이 중요하다. RDP치의 상승은 루멘내의 암모니아화가 상승하는 것으로 고려하여 그에 대한 NFC의 충분한 배려가 필요하다.

④ 산성세제 섬유(ADF) 및 중성세제 섬유(NDF) : ADF는 셀룰로오스와 리그닌으로 구성되고, NDF는 헤미셀룰로오스가 더하여 총섬유라고도 불려진다. 표 2-9에 나타낸 바와 같이 세미 발효사료에서는 ADF는 발효 전 23.2%가 발효에 의해 19.9%로 14.3%의 감소로 되고, NDF는 46.9%에서 38.5%로 17.9%가 각각 감소하였다. TMR 발효사료에 관해서도 같은 양상으로 ADF가 7.4%, NDF에서 4.9%가 감소되었다. 이런 결과로 보아 젖산발효가 주체이기는 하나 원료의 살균 등의 전처리를 행하지 않아 다른 세균 등에 의한 섬유소 분해가 있는 것으로 추정된다. 따라서 발효사료의 급여설계를 발효전의 분석치에 의한 경우는 ADF, NDF치가 감소하는 것을 고려하는 것이 현명하다고 본다.

⑤ pH : 발효사료 중의 pH는 3.9~4.3의 범위로 평균치에 해당하는 4.1이 가장 많았다. pH 저하는 일반적인 사일리지와 같았다. pH가 안정한 산도치를 나타내는 것은 품질유지에 관계되는 사항이다.

⑥ 조단백질(CP) : 발효 전후에 있어서의 CP는 RDP의 증가, RUP의 감소에 머무르지 않고 CP의 증가 경향을 나타냈다. 구체적으로는 금후 연구를 해봐야 할 필요가 있지만 미생물의 작용에 의한 것이라면 아미노산의 합성이 기대된다. 분석사례도 적지만 세미 발효사료에서는 8%가 증가하고, TMR 발효사료에서는 2.8%가 증가하였다. 미발효사료의 표준 분석치와 비교하면 세미 발효사료는

5.9% 증가한 것이 된다. 어느 경우라도 발효사료는 CP치가 상승될 것을 전제로 한 급여설계가 필요할 것으로 본다. 섭취 단백질에 좌우되는 혈중 요소질소량(BUN), 유즙 중 요소질소량(MUN), 유단백질치는 정상의 범위였다.

나) 가소화성

TMR 발효사료의 실제 급여에 있어서 현저하게 나타나는 사항은 가소화성의 향상이다. 소화시험을 행하지 않았기 때문에 수치적으로 나타낼 수 없지만 현장에서의 유용한 방법인 것은 자명한 일이다. 발효사료를 1일 20 kg 이상의 급여사례에서 나타나는 것은 분변의 악취경감, 점성의 감소, 미소화물 특히 곡물류의 감소, 연변의 해소, 배설량의 감소 등이다. 이는 종래의 사일리지와의 비교할 때 고농도로 생산된 젖산균과 함께 젖산균 생산물질에 의한 정장작용에 의한 것으로 생각된다. 발효사료를 급여한 목장에 의하면 채식량이 증가하는데 비해 분과 뇨의 배설량이 20% 전후 감소했다는 보고가 많다.

다) 생산성

최신의 영양학에 기초한 급여설계를 하여 발효사료의 급여한 결과, 비유량이 증가하고, 산후의 발정회귀가 양호하게 되고, 비유 최성기 후에도 체력이 유지되는 면이 관찰되었다. 그림 2-7은 착유우의 평균 일일 유량을 나타낸 것으로 발효사료의 급여 개시에 의해 비유량이 현저하게 증가하고, 그 후에도 높은 수위로 유지한 것을 알 수 있다. 개시 후의 계절 등에 의한 영향도 있지만 예상을 뛰어넘는 결과이다. 그 이유로 추정되는 주요 사항은 다음과 같다.

① 비유 최성기에서의 필요 영양량의 충족 : 비유 최성기에도 대부분의 소가 필요 영양량이 부족하게 되고, 그 결과 영양결핍, 무발정이 되는 경향이 있다. 젖산

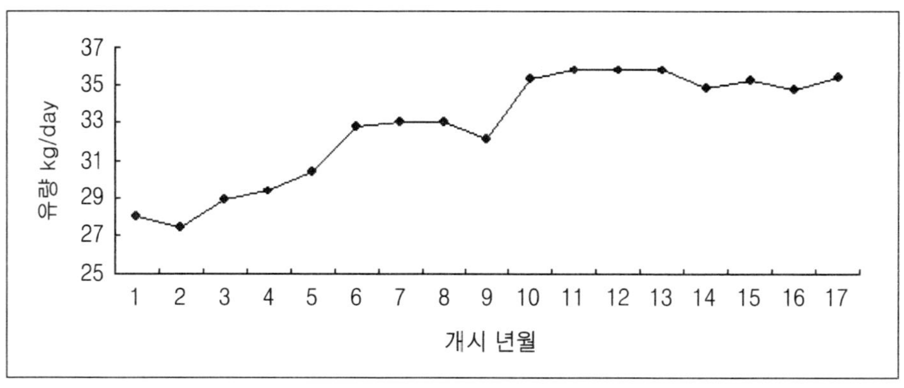

그림 2-7. 비유량의 추이

발효사료의 급여에 의한 정장효과와 연속적인 섭취로 농후사료의 증가 급여가 가능하면서도 소화불량의 염려 없이 필요 영양분이 충분히 급여되기 때문이다.

② 건물섭취량(DMI)의 향상 : 급여진단과 급여설계의 실시 결과로부터 5% 전후의 DMI의 증가가 예상되었으며, 이 결과는 사료의 젖산균 발효에 의한 가용성 NDF치의 변화에 의한 것으로 생각된다. 소화관내의 특히 루멘내의 체류시간이 단축되며, DMI는 증가하는 것과 관련이 있는 것으로 사료된다.

③ 양호한 기호성 : 기호성의 좋고 나쁨도 DMI에 의해 좌우되지만 기본적으로는 루멘내 체류시간에 좌우되며, 전체적으로 기호성이 양호해진다.

④ 비유 후기의 비유량의 유지 : 비유 최성기에 필요한 영양분의 충분한 공급은 영양상태의 현저한 결핍을 막고 이것이 비유 후기 또는 임신 중복 후에도 비유량의 감소하지 않는 원인으로 생각된다. 조기의 수태도 있지만 비유기가 길어지는 경향이 있다.

라) 내병성

발효사료의 연속적으로 충분히 급여하면 소화기계의 질환과 유방염 등이 감소하여 소가 건강하게 된다고 일반적으로 이야기되고 있다. 목장현장에서의 관찰에 의하면 유방이 적색을 띤 비유 최성기의 소가 가소화분을 배설하는 것이나 만성적인 설사변의 소가 치료되었다 등의 결과는 발효사료 중의 젖산균 및 젖산균 생성물질의 정장효과에 의한 것이라고 생각된다. 유방염 발증이 감소하는 것으로는 관찰되지만 과착유 등에 의한 유두구부의 비후, 손상한 소나 상습, 만성적인 소에는 방지효과가 발휘되지 못하는 것 같다.

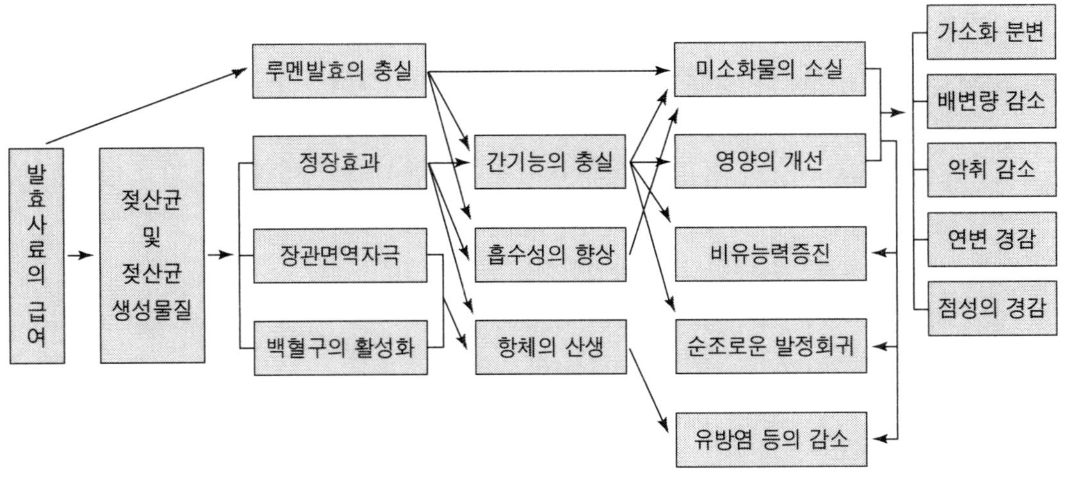

그림 2-8. 유우에서의 젖산 발효사료의 급여효과

그림 2-8은 젖산균 발효사료의 급여와 소의 건강에 대한 급여효과를 추정하여 도식화한 그림이다. 비유소에 있어서는 다량의 발효사료의 섭취에 의하여 젖산균 및 젖산균 생성물질에 의한 정장효과가 기대됨과 동시에 장관면역계의 자극 등에 의하여 백혈구의 활성화는 자연치유력의 회복에 기여하고 내병성의 충실한 효과, 항체생산과 관계있는 것으로 생각된다. 정장효과에 의한 장관내 소화기능의 충실로 인하여 간장의 부담이 경감되고, 간에 필요한 영양량의 공급으로 간 기능의 충실로 이어진다고 본다.

비유 최성기에 필요 영양량이 충분히 공급되는 것은 섭취량의 계속적인 공급에 의한 것이나, 그럼에도 불구하고 배설량이 감소하고 미소화물의 배설이 감소하는 것은 소화율이 높다는 것으로 해석된다. 배변에 악취도 없고 설사, 연변, 점성, 가소화성 등의 정상화는 젖산균이 장내를 우점하여 정상적인 미생물 균총으로 되고, 이는 곧 간 기능의 충실과 함께 생체방어에 유효하게 작용하는 것으로 생각된다.

마) 병원체와 발효사료

발효사료는 젖산발효에 의해 젖산 8% 전후, pH가 4.1 전후로 되기 때문에 산에 약한 병원균의 감염에 방어적인 작용이 있는 것으로 생각된다.

바) TMR 발효사료의 주의점

※ 제조공장에서의 문제점

① 1년 연중을 통하여 일정한 품질의 원료를 확보해야 하며
② 다즙질성의 원료는 품질유지에 주의
③ 원료성분의 분석을 철저히, 수시로 행할 필요가 있다.
④ 젖산균의 생육적온은 20～30℃에 가깝게 하며 냉한기시, 폭염시의 초기발효에 충분히 주의한다.
⑤ 트랜스백내 비닐의 핀홀에 주의한다. 트랜스백 내측의 비닐은 질기고 두꺼운 것을 쓴다. 핀홀이 있으면 반드시 이상발효가 일어나기 때문에 버린다.
⑥ 충진 후의 밀폐는 반드시 확인한다.
⑦ 밀폐 후 숙성 도중에는 개봉은 엄금한다.
⑧ TMR 발효사료의 품질의 균질화에 주의

※ 급여시 주의사항

① 공장출하시의 개봉, 검사가 어렵기 때문에 목장에서 급여 전의 개봉시 반드시

검사를 행하여 불량품질은 절대로 주지 않는다.

② 젖산발효에 의한 소화속도, 루멘내 체류시간의 촉진을 고려한 급여설계가 필요하다. 고산유시는 DMI의 향상 등, 유효하게 작용하지만 저비유기 때는 과비에 주의한다. 고비유기 때의 영양개선에는 도움이 된다.

③ 다즙성의 사료이므로 루멘 매트의 효과가 약한 점을 고려하여 NDF 중에 건초류가 필요하다.

④ 발효작용에 의한 RSP, RDP, NFC, NDF 등의 변화를 배려한 급여를 한다.

⑤ 급여는 연속적인 급여가 원칙이지만 비유량 20 kg/일 이하, 보디컨디션 스코어(BCS) 3.5 이상의 소에서는 제한급여가 필요하다.

⑥ 고비유소에서는 농후사료의 탑드레스에 의해 영양의 밸런스, 필요 영양량의 보급이 필요하다. 저비유류의 소에는 영양 밸런스를 중요시한 저단백질 사료의 공급이 필요하다.

⑦ 발효사료는 pH 4이므로 분만 전후의 루멘 미생물에 대한 배려로 건유용과 비유용을 나누어 적용할 필요가 있다.

⑧ 트랜스백 용기의 내용량은 400~500 kg 정도이므로 취급에는 충분히 주의할 것.

사) 발효사료의 경제성

발효사료를 사용하면 루멘 발효의 안정으로부터 소는 건강하게 관리되어 질병이 없고 분만 간격이 단축되는 등 더욱 이익을 가져다주는 것으로 생각된다. 물론 믹서도 필요 없고 만드는 수고도 필요 없는 점 등도 큰 경제적 효과이다. 더욱이 식품부산물 등의 미이용 자원의 활용에 대한 영양밸런스의 확보는 사료 코스트의 저감과 소의 건강, 생산성의 향상이 이루어져 경제적이라 할 수 있다.

4. 결 론

생균제는 그 동안 괄목할 만한 성장을 해온 것은 사실이나 많은 미생물 업체가 생산을 하고 있고, 즉시적 효과 또한 미비하여 소비자에게 많은 혼란을 주고 있다. 생균제의 효과는 긍정적으로 인식되고 있는 것은 사실이므로 기능성 미생물과 특징 있는 제품을 생산하여야만 차별화될 수 있으며 경쟁력을 가질 수 있다고 본다. 앞으로의 발전을 위해 연구 개발이 요구된다.

발효사료는 아직은 막 시작한 사료의 일종이다. 미생물을 소재로 더구나 야외에서 무살균 배양에 의해 제조되는 것이다. 많은 발효사료가 여러 사료원료를 이용되고 있으나 미생물 발효조건 측면에 대한 연구고찰은 부족한 편이고, 주로 사양효과 실험이 보고되어 왔다. 금후는 계절의 변화에 어떻게 대응할까 또는 급여면에 있어서도 사료 성분의 변화를 어떻게 이용할까 분석결과를 보면서, 또 가축의 상태를 보면서 대응하는 것이 필요할 것으로 생각된다. 식품부산물과 같은 처리 곤란한 것을 영양원으로서 이용하면 사료비용을 낮추어 주면서도 ① 건강, ② 비유, ③ 수태, ④ 생산 코스트 등에는 충분히 효과가 있기 때문에 더욱 새로운 발효사료가 가축 품종에 맞게 개발될 것으로 기대된다.

참고문헌

1. Beck, T., 1978. The microbiology of silage fermentation, In Fermentation of silage- a review, edited by McCullough, M.E. pp. 61～115. National Feed Ingredients Association, Iowa, USA.
2. Cole, C.B., and Fuller, R. 1984. A note on the effect of host specific fermented milk on the Coliform population of the neonatal rat gut. J. Appl. Bacteriol. 56:495～498.
3. Fuller, R. 1989. Probiotics in man and animals. J. Appl. Bacteriol. 45:389～395.
4. Lindgren, S., Singvall, P., Kaspersson. A., de Kartzow. A., and Rydberg. E. 1983. Effects of inoculants, grain, and formic acid on silage fermentation. Swedish J. Agri. Res., 13:91～100.
5. McDonald, P. 1981. The biochemistry of silage. John Wiley & Sons.
6. Seale, D.R., 1986. Bacterial inoculants as silage additives. J. Appl. Bacteriol. 61 (Suppl. No. 15):9S～26S.
7. Moon, N.J. 1981. Effect of inoculation of vegetable processing wastes with Lactobacillus plantarum on silage fermentation. J. Sci. Food Agri. 32: 675～683.
8. Oi Menna, M.E. Parle, J.N. and Lancaster, R.J., 1981. The effects of some additives on the microflora of silage. J. Sci. Food Agri. 32:1151～1156.
9. Ohyyama, Y., Morichi, T., and Masaki, S., 1975. The effect of inoculation with Lactobacillus plantarum and addition of glucose at the quality of acerated silage. J. Sci. Food Agri., 26:1001～1008.
10. O'Leary. J., and Hemken, R.W., 1984, Evaluation of inoculants for silage. J. Dairy Sci., 67(Suppl). 136.

11. Parker, R. B. 1974. Probiotics, the other half of the antibiotic story. Ani. Nutrition & health. 29:4～8.

12. Pollman, D.S., Danielson, D.M., and Peo, E.R. 1980. Effects of microbial feed additives on performance of starter and growing-finishing pigs. J. Ani. Sci. 51:577～581.

13. Sandine, W. E., K. S. Murallidhara., P. R. Elliker., and D. C. England. 1972. Lactic Acid acteria in food and health: A review with special reference to enteropathogenic E. coli as ell as certain enteric diseases and their treatment with antibiotics and Lactobacilli. J. Milk & Food Technol. 35:691～702.

14. Sato, K., S. Miyazaki, N. Matsumoto, K. Yoshizawa, and K. Nakamura. 1988. Pilot scale solid state ethanol fermentation by inert gas circulation using moderately thermophilic yeast. J. Ferm. Technol. 66:173～180.

15. Sato, K., and S. Sudo. 1999. Small-scale solid state fermentations. 5:61～79. In Industrial Microbiology and Biotechnology. 2th ed. Demain, A. L. and J. E. Davies. (eds). ASM press, Washington, D. C. USA.

16. Thorne, D.M. 1981. The microbiology of H/M inoculant silage additives, In Sixth Silage Conference, ed. by Harkess, R.D. and Castle, M.E. pp. 69～70. The Edinburgh School. Edinburgh.

17. Whittenbury, R., 1968. Microbiology of grass silage. Process Biochem. 3:27～31.

18. Woolford, M.K. 1984, The silage fermentation, Marcel Dekker, New York.

19. 김선기, 2001. ㈜빅바이오젠 기술자료집.

20. 김재황, 2001. 발효사료(Bio-α**R)첨가가 산란계 생산성, 분 중 암모니아 가스 발생 및 난황의 지방산 조성에 미치는 영향. 한국동물자원과학회지. 43(3): pp. 337～348.

21. 김종원, 2003. 키토산 발효사료의 첨가가 비육돈의 도체특성 및 육질에 미치는 영향. 한국동물자원과학회지. 45(3):pp. 463～472.

22. 박병기, 2003. 맥주박 발효사료 및 대두의 급여가 한우 거세우의 육성성적 및 도체등급에 미치는 영향, 한국동물자원과학회지. 45(3):pp. 397～408.

23. 신형태, 1999. 남은 음식물 발효사료 첨가가 육계의 성장과 사료효율에 미치는 효과. 한국영양사료학회지. 23(6):pp. 419～426.

24. 이정일, 1998. 톱밥 발효사료 및 분말어유의 첨가사료가 돈육의 선도에 미치는 영향. 한국축산학회지. 40(1):pp.69～78.

25. 임광철, 2001. 알코올 발효사료 급여가 한우의 육성성적 및 혈액의 생리적 변화에 미치는 영향. 한국동물자원과학회지. Vol.43(6):pp.881～894.

26. 장윤호, 1998. 계분 발효사료가 육계의 성장과 영양소 이용율에 미치는 영향. 한국가금학회지. 25(3):pp. 147～155.

27. 정완태, 2005. TMR연구회 추계 심포지엄 프로시딩. pp. 24.
28. 한인규 외 4인, 1989. (개정) 사료학. 선진문화사.
29. 하덕모, 1989. (개정) 발효공학. 신광출판사.
30. 한국표준사료성분표, 1988. 축산기술연구소.

제 3 장

반추위미생물

1. 반추위의 구조와 기능

반추동물은 단위동물과는 달리 복잡한 구조의 소화기관(위)을 가지고 있어 cellulose 같은 구조탄수화물(structural carbohydrate, SC)과 비단백태질소화합물(nonprotein nitrogen, NPN) 등을 발효시켜 이용할 수 있는 능력을 가지고 있다(그림 3-1). 반추동물의 위는 제1위(rumen), 제2위(reticulum), 제3위(omasum), 제4위(abomasum, 또는 진위: true stomach)로 4개의 부위(compartment)로 나뉘어져 있으며, 성숙한 반추동물의 용적량은 표 3-1과 같다.

제1위, 2위, 3위는 반추동물의 전위(forestomach)를 구성하고, 동일 발생조직으로부터 발전한 것이다. 반추동물의 위는 복강의 약 3/4, 즉 7번째 또는 8번째 늑골에서

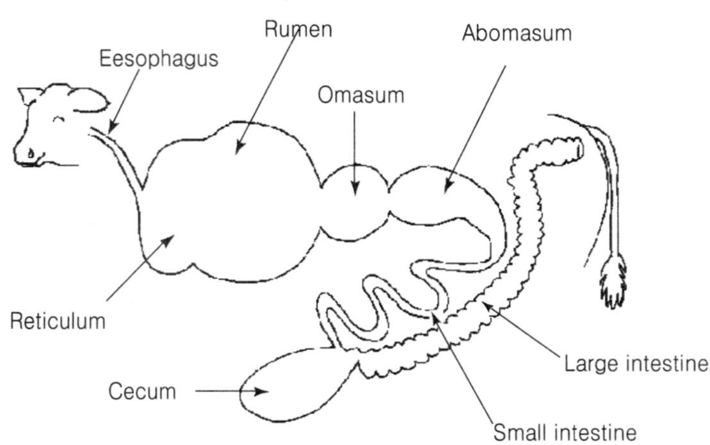

그림 3-1. 반추동물의 소화기관의 구조 (소)

표 3-1. 성숙한 반추동물의 소화기관의 용량

구 분		소	면 양
위	제 1위	151 ℓ	19 ℓ
	제 2위	8 ℓ	2 ℓ
	제 3위	15 ℓ	1 ℓ
	제 4위	15 ℓ	3 ℓ
소 장		57 ℓ (40 m)	8 ℓ (24 m)
대 장		38 ℓ	6 ℓ

Taylor(1995)

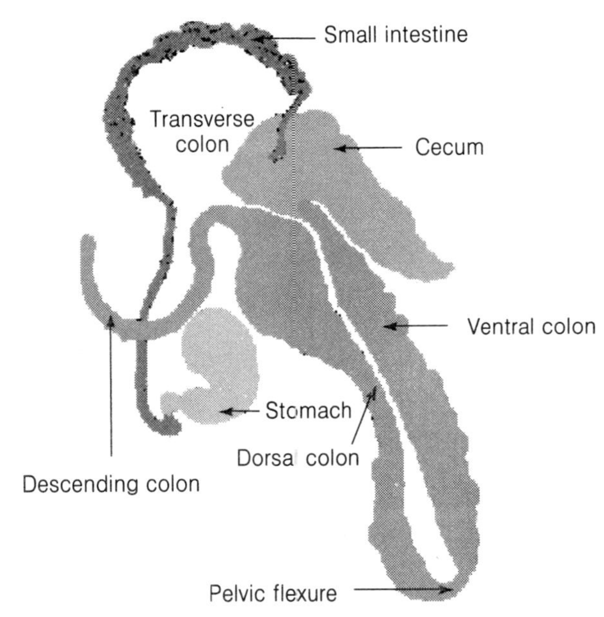

그림 3-2. 말의 소화기관

뒤쪽으로 골반까지 차지하고, 왼쪽 절반과 오른쪽 중앙부까지 차지한다. 말(horse, pseudo-ruminant)은 소나 양 같이 반추위 기능이 잘 발달되어 있는 반추동물(true-ruminant)과는 달리 맹장(cecum)이 발달되어 있어 미생물 발효대사를 할 수 있다. 따라서 섬유소 분해능력이 반추동물보다는 낮기 때문에 양질의 조사료원을 공급하여 주어야 한다(그림 3-2).

1.1 반추위의 구조

1) 제1위

제1위(rumen)는 내용물을 합하여 체중의 20%를 차지하는 대용량의 발효조로서 섭취한 사료와 수분을 합해서 150～230 ℓ에 달하고, 반추위 내 미생물이 성장하고 사료를 발효시키는 기능을 한다.

제1위와 제2위는 추벽(reticuloruminal fold)에 의하여 일부 분리되어 있는 형태를 가지고 있지만 위 내용물이 상호 이동이 용이하며, 발효와 흡수기능이 동일하기 때문에 reticulo-rumen이라고 부른다. 따라서 일반적으로 반추위이라 함은 제1, 2위를 통칭하는 것이다(그림 3-3). 제1위는 섭취사료의 주발효와 동시에 최종 발효산물의 흡수를 한다. 제1, 2 추벽은 제1위의 바닥에 가라앉은 보다 비중이 높은 사료입자와 기타 물질을 선별하는 역할을 한다.

제1위의 점막표면(mucosal surface)은 영양소의 흡수기관인 약 1.5 cm 길이의 작은 돌기모양의 융모(ruminal papillae)로 덮여 있고, 융모의 분포, 크기 및 수는 조사료 : 농후사료의 급여비율, 사료섭취 습관, 조사료의 종류 및 소화율에 따라 다르다. 융모는 포유 송아지가 조사료를 섭취하기 시작하면서부터 증식하기 시작하며, 탄수화물 발효에 의해서 생성된 휘발성 지방산(volatile fatty acid, VFA), 특히 butyric acid와 propionic acid에 의해서 촉진된다. 따라서 빨리 발효되는 탄수화물의 함량이 높은 농후사료를 급여하면 이들 휘발성 지방산의 농도가 높아지기 때문에 성장이 촉진된다(그림 3-4).

사료의 변경에 따른 정상적인 반추위의 기능은 반추위내 미생물의 적응보다도 융모의 적응이 더욱 중요하며, 일반적으로 2～3주가 요구된다. 그리고 융모가 잘 적응해야 휘발성 지방산의 흡수력이 높아지고 유산중독을 예방할 수 있다. 융모의 길이가

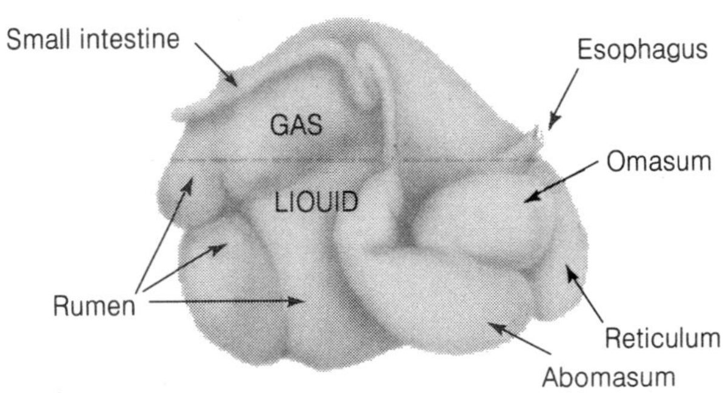

그림 3-3. 제1위의 구조

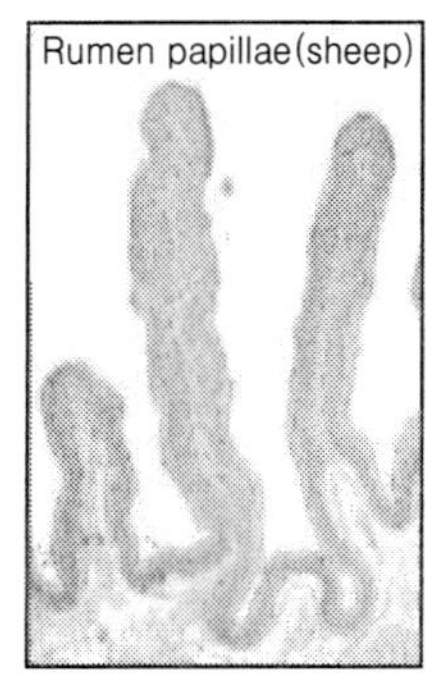

그림 3-4. 제1위 Papillae

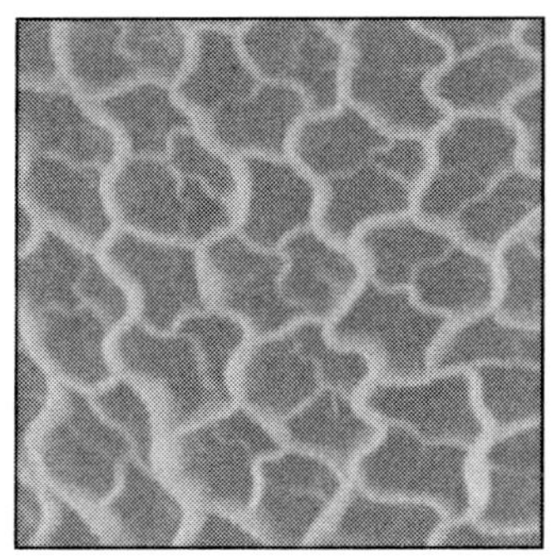

그림 3-5. 제2위 벽의 구조

길수록 흡수면적이 늘어나서 휘발성 지방산의 흡수속도가 빨라지고, 또한 반추위내 pH가 정상 이하로 저하되는 것을 방지할 수 있다. 제1위 내의 pH가 6.0 이하로 낮아지면 융모가 손상되고, 서로 부착하며 마모될 수 있다(맹, 1998).

2) 제2위

제2위(reticulum)는 식도와 연결되어 있어 섭취한 사료의 저장과 발효를 조절한다. 특히 입자가 큰 조사료의 반추(rumination)를 위해 식괴(bolus)를 형성하여 입으로 내보내며, 용량이 약 9.5 ℓ 이다. 표면의 구조가 벌집(honey comb) 모양인 제2위는 못·철사 등의 금속이나 또는 소화가 되지 않는 큰 입자의 물질을 섭취했을 경우에는 벌집구조의 표면이 체(sieve)의 역할을 하여 위의 다른 부위로 이들이 이전되는 것을 방지한다(그림 3-5).

어린 송아지의 경우에는 제2위 내에 식도와 제3위를 연결하는 식도구(esophageal groove)가 있어서 섭취한 우유가 제1위를 거치지 않고 직접 제4위로 넘어가도록 하며, 이 기능은 송아지가 이유하여 사료를 섭취할 때까지 지속된다.

1.2 제1위의 기능

정상적인 경우 제1위는 혐기성 미생물(strictly anaerobic microbes)과 편성 혐기성 미생물(facultative anaerobes) 등의 수많은 미생물의 성장에 알맞은 환경을 제공한다. 특히, 제1위에서는 반추위미생물이 구조탄수화물(structural carbohydrate, NDF)과 비구조탄수화물(non-structural carbohydrate ; sugars / starches)을 발효시켜 acetic acid(총 생성량의 50～60%), propionic acid(18～20%), butyric acid(12～18%), isobutyric acid, valeric acid, isovaleric acid 등의 휘발성 지방산을 생성한다(그림 3-6).

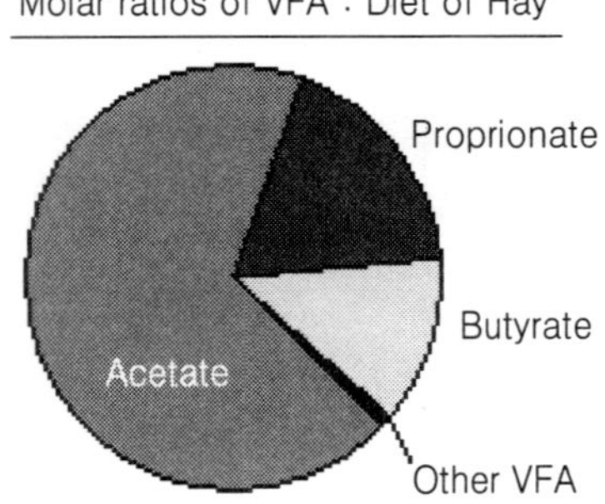

그림 3-6. 제1위 내 VFA 생성비율

제1위 내의 평균 온도는 39℃(38～41℃)로서 사료의 발효에 의하여 생기는 발효열(사료에너지의 5～10%) 때문에 체온보다 다소 높으며, 산화-환원 전위차(redox potential)가 -250～450 mV)로서 제1위액은 산소가 없는 환원된 상태를 유지한다. 제1위액은 반추위미생물에 의한 사료의 발효로 생성되는 휘발성 지방산과 사료 자체의 완충력(buffering capacity)이 높다. 즉, 중탄산염(biocarbonate)과 인산염(phosphate)을 함유하고 있는 타액이 1일 180 ℓ 이상 분비되기 때문에 완충력이 높고, 제1위에서 분비되는 암모니아 역시 그 농도가 20 mg/100 mℓ 이상일 때는 pH의 감소를 억제시킨다.

이와 같은 완충작용과 미생물의 발효에 의하여 생성되는 휘발성 지방산(acetic acid, propionic acid, butyric acid, branched-chain fatty acids)이 제1위벽을 통하여 흡수되기 때문에 제1위 내의 농도는 일정 수준(100 mmol/100 mℓ)으로 유지되고, 제1위내 pH는 6～7로 유지된다. 그러나 이와 같은 완충작용에도 불구하고 농후사료를 지나치게 많이 급여하면 다량의 유산 생성과 타액분비의 저하로 제1위내 pH가 5 이하로 저하된다.

제1위액 중의 산소 함량은 급여하는 사료와 음수량에 따라 0.1～0.5%를 유지하고, 삼투압은 260～340 osmol로서 평균 280 osmol을 나타낸다. 제1위내 삼투압이 정상 이상으로 높아지면 반추활동이 중지되고, 휘발성 지방산의 흡수량도 감소된다.

제1위액의 반전시간(turnover time)은 12시간이고, 사료입자의 제1위내 체류시간(solid retention time)은 48시간 정도이지만, 이는 사료섭취량이나 섭취하는 사료의 종류에 따라 다르다. 표 3-2에서 보면 1일 산유량 24.4 kg, 체중 628 kg, 건물섭취량 1일 19.8 kg인 착유우의 경우 제1위내 평균 체류시간(hr)이 곡물의 경우 19.4시간, 건초의 경우 30.3시간임을 나타내고 있다. 건유우와 착유우의 차이는 생산에 의한 발효속도의 차이로 착유우가 건유우 보다 낮음을 보여주고 있다.

표 3-2. 건유우와 착유우의 제 1위 및 전체 소화기관 내에서의 사료의 체류시간

구 분	건유우	착유우
체중(kg)	700	628
건물섭취량(kg/일)	10.8	19.8
산유량(kg/일)	-	24.4
제1위내 평균 체류시간(hr)		
곡물	25.6	19.4
건초	30.0	30.3
전체 소화기관 내 체류시간(hr)		
곡물	47.0	39.2
건초	55.3	50.7

Hartnell and Satter(1979)

제 1위내 미생물에 의한 발효과정에서 휘발성 지방산 외에도 1일 560～1,000 ℓ 의 가스가 생성되며, 1일 총 가스 생성량은 반추동물 전체 체용적의 2배에 달한다. 이들 가스는 제 1위의 위쪽에 모이며 주로 이산화탄소(CO_2 ; 평균 함량 65.5%)와 메탄가스(CH_4 ; 평균 함량 26.8%)로 이루어져 있으며, 기타 수소(H_2 ; 평균 함량 0.2%), 산소(O_2 ; 평균 함량 0.5%), 질소(N_2 ; 평균 함량 7.0%)로 조성되어 있다. 가스 생성은 사료섭취 후 2시간째에 최고에 달하고, 이 때에는 평균 생성량의 약 10배가 된다.

CO_2와 CH_4의 생성비율은 제 1위 내에서 서식하는 미생물의 상태와 섭취한 사료의 발효균형에 따라 다르지만, 일반적으로 이산화탄소가 메탄가스보다 2～3배 많이 생성된다. 이들 가스는 주로 트림(belching)에 의하여 체외로 배출된다.

1.3 제 1위 내용물의 구성

제 1위 내용물은 일정하지 않으며 등, 배, 앞, 뒤쪽 그리고 제 2위와 제 1위 간에 차이가 나며, 일반적으로 3층을 형성한다. 맨 아래층(액층) 제 1위액과 입자가 작고 보다 무거운 사료입자로 구성되어 있다. 중간층은 입자가 큰 사료로 구성되어 있고, 조사료를 섭취하면 밑층의 상부에 두터운 떠있는 층(floating mat)을 형성하며, 이것은 섭취한 사료의 줄기나 잎에 들어 있는 공기와 발효과정에서 생성된 가스거품이 매트릭스(matrix)에 차 있기 때문이다. 특히 반추동물에게 조사료를 급여하면 중간층이 두텁게 형성되고, 반추작용에 의하여 입자가 감소된다. 맨 위층은 가스층이며 트림에 의해 체외로 배출된다(그림 3-7).

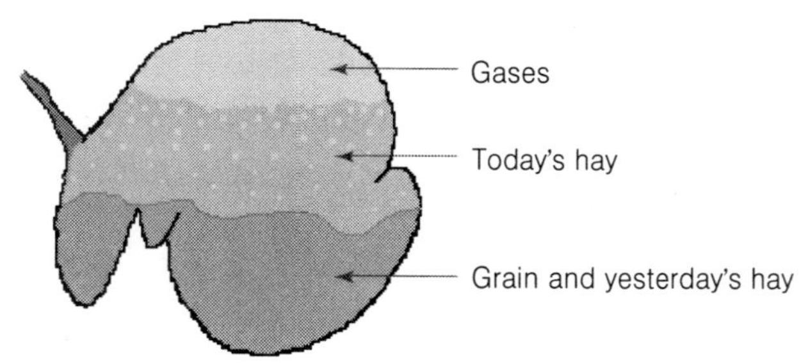

그림 3-7. 반추위 내용물의 변화

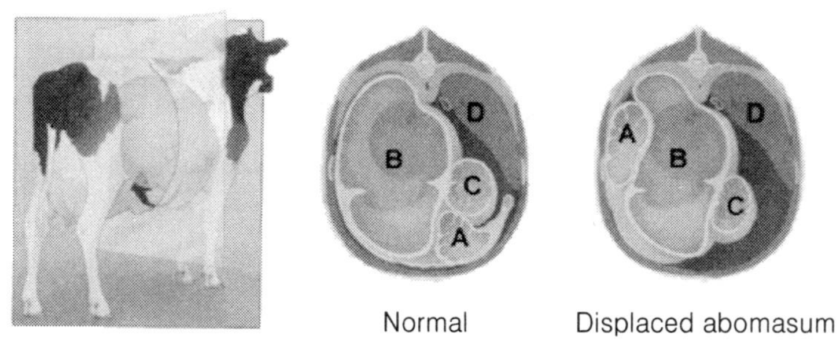

그림 3-8. 제 4위 전위증

A : 4위, B : 제 1, 2위, C : 제 3위, D : 간

반추위 내용물의 구조와 성분은 섭취하는 사료에 따라 크게 차이가 나는데, 거친 건초는 가스층 바로 밑에 떠 있는 층을 이루고, 특히 최근에 섭취한 조사료로 구성되어 있다. 발효가 진행되면 반추작용과 소화작용에 의해서 입자가 감소되고, 섬유소의 입자는 수분을 흡입하여 가라앉게 된다.

펠릿(pellet) 사료나 농후사료를 급여했을 경우에는 떠 있는 층을 형성하지 못하고 내용물이 조사료를 급여했을 경우보다 점성이 높기 때문에 내용물의 혼합과 휘발성 지방산의 흡수에 영향을 미치게 된다. 또한 그림 3-8에서 보는 바와 같이 반추동물은 생리적으로 사료급여 형태에 따라서 제 4위 전위증이 발병될 수 있다.

제 4위 전위증은 분만 후 1달 이내에(80%) 발병되며, 저조사료-고농후사료를 급여한 젖소에서 발생한다. 그리고 건유우사료에서 착유우사료로 급변시킨다든가 분만장애 등에 의해 발생될 수 있다. 따라서 적정량의 조사료 급여와 또 입자의 크기를 유지하고, 분만전 2주 전부터 1일 3～5 kg의 농후사료를 급여하여 반추위로 하여금 이에 적응하도록 하여야 한다. 사일리지는 젖산이 포함되어 있으므로 1일 15kg 이내로 제한하고 거칠게 분쇄하는 것이 좋다(맹, 1998).

1.4 제1위 내의 사료입자의 변화

사료입자의 감소는 사료섭취시의 저작작용과 반추시의 저작작용에 의해 주로 이루어지며, 미생물의 발효작용은 섬유질원의 입자를 유연하게 만들어 반추과정에서 입자 감소효율을 증가시킨다.

제1위 내에서의 사료입자의 통과율은 사료의 밀도와 크기에 의하여 결정되는데, 소와 면양의 경우에는 임계입자 크기가 1～2 mm이다. 그러나 유우와 같이 사료를 많이 섭취하는 소는 이보다 큰 사료도 제1위를 통과하는 양이 많을 수 있다. 섭취한 사료가 제1위 내에 머무는 시간은 평균 49시간이고, 전체 소화기관에 머무는 시간은 62시간이다. 따라서 제1위 내에 머무는 시간이 기타 소화기관에서 머무르는 시간보다 약 4배나 길다.

총 저작시간(분/kg 건물섭취량)에 미치는 요인, 저작효율(큰 입자가 임계입자 크기 이하로 감소)과 더불어 사료의 특징(영양가 또는 세포벽 함량, 사료섭취량과 물리적 형태 등) 등이 입자 감소율과 제1위 통과율에 영향을 미친다. 그러나 큰 입자의 제1위내 평균 체류시간(mean retention time, MRT)은 15.7시간, 제1위를 통과할 수 있는 소입자의 평균 체류시간은 22.7시간으로 더 길기 때문에 입자의 감소율이 사료의 통과율에 제한요인이 아니라는 것을 알 수 있다.

따라서 소입자의 하부 소화기관으로의 통과율이 큰 사료입자의 감소율보다 사료의 제1위 통과율에 제한요인이 된다. 더욱이 제1위를 통과할 수 있는 소입자가 제1위 내의 총 건물량의 60～70%를 차지한다.

1.5 제1위 내의 완충작용

반추동물은 제1위 내에서 탄수화물의 발효에 의하여 유기산인 다량의 휘발성 지방산이 생성되며, 그 생성량이 면양은 4 mol/일, 소는 40 mol/일, 그리고 착유우는 100 mol/일이나 된다.

이들 휘발성 지방산이 제1위 내에 축적되면 pH가 낮아지고, 섬유소 분해박테리아(cellulolytic bacteria)가 사멸하게 되며, 제1위 벽에 병적 증상이 나타난다. 따라서 제1위 내 pH를 5.5～7.3으로 유지시켜 주는 완충작용은 중탄산염(bicarbonate), 인산염(phosphate) 및 휘발성 지방산에 의하여 이루어진다.

반추동물은 알칼리성 타액(alkaline saliva)을 1일 98～190 ℓ 나 되는 많은 양을 분비한다. 타액 중의 주요 음이온(anion)은 중탄산염(100～140 meq/ ℓ)과 인산염이고, 주요 양이온은(cation)은 Na^+과 K^+이다. 소는 타액으로 1일 15～25 mol의 $NaHCO_3$와 $KHCO_3$를 분비한다. 타액의 완충능력은 주로 중탄산염(bicarbonate) 때문이나, 발효가 왕성하게 일어나면 일부의 중탄산염이 손실되고, 인산염(phosphate)과 휘발성 지방산이 주로 완충작용을 하게 된다.

조사료를 충분히 급여하면 저작시간과 반추시간이 길어지기 때문에 타액분비가 촉진되어 생성된 산의 중화가 잘 이루어진다. 반대로 다량의 농후사료와 분쇄한 조사료는 사료 섭취시간은 물론 반추시간이 짧아지기 때문에 타액 분비량도 적고 완충능력도 낮아진다. 또한 발효가 잘 되는 탄수화물의 다량 섭취로 제 1위내 pH가 낮아지면 산에 약한 섬유소 분해박테리아의 수가 급격히 감소되어 휘발성 지방산의 조성이 달라지고, 미생물단백질의 합성량도 달라진다.

완충제(buffer)로는 $NaHCO_3$, $CaCO_3$, MgO, Betonite 등이 있는데, 실험보고에 의하면 $NaHCO_3$는 제1위 내의 pH를 상승시키고, $CaCO_3$는 제 1위내 pH의 변화에 영향을 미치지 않으며, MgO의 효과는 입자의 크기와 용해도에 따라 다르다고 되어 있다. 완충제의 효과는 ① 물 섭취량 증가, ② 제 1위액의 반전율 증가, ③ 발효가능 탄수화물의 소장으로의 이전량 증가, ④ 제 1위 내에서 propinic acid의 생성비율 감소, ⑤ 착유우의 유지율 증가 등이다.

2. 제 1위 내 미생물

제 1위 내에 존재하는 주요 미생물은 박테리아(bacteria), 프로토조아(protozoa) 및 곰팡이(fungi)이다. ① 박테리아는 제 1위 내에서 그 종류와 수가 가장 많고, 제 1위액뿐만 아니라 사료입자에도 부착되어 있으며, 현재 22속 63종이 분류되어 있으며, 그 수는 제 1위액 1 g당 10^{10} ~ 10^{11}이다. ② 프로토조아는 제 1위액에만 존재하고, 현재 6속 16종이 분류되어 있고 10^5 ~ 10^6이다. ③ 혐기성 곰팡이는 주로 사료입자에 부착되어 있으며, 5속 13종이 분류되어 있고, 그 수는 프로토조아와 같은 10^5 ~ 10^6이다(표 3-3).

이와 같은 미생물의 종류는 반추위 내에서는 공생관계가 있어 사양관리에 따라 그 군세와 효소활성이 달라질 수 있다. 그림 3-9에서 보면 프로토조아에 메탄생성 박테리아가 부착되어 기능을 하고 있으며, 곰팡이도 타 미생물의 대사물질을 이용하여 활성을 높일 수 있다. 반추위 곰팡이(그림 3-10)는 최근에 고효율의 섬유소원 분해능력으로 인해 연구가 활발히 이루어지고 있으며, 조사료 급여비율이 높을 경우 그 군세가 높은데, 평균적으로 8%를 차지한다.

박테리아는 주형태에 따라 cocci, rods, spirilla로 분류되며(그림 3-11; 그림 중 밝은 부분은 메탄생성 박테리아), 크기는 0.3 ~ 50 ㎛이고 구조가 다양하다. 또한 이들

박테리아는 주로 이용하는 발효기질(substrate)에 따라 8개 group으로 분류된다(표 3-4).

표 3-3. 제1위 내 미생물의 분포와 특성

구 분	평균 용적 (μ^3/세포)	용 량 (mg/100 mℓ)	배가시간 (Doubling Time)	총용량에 대한 (%)
박테리아	1	1,600	20분	60～90
Selenomonads	30	300	–	–
Oscillospira flagellats	250	25	–	–
섬모 프로토조아	–	–	–	10～40
Entodinia	1×10^4	300	8시간	–
Dasytricha + *Diglodinia*	1×10^5	300	–	–
Isotricha + *Egidinia*	1×10^6	1,100	36시간	–
곰팡이	1×10^5	–	24시간	5～10

Van Soest(1994)

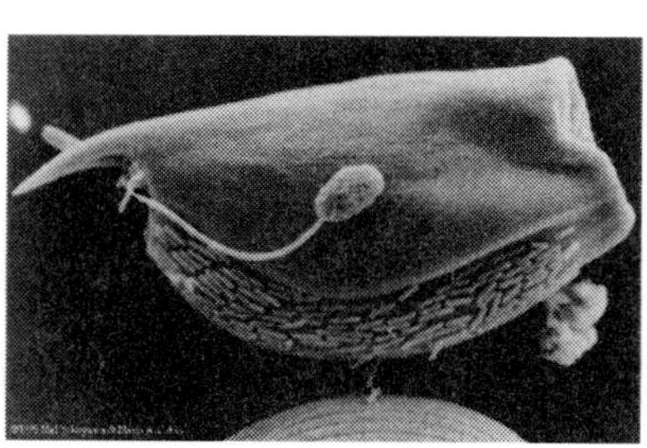
그림 3-9. 반추위미생물의 공생

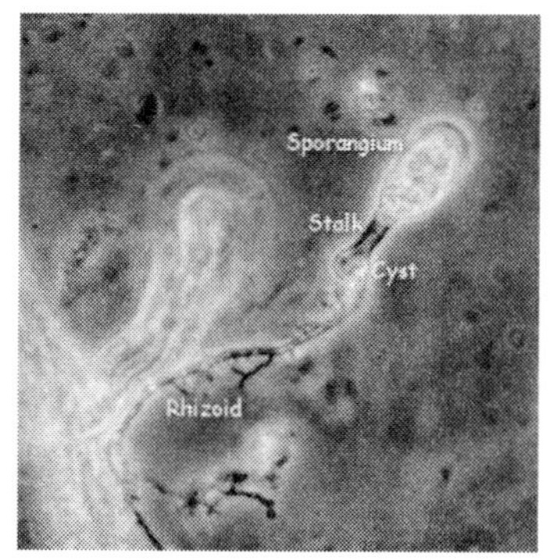

그림 3-10. 반추위곰팡이의 생활사

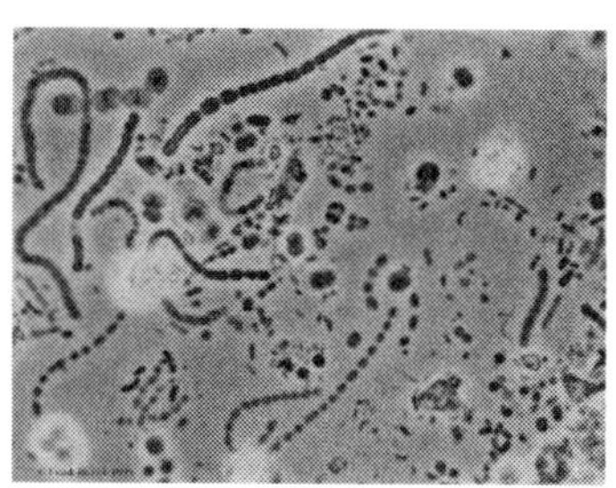
그림 3-11. 반추위 박테리아

그림 3-12. 흰개미(Termite)

표 3-4. 기질(substrate) 발효 특성에 따른 반추위 박테리아의 분류

Major Cellulolytic Species	Major Lipid-utilizing Species
Fibrobacter succinogenes *Ruminococcus flavefaciens* *Ruminococcus albus* *Butyrivibrio fibrisolvens*	*Anaerovibrio lipolytica* *Butyrivibrio fibrisolvens* *Treponema bryantii* *Eubacterium sp.* *Fusocillus sp.* *Micrococcus sp.*
Major Pectinolytic Species	Major Hemicellulolytic Species
Butyrivibrio fibrisolvens *Bacteroides ruminicola* *Lachnospira multiparus* *Succinivibrio dextrinosolvens* *Treponema bryantii* *Streotococcus bovis*	*Butyrivibrio fibrisolvens* *Bacteroides ruminicola* *Ruminococcus sp.*
Major Ureolytic Species	Major Amylolytic Species
Succinivibrio dextrinosolvens *Selenomonas sp.* *Bacteroides ruminicola* *Ruminococcus bromii* *Butyrivibrio sp.* *Treponema sp.*	*Bacteroides amylophilus* *Streotococcus bovis* *Succinimonas amylolytica* *Bacteroides ruminicola*
Major Sugar-utilizing Species	Major Methane-producing Species
Treponema bryantii *Lactobacillus vitulinus* *Lactobacillus ruminus*	*Methanobrevibacter ruminantium* *Methanobacterium formicicum* *Methanomicrobium mobile*
Major Proteolytic Species	Major Acid-utilizing Species
Bacteroides amylophilus *Bacteroides ruminicola* *Butyrivibrio fibrisolvens* *Streotococcus bovis*	*Megasphaera ruminicola* *Selenomonas ruminantium*
	Major Ammonia-producing Species
	Bacteroides ruminicola *Megasphaera elsdenii* *Selenomonas ruminantium*

Church(1988)

프로토조아는 사양관리에 따라 그 군세(population)가 달라지는데, 일반적으로 소화율이 높은 사료(soluble sugars, starch)를 공급할 때 많아진다. 특히 프로토조아는 작은 사료입자(feed particle), 박테리아, 작은 프로토조아를 이용할 수 있어서 반추위 발효대사의 조정역할을 한다. 특히 반추동물 외에도 그림 3-12에서 보는 흰개미도 섬유소를 분해하여 이용할 수 있는 능력이 있다.

이들 미생물들은 서식부위가 다를 수 있는데, ① 용액상(liquid phase) : 반추위 용액에 자유로이 이동할 수 있는 군세, ② 고형물상(solid phase) : 사료입자에 부착되어 서식하는 군세, 또는 ③ 반추위 상피세포 혹은 프로토조아에 분포되어 있다. 이들은 각각 25, 70, 5%로 그 서식 특성에 따라 분포되어 있다.

반추동물은 제1위내 미생물의 성장에 필요한 영양소(cellulose, hemicellulose, starch, protein 등)와 서식장소(제1위)를 제공한다. 또한 미생물은 반추동물의 생명유지에 필요한 여러 가지 필수적인 기능을 수행한다. 이러한 상호관계는 제1위내 미생물과 반추동물(host animal)의 공생관계를 말한다. 미생물의 중요한 기능은 ① 섬유소 분해미생물에 의해 섬유소를 발효시켜 휘발성 지방산, 이산화탄소, 메탄가스를 생성하고 휘발성 지방산은 간에서 산화되어 에너지원으로 이용되거나 체조직의 합성에 이용된다. ② 발효과정에서 미생물 단백질을 합성하고, 이는 반추동물의 주요 단백질원이 된다. ③ 반추위 미생물은 여러 가지 비타민 B군을 합성하여 공급한다. ④ 사료 중에 함유되어 있는 중독물질(예: gossypol)을 파괴하여 해독시킬 수 있다.

3. 제1위 내 미생물단백질 합성

반추동물은 저능력우일 경우 대부분의 단백질 공급원을 제1위내 미생물단백질로 공급받는다. 그러나 반추동물은 일정량의 사료를 항상 섭취하지만 단위동물에 비해 제1위 내에서 소화속도가 느리고, 에너지를 얻기 위한 기질(substrate)의 부족으로 미생물의 성장이 제한받는다. 즉 미생물체 단백질의 합성은 ammonia와 같은 질소원과 함께 탄수화물의 발효로부터 발생되는 ATP를 동시에 요구하게 되고, 사료 중 탄수화물과 단백질의 불균형은 미생물단백질 합성에 요구되는 단백질의 부족 또는 과잉을 초래하게 된다(김, 1998; 맹, 1998).

제1위내 미생물의 성장과 단백질 합성량은 제1위에서 발효되는 탄수화물 및 단백질의 양과 분해 동기화(synchronization), Sulfur(S) 등 필수 영양소, 제1위액의 반전율(turnover rate) 등이 영향을 미친다. 또한 박테리아 자체의 사멸(microbial cell lysis), 프로토조아에 의한 박테리아의 포식(protozoal engulfment) 및 소장으로의 통과율(passage rate)에 미치는 요인도 큰 영향을 미친다(그림 3-13).

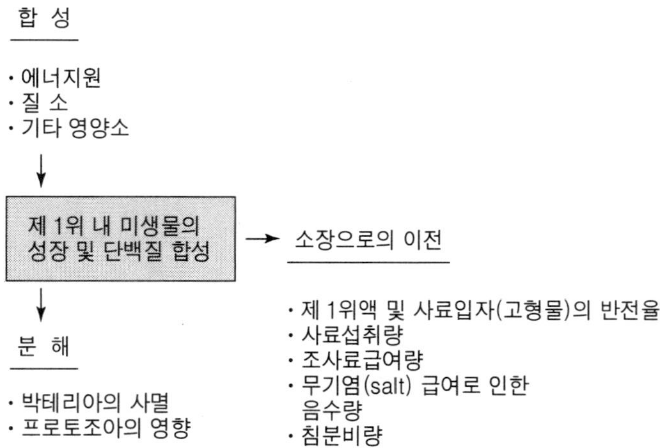

그림 3-13. 제 1위 내에서의 미생물의 성장 및 단백질 합성량에 미치는 요인(맹, 1998)

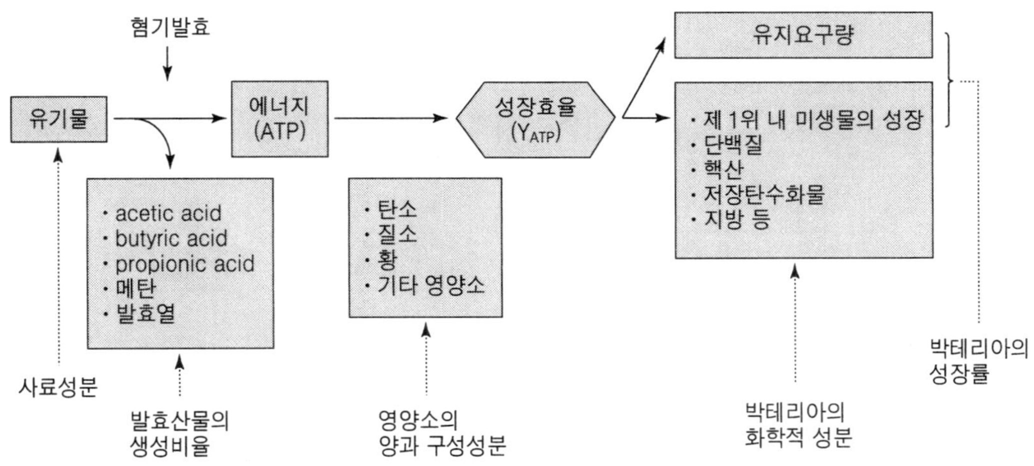

그림 3-14. 제 1위 내에서의 미생물의 성장과 단백질 합성효율에 미치는 요인 (Smith와 Oldham, 1983)

제 1위 내에 서식하는 미생물의 성장 및 단백질 합성량은 제 1위내 미생물의 성장 및 단백질 합성효율로 나타낼 수 있고, 이를 계산하기 위하여 주로 사용하는 것은 제 1위내에서 소화된 유기물(digestible organic matter in the rumen, DOMR), 소화된 탄수화물(digestible carbohydrate in the rumen, DCHOR), 발효된 유기물(fermentable organic matter, FOM), 발효된 대사에너지(fermentable metabolizable energy, FME) 등 다양하다.

또한 제1위내 미생물의 성장은 제1위에서 발효되는 유기물 또는 탄수화물에 의하여 공급되는 에너지(ATP)와 유지요구량 및 암모니아와 아미노산의 공급에 달려 있다(그림 3-14).

미생물 합성량은 제1위 내에서 발효된 유기물(DOMR) 1 kg당 성장한 미생물량(g DM) 또는 미생물 N으로 나타낸다. 평균 30 g 미생물 N/kg DOMR이며, 그 범위는 10～50 g이다. 1일 총 미생물 성장량 또는 미생물단백질 합성량은 다음과 같이 계산한다.

- 미생물단백질 합성량(g/일) = 미생물 성장효율(g 미생물 N/kg DOMR) × (kg DOMR/일)

또는 제1위 내에서 발효된 탄수화물량으로 계산하기도 한다.

- 미생물의 성장 또는 단백질 합성량(g/일) = 미생물 성장효율(g 미생물 N/kg DCHOR) × (kg DCHOR/일)

kg 에너지원당 미생물 성장효율은 125～150 g이며, 미생물 순단백질 함량은 70～80%, 그리고 소장에서의 소화율은 70～85%이다. 따라서 이와 같은 미생물단백질 합성량과 영양소 이용률을 높일 수 있는 대사과정을 요약하면 다음과 같다(그림 3-15).

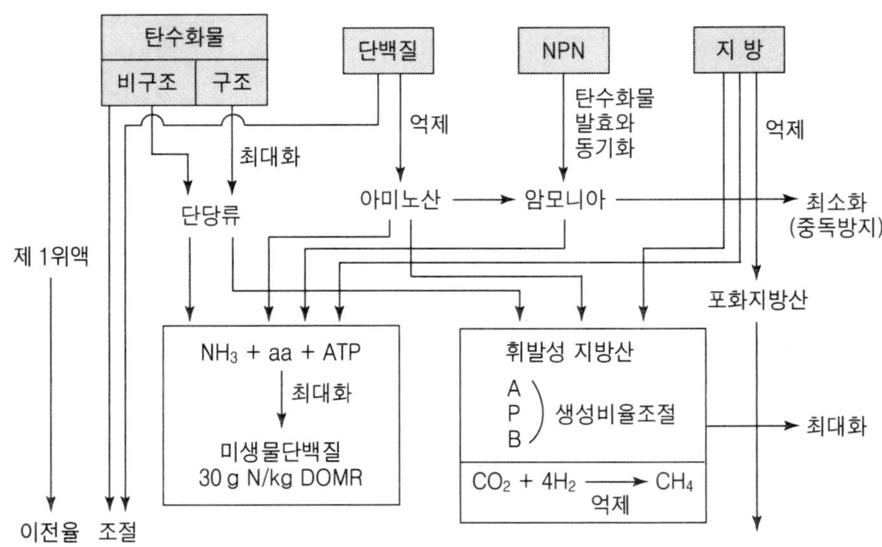

그림 3-15. 제1위 내에서 사료의 발효와 발효조절 대사부위(맹, 1998)

A: acetate, P: propionate, B: butyrate

DOMR: 제1위 내 가용 무기물(digestible organic matter in rumen)

① 탄수화물원을 물리・화학적 처리를 함으로써 발효율 및 발효정도를 변경시킨다. ② 단백질원이나 또는 아미노산을 화학적으로 처리(aldehyde, tannin, protease, deaminase inhibitor)하여 단백질의 분해 또는 아미노산의 탈아미노반응(deamination)을 줄인다. ③ 제1위내 미생물의 단백질 합성효율을 높이거나, 제 1위 내에서의 유기물 소화율을 높여 미생물단백질의 합성량을 최대로 한다. ④ VFA 생성을 최대화하고, 생성비율(A/P ratio)을 조절하여 에너지효율을 높인다. ⑤ CH_4 생성(전체 에너지의 12～14% 소실)을 억제하여 사료 에너지의 낭비를 줄인다. ⑥ 탄수화물의 발효속도와 NPN의 분해속도를 동기화하여 암모니아의 흡수를 최소화하고 중독을 방지한다(맹, 1998).

3.1 탄수화물

탄수화물의 경우 크게 구조탄수화물(structural carbohydrate, SC)과 비구조탄수화물(non-structural carbohydrate, NSC)로 나뉘며, 구조 탄수화물은 다시 acid detergent fiber(ADF)와 neutral detergent fiber(NDF) 등으로 나뉘어 반추위내 이용성 및 대상 사료원의 가축이용성을 평가하는 지표로 이용되고 있다.

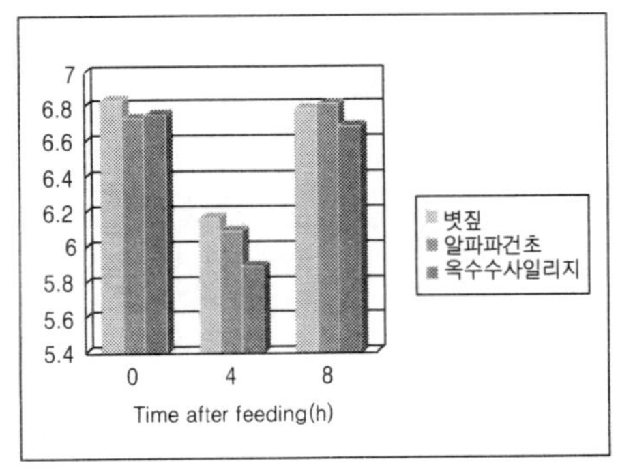

조사료의 종류가 반추위 산도에 미치는 영향

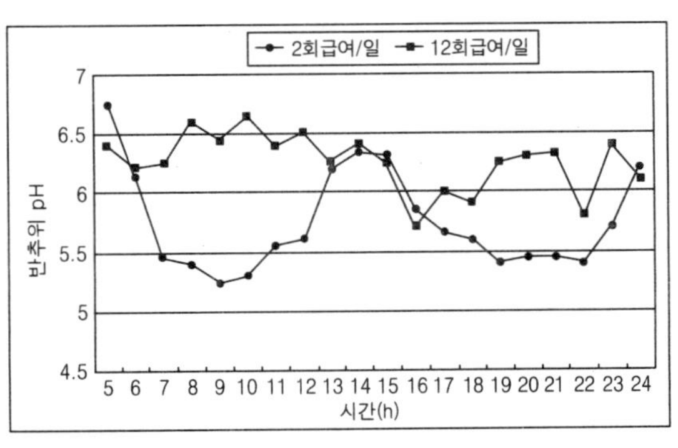

1일 급여회수별 반추위 pH 변화

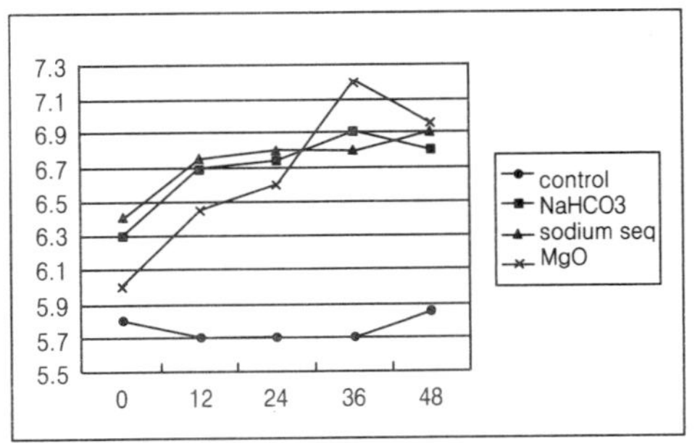

완충제 첨가에 의한 반추위 내 pH 변화

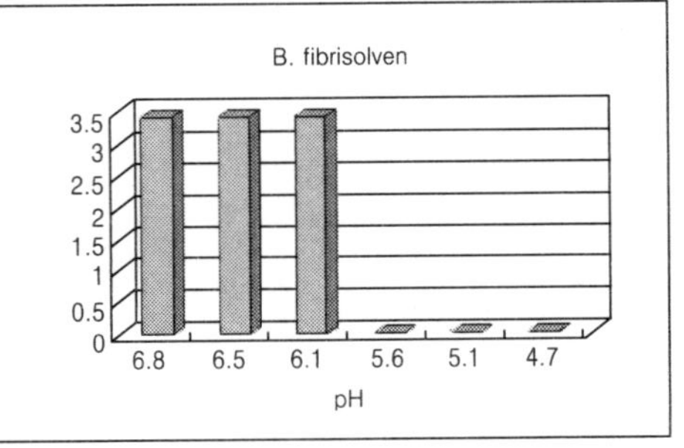

pH가 반추위미생물 성장에 미치는 영향

제1위 내에서 미생물단백질 합성은 탄수화물의 양과 발효율에 의하여 크게 영향을 받으며, 탄수화물의 분해율은 또한 탄수화물의 물리·화학적 형태에 따라 다르다. 탄수화물은 미생물의 탄소(carbon; C) 골격과 필요한 에너지(ATP)를 공급한다. 그밖에도 미생물의 체구성 성분인 핵산(nucleic acid), 아미노산(amino acids), 체지방 및 저장탄수화물로 전환되기도 한다.

급여하는 사료 중에 당과 전분의 함량이 높으면 NSC 박테리아(당 및 전분 이용 박테리아)의 성장이 빠르며, 제1위내 pH가 정상으로 유지된다면 성장량도 많아진다. 그러나 lactate의 생성량이 많아져서 pH가 정상 이하로 낮아지면 미생물의 종류가 달라지고 사료섭취량도 저하되며, 산독증(rumen acidosis)에 걸릴 가능성이 높고, 섬유소 분해미생물(cellulolytic bacteria)의 사멸로 섬유소 분해율이 낮아지며 동시에 미생물이 성장이 중지된다.

따라서 표 3-5와 3-6에서의 사료원료별 탄수화물원의 성분 특성을 고려하여 에너지원 급여비율(표 3-7)을 조정하는 것이 매우 중요하다. 일반적으로 고능력우의 경우 표 3-8과 같은 수준으로 조섬유 성분을 급여하는 것이 바람직하다.

표 3-5. 반추동물 사료원의 비구조탄수화물 구성

원 료	% 건물기준 NSC	% NSC			
		당	전분	펙틴 β-glucans	VFA
Alfalfa haylage	23.0	0.0	40.9	33.0	26.1
Grass hay	17.2	35.4	15.2	49.4	0.0
Corn silage	45.3	0.0	71.3	0.0	28.7
Barley	61.8	9.1	81.7	9.2	0.0
Corn	71.4	20.0	80.0	0.0	0.0
Hominy	59.9	8.9	80.4	10.7	0.0
Oats	42.4	4.4	95.6	0.0	0.0
Wheat	73.8	8.9	80.2	10.9	0.0
Canola	25.8	11.4	45.6	43.0	0.0
Distillers	10.3	0.0	100.0	0.0	0.0
Corn gluten feed	24.7	3.7	71.2	25.1	0.0
Corn gluten meal	17.3	0.0	69.4	30.6	0.0
Soyhulls	14.1	18.8	18.8	62.4	0.0
SBM, 44%	34.4	25.0	25.0	50.0	0.0
Wheat midds	31.2	10.0	90.0	0.0	0.0

Miller와 Hoover(1993)

표 3-6. 반추동물 조사료원의 섬유소원 구성

조사료원	% 건물기준	% 건물기준				
		ADF	NDF	Hemicellulose	Cellulose	Lignin
Legume haylage	56 51～62	34 30～38	44 36～51	10 5～14	27 23～30	7.4 5.7～9.0
Legume silage	37 30～43	39 33～44	47 40～55	8.9 4.1～13.6	31 22～34	7.7 5.3～10.0
MM Legume haylage	55 51～60	37 31～42	48 40～56	11.5 5.7～17.3	29 25～33	7.8 4.3～11.4
MM Legume silage	35 27～42	39 35～42	52 45～59	13.4 7.8～18.9	32 29～35	6.8 5.4～8.3
MM Grass haylage	59 52～65	38 34～43	54 46～62	15.7 10.8～21	31 27～34	7.7 5.5～9.9
MM Grass silage	36 28～45	39 35～44	56 50～63	17.0 12～22	33 29～36	6.9 4.7～9.0
Grass silage	31 21～41	41 37～44	62 55～68	21 15～27	24 31～37	6.4 4.9～7.8
Corn silage	33 25～40	26 22～30	45 38～51	19 15～23	23 19～27	2.8 2.2～3.5

Robertson(1993)

표 3-7. 사료원료의 에너지가 추정을 위한 공식

사료원	Net Energy for Lactation(Mcal/LB)※	TDN %※
Legumes	NE ℓ =1.044-(0.0119×ADF) ex) NE ℓ =1.044-(0.0119×40) =0.568 Mcal/lb	TDN=4.898+(NE ℓ ×89.796) ex) TDN=4.898+(0.568×89.796) =55.9 %
Legume-Grass Mixture	NE ℓ =1.0876-(0.0127×ADF) ex) NE ℓ =1.0876-(0.0127×40) =0.580 Mcal/lb	TDN=4.898+(NE ℓ ×89.796) ex) TDN=4.898+(0.580×89.796) =57.0 %
Grasses, small grains, Sorghum, Sudangrass forages	NE ℓ =1.085-(0.0124×ADF) ex) NE ℓ =1.085-(0.0124×40) =0.589 Mcal/lb	TDN=4.898+(NE ℓ ×89.796) ex) TDN=4.898+(0.589×89.796) =57.8 %

(계속)

사료원	Net Energy for Lactation(Mcal/LB)※	TDN %※
Bermuda grass	NE ℓ =[(0.0245×TDN)-0.12]×0.454 ex) NE ℓ =[(0.0245×50.4)-0.12]×0.454 =0.506 Mcal/lb	TDN=95.679-(1.224×ADF) ex) TDN=95.679-(1.224×37) =50.4 %
Corn silage, Whole plant (*unadjusted values*)	NE ℓ =1.044-(0.0124×ADF) ex) NE ℓ =1.044-(0.0124×30) =0.672 Mcal/lb	TDN=31.4+(53.1× NE ℓ) ex) TDN=31.4+(53.1×0.672) =67.1 %
Corn silage, Whole plant (*adjusted values*)	NE ℓ =(ATDN-31.4)÷53.1 ex) NE ℓ =(66.4-31.4)÷53.1 =0.659 Mcal/lb	TDN=92.49+(-0.6525×DM) ex) TDN=92.49+(-0.6525×40) =66.4 %
Total mixed rations (Forage+Grain)	NE ℓ =[(TDN×0.0245)-0.12]×0.454 ex) NE ℓ =[(72.9×0.0245)-0.12]×0.454 =0.756 Mcal/lb	TDN=93.53-(1.03×ADF) ex) TDN=93.53-(1.03×20) =72.9 %
Concentrate mixtures	NE ℓ =[(TDN×0.0245)-0.12]×0.454 ex) NE ℓ =[(77.2×0.0245)-0.12]×0.454 =0.804 Mcal/lb	TDN=81.41-(0.60×CF**) ex) TDN=81.41-(0.60×7.0) =77.2 %
Ear corn	NE ℓ =1.036-(0.0203×ADF) ex) NE ℓ =1.036-(0.0203×16) =0.711 Mcal/lb	TDN=99.72-(1.927×ADF) ex) TDN=99.72-(1.927×16) =68.9 %
Shelled corn	NE ℓ =0.9050-(0.0026×ADF) ex) NE ℓ =0.9050-(0.0026×4) =0.895 Mcal/lb	TDN=92.22-(1.535×ADF) ex) TDN=92.22-(1.535×4) =86.1 %
Small grains	NE ℓ =0.9265-(0.00793×ADF) ex) NE ℓ =0.9265-(0.00793×12) =0.831 Mcal/lb	TDN=4.898+(NE ℓ ×89.796) ex) TDN=4.898+(0.831×89.796) =79.5 %

※ 모든 수치는 건물기준

※※ CF=Crude fiber. CF=(ADF×0.83)-1.30. Ex) CF=(10×0.83)-1.30=7.0.

◎ NE_m, NE_g 계산(축우) : 두과목초를 예로 계산 : 40% ADF, 51% NDF, 55.9% TDN

Step 1. DE = TDN×0.04409
DE = 55.9×0.04409
= 2.465

Step 2. ME = DE×0.82
ME = 2.465×0.82
= 2.021

Step 3. NE_m = (1.37×ME)-(1.12)-(0.138×ME^2)+(0.0105×ME^3)×0.454
= (2.769-1.12-0.564+0.087)×0.454
= 0.532

Step 4. NE_m, Mcal/lb DM

Step 5. NE_g = (1.42×ME)-(1.65)-(0.174×ME^2)+(0.0122×ME^3)×0.454
= 2.870-1.65-0.711+0.711+0.101×0.454
= 0.277

Step 6. NE_g, Mcal/lb DM

Adams(1994)

표 3-8. 고능력우에 관한 일량사료 중 탄수화물 조성 권장량

항 목	비유기		
	초 기	중 기	말 기
목초 NDF, 건물 %	21~24	25~26	27~28
총 NDF, 건물 %	28~32	33~35	36~38
NSC, 건물 %	32~38	32~38	32~38

3.2 단백질/질소원

단백질은 제 1위내 분해가능 정도에 따라 가해성 단백질(RDP)과 불해성 단백질(UDP) 그리고 산 불용성 질소(acid insoluble nitrogen) 등으로 세분화되어 사료배합에 응용되고 있다(표 3-9, 3-10, 3-11).

반추위미생물은 사료단백질의 분해와 ammonia의 생성, 그리고 아미노산의 신생합성을 통해 가축에게 아미노산을 공급하고 가축의 성장과 유지에 요구되는 에너지를 제공하는 매우 중요한 기능을 한다. 그러나 사료단백질의 물리・화학적 특성은 제 1위내 ammonia 생성량에 영향을 미치게 되며, 특히 비단백태질소화합물(NPN)과 같은 질소화합물을 많이 함유하는 사료를 이용할 경우 제 1위내 ammonia 농도가 급격히 증가된다. 그렇게 증가한 ammonia는 반추위미생물에 의한 체단백질로의 합성이 제한되고, 위벽을 통한 흡수와 오줌으로의 요소의 형태로 배설이 증가되어 단백질 이용효율이 낮아지는 결과를 초래한다.

그림 3-16에서 보면, 일반적으로 질소의 생성/이용 경로는 다음과 같이 요약할 수 있다. ① 모든 질소 대사과정의 상호 전환과정은 미생물 효소의 작용에 의해 일어난

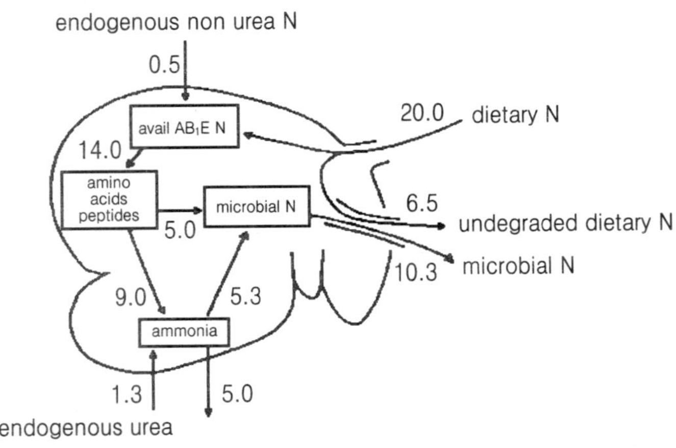

그림 3-16. 반추위내 질소의 순환(Nolan, 1975)

표 3-9. 사료 종류별 조단백질 함량과 단백질 특성

사료원	건물, %	조단백질 (CP) 건물기준, %	조단백질(CP) 중 %	
			가용성단백질 (Soluble Protein)	미분해 섭취단백질 (Udegradable Intake Protein)
Grass hay	90.0	10.5	29.0	37.0
MM grass hay[a]	90.0	12.5	30.0	34.0
Legume hay	90.0	18.6	32.0	28.0
MM legume hay[a]	90.0	16.8	31.0	31.0
Grass silage[b]	<35	12.6	51.0	23.0
	35～50		47.0	29.0
	>55		41.0	45.0
MM grass silage[a]	<35	14.0	52.5	22.0
	35～50		50.0	27.0
	>55		42.0	42.0
Legume silage	<35	19.3	60.0	18.0
	35～50		54.0	23.0
	>55		48.0	36.0
MM legume silage[a]	<35	17.4	57.0	20.0
	35～50		52.0	25.0
	>55		46.0	39.0
Corn silage	33.0	8.8	48.0	31.0
Corn silage-urea	34.0	13.2	70.0	19.0
Corn silage-NH_3	34.0	12.0	57.0	27.0
Blood meal	91.0	93.0	7.5	82.0
Brewers grain, *dry*	92.0	27.1	7.4	49.0
Brewers grain, *wet*	22.0	28.0	10.0	45.0
Canola meal	92.5	40.8	28.0	23.0
Corn, ear(*dry*)	87.0	9.0	15.6	65.6
Corn, ear(*high moisture*)	69.0	8.8	36.0	35.0
Corn, shell(*dry*)	88.0	10.0	12.0	52.0
Corn, shell(*high moisture*)	74.4	9.5	33.0	35.0
Corn gluten feed	90.0	23.0	52.0	25.0
Corn gluten meal	90.0	67.0	5.0	55.0
Corn distillers, *dark*	91.0	29.0	15.0	47.0
Corn distillers, *light*	92.0	29.0	15.0	54.0
Cottonseed, *whole*	88.4	23.7	27.1	41.0
Soybeans, *raw*	90.0	41.8	40.0	26.0
Soybeans, *cooked*	90.0	41.8	17.0	50.0
Soybean meal, 44%	90.0	50.0	20.0	35.0
Soybean meal, 48%	90.0	54.5	20.0	35.0
Wheat midds	89.0	18.0	40.0	21.0

[a] MM Grass: 주 화본과목초로 혼합; MM Legume은 주 두과목초로 혼합

[b] Small grain silage

표 3-10. 사료원 중 단백질과 질소성분의 특성 분류에 따른 평균 분포

사료원	조단백질 건물기준, %	조단백질 (CP) 중의 %				
		A	B1	B2	B3	C
Concentrates :			← | →			
Blood meal	91.7	0.2	4.7	93.9	0.0	1.2
Brewers grain, *dry*	25.4	2.9	1.2	55.5	28.4	12.0
Canola	42.3	21.1	11.3	57.0	4.2	6.4
Corn grain	10.1	7.7	3.3	74.0[a]	10.0	5.0
Corn grain (*high moisture*)	10.1	40.0	0.0	44.1[a]	10.6	5.3
Corn, ear (*dry*)	9.0	11.2	4.8	66.2[a]	10.0	7.8
Corn, ear (*high moisture*)	9.0	30.0	0.0	51.3[a]	10.4	8.3
Corn distillers, *dry*	29.5	17.0	5.0	14.9[a]	43.1	20.0
Corn gluten feed	25.6	49.0	0.0	43.2[a]	5.7	2.1
Corn gluten meal	65.9	3.0	1.2	84.8[a]	9.0	2.0
Cottonseed, whole	23.0	0.8	39.2	54.0	0.0	6.0
Cottonseed meal	44.8	8.0	12.0	48.4	2.4	7.6
Fish meal	66.6	0.0	12.0	87.0	0.1	0.9
Soybean meal, 44%	49.9	11.0	9.0	75.0	3.0	2.0
Soybean meal, 48%	55.1	11.0	9.0	75.0	3.0	2.0
Soybeans, *raw*	42.8	10.0	34.2	51.4	1.5	2.9
Soybeans, *heated*	42.8	5.7	0.0	70.7	16.3	7.3
Wheat midds	18.4	12.0	28.0	56.0	1.4	2.6
Forages :						
Alfalfa hay, *prebloom*	21.7	28.8	1.2	55.0	5.0	10.0
Alfalfa hay, *early bloom*	19.0	28.8	1.2	52.2	7.8	10.0
Alfalfa hay, *mid bloom*	17.0	26.9	1.1	46.8	11.2	14.0
Grass hay, *late vegetative*	16.0	24.0	1.0	44.0	25.3	5.7
Grass hay, *mid bloom*	9.1	24.0	1.0	44.0	24.9	6.1
Grass hay, *mature*	7.0	24.0	1.0	44.0	24.5	6.5
Alfalfa silage, *early bloom*	19.0	50.0	0.0	23.3	11.7	15.0
Alfalfa silage, *mid bloom*	17.0	45.0	0.0	23.0	14.0	18.0
Corn silage, 45% grain	9.0	45.0	0.0	38.6	8.5	7.9
Corn silage, 34% grain	8.6	50.0	0.0	34.0	8.0	8.0
Corn silage, 25% grain	8.3	55.0	0.0	29.0	7.5	8.5

[a] 옥수수산물은 NDF 내에서 가용성이 있는 천천히 분해되는 prolamine protein인 zein을 포함

A : ammonia, nitrates, amino acids, peptides

B1: globulins, albumins

B2: albumins, glutelins

B3: prolamins

C : Maillard products bound to lignin

Russell 등(1992)

표 3-11. 고능력우에 관한 일량사료 중 단백질 조성 권장량

항 목	비유기		
	초 기	중 기	말 기
CP, 건물 %	17～18	16～17	15～16
Soluble Protein, CP %	16～17	32～36	32～38
RDP, CP %	62～66	62～66	62～66
UDP, CP %	34～38	34～38	34～38

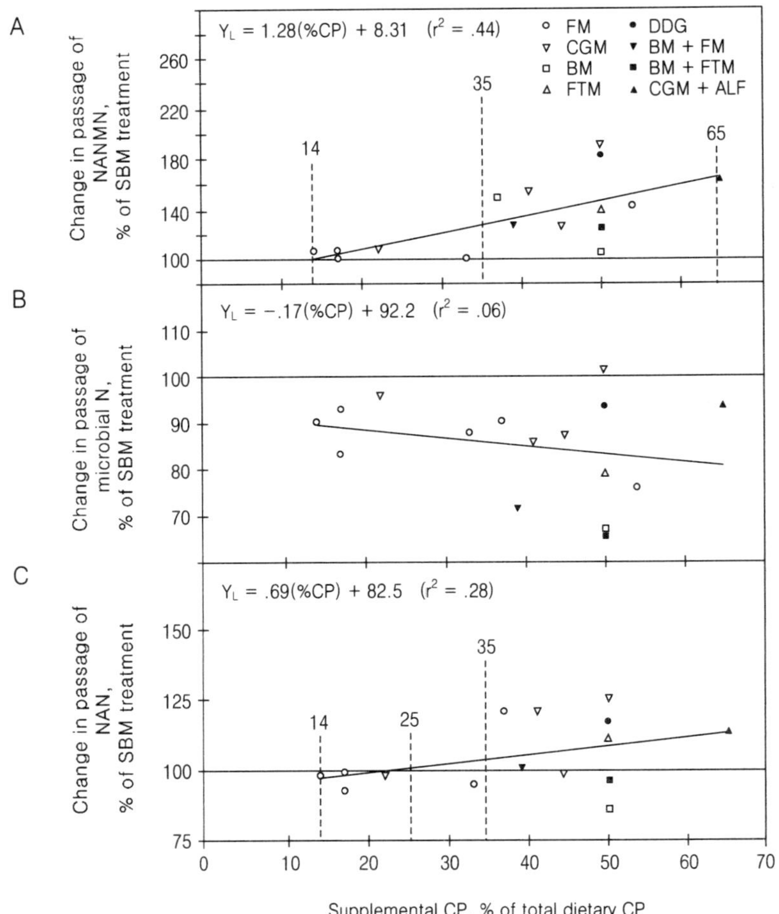

그림 3-17. 보충 단백질원(전체 사료단백질원 중의 %)의 급여가 소장으로의 NANMN (non-ammonia nonmicrobial N: A), microbial N (B), NAN(non-ammonia nitrogen)의 통과에 미치는 영향(Clark 등, 1992)

(ALF : dehydrated alfalfa, BM : blood meal, CGM : corn gluten meal, DDG : dried distillers grains, FM : fish meal, FTM : feather meal)

다. ② 미생물단백질은 반추위에서 하부 소화기관으로 유입되는 가장 높은 단백질 질소형태이다. ③ 내생 요소(endogenous urea)는 사료단백질이 낮을 경우 미생물단백질 합성에 적은 영향을 미친다. ④ Ammonia는 단백질 분해과정의 주 분해산물이며, 미생물단백질 합성을 위한 주기질(main substrate)이다. ⑤ Ammonia의 과잉은 비효율적인 질소 축적을 초래한다.

만약 질소가 부족하면 발효과정에서 생성된 에너지(ATP)가 효율적으로 이용되지 못하며, 이와 반대로 질소수준은 적정하나 에너지가 부족해도 질소의 이용률이 낮아진다. 따라서 최고의 성장률을 얻기 위해서는 25 g N/kg DOMR을 유지해야 한다. 그리고 급여사료 중에는 12～13% 수준의 단백질이 유지되어야 한다. 이 수준은 사료 중의 발효가능 에너지의 함량, NPN 함량, 단백질의 분해율 및 타액을 통한 요소 순환량 등에 따라 달라진다.

그림 3-17은 불해성 단백질원으로 보충사료를 급여할 때 가해성 단백질의 부족으로 미생물단백질 합성량이 낮음을 보여주고 있으며(microbial N; B), 전체적으로 하부 소화기관으로 유입되는 총질소량은 단백질원의 보호효과에 의한 통과(bypass protein)로 높아짐을 알 수 있다(NANMN; A). 그러나 NAN(non-ammonia nitrogen)은 큰 차이가 없음을 보여주고 있다.

제 1위 내에서 분해단백질의 양은 탄수화물의 소화에는 영향을 미치지 않지만 미생물의 성장 효율에는 크게 영향을 미치며, 분해단백질(degradable intake protein, DIP) 양이 증가할수록 효율이 증가한다. 제 1위에서 미생물이 이용할 수 있는 단백질은 제 1위에서 분해될 수 있는 사료단백질원과는 동일하지 않다. 제 1위내 이용가능 단백질의 적정여부는 혈장요소-N(plasma urea nitrogen, PUN)을 이용하여 판정할 수 있다.

혈장요소-N(mg/100 mℓ) = 7.9 + (1.45 × 제 1위 암모니아-N※)
※제 1위 암모니아-N 단위: mg/100 mℓ

3.3 pH

제 1위내 pH 변화범위는 5.5～6.8이지만, 최적 pH 범위는 6.0～6.3이다. 섬유소분해 박테리아의 정상 pH 범위는 6.0～6.8인데 비하여 전분분해 박테리아의 성장에 필요한 정상 pH의 범위는 5.5～6.0이다. pH가 낮아지면 섬유소의 분해율이 낮아지고 휴지기가 증가하여 박테리아의 유지에너지 요구량(maintenance energy cost)이 증가하면서 미생물의 성장 및 성장효율이 떨어진다(그림 3-18).

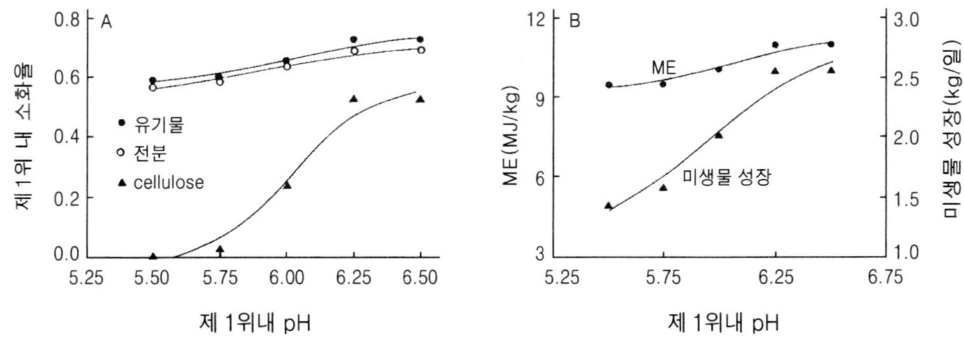

그림 3-18. 제 1위내 pH가 OM, starch, cellulose의 소화율과 미생물의 성장에 미치는 영향(Baldwin, 1995)

3.4 에너지와 단백질의 발효 동기화

제1위 내에서 탄수화물과 단백질의 발효가 같은 속도로 이루어지는 것은 제1위 내 미생물의 성장에 필요한 에너지와 질소를 같이 공급해 주기 때문에 매우 중요하다(그림 3-19). 즉 건초를 급여했을 때에는 제1위 내에서 서서히 분해되어 암모니아와 VFA의 농도변화가 천천히 그리고 같이 증가되기 때문에 서로 일치하고, 따라서 생성된 암모니아가 모두 효율적으로 미생물단백질로 전환될 수 있다.

제1위 내에서의 최대 미생물단백질 합성을 위해서는 NSC : DIP의 비율이 2 : 1을 유지해 주어야 하며, 최대의 건물소화율과 미생물성장 및 단백질 합성효율은 사료 중에 포함되어 있는 반추위내 이용가능 단백질량이 10～13%, 그리고 NSC가 총 탄수화물의 약 56%일 때이다.

그림 3-20, 3-21은 총체적으로 반추동물의 에너지 / 단백질 대사 및 이용경로를 보여주고 있는데, 앞서 내용에서 살펴본 바와 같이 반추동물영양은 우선적으로 반추위

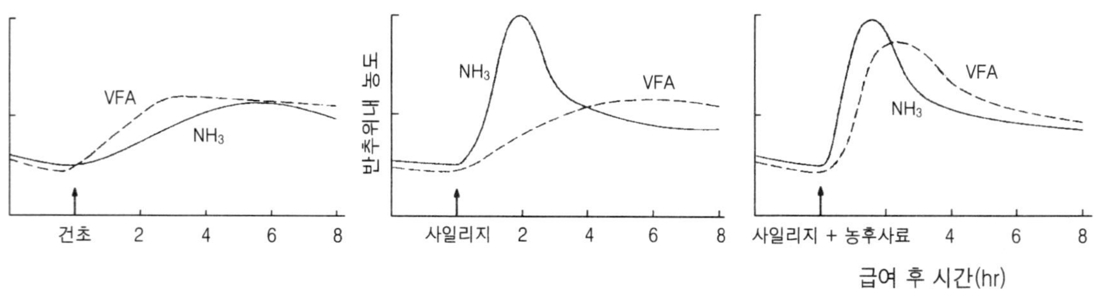

그림 3-19. 사료의 종류에 따른 반추위내 ammonia 및 VFA의 생성량 변화(Webster, 1993)

미생물 대사/반추위 미생물단백질 합성에 관한 영양소 이용 측면에서 면밀히 검토하는 것이 중요한 관점이라 사료된다.

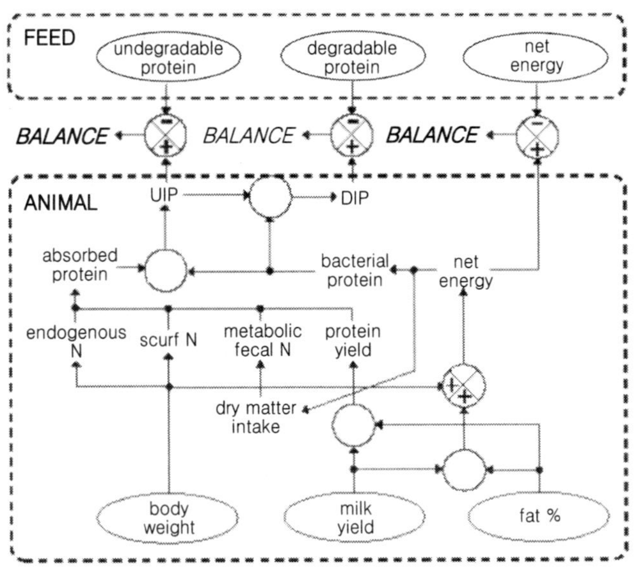

그림 3-20. 영양소 이용에 있어서 흡수된 단백질 model(NRC) 내에서의 정보의 흐름도(→: 정보의 이송; ○: 계산표시; ⬭ : 입력)

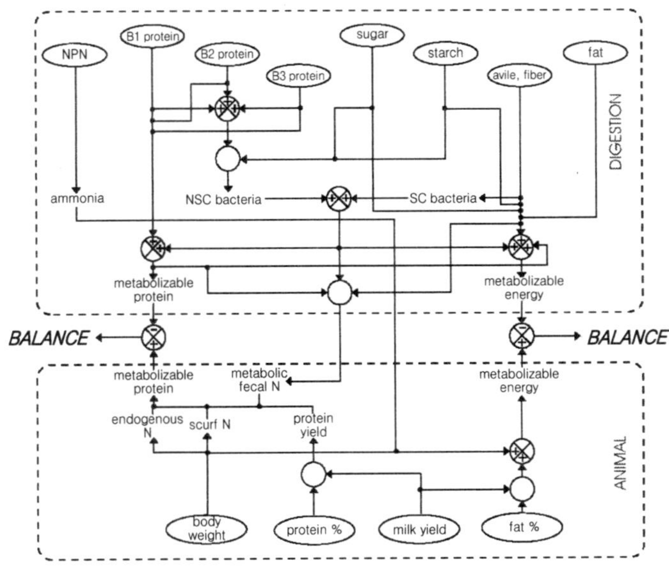

그림 3-21. Cornell Net Carbohydrate and Protein System(CNCPS)에서의 정보의 흐름도(→: 정보의 이송; ○: 계산표시; ⬭ : 입력)

4. 유조성분 조정 및 증진방안과 modelling 개념

4.1 유성분 합성에 영향을 미치는 요소

우유는 표 3-12에 나타낸 바와 같은 조성으로 이루어져 있다. 현재 정확한 유조성분 함량분석을 위해 사용되는 방법은 AOAC를 기준으로 표 3-13과 같다. 특히 유단백 함량은 유전적인 요소에 크게 영향을 받으므로 유우관리에 있어 유전적 선발(genetic selection) 기준과 프로그램은 유우를 비롯하여 유생산 동물인 유산양 · 면양,

표 3-12. 우유 조성분

항 목	유조성분(평균 %)	항 목	유조성분(평균 %)
수분(water)	87.00	조단백질(crude protein)	3.10
유당(lactose)	4.90	카제인(casein)	2.60
유지방(fat)	3.70	조회분(ash)	0.80
순단백질(true protein)	3.00	기타(other)	0.50

표 3-13. 유조성분 분석방법(AOAC※, 1995)

유조성분	분석방법 명	방법번호
유지방(fat)	Modified *Mojonnier*	989.05
순단백질(true protein)	Protein Nitrogen	991.22
무지고형분(solids-not-fat)	Solids-not-fat	990.21
총 고형분(total solids)	Total Solids	990.20
기타 고형분(other solids)	(by difference)	990.20 - (989.05 + 991.22)

※ the 16th edition of Official Methods of Analysis of the Association of Official Analytical Chemists International(1995)

표 3-14. 품종별 평균 유조성분[a]

품 종	유지방	유단백	유단백/유지방 비율
Ayrshire	3.92	3.35	0.85
Brown Swiss	4.06	3.57	0.88
Guernsey	4.53	3.54	0.78
Holstein	3.66	3.20	0.87
Jersey	4.69	3.75	0.80

[a] *USDA-NCDHIP*, 1997

표 3-15. 유조성분에 관한 사양관리의 효과

항 목	In parlour feeding	Out of parlour feeding
총 농후사료(t/cow)	1.33	1.33
유단백(%)	3.20	3.30
유지방(%)	3.85	3.95
유생산(ℓ /cow)	5965.00	5903.00

자료출처: *ARINI, Hillsborough.*

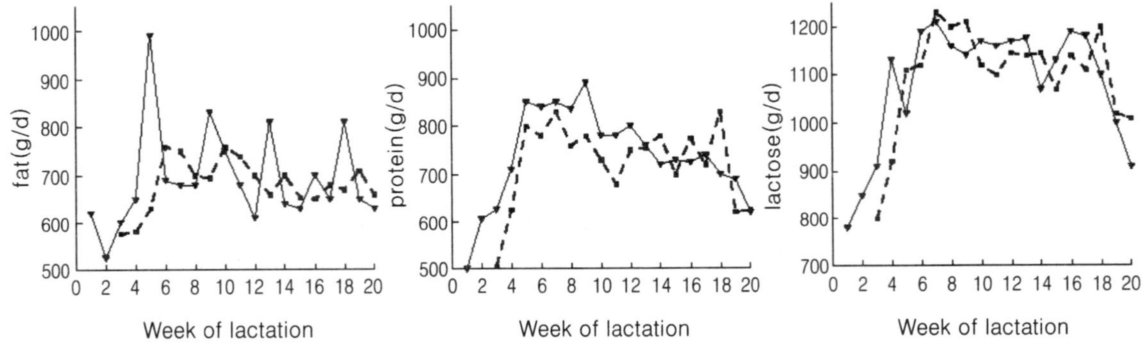

그림 3-22. 유지방, 유단백, 유당의 관측치(—)와 추정치(…) 변화
(the adaptive predictive model of Tran and Johnson. 1991. J. Dairy Res. 58:373)

기타 유용종 품종에 있어 중요하다(표 3-14).

비유단계에 있어서 유단백 변화 양상은 전체적으로 유지방과 유사하나, 일반적으로 그 동안의 연구결과 보고와 실제 사례에 의하면 비유기간의 장단에 관계없이 유단백질보다는 유지방 함량 변화가 심함을 알 수 있다(그림 3-22). 특히 사양관리가 유단백(0.1～0.4%)보다 유지방(0.1～1.0%) 변화에 보다 영향을 미침을 알 수 있으며, 사양관리 체계에 의해서도 유조성분 변화가 있음을 알 수 있다(표 3-15).

1) 에너지원의 영향

그림 3-23은 반추가축 사료성분 중 에너지원의 특성을 계층화한 것인데, 발효속도에 따른 에너지원으로의 변환과 이용이 크게 달라질 수 있음을 보여준다. 따라서 에너지원의 특성에 따른 미세조정 사양관리가 최종산물로서의 유성분에 영향을 미침을 알 수 있다.

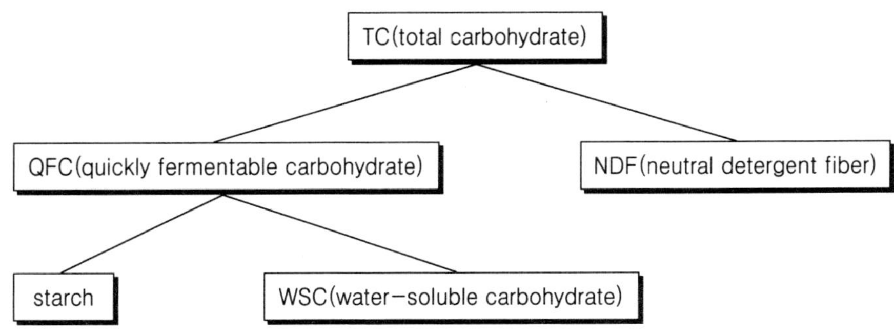

그림 3-23. 탄수화물 model 구성에 사용되는 변수의 계층적 배열도
(Smoler, Rook, Sutton, and Beever. 1998. J. Dairy Sci. 81:1619~1623)

표 3-16. 유지방 및 유단백질 최대 생산을 위한 곡물 사양관리 권장량 (1)

Holstein/Brown Swiss	
유생산 수준(kg)	곡물 급여수준(kg)
18.14 이하	0.25/kg 우유
18.59~31.74	0.29/kg 우유
31.74 이상	0.40/kg 우유

표 3-17. 유지방 및 유단백질 최대 생산을 위한 곡물 사양관리 권장량 (2)

고수준 유고형분 생산 품종	
유생산 수준(kg)	곡물 급여수준(kg)
13.60 이하	0.33/kg 우유
14.06~27.20	0.40/kg 우유
27.20 이상	0.49/kg 우유

또한 품종별 유생산 및 유조성분 합성에 따른 특성에 따라 표 3-16, 3-17에서와 같이 곡물급여 수준을 맞추어 주는 것이 중요하다.

2) 단백질의 영향

그림 3-24는 반추가축 사료성분 중 단백질원의 특성을 계층화한 것인데, 단백질 분해 특성에 따른 영양소로서의 변환과 이용이 크게 달라질 수 있음을 보여준다. 따라

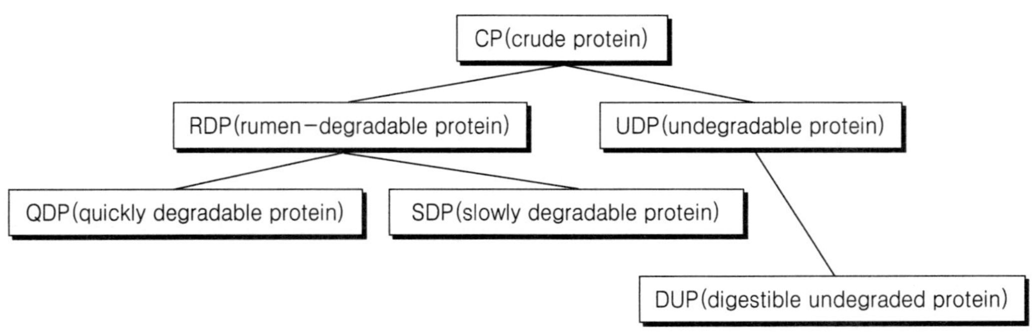

그림 3-24. 단백질 model 구성에 사용되는 변수의 계층적 배열도
(Smoler, Rook, Sutton, and Beever. 1998. J. Dairy Sci. 81:1619~1623)

표 3-18. 옥수수 사일리지와 알팔파 헤일리지에 기초한 최소 목초건물 수준 권장량

목초혼합	목초로부터 건물 %
100% 옥수수 사일리지	50~60
75% 옥수수 사일리지 : 25% 알팔파 헤일리지	45~55
50% 옥수수 사일리지 : 50% 알팔파 헤일리지	45~50
25% 옥수수 사일리지 : 75% 알팔파 헤일리지	40~50
100% 알팔파 헤일리지	40~45

표 3-19. 지방사양에 관한 일반적 권장지침※

급 여 원	일량 사료건물 중 최대 %
목초, 곡물(기초사료)	3%
천연지방	2~4%
전지종실(whole oil seeds)	0.45 kg
우지(tallow)	0.45 kg
보호지방(protected fats)	2%(0.45 kg)
총계(total)	최대 7~8%

※ 일일 6~12 g의 나이아신(niacin) 급여는 고수준의 지방 이용시에 유단백 저하를 보정할 수 있다.

서 단백질원의 물리·화학적 분해특성에 따른 미세조정 사양관리가 최종산물로서의 유생산량과 유성분에 영향을 미침을 알 수 있다.

지방첨가 : 총 일량 사료에 4~12% 동물성 및 식물성 지방의 첨가는 유단백 함량을 0.1~0.3% 저하시킬 수 있다. 따라서 지방 이용은 세심한 지침에 따라 사양관리

프로그램을 운영하여야 하며, 권장수준은 표 3-19와 같다.

※ 체 충실지수(body condition score, BCS)의 유지

유우는 특히 비유 초기에 사료섭취량 저하(그림 3-25)로 체중과 체 충실지수를 유지하기 어려우므로 적절한 사양관리와 지속적인 관찰을 통해 체유지 불균형에 의한 유단백 함량 저하를 예방하여야 한다(표 3-20). 따라서 위와 같이 영양학적 관리 요소에 의거한 사양관리 요점은 표 3-21과 같다.

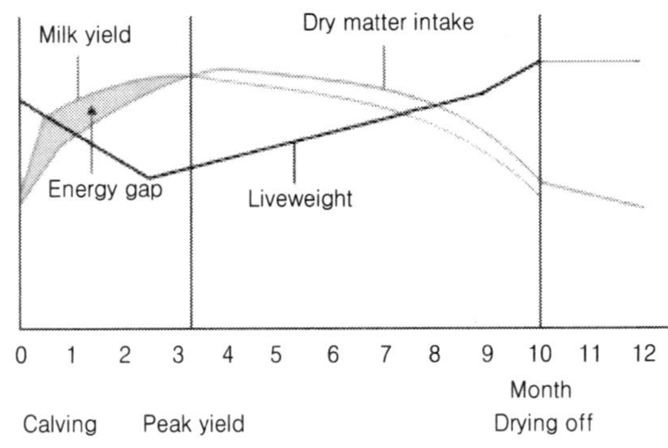

그림 3-25. 유우(성축)에 관한 사료섭취, 유생산, 체중 변화

표 3-20. 체 충실지수 목표치(target condition score)

	체 충실지수 목표치
건유 종료시(drying Off)	2.5～3.0
분만시(calving)	2.5～3.0
분만후 8～10주(8～10 weeks calved)	2.0～2.5

Cow 325 - condition score 2
Cow 318 - condition score 3

표 3-21. 유고형분 생산변경을 위한 사양관리 요소의 요약

관리요소	유지방 %	유단백 %
최대섭취량 유지	증가	0.2～0.3 units 증가
곡물의 급여빈도 증가	0.2～0.3 units 증가	다소 증가 가능
에너지 사양관리(불충분)	다소 영향	0.1～0.4 units 저하
비섬유성 탄수화물(NFC[1]) (고수준)(45%)	1% 혹은 그 이상 저하	0.1～0.2 units 증가
비섬유성 탄수화물(NFC[1]) (정상)(25～40%)	증가	정상수준 유지
조섬유(과다)	증가 가능	0.1～0.4 units 저하
저 조섬유[2](26% NDF)	1% 혹은 그 이상 저하	0.2～0.3 units 증가
입자도 저하[3]	1% 혹은 그 이상 저하	0.2～0.3 units 증가
조단백질(고)	영향 없음	이전 사료 결핍 ⇒ 증가
조단백질(저)	영향 없음	현재 사료 결핍 ⇒ 저하
우회 단백질(escape protein) (조단백질의 33～40%)	영향 없음	이전 사료 결핍 ⇒ 증가
지방첨가(added fat)(7～8%)	변이가 있음	0.1～0.2 units 저하

[1] NFC = nonfiber carbohydrates(비섬유성 탄수화물)

[2] 조섬유 저하 사료, 비섬유성 탄수화물 증가, 목초 세절길이 저하, 목초 급여수준 저하 등은 유단백 비율을 높일 수 있으나 유지방 저하에 크게 영향을 미친다. 이는 우유 무지고형분(SNF)을 증진시키는 바람직한 방안이 아니며, 실제 사양에 있어서 산중독, 부제병, 사료섭취량 저하 등을 야기시키며, 축군 건강관리에 유해할 수 있다

[3] 5.08 cm 이상의 입자가 15% 이하일 경우는 부적합한 입자도 상태를 표시함.

4.2 유생산 및 유조성분 조정을 위한 modelling 개념

그림 3-26은 유지와 생산 기능에 관한 영양소 이용의 계층 분할도를 수학적 모델로 나타낸 그림이며, 그림 3-27은 각 영양소원의 소화와 대사 그리고 최종 유생산과 유조성분 합성에 관한 조절요소의 상관관계를 표시한 것이다.

이와 같이 최근의 NRC(1988) model은 ① 단백질 요구량을 분·뇨 등으로의 소실 그리고 우유로의 이전으로 총계하여 미세조정하며, ② 가해성(rumen-degradable), 불해성(undegradable) 단백질 특성을 기초로 다양한 경로로 흡수되어 이용되는 관점으로 사양관리 요점을 두고 있다. 또한 에너지원도 앞서 설명한 대로 발효 특성에 맞추어 단백질과 동기화시키는 면을 강조하고 있어 다중 구성요소 관리체계(multiple

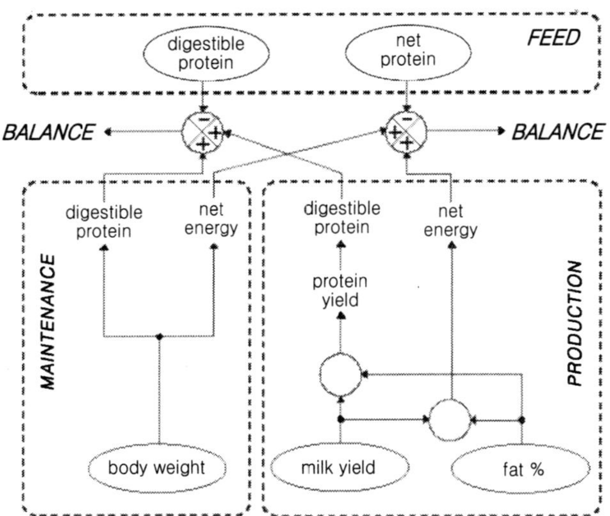

그림 3-26. 영양소 이용의 유지/생산 model에서의 정보의 흐름도
(→: 정보의 이송; ○: 계산표시; ⬭ : 입력)

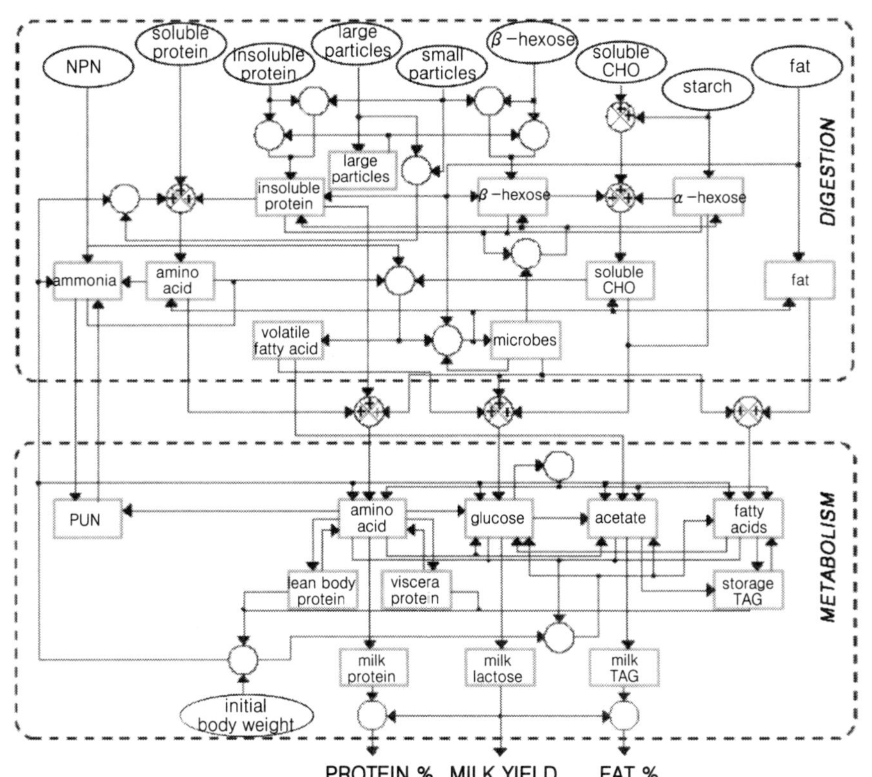

그림 3-27. *Baldwin* Dairy Cow Model에서의 정보의 흐름도
(→: 정보의 이송; ○: 계산표시; □: State variables; ⬭: 입력)
(그림 “State variable에서의 정보의 흐름” 참조)

표 3-22. NRC(1988)와 CNCPS model에 기초한 일일 38 및 22 kg 유생산 기준의 사료배합에 반응하는 유생산과 유조성분에 대한 추정

38 kg/d @ 4.0% fat			22 kg/d @ 4.0% fat		
	NRC	CNCPS		NRC	CNCPS
사료원료 조성(% of DM)					
옥수수 사일리지	21.670	27.360	티모시(timothy) 사일리지	63.200	56.360
알팔파 사일리지	21.670	18.240	보리	27.020	20.000
옥수수, high moisture	31.190	25.540	어분(fish meal)	7.000	0.000
대두박(SBM)	9.790	10.030	대두박(SBM)	2.790	8.180
맥주박, wet	14.150	9.120	옥수수, cracked	0.000	15.450
대두, roasted	0.000	6.380			
우지(tallow)	0.000	1.820			
비타민/미네랄 premix	1.530	1.510			
사료 화학적 조성분(% of DM)					
NE ℓ (Mcal/kg)	1.710	1.800	NE ℓ (Mcal/kg)	1.570	1.620
CP(% of DM)	18.300	18.200	CP(% of DM)	15.600	13.800
ADF(% of DM)	19.400	19.300	ADF(% of DM)	24.800	22.600
EE(% of DM)	3.600	6.100	EE(% of DM)	2.800	2.600
UIP(% of CP)	37.000	43.400	UIP(% of CP)	44.500	38.800
MOLLY					
생산(kg/d)					
유생산	33.100	32.800	유생산	21.700	22.200
유지방	1.251	1.265	유지방	1.174	1.206
유단백	1.052	1.068	유단백	0.796	0.769
유당	1.588	1.573	유당	1.042	1.067
유대(₩/d)*	21,036	21,264	유대(₩/d)	17,112	17,088
사료비(₩/d)	5,520	6,618	사료비(₩/d)	3,204	3,288
수입 = (유대 - 사료비)(₩/d)	15,516	15,096	수입 = (유대 - 사료비)(₩/d)	13,920	13,800

* $ = ₩ 1,200 기준

MOLLY(Baldwin, 1995)

component pricing system)에 의거한 모델을 기초로 하고 있다.

표 3-22는 NRC와 CNCPS model에 기초하여 유량과 유조성분의 생산성과 그에 따른 경제성을 분석한 표이다. 표에서 보는 바와 같이 사료원료 특성에 기초로 한 이용률 증대가 경제성 있는 결과를 나타낼 수 있음을 보여주며, 위의 수학적 모델링에

의한 사료배합비 운영이 매우 중요함을 알 수 있다. 또한 이와 같은 모델 적용과 연구로 유성분 생산, 사료섭취량, 체중 등에 관한 다중 선형회귀 모델(multiple linear regression model)을 개발·분석하여 각 유생산 및 유성분 생산요인을 추정하여 미세 조정할 수 있음을 시사하고 있다.

참고문헌

1. Adams, R. S., L. J. Hutchinson, and V. A. Ishler. 1998. Trouble-Shooting Problems with Low Milk Production. DAS 98-16: Dairy Cattle. The Pennsyl-vania State University.
2. Baldwin, R. L. 1995. Lactation. In Modelling Ruminants Digestion and Meta-bolism(R. L. Baldwin). pp. 469～518. Chapman & Hall. London.
3. Barbano, D. M. 2001. Trends in milk composition and analysis in New York. *Personal communication. Internet DB.* Cornell University.
4. Cant, J. P. 2000. Modeling Milk Composition. *Internet DB.*
5. Chase, L. E. and T. R. Overton. 1998. Dairy Nutrition Fact Sheet 98-11. Cornell University.
6. Clark, J. H., T. H. Klusmeyer, and M. R. Cameron. 1992. Microbial protein synthesis and flows of nitrogen fractions to the duodenum of dairy cows. *J. Dairy Sci.* 75:2304～2323.
7. Czerkawski, J. W. 1986. An Introduction to Rumen Studies. p. 236. Pergamon Press. Oxford. England.
8. Falchney, G. J., W. J. Poncet Jr., and J. R. Black. 1989. Passage of internal and external markers of particulate matter through the rumen of sheep. *Reprod. Nutr. Develop.* 29:325～337.
9. Ferguson, J. D. 2000. Milk Protein. *Internet DB.* ferguson@cahp2. nbc. upenn. edu.
10. Grant, R. J. 1993. Feeding to Maximize Milk Solids. Agricultural publications G3110. Univ. of Nebraska-Lincoln.
11. Hartnell, G. F. and L. D. Satter. 1979. Determination of rumen fill, retention time and ruminal turnover rates of ingesta at different stages of lactation in dairy cows. *J. Anim. Sci.* 48(2):381.
12. Hobson, P. N. and C. S. Stewart. 1997. The Rumen Microbial Ecosystem. Blackie Academic & Professional.
13. Hoover, W. H. 1991. Rumen digestive physiology and microbial ecology. p.

311. In the veterinary clinics of North America. Dairy Animal Management. Sniffen, C. J. and T. H. Herdt. (Ed.). Vol. 7(2). July.

14. Hutjen, M. F. 1995. Feeding applications for the high producing cow. p. 34. In *Proc. Cornell Nutr. Physiol.* 3:178.

15. Nolan, J. V. 1975. Quantitative models of nitrogen metabolism in sheep. In *Digestion and Metabolism in the Ruminants.* ed. I. W. McDonald and A. C. I. Warner. University of New England Publishing Unit, Armidale. Australia. pp. 416～431.

16. NRC. 1988. Nutrient Requirements of Dairy Cattle (6th Ed.). National Academy Press, Washington, D.C.

17. Poppi, D. P., B. W. Norton, D. J. Minson, and R. E. Hendricksen. 1980. The validity of the critical size theory for particles leaving the rumen. *J. Agric. Sci.* 94:275～280.

18. Russell, J. B., J. D. O'Connor, D. G. Fox, P. J. Van Soest, and C. J. Sniffen. 1992. A net carbohydrate and protein system for evaluating cattle diets: Ⅰ. Ruminal fermentation. *J. Animal Sci.* 70:3551～3561.

19. Shaver, R. D., L. D. Satter, and N. A. Jorgensen. 1988. Impact of forage fiber content on digestion and digesta passage in lactation dairy cows. *J. Dairy Sci.* 71:1556～1565.

20. Smith, R. H., and J. D. Oldham. 1983. Rumen metabolism and recent developments. p. 1. In Nuclear Techniques for Assessing and Improving Ruminants Feeds. Intl. Atomic Energy Agency. Vienna.

21. Stokes, S. R., W. H. Hoover, W. H. Miller, T. K. and R. P. Manski. 1991. Impact of carbohydrate and protein levels on bacterial metabolism in continuous culture. *J. Dairy Sci.* 74:860.

22. Taylor, R. E. 1995. Scientific Farm Animal Production. 5th Ed. Prentice Hall. NZ 07458. U.S.A.

23. Van Soest, P. J. 1994. Nutritional Ecology of the Ruminant. O & B Books. INC. Oregon.

24. Webster, J. 1993. Understanding the Dairy Cow. 2nd. (Ed.). Blackwell Scientific Publ.

25. Weimer, P. J. 1996. Why don't ruminal bacterial digest cellulose faster. *J. Dairy Sci.* 79:1496.

26. 김현진. 1998. 반추가축 사료의 탄수화물과 단백질의 분해동조화. 중앙대학교 식량자원연구소 논문집. 10(1):41～57.

27. 맹원재. 1998. 신제 반추동물영양학 -반추위미생물과 소화작용-. 향문사.

28. 맹원재. 1998. 출생시부터 도태시 까지 젖소 돌보기. 도서출판 필방.

29. 최병렬. 1999. *Personal Communication.* www.cjfeed.com.

제 4 장

축산식품미생물

1. 식육미생물

1.1 식육환경과 미생물

고기 표면에서 미생물의 오염은 동물을 도축시키는 과정에서부터 일어나며, 그 후 광범위한 미생물들이 각처로부터 유래되어 유용수분이 많고 영양성분이 풍부한 식육 표면에 정착하게 된다. 신선육을 호기 조건에서 냉장 저장할 때 부패를 일으키는 미생물로는 *Pseudomonas, Acinetobacter, Psychrobacter, Moraxella* 등 Gram 음성균이 있다.

신선육에는 $10^2 \sim 10^5$ CFU/cm^2 정도의 미생물이 있으며, 이 중 10% 정도가 초기 성장이 가능하다. 유도기를 거쳐 미생물이 변화한 환경에서 적응하여 10^7 cell/cm^2 정도가 되면 악취(off-flavor)가 나기 시작하며, 10^8 cell/cm^2 정도가 되면 미생물이 생산한 대사산물인 점액성 물질을 관찰할 수 있다.

신선한 고기를 냉장 보관하여도 미생물이 생장하여 부패를 일으키는 이유는 육의 높은 수분함량, 풍부한 영양성분 때문이며, 분해과정이 복잡한 단백질이나 지질보다는 저분자 화합물을 이용하기 쉬운 저온성 균들이 많은 수를 보인다.

식육과 육제품에서 부패균의 생장을 억제하는 방법을 생각해 본다면 ① 고기를 냉각시켜 유도기와 발아기간을 연장시키는 방법, ② 표면을 건조시켜 수분활성(a_w)을 떨어뜨리거나(0.95 이하), ③ 산화-환원전위(Eh)나 대기상태 등을 조절하여 미생물의 활성을 억제, ④ 부패를 일으키지 않는 Gram 양성균, 즉 *Micrococcaceae*, 젖산균의 이용 등이 있다.

1) 신선육

냉장상태에서 신선육을 호기상태로 저장할 때에 부패를 일으키는 미생물로는

Pseudomonas, Moraxella, Psychrobacter, Acinetobacter 등이 있으며, 이들은 냉각시킨 고기나 pH 6 이상의 근육조직과 지방조직에서 문제가 된다. 돼지고기나 양고기에서 이들 외에 넓게 퍼져 있는 미생물로는 저온성 균과 *Enterobacteriaceae*과에 속하는 미생물을 들 수 있다. 가금육의 미생물 오염문제는 가금육을 끓은 물로 세척하고 다시 냉각수로 세척하는 방법은 부분적으로 오염원을 제거할 수 있으나, 냉각수에 존재하는 저온성 균에 의해 다시 오염될 수 있다.

가금육의 내장을 제거할 때 우점 미생물은 *Pseudomonas, Acinetobacter, Psychrobacter, Shewanella putrefaciens* 등이며, 가금육의 가슴부위나 다리부위에 우점 할 수 있는 미생물은 *Pseudomonas* 이다.

도축된 우육에서 glucose가 0.1～0.5% 정도만 잔존해도 식육 표면에서 미생물이 빠르게 성장할 수 있다. 그러나 glucose가 소실되면 미생물은 아미노산을 분해하여 이용하게 되므로 암모니아 농도와 pH가 증가하게 된다. DFD(Dark, Firm, Dry) 우육의 경우 일반고기에 비해 glucose의 함량과 젖산의 함량이 낮으므로 여기서 glucose를 첨가하여 주면 부패 미생물의 생장을 늦출 수 있다.

Pseudomonas 속이나 다른 Gram 음성균이 식육에 오염되면 첫 단계로서 탄수화물과 다른 이화작용에 의해 성장하며 지방산, ketone, 알코올 등의 복잡한 혼합물을 방출하여 다양한 과일향, 달콤한 향을 낸다. 두 번째 단계에서는 이미 포도당이 소실된 상태이므로 아미노산을 에너지원으로 이용하게 되며, 휘발성 물질에 의해 부패취를 생성하게 된다. 이 때 미생물상의 수는 10^7 CFU/cm^2에 달하게 된다.

Pseudomonas spp.는 탈아미노화(deamination)에 의해 *Enterobacteriaceae* 과는 탈카르복실화(decarboxylation)에 의해 아미노산을 분해하여 그 결과 pyruvate, ammonia, H_2S, CH_3SH, $(CH_3)_2S$를 생성하여 불쾌한 냄새와 유황냄새를 갖게 된다. *Pseudomonas fluorescens* 는 methylamine, dimethylamine, trimethylamine을 생성하며, *Pseudomonas fragi* 는 달콤한 과일향을 내는 ethyl ester를 생산한다.

아미노산의 탈카르복실화에 의해 생성되는 두 가지 중요한 최종산물은 lysine으로부터 생성되는 cadaverine과 ornithine 또는 arginine으로부터 생성되는 putrescine이 있다. Putrescine은 *Pseudomonadaceae* 과와 관련이 높고, cadaverine은 *Enterobacteriaceae*과와 상호 관련이 높은 것으로 알려져 있다.

Proteus, Pseudomonas 는 식육단백질인 근원섬유(myofibrils)와 근장(sarcoplasmic) 단백질에 대한 높은 protease 활력을 가지고 있다. 이와 같은 체외 분비성 단백효소(exoprotease)의 배출은 미생물 생장 중 세포수가 최대(10^{10} CFU/cm^2)에 도달하는 정체기에 일어난다. 저온성 균의 경우 지방분해효소(lipase)를 생산하나 지방부분이 살코기 부분(lean meat)에 비해 저분자화합물 확산 비율과 수분활성도 수준도 낮아

생장률이 떨어지므로 부패 초기현상은 살코기 부분에서 쉽게 감지된다.

2) 진공포장육

식육과 육제품의 주위 대기상태를 변화시켜 저장하는 방법으로는 진공포장법과 기체조성 변환포장법(MAP ; Modified Atmosphere Packaging)이 있다. 진공포장은 남아 있는 O_2가 식육조직과 미생물 호흡에 의해 빠르게 소실되어 CO_2 농도는 약 20% 증가한다. 진공포장을 하면 호기성 Gram 음성균이 Gram 양성균과 젖산균으로 대체되는데, 그 이유는 젖산균은 CO_2와 저온에 대해 내성을 가지고 있기 때문이다. 젖산균이 생장하면 glucose 대산산물로서 젖산, isobutanoic acid, isopentanoic acid, acetic acid 등이 생산되어 고기에 신맛을 생성한다. 또한 Gram 양성균은 단백질 가수분해 활성을 제한하는 역할도 한다.

Gram 음성균 중에서 *Enterobacteriaceae* 과와 *Pseudomonadaceae* 과는 일반 pH의 진공포장된 우육에서도 균락을 형성한다. -1.5~3℃에서 저장된 진공포장 가금육에서도 *Enterobacteriaceae* 과가 많은 수로 존재할 수 있다.

Enterobacteriaceae, *Shewanella putefaciens* 는 진공포장된 가금육의 지방이나 피부조직·근육조직에서도 빠르게 성장할 수 있으며, *Enterobacteriaceae* 는 진공포장된 양고기에서도 생장이 관찰되었다.

3) 기체조성 변환포장육

기체조성 변환(MAP) 포장육에서는 10~40% 농도의 CO_2에 의해 미생물의 생장이 억제된다. CO_2 농도가 높을수록 부패를 일으키는 미생물의 억제효과가 좋아지나 CO_2 농도가 100%로 되면 고기의 질이나 화학조성을 변화시킬 수 있다. MAP 처리

표 4-1. 진공포장한 원료우육의 미생물 수

미생물 종류	생균수(cm^2, 평균 시료수 = 30)					
	분할 후			포장 12시간 후(0~2℃)		
	로우스트부위	다리부위	목부위	로우스트 부위	다리부위	목부위
총 균수	6×10^4	3×10^4	2×10^4	3×10^5	1×10^5	6×10^5
Pseudomonadaceae	1×10^4	2×10^4	2×10^3	3×10^4	1×10^3	5×10^4
Enterobateriaceae	$< 10^2$	$< 10^2$	1×10^2	6×10^2	4×10^2	1×10^4
젖산균	1×10^2	2×10^4	2×10^2	6×10^5	1×10^4	5×10^4
Bacillus spp.	$< 10^2$	$< 10^2$	$< 10^2$	$< 10^2$	$< 10^2$	$< 10^2$
Brochothrix	$< 10^2$	$< 10^2$	$< 10^2$	2×10^5	3×10^5	8×10^3
Yeasts	3×10^2	6×10^2	5×10^2	6×10^2	2×10^2	9×10^2

를 하였다 하더라도 pH, 저장온도, 최초 오염미생물의 수, 포장용지의 질과 종류에 따라 저장기간이 다르겠으나 *Enterobacteriaceae*, *Aeromonas* spp.가 부패를 일으킬 수 있다.

특히 돼지고기는 진공포장한 것보다 MAP처리한 것에서 *Enterobacteriaceae*, *Pseudomonas*가 더 많이 퍼져 있는 것으로 알려졌다. 젖산균과 *Brochothrix*는 진공포장, CO_2, N_2 처리하여 저장할 때 가금육에서 우점하는 균이며, 때로는 저온성 coliform, *Sh. putrefaciens*, *Pseudomonas*도 나타난다.

4) 육가공품

분쇄육은 저장기간이 짧으며, 저장중인 분쇄육에 우점하여 부패를 일으키는 주요 부패세균은 *Pseudomonas*이다. 재구성육은 *Pseudomonas*, *Achromobacter*, *Flavobacterium*이 충분히 생장할 수 있다. 식육의 가공처리 중의 온도, 수분활성, pH, salt, nitrite, nitrate 등과 같은 첨가제의 농도에 따라 고기의 맛에 영향을 줄 수 있으며, 부분적으로 미생물의 생장을 억제할 수도 있다. 염지가공육(cured meat)인 베이컨에서 부패를 일으키는 것은 *Vibrio* spp.로서 *Vib. costicola*, *Vib. costicola* spp. *liquefaciens* 등이며, 이들은 내염성 미생물의 특성을 가지고 있다.

가공육 내부 부패현상인 pocket taint의 원인 미생물로는 *Vibrio*, *Alcaligenes*, *Proteus inconstans* 등이다. 젖산균에 의해 가공육에서 신맛이 나는 부패가 일어날 수 있으며, 고온상태로 보존 중인 진공포장 베이컨에서는 *Enterobacteriaceae*, *Vibro*가 생장하여 황화수소(H_2S)를 생산할 수 있다. *Providencia*는 methionine을 이용하여 methanethiol을 생산하여 양배추 냄새를 일으키는 원인이 된다. *Proteus*, *Providencia*는 당침 베이컨에서 부패를 일으킬 수 있다. *Burkholderia cepacia*는 건염 햄인 파르마 햄(Parma ham)에서 'potato effect'라는 부패를 일으킨다.

영양세균들은 열처리를 하면 활력이 없어지나 슬라이스하거나 껍질을 벗기는 등의 가공과정에서 포자가 발아되어 출현할 수 있다. 동결된 고기나 육제품에서는 미생물이 생장할 수 없지만, 이 때에 일어나는 미생물에 의한 부패양상은 해동하는 상태나 동결 전의 미생물 수에 영향을 받게 된다.

5) 내장류

냉장저장 중인 내장에서도 *Enterobacteriaceae*, *Aeromonas*, *Flavobacterium*, *Moramxella*, *Alcaligenes* 등 많은 종류의 미생물이 분리된다. 진공포장한 신장, 간(우육·가금)에 젖산균이 우점할 경우에도 부패를 일으킨다.

6) 조사처리 육제품

방사능 처리한 가금·돼지고기·소시지에서는 포자를 형성하지 않는 병원균, 식품 내 기생충 등이 작용하지 못하므로 냉장저장하면 저장기간을 늘릴 수 있다. 그래서 일부 나라에서는 일정 조사량(10 kGy 범위: WHO-1994) 내에서 조사처리한 제품의 생산이 허용하고 있다. 그러나 *Psychrobacter immobilis*, *Moraxella*, *Acinetobacter* 등은 방사능에 대한 저항성이 높다.

7) 식육 오염균의 서식지

식육부패와 관련된 Gram 음성균의 서식지를 정리해 보면 표 4-2과 같이 호기성 Gram 음성균은 주로 수생환경에 서식하고, 조건적 혐기성 Gram 음성균은 토양환경에 서식하고 있다. Gram 음성균은 도축할 가축이 임시 머무는 계류장, 도축장, 예냉실, 골발 작업실 등에 넓게 분포하고 있다(표 4-2).

Enterobacteriaceae 과에 속하는 세균들은 세척수, 도축장내, 대기상태를 제외한 모

표 4-2. 식육부패 관련 Gram 음성균의 서식지

호기성 균	서식지	조건적 혐기성 균	서식지
Acinetobacter	각처, 토양, 물, 폐수, 인체 표면	*Citrobacter*	토양, 물, 폐수, 사람, 동물
Alcaligenes	각처, 토양, 물	*Enterobacter*	토양, 물, 폐수, 식물
Alteromonas	해수환경	*Hafnia*	토양, 물, 폐수, 사람, 포유동물, 조류
Flavobacterium	자연계, 특히 물	*Klebsiella*	토양, 채소, 물, 야생동물 및 가축, 사람
Jantinobacterium	토양, 물	*Kluyvera*	토양, 물, 폐수
Moraxella	점질 표면	*Proteus*	사람과동물의 장, 변, 토양, 오염된 물
Pseudomonas	각처, 토양, 해수, 담수, 식물	*Providencia*	토양으로 마련한 환경(변과 뇨)
Psychrobacter	수생환경, 어류, 가금	*Serratia*	식물, 물, 토양, 소형포유동물
Shewanella	수생환경, 해수환경	*Aeromonas*	수생환경, 생활환경
		Vibrio	수생환경, 해수환경
		Salinivibrio	고염농도의 환경

Mossel. 등, 1995.

든 곳에서 분포하고 있다. *Pseudomonas fluorescens* 는 대기 중에서도 우위를 점한다. *Pseudomonas, Acinetobacter, Serratia, Enterobacter, Proteus, Vibrio* 는 응축수, 토양, 기구표면, 소금물, 축축한 바닥 등에서도 생존이 가능하다. 가금육에서 저온성균은 깃털을 통해서 전파되어진다. 대부분의 미생물은 끓여서 소독하는 과정에서 제거되지만, 저온성균, *Enterobacteriaceae* 과에 속하는 Gram 음성균들은 깃털을 제거하는 과정에서 증가할 수 있으며, 기타 냉각수에 의한 세척 등과 차후 공정에서 다시 오염된다.

Pseudomonas 속에 의한 오염은 가공공정 중에 일어나는데 세척수, 작업자의 손, 다른 기구나 물질들에 의해 오염되며, 냉각과정 이후 다른 저온성균 중에서 우위를 점하게 된다. 털을 제거하는 공정, 세척 때 쓰이는 순환되는 물, 해체(dressing)과정, 분해과정, 도살과정에 쓰이는 기구 등 오염원은 넓게 상재하고 있다.

8) 곰팡이와 효모의 서식지로서 식육자원 환경

식육자원 생산환경에서 자주 분리되는 효모와 곰팡이는 각각 표 4-3과 표 4-4와 같다.

(1) 초지

식육자원에 오염되는 효모와 곰팡이들은 주로 저온성 균이므로 식육을 냉장 저장할 때에 변질시킬 가능성이 높다. 라이글라스나 화이트클로버에 오염되는 효모의 수준은 여름 1×10^8 CFU/g, 겨울에는 3.1×10^4 CFU/g 수준이었다고 한다. Dillon 등(1991)은 영국 초지의 토양에서 효모의 계절적 변이를 조사한 결과 카로티노이드 색소를 생산하는 효모는 겨울에는 5～7.5%이었지만, 봄철에는 80～87%로 증가하였다고 한다.

목초, turnips, 토양시료로부터 분리된 효모는 *Candida famata, Candida sake, Cryptococcus albidus* var. *albidus*, 카로티노이드 색소를 생산하는 *Cryptococcus infirmominiatus*(*Cystofilobasiium infirmominiatus* 의 불완전세대)와 *Rhodotorula mucilaginosa* 등이었다. 이들 효모들의 대부분은 불완전세대의 균류들이다(표 4-3). 뉴질랜드 목초지 토양에서 분리한 효모로는 *Cryptococcus albidus*와 *Schizoblastosporion starkeyihenricii* 가 우점하며, 토양시료 1그램당 6×10^3 CFU에서 2.4×10^5 CFU 수준인 것으로 보고되었다. 영국과 뉴질랜드의 젖소 계류장의 토양시료에서는 *Cryptococcus laulentii*와 *Cryptococcus parapsilosis*가 발견되었다고 한다.

효모세포나 곰팡이 포자는 공기 중으로 쉽게 퍼지게 되며, 공기 중의 분포도나 오염균의 종류는 계절뿐만 아니라 기후, 지형학적 위치 등에 따라 다르다. 뉴질랜드 공

표 4-3. 식육자원 생산 환경에서 분리한 효모

분리처	효 소 명
토 양	*Candida albicans, Can. fumata, Can. saitoana* *Cryptococcus albidus, Cryp. parapsilosis* *Debaryomyces hansenii* var. *hansenii* *Hasenula cadensis* *Pichia fermentans* *Rhodotorula mucilaginosa* *Saccharomyces cerevisiae* *Schizoblastosporion starkeyi-henricii* *Tricosporon beigelii*
식물체	*Bullera alba* *Candida albicans, Can. fumata* *Cryptococcus albidus* *Hanseniaspora vineae* *Leuconosporidium scottii* *Rhodotorula glutinis, Rh. mucilaginosa* *Sporobolomyces shibatanus Spo. roseus* *Tricosporon beigelii*
공 기	*Candida fumata, Can. saitoana* *Cryptococcus albidus* *Debaryomyces hansenii* var. *hansenii* *Leuconosporidium scottii* *Rhodotorula glutinis, Rh. mucilaginosa* *Sporobolomyces roseus* *Tricosporon beigelii*

Dillon V. M. 등, 1991.

기 중에서 발견되는 효모의 42%가 *Cryptococcus*, 26.2%가 *Debaryomyces*, 18.6%가 색소침적 효모인 것으로 보고되었으며, 곰팡이류는 *Cladosporium*과 *Penicillium* 이 가장 흔하게 발견되며, 육제품과 관련된 곰팡이로는 *Aspergillus, Alternaria, Epicoccum* 등이 발견되었다고 한다. 축사에 딸린 방목장에서는 *Can. saitoana, Rh. mucilaginosa* 등의 육제품과 관련된 효모가 우점하고 있다.

(2) 도축장

만일 흙이 붙어 있는 가축으로부터 효모가 도체에 오염된다면 털가죽에서 도체로

표 4-4. 식육자원 생산 환경에서 분리한 곰팡이

분리처	효 모 명
계류장	*Alternaria alternata* *Cladosporium herbarum, Clad. cladosporiodes* *Fusarium* spp. *Mucor* spp. *Penicillium* spp.
가공장	*Acremonium spp.* *Alternaria spp.* *Aspergillus flavus, Asp. fumigatus, Asp. niger,* *Cladosporium herbarum, Clad. cladosporiodes* *Fusarium* spp. *Mucor* spp. *Penicillium* spp. *Rhizopus* spp. *Scopuloriopsis* spp.
털	*Alternaria alternata* *Cladosporium herbarum, Clad. cladosporiodes* *Mucor* spp. *Penicillium* spp. *Rhizopus* spp.

Dillon V. M. 등, 1991.

오염되는 미생물 수는 목초환경에서 발견되는 효모의 5% 수준에 머물게 된다. 그리고 이러한 낮은 효모의 출현율은 전 도축과정을 통하여 유지되며, 도체로의 오염은 털가죽을 벗기는 동안에 접촉에 의해서 일어난다. *Rh. mucilaginosa* 와 같은 카로틴 색소를 침적하는 효모들은 1월에서부터 7월까지는 5% 수준을 보이며, 10월에는 40%까지 증가하나, 색소를 침적하지 않는 효모들은 연중에 걸쳐 우점한다.

나이프와 같은 도축장비들과 작업대 표면, 도마, 골발 작업대, 이송벨트, 도체 세척수 및 도축 작업자의 손과 앞치마 등은 털(fleece)로부터 직접 오염될 수 있다. 그 중에서 작업자의 손과 작업복은 중요한 오염원이 되지는 않지만, *Candida mesenterica, Cr. albidus* var. *albidus, Rh. mucilaginosa* 등이 도축자의 앞치마에서 발견된다고 한다. *Candida guilliermondii, Rh. mucilaginosa, C. saitoana* 등이 도축장의 벽, 마루, 의자 등에서 발견되었으며, *Cryptococcus, Rhodotorula, Candida* 및 *Tricosporon* 등이 도축장과 돈육 가공공장의 계류장에서 검출되었다.

(3) 가공장

비엔나 소시지 가공장에서 *Candida*와 *Debaryomyces*가 *Yarrowia lipolitica, Rhodotorula, Pichia, Galactomyces, Cryptococcus Trichosporon, Torulaspora* 등과 관련하여 검출되었다고 한다. 곰팡이는 각처에서 쉽게 육 표면에 오염되며, *Acreminium, Alternaria, Aspergillus, Cladosporium, Epicoccum* 및 *Penicillium* 등이 공기·도축장·도체 등에서 검출되었다고 한다. 뉴질랜드의 육가공장에서는 *Cladosporium herbarum*과 *Cladosporium cladosporioides*가 공기, 계류장의 흙, 도축실, 냉각 및 예냉실에서 검출되었다고 한다. 신선육과 냉각육에서 우점하는 곰팡이는 *Asp. niger, Asp. flavus, Asp. ochraceus, Asp. terreus, Asp. paraciticus* 등 *Aspergillus* 종이며, *Penicillium*도 검출된다고 한다.

1.2 식육오염 미생물의 종류

1) Gram 음성균

(1) 운동성 있는 호기성 Gram 음성균

가) *Pseudomonas* 속

*Pseudomonas*속은 핵산의 유사성을 기초로 하여 5가지 그룹으로 나눈다. 그룹 I은 rRNA가 유사한 그룹이며, 다시 형광성 유무에 따라 형광성이 있는 strain에는 *Ps. fluorescens* biovars(biotype) I～IV, *Ps. putida* biovar A, *Ps. lundensis* 등이 있으며, 형광성이 없는 종에는 *Ps. fragi* biovars 1, 2와 *Ps. stutzeri*가 있다.

Pseudomonas 속은 저온·호기상태에서 고기의 부패를 일으킨다. 고기부패의 56.7～79% 정도를 차지하는 주요 원인균은 *Pseudomonas fragi*이다. *Ps. stutzeri, Burkholderia(Pseudomonas) cepacia*(그룹 II), *Ps. fluorescens*는 공기가 통할 수 없는 필름이나 MAP처리된 우육 채끝등심 부위고기의 부패에 관여한다. *Burkholderia (Pseudomonas) cepacia*는 건조가공 햄의 부패에도 관여를 한다.

Pseudomonas spp.가 저온에서 생장할 수 있는 능력은 Entner-Doudoroff 대사경로의 대사물인 2-oxo-gluconate나 gluconate를 부분적으로 이용할 수 있기 때문이다. 이 대사산물들은 다른 미생물은 이용할 수 없어 최근에 이를 가지고 부패의 정도를 알아보는 데 이용되고 있다. *Ps. fragi*는 *Ps. ludensis, Ps. fluorescens*에 대해 우점력이 뛰어나며, 호기적 상태에서 creatine, creatinine을 대사하는 능력이 있다. *Pseudomonas*는 기질로 아미노산·젖산을 이용할 수 있으며, dimethylsulphide는 생산하나 H_2S는 생산하지 못한다.

나) *Shewanella* 속

MacDonell과 Colwell(1985)에 의해 *Shewanella*라는 새로운 속(genus)이 확립되었다. 새로운 속으로 분류하게 된 근거는 5S rRNA분석과 극성지질과 지방산 그리고 isoprenoid quinones data에 근거하여 분류되었다. 그러나 아직도 *Vibrionaceae* 과에 분류하고 있어 논쟁이 여지는 남아 있다.

*Shewanella putrefaciens*는 높은 pH(6 이상)의 식육에서 고기의 육색이 녹색으로 변하게 하는 원인균이다. *Shewanella*는 cysteine, cystine에 포함된 황을 분해하여 H_2S를 생성하며, 이것이 축적되어 myoglobin과 상호작용을 하면 sulphmyoglobin이 되고 육색을 변화시킨다. 그러므로 식육의 pH를 낮추고 저온을 유지하면 *Shewanella*에 의한 부패를 억제할 수 있다.

다) *Alteromonas* 속

*Alteromonas*속은 진공포장 또는 호기성 상태로 저장한 고기에서 부패를 유발한다. 이 속에는 해수세균(marine bacteria) 4종과 후에 추가된 10종이 포함되어 있다. 그러나 이 속간에는 이질적인 차이성이 많아 두 속을 *Marinimonas* 속과 *Pseudoaltero-monas* 속으로 구분하기도 한다.

라) *Alcaligenes*와 *Achromobacter*

De Ley 등(1986)은 *Alcaligenes* 3종과 *Bordetella* 4종을 포함하는 *Alcaligenes* 과를 제안하였으나, 아직 분류학적으로 인정받지 못하고 있다. *Achromobacter* 역시 Bergey's 매뉴얼에서 받아들여지지 않은 상태이다. 식육의 부패와 관련된 종은 *Alcaligenus* spp. 또는 *Achromobacter* spp.로 보고되고 있다.

마) *Janthinobacterium* 속

*Janthinobacterium*속의 박테리아가 형성하는 균락은 젤라틴이나 고무같은 탄력성 물질을 생산한다. 이 속(genus)은 *Alcaligenes*나 비형광성 *Pseudomonas*와 연관성이 높다. *J. lividum*은 일부 육제품을 부패할 때에 물에 녹지 않는 violacein이라는 자주빛 색소를 생산한다.

(2) 비운동성 호기성 Gram 음성균

가) *Flavobacterium* 속

*Flavobacterium*속에 대한 분류와 명명법 등은 계속 변하고 있어 쉽게 정의 내리기가 어렵다. 이 때문에 식육의 변패와 관련된 *Flavobacterium*의 정체성을 확립하기 어

려운 입장이다. 이 속(genus)에 속하는 세균 중에는 활주운동에 의하여 이동하는 종도 포함되어 있으며, 황색 균락을 형성하며, 토양과 맑은 물에 서식한다.

나) *Moraxella* 속, *Acinetobacter* 속, *Psychrobacter* 속

이들은 본래 *Acinetobacter*속으로 분류되었으나, Juni와 Heym(1986)에 의해서 비운동성이면서 oxidase 양성인 종은 *Moraxella*속으로, 비운동성이면서 oxidase 음성인 종은 *Acinetobacter*속, 비운동성이면서 oxidase 양성인 종이지만 DNA transformation assay에서 *Moraxella*속과 유연관계가 없는 종으로 밝혀진 *Psychrobacter*속으로 나뉘었다.

Acinetobacter johnsonii 는 가금육과 호기상태에 저장된 적색육에서 발견되었으며, *Acinetobacter lwofii* 는 부패된 식육에서 우점종으로 발견되기도 하였다. Moraxella 과에 속하는 종들은 대부분의 호기적으로 저장된 식육에 나타나는 부패세균의 상당 부분을 차지하는 것으로 알려졌다. *Acinetobacter*, *Psychrobacter immobilis* 는 식품 내에서 거대한 균락을 형성하였을 때에나 조사처리한 식품 내에서 지질을 분해하는 역할을 담당하기도 한다. 이 균들은 탄소원이나 에너지원으로서 6탄당(hexose)은 이용하지 못하지만 아미노산이나 유기산들을 이용한다.

Acinetobacter 는 에너지원으로 아미노산을 먼저 이용하며 lactate를 나중에 이용한다. *Acinetobacter* 가 발견된 고기에서는 *Pseudomonas* 도 발견이 되는데, 주로 지방 표면이나 중성 pH를 갖는 고기에서 발견된다. 이들은 *Pseudomonas* 와 *Shewanella putrefaciens* 의 산소 이용률을 제한시키고 호기적 조건에서 아미노산을 공격하여 H_2S를 생산하므로 변패율이 더 높다. 가금육에 있어서 *Moraxella* 와 *Acinetobacter* 는 가슴부위보다는 pH가 높은 적육인 다리부위에서 많이 검출되며, 지방 표면에서 더 많이 검출된다.

(3) 통성혐기성 Gram 음성균

가) *Enterobacteriaceae* 과

식육의 부패와 관련되는 *Enterobacteriaceae*과의 미생물로는 *Citrobacter* 속, *Enterobacter* 속, *Hafnia* 속, *Klebsiella* 속 *Kluyvera* 속, *Proteus*속, *Providencia*속, *Serratia* 속 등이 있다.

*Klebsiella*속 중에서 고기부패에 관여하는 종은 *K. pneumoniae* subsp. *pneumonia*, *K. pneumoniae* subsp. *ozaenae*이 있으며, *Kluyvera* 속은 7~15℃에서 저장된 우육 고기에서 우점한다. *Proteus*속 중 고기부패에 관여하는 종으로는 *Prot. vulgaris* biogroup 과 *Prot. rettgeri* 가 있다. *Serratia* 속 중에서 고기부패에 관여하는 종으로는 *Serr. liquefaciens* 가 대부분이며, *Serr. marcescens* 는 가끔 부패를 일으킨다.

DFD고기는 pH가 높아 진공포장이 적당하지 않으며, H_2S와 myoglobin이 결합하여 sulphmyoglobin을 형성하여 육색을 녹색으로 변화시킨다. 혐기적 조건하에서 pH가 6.0 이상인 DFD육에서 생장이 가능한 미생물로는 *Serratia liquefaciens, Haf. alvei* 및 *Yersinia* spp.가 있다. *Enterobacter* 는 젖산균에 비하여 glucose의 친화력이 매우 높으며, glucose와 동시에 serine도 이용할 수 있다. *Salinivibrio costicola* 는 햄을 부패(bone taint)시키며, methionine을 대사하여 methanethiol을 생산하여 양배추 냄새의 원인이 된다.

나) Vibrionaceae 과

Vibrionaceae 과에 속하는 속(genus)으로는 *Vibrio* 속, *Aeromonas* 속, *Plesiomonas* 속, *Photobacterium* 속 등이 있다. *Vibrio* 속은 고염의 농도에서 잘 생장하며 Wiltshire ham, 베이컨 등을 부패(rib taint)시킨다. *Vibrio* 속은 저온성 균이며, H_2S를 생산하고 dextran을 생산하기 때문에 부패한 고기에서 점액성 물질을 관찰할 수 있다.

호기적 조건하에서는 *Aeromonas hydrophila* 나 *Aer. caviae* 들은 생장속도가 빠른 다른 미생물과 경쟁이 되지 않는다. 그러나 저농도의 산소 조건하에서는 높은 pH의 고기에서 주요 오염원이 된다. *Aeromonas* 속은 최근 *Aeromonas* 과로 분류되기도 한다. *Plesiomonas*는 *Proteus shigelloides* 에 속하는 것으로 보기도 한다.

2) Gram 양성균

식육의 Gram 양성균은 micrococci가 대부분이며, 젖산균과 *Brochothrix thermosphacta* 가 그 다음을 차지한다. 기타 *Kurthia* 와 비독소형 staphylococci와 같은 부패성의 Gram 양성균이 있다. 또한 *Staphylococcus aureus, Listeria monocytogenes,* streptococci A군, 여러 종의 *Clostridium* spp. 등의 병원성 및 독소형성 Gram 양성균은 도축된 가축이나 질환축의 내장 혹은 작업자의 손이나 피부에서 교차오염에 의해 식육에 오염될 수 있다. 병원성 및 독소 형성균은 식육에 존재한다는 자체만으로도 건강에 위험을 초래할 수 있으며, 실질적인 위생수단을 통하여 엄격하게 오염 여부를 신속히 판단할 수 있도록 관리되어야 한다.

식육의 생태환경하의 전형적인 혼합미생물 생장상내에서 Gram 양성균은 진공포장, 유화 및 염지 등의 공정 중에서는 매우 경쟁력이 강하다. 특히 젖산균은 진공포장제

표 4-5. Gram 양성균의 생존 또는 생장 기준

균 명	온도(℃)		pH		수분활성도
	최저	최고	최저	최고	
중온성 *Bacillus* spp.	5	45	4.5	9.3	0.90
고온성 *Bacillus* spp.	20	70	5.3	9.0	
Brochothrix thermosphacta	0	30	4.5	9.0	0.94
중온성 *Clostridium* spp.	10	45	4.4	9.6	0.94
Kurthia spp.	5	45	5.0	8.5	0.95
Lactobacillus spp.	2	45	3.7	7.2	0.92
Leuconostoc spp.	1	40	4.2	8.5	0.93
Listeria spp.	1	45	5.5	9.6	0.94
Pediococcus	8	53	4.2	8.5	0.9
호기성 *Staphylococcus*	6	50	4.0	9.8	0.83
혐기성 *Staphylococcus*	8	45	4.5	8.5	0.91

Holzapfel, W. H., 1998.

품, 유화제품과 염지제품 등에서 전형적인 부패를 일으키는 주범이다. 그러나 발효소시지와 같은 일부 육가공품에서는 젖산균의 대사활성이 요구되기도 한다. Gram 양성균의 생존 또는 생장 기준을 정리하면 표 4-5와 같다.

(1) Gram 양성균의 분류 및 생리

16S 리보소말 리보핵산(rRNA) 배열 비교분석에 의하면 신뢰할 만한 계통발생학적 관계를 보이고 있다. 이에 따른 계통분류를 근거로 볼 때 최소한 17계열의 주요 계통으로 분류할 수 있으며, 식육과 육제품에 관련된 대부분의 Gram 양성균은 클로스트리디움 계열(branch)을 구성하고 있음을 알 수 있다.

DNA 염기조성의 특징은 G+C 함량이54% 이하인 점이며, clostridia와 젖산균은 cytochrome 시스템이 완전히 결여되어 있으며, 경우에 따른 예외는 보이지만 젖산균은 낮은 당 농도의 조건하에서 pseudocatalase를 생성하기는 하지만 catalase를 갖고 있지 않다. *Brochothrix, Kurthia, Listeria, Staphy-lococcus* 및 대부분의 *Bacillus* spp.들은 catalase 양성이며, 호기적 또는 미호기성 생장을 한다. 식육부패와 관련된 Gram 양성균의 주요 표현형질을 요약하면 표 4-6과 같다.

(2) 젖산균

식육에서 발견되는 간상형의 젖산균으로는 *Carnobacteria* 속, *Lactobacillus* 속, *Weissella* 속 등이며, 구형의 젖산균으로는 *Enterococcus* 속, *Leuconostoc* 속, *Pedio-*

표 4-6. 식육과 부패와 관련된 Gram 양성균의 주요 표현형질 요약

표현형질	*Brochothrix*	*Listeria*	*Kurthia*	*Staphylococcus*	*Carnobacterium*
절대 호기성	-	-	+	-	-
절대 혐기성	-	-	-	-	-
조건적 혐기성/미호기성	+	+	-	+	+
Catalase	+	+	+	+	-
포도당 발효산물	lactate	lactate	no acid	lactate	lactate
내생포자	-	-	-	-	-
펩티드글리칸의 Diamino acid	mDAP	mDAP	lys	lys	mDAP
DNA G+C의 몰%	36	36～38	36～38	30～39	33～37

표현형질	호모발효 *Lactobacillus*	*Leuconostoc/Weisella*+ 헤테로발효 *Lactobacillus*	*Pediococcus*	*Bacillus*	*Clostridium*
절대 호기성	-	-	-	d	-
절대 혐기성	-	-	-	-	+
조건적 혐기성/미호기성	+	+	+	+	-
Catalase	-	-	-	+	-
포도당 발효산물	lactate	-	lactate	d	-
내생포자	-	-	-	+	+
펩티드글리칸의 Diamino acid	Lys, mDAP	Lys, Orn	Lys	mDAP	mDAP
DNA G+C의 몰%	32～51	36～55	38～44	32～50	24～54

Holzapfel, W. H., 1998.

coccus 속 및 *Tetragenococcus* 속이 있으며, 좀 드문 경우이지만 *Aerococcus* 속, *Lactococcus* 속 및 *Vagococcus* 속 등이 있으며, *Streptococcus* 속은 *Streptococcus thermophilus*를 제외하고는 병원성을 나타낸다.

식육과 육제품은 젖산균의 까다로운 영양요구성을 채워줄 수 있는 유용한 아미노산과 비타민과 같은 성장촉진 인자들이 풍부하여 젖산간균인 *Carnobacteria* spp., *Weissella* ssp.와 젖산구균인 *Leuconostoc* spp. 등의 적응에 적합하다. 젖산균 중에서 헤테로발효 또는 조건적 헤테로발효 젖산간균이 진공포장육이나 가공육제품의 미생물상의 대부분을 차지한다.

가공육 시스템에서 젖산간균과 *Leuconostoc* 속, *Weissella* 속 및 *Carnobacterim* 속의 내구력과 경쟁력은 낮은 온도조건 하에서 탄수화물의 발효력, 산화환원 전위를 저

하 및 육 기질에 대한 적응력 등에 의하여 설명된다. 반면에 *Leuconostoc* 속은 냉장 신선육에서 가장 신속하게 생장하며, *Lb. curvartus*와 *Lb. sake*는 높은 염 농도와 아질산염(nitrite)에 대한 강한 내성이 있어 발효 생햄과 살균한 유화 육제품에서 우점할 수 있다.

가) *Lactobacillus* 속

조건적 헤테로발효 젖산균인 *Lb. sake* 와 *Lb. curvatus* 가 가장 먼저 식육시스템에서 발견되며, 아마도 가장 자주 접하게 되는 젖산간균이다. 이 두 종류의 헤테로발효 젖산균은 식육의 경제적 가치를 결정하는 중요한 위치를 차지하고 있는데, 진공포장육의 부패뿐 아니라 건조소시지의 발효담당 미생물로서의 역할을 한다. *Lb. sake* 는 형태적으로 단간균 형태이며, *Lb. curvatus* 는 전형적인 커브형의 형태를 갖는다. *Lb. bavaricus* 는 L(+) 젖산을 생성하는 *Lb. sake* 의 다른 이름으로 알려지고 있는데 비엔나 소시지에서 발견되었다. 기타 *Lactobacillus* ssp.로서는 *Lb. farciminis, Lb. alimentarius, Lb. casei, Lb. plantarum* 등도 가끔씩 식육제품에서 발견된다.

Lactobacillus 속 중에서 pH 4.5 이하에서는 생장이 어렵지만 pH 9.0에서 잘 생육하는 생리학적 특성이 있는 것을 *Carnobacterium* 속으로 구별하였으며, *Carnobacterium* 속은 다른 젖산균과는 달리 세포벽에 meso-DAP를 함유하고 있다.

Carnobacterium 속은 포도당으로부터 소량의 이산화탄소를 생성하며, 발효는 glycolytic pathway를 거쳐 L(+) 젖산을 주요 생성물로 생산한다. 계통 분류학적으로는 *Carnobacteria* 는 젖산간균보다는 *Enterococcus* 속이나 *Vagococcus* 속에 더 가깝다.

나) *Weissella* 속

그리스의 발효소시지에서 분리한 *Leuconostoc* 유사 젖산균이 새로운 속인 *Weissella* 속으로 명명되었는데, 다른 간상형 젖산균의 펩티드글리칸의 interpeptide bridge와는 차이를 보인다(Collins 등 1993). 간상형 젖산균의 펩타이드 연결은 주로 Lys-Ala-Ser인데 반하여 *Weissella paramesenteroides* 는 Lys-Ala-Ala이다.

다) *Pediococcus* 속

발효육제품과 관련된 *Pediococcus* 속의 대표적인 종은 *P. pentosaceus* 와 *P. acidilactici* 이다. 그러나 *Pediococcus* 속은 7℃ 이하의 온도에서 자라지 못하는 특성으로 인하여 냉장육제품의 부패와 무관한 편이다. 이들은 사슬로 연결되어 있지 않고 2쌍이나 4쌍으로 배열하는 특징이 있어 다른 catalase 음성 젖산균과 쉽게 구별되어 왔다.

*P. halophilus*는 고도의 염 농도(18%, 수분활성도 0.9 이하)에 내성이 있어서 다른 pediococci와 표현형적으로 구별되며, 계통 분류학적으로도 16S rRNA 배열분석 비교에서도 차이가 있어 새로운 *Tetragenococcus*속으로 명명되었다. 따라서 *Tetragenococcus halophilus*는 염지육제품과 베이컨 제조를 위한 고농도 염지액과 관련성을 보인다.

라) *Enterococcus* 속

Enterococcus 속은 과거에 D군 또는 분변 streptococci로 취급하였으며, 호모 젖산 발효경로를 통하여 에너지를 생산하며, 아미노산 분해를 통하여 에너지를 생산하기도 한다. pH 5.0 이하에서 포도당으로부터 L(+) 젖산을 생산하며, pH 7.0 이상에서는 에탄올 · 초산 · 개미산 등을 주요 생산물로 생산한다. 헴(heme)기가 없는 조건이거나 호기적 조건하에서는 초산, 아세토인 및 이산화탄소를 생산한다.

마) *Lactococcus* 속

Lactococcus 속은 계통 분류학적으로는 streptococci와 밀접한 관련성을 보이며, 대표적인 종인 *Lc. lactis*는 낙농환경에서 발견되며, 신선식육의 미생물상으로는 *Lc. raffinolactis* 외에 *Lc. lactis*가 종종 발견되기도 한다.

(3) *Brochothrix* 속, *Kurthia* 속 및 *Listeria* 속

식육 및 육제품에 상주하는 catalase 양성 비포자형성 Gram 양성의 *Brochothrix* 속, *Kurtia* 속 및 *Listeria* 속들이 있다.

가) *Kurthia* 속

Kurthia 속은 절대 호기성 미생물이므로 다른 두 속과 쉽게 구별된다. *Brochothrix* 속과 *Listeria* 속은 조건적 혐기성 또는 미호기성 등의 유사한 조건에서 생장하며, 형태학적으로나 생화학적 특성이 유사하여 서로 혼동되기도 한다.

나) *Brochothrix* 속

Brochothrix 속은 37도에서 성장하지 못하거나 당 발효패턴 등 표현형에 의존하여 구별하여야 한다. 1951년 돈육소시지에서 처음 분리한 *Brochothrix* 속은 Gram 양성 비포자성, 비운동성의 간상형 세균이다. *Brochothrix thermosphacta*는 육즙을 배지로 하는 조건에서 포도당과 글루타민산염을 이용할 뿐 아니라 라이보스와 글리세롤 등 기타 물질도 이용한다.

다) *Listeria* 속

Listeria 속은 호기적 또는 혐기적 포도당 분해경로인 EMP 경로(Embden-Meyerhof-Parnas pathway)를 갖는데, 이는 HMP 경로(Hexose-monophosphate pathway)나 EMP경로에 필요한 효소들을 모두 갖고 있기 때문이다. 혐기적 상태에서 포도당 제한이 있는 경우 L(+) 젖산과 에탄올이 약 3 : 1의 비율로 생산되지만, 조건에 따라 젖산・개미산・에탄올 등의 생성비율은 다양하다.

(4) *Micrococcus* 속과 *Staphylococcus* 속

Micrococci와 staphylococci는 인체나 가축의 표피를 서식처로 하고 있으며, 현미경적인 형태는 매우 유사하다. 이러한 사실은 때로는 계통학적으로 뚜렷이 구별되는 두 속이 함께 한 그룹(micrococci)으로 취급하고 있는지를 설명해 준다. DNA의 G+C 함량이 66～73%로 높은 *Micrococcus* spp.가 G+C 함량이 30～38%인 *Staphylococcus* 와 함께 *Actinomycetes* 의 한 branch를 형성하고 있다. 두 속에 속하는 대부분의 종들의 몇몇 생리학적인 특성은 비교적 신뢰할 만한 차이가 있는 것으로 인정받고 있다.

가) *Micrococcus* 속

절대 호기성인 micrococci는 탄소원을 산화시켜 이산화탄소와 물을 생성하며, 포도당을 fructose-1,6-diphosphate 경로와 hexose monophosphate 경로에 의하여 대사한다. Staphylococci와는 달리 micrococci는 포도당을 발효하지 못하기 때문에 산을 생산하지 못하며, 세포벽 구조와 펩티드글리칸의 interpeptide bridge의 차이로 인하여 lysostaphin에 저항성이 있으나 bacitracin에는 민감성을 보이며, 세포벽에 테이코산(teichoic acid)을 함유하고 있지 않다.

나) *Staphylococcus* 속

조건적 혐기성인 staphylococci는 EMP 경로와 HMP 경로를 통하여 포도당을 분해한다. 따라서 혐기적 발효대사 산물은 L(+) 젖산이 주요 생산물(73～94%)이며, 호기적 조건에서는 초산과 이산화탄소이다.

Staphylococci는 혐기적 조건하에서 1 mℓ당 0.4 μg의 에리스로마이신을 함유하는 글리세롤로부터 산을 생산하며, lysostaphin에 대한 민감성이 있다고 한다. 과거에 발효 육제품에서 분리되었던 micrococci는 staphylococci인 것으로 재구명되었으며, 특히 *Staphylococcus carnosus* 와 *Staph. xylosus* 는 육가공 중에 바람직한 역할을 하는 것으로 밝혀졌다.

Staph. aureus 등 30여 종 이상이 coagulase 양성 *Staphylococcus* spp.이며, *Staph. aureus*는 혈청학적으로 1가지 또는 5가지의 독소를 생성하여 식품으로 섭취하는 경우 식품중독을 일으키는 원인균이다. Coagulase 음성 *Staphyloccus* spp.들인 *Staph. haemolyticus*, *Stap. lungdunesis* 등이 사람과 가축의 감염부위에서 발견되었다. 따라서 이들은 기회적 감염원이라고 볼 수 있다.

(5) 포자형성 *Bacillus*와 비병원성 비독소 형성 *Clostridium*

식육환경과 관련한 포자형성 미생물로는 호기성의 *Bacillus* 속과 혐기성의 *Clostridium* 속이 있지만 식육 부패와는 큰 관련이 없다. 한 가지 예외로는 식육의 혐기적 부패현상인 deep bone을 일으킨다. 다른 Gram 양성의 포자형성 미생물로는 catalase 음성이며, 조건적 혐기성인 *Sporolactobacillus* 속과 절대 혐기성으로서 구형의 전형적인 sarcina 배열을 갖고 있는 *Sporosarcina*, 그리고 전형적인 *Actinomycetes* 특성을 갖고있는 *Thermoactinomycetes*, 그리고 *Desulfotomaculum* 등이 있다.

Desulfotomaculum 은 생육환경에서 포자를 형성하는 유황 환원력을 갖고 있으며, 일부는 통조림 육제품에서 유화가스를 생성한다. 혐기성의 속들은 유황 환원력에 의하여 clostridia와 구별할 수 있다.

살균처리하고 훈연시킨 후 진공포장한 비엔나 소시지에서 *Bacillus* 속을 분리하여 동정한 결과 그 중에는 *Bacillus circulans, B. licheniformis, B. pumilis, B. spaericus* 및 *B. subtilis* 등이 있었다.

(6) 기타 Gram 양성 미생물

식육에서 발견되는 기타 Gram 양성 미생물들로는 주로 *Actinomycetes* 의 branch에 속하며, DNA의 G+C 함량이 60～67 몰%인 *Brevibacterium* 속, 51～65%인 *Corynebacterium* 속, 66～67%인 *Propionibacterium* 속 및 *Bifidobacterium* 속이 있다.

가) Bifidobacterium 속

Bifidobacterium 속은 포도당으로부터 헤테로 발효경로인 bifidus-shunt를 거쳐 젖산과 초산을 2 : 3의 비율로 생산한다. *Actinomycetes*-branch는 DNA의 G+C 몰분율이 55% 이하인 균으로 구성되어 있는데, *Bifidobacteria* 는 *Brevibacterium*, *Propionibacterium* 및 *Microbacterium* 과 아주 밀접한 관련성을 보인다. 이들은 육과는 관련성이 적은 편이며, 최근 *Bifidobacterium* 은 발효육 제조용 스타터로 제시되고 있는 정도이다.

나) Coryneforms

원료육의 코리네형 세균(coryneforms)에 관한 보고를 보면 동정되지 못한 식육미생물들이 코리네형 세균과 형태학적으로 관계가 있다고 하였다. 물론 이들 중 일부는 인간 및 동물의 소화관내에서 정상적으로 발견되는 *Kurthia, Brochothrix* 및 *Bifidobacterium* spp.로 밝혀지거나 관련이 있는 것으로 보고되었다.

식육 표면에 나타나는 coryneforms에 의한 기생성의 오염은 간과되어서는 안 되지만 절대적 혐기성 및 까다로운 영양요구성 때문에 신선육 및 가공육에서의 생존과 생장은 일반적으로 일어나지 않는다.

다) *Mycobacterium* 속

가금육 내장(giblets)과 신선 우육에서 분리되었다고 알려졌던 *Mycobacterium* 속은 식육환경에서 확인되지 못한 것으로 보고되었다.

라) *Aureobacterium* 속

Aureobacterium 은 낙농환경에서 전형적인 서식균이며, 정형된 양(羊)도체의 미생물상의 하나인 것으로 알려진다. *Mycobacterium* 과 *Aureobacterium* 의 G+C 함량은 각각 69～75 몰%, 67～70 몰%로 높다.

3) 효모와 곰팡이

효모와 곰팡이는 Gram 음성균들이 여러 보존 방법들에 의하여 억제된 환경조건하에서 증식할 기회를 얻게 된다. 실온 보존 소시지에서 나는 좋지 않은 냄새(off-flavor)나 후레시 소시지 표면에서 관찰되는 노란색 점질물(slime)은 효모에 의해서 기인되는 변패현상이다.

대다수 연구들이 제한된 pH와 배양기간이 다른 조건에서 나타나는 형태학적 특성들을 기초로 하여 육제품의 효모와 곰팡이 들을 분리하였을 뿐 아니라 곰팡이의 생활사가 관찰되지 않은 불완전한 상태에서 분리되었기 때문에 동정에 더 심오한 어려움을 주고 있다. 연구에 적용된 선발 파라미터들이 단순히 실험조건에 적합한 종들만 선발되었을 가능성이 높기 때문에 연구결과들을 서로 비교하는 것은 불필요하다.

예를 든다면, 10% 주석산으로 pH를 3.5로 조정한 맥아한천, 표준 한천배지, PDA와 같은 산성배지들을 사용하면 내산성인 곰팡이에게 무관하지만 효모의 출현은 낮아져서 적은 수의 효모 균락을 형성하게 된다. 항생제 첨가배지들이 균의 출현을 낮추고 많은 수의 효모들이 나타나도록 하는 데에는 산성배지보다 효과적이므로 옥시테트라사이클린 함유 GYE(glucose yeast extracts) 배지에 gentamicin을 첨가(또는 무첨가)하여 효모분리 연구에 사용하였다.

Rose Bengal(클로로테트라사이클린) 한천배지 또는 Dochloran 18% glycerol 한천배지 등은 *Rizopus* 나 *Mucor* 등과 같은 곰팡이의 분리에 사용되며, Rose Bengal 염료를 첨가한 배지는 세균과 효모의 균락을 쉽게 구별할 수 있지만, 광역학적 사멸(photodynamic death)현상을 보여 효모의 출현은 낮은 편이다.

주요 미생물학적 특성에 있어서도 주로 세포의 형태, 유성 및 무성생식 양태, 당의 혐기적 발효와 호기적 이화작용, 생장 요구성 등과 같은 형태학적 및 생리학적 기준에 의존하였다. 단백질·다당류·장쇄지방산 분석 등과 같은 생화학적 특성이나 구아닌과 사이토신 염기비율(G+C 함량), DNA배열의 동질성, 리보솜 RNA 상보성 등의 유전학적 특성은 1980년대 이후 효모의 분류를 위한 목적으로 연구되기 시작하였으며, 1990년대 이후 많은 수의 효모에 대한 재분류가 시도되었다.

본래의 연구에서 *Debaryomyces hansenii, Deb. kloekeri, Deb, nicotianae* 등은 후에 *Deb. hansenii* var. *hansenii* 로 재분류되었다. 효모인 *Rhodotorula* spp.는 생활사가 불완전하게 밝혀지기 전의 명칭이었지만 유성생식 생활사가 알려지면서 담자균에 속하는 효모(*Rhodosporium*)로 재분류되었다. *Debaryomyces hansenii* 도 역시 불완전균 *Candida famata* 의 자낭균 생활상태이다.

Penicillium 과 *Apergillus* 와 같은 육류에 중요한 곰팡이류의 분류도 동위효소(iso-enzyme) 분석, 면역기법, DNA-DNA 보합결합(hybridization), 곰팡이독소 유형 및 2차 대사산물의 차이 등에 의하여 재분류되었다. *Penicillium* 속의 구별은 indole 생성물을 기준에 의해서 *Aspergillus* 속의 분류는 ubiquinone의 9 isoprene 단위 또는 10 isoprene 단위에 의하여 수정되었다. 식육은 pH가 5.8에서 6.8이고, 수분활성도가 0.99로 높으며, 질소원과 필수적 생장인자를 많이 함유하는 등의 최상의 육질을 가질 때에 미생물 생장에 이상적인 조건을 갖추게 된다. 냉장조건하에서 정상적인 가공 및 저장중인 식육에 있어서 주요 변패는 세균에 의해서 일어나게 된다.

분쇄한 신선육은 Gram 음성균이 2×10^3 CFU/g에 6.6×10^7 CFU/g 수준에 이르나, 효모의 숫자는 2×10^1 CFU/g에서 6.2×10^4 CFU/g의 낮은 수를 보이는데, 그 이유는 세균의 생장속도가 훨씬 빨라서 효모의 생장을 추월하기 때문이다.

(1) 냉장육의 효모

식육 및 육제품에서 발견되는 주요 효모는 표 4-7과 같다. 저장 전 오염을 최소화하는 것이 최우선이겠지만, 식육에 미생물 균락의 형성을 억제하는 효과적인 방안은 온도조절이다. 미생물의 생장온도는 -5℃에서부터 영상 70℃까지 광범위하지만 0~7℃의 냉장조건하에서 증식할 수 있는 미생물은 매우 제한적이다.

표 4-7. 육식과 육제품에서 발견되는 주요 효모와 오염원

효 모 명	오 염 원		
	토 양	식물체	공 기
Candida			
famata	+	+	+
lipolytica	+		
parapsilosis	+		
rugosa	+		
saitoana	+		+
versatilis			
zeylanoides			
Cryptococcus			
albidus var. *albodus*	+	+	+
humicolus	+	+	
infirmominiatus		+	
laurentii	+	+	+
Debaryomyces			
hansenii var. *fabryi*	+		+
hansenii var. *hansenii*	+		+
Rhodotorula			
glutinis	+	+	
minuta	+	+	+
mucilaginosa	+	+	+
Trichosporon			
beigelii	+	+	+
pullulans			

Candida, Torulopsis, Rhodotorula 종들이 우육에서 발견되었으며, 그 외에도 *Trichosporon*과 *Cryptococcus*도 발견된 것으로 보고되었다. 신선 우육의 우점균인 *Candida* 종(82%)은 *C. lypolitica* 와 *C. lambica* 이었으나, 변패한 우육에서는 *C. lipolitica* 와 *C. zeranoide* 이었다고 한다. 다른 연구보고에 의하면 세절육효모의 60%는 *Candida*이었으며, *Cryptococcus* 종(10%), *Rhodotorula* 종(3%), *Tricosporon* 종, *Debaryomyces* 종과 *Pichia* 종은 출현율이 낮게 발견되었다고 한다.

냉장육의 외견상 변패를 일으키는데 필요한 수준인 10^6 CFU/g의 효모는 10^8 CFU/g의 세균의 바이오매스에 해당되는데, 세균의 오염에 비하여 감지할 만한 풍미와 냄새의 변화는 없다고 한다. 효모는 생육온도에 비례하여 세포내 지방산 조성을 변화시키는데 낮은 온도에서 저온성 효모들은 더 많은 다가불포화지방산 잔기를 생성하는 것으로 밝혀졌다. 다가불포화지방산이 증가하는 것은 세포막의 손상을 보호하

기 위한 것이다. 이러한 특성은 낮은 수분활성도와 보존제에 대한 저항성과 더불어 낮은 온도에 적응할 수 있도록 하는데 기여하는 것이다. 예로서 중간 정도의 수분활성도와 저온하에서 *Debaryomyces hansenii* 는 비교적 생장률이 높았다고 한다.

(2) 냉장육의 곰팡이

-5℃에서 40주간 저장한 냉장육의 표면에는 검은 반점과 흰 반점이 겨우 보일 만하게 생성되었으며, 곰팡이의 생장은 육의 온도가 0℃ 이상일 때에만 가능하였으며, -5℃에서는 매우 제한적이었다고 한다. 냉장육에서 일어나는 곰팡이에 의한 육의 변패는 세균의 생장과 탈수에 의한 단축현상으로 나타난다. 식육 및 육제품에서 발견되는 주요 곰팡이는 표 4-8과 같다.

표 4-8. 식육 및 육제품에서 발견되는 주요 곰팡이

곰팡이 명	오 염 원		
	방목지	가공실	털
Cladosporium			
herbarum	+	+	+
cladosporioides	+	+	+
Penicillium			
hirsutum			
corylophilum			
chrysogenum			
oxalicum			
Chrysosporium pannorum			
Aureobasidium pullulan			
Alternaria spp.	+	+	+
Aspergillus			
niger		+	
versicolor		+	
flavus		+	
glaucus			
fumigatus		+	
Eurotium			
repens			
ruburum			
Rhizopus nigricans		+	
Thannidium elegans			
Mucor racemosus	+	+	+

식육의 조직 내에 검은 반점을 일으키는 곰팡이는 *Clad. herbarum, Clad. cladosporioides, Aureobasidium pullulans* 이며, *Penicillium hirsutum* 은 식육 표면에 검은 반점을 생성케 한다. 흰색 반점은 *Chry. pannorum* 또는 *Acremonium* 등이, 단결정의 균락은 *Tham. elegans* 나 *Mucor racemosus* 등이, 녹청색의 균락은 *Penicillium corylophilum*에 의하여 발색된다. 이와 같은 건조에 내성이 있는 곰팡이들은 저온에서 생장할 수 있을 뿐더러 낮은 수분활성도를 갖는 조건하에서 생장할 수 있다. 수입 냉동육에서 발견되는 저온성 곰팡이류는 *Cladosporium* 과 *Penicillium* 이 검출되었으며, 중온성 mycoflora는 *Aspergillus, Cladosporium* 및 *Penicillium* 이었다고 한다.

(3) 가공육의 효모

가공육에 오염되는 효모의 종류는 매우 제한적이다. 가장 흔하게 발견되는 효모류는 *Candida, Cryptococcus, Rhodotorula* 및 *Trichosporon* 등이다. 발효소시지, 칸츄리 염지햄, 살라미 소시지와 건조소시지 등에서 빈번하게 발견되는 효모류는 *Candida* 와 *Debaryomyces* 이다. *Debaryomyces hansenii* 와 *C. saitoana* 등은 염지육에서 발견되며, 염지액 중에서 발견되는 *Debaryomeces membranefaciens* var. *hollandicus* 는 표면막을 형성하며, *Deb. kloakeri* 는 표면막을 형성하지 않는다.

Candida zeylanoides(또는 *iberica*)는 스페인 햄에서 발견되며, 폴랜드 소시지(Serwolatka)에서는 *Candida* 와 *Debarymyces* 속이 발견된다고 한다. 볼로냐 소시지와 살라미 소시지, 훈연햄 등에서 *Candida parapsylosis* 와 *Candida tropicalis* 등 병원성의 *Candida* 속도 발견되었다고 한다.

가공육과 염지육은 수분활성도가 낮기 때문에 0.94∼0.97의 수분활성도를 요구하는 Gram 음성균의 생장은 억제된다. 0.62 이하의 낮은 수분활성도를 요구하는 효모가 풍성해진다. 건조 염지육에서 *Pichia ciferrii* 가 43%, *P. holstii* 가 36%, *P. sydowiorum* 21%, *Rh. glutinis* 19%, *Cr. albidus* 9%, *Deb. hansenii* 5%로 분포되었다고 한다.

(4) 가공육의 곰팡이

균사상으로 생장하는 곰팡이도 낮은 수분활성도 조건에서 생존할 수 있으며, *Aspergillus, Penicillium, Eurotium* 등이 건조에 내성이 있는 종류인 것으로 알려지고 있다. *Aspergillus* 와 *Penicillium* 은 수분활성도 0.80 이상, *Eurotium* 속은 수분활성도 0.62∼0.70에서 생육이 가능하다. 그러나 포자형성이나 발아 또는 곰팡이독소 생성을 위한 조건으로는 불충분하다.

미국 칸츄리 햄이나 스페인 칸츄리 햄 발효 초기에는 *Penicillium* 이 우점하나

Aspergillus 는 발효 후기에 우점하는데, 이는 *Aspergillus* 가 더 낮은 수분활성도에 생육할 수 있기 때문이다. 따라서 수분활성도가 높은 발효소시지에서 *Penicillium* 의 우점력에 의하여 *Aspergillus* 의 생육은 둔화된다.

pH 5.5 이하의 산성조건 하에서 세균의 생육은 억제되나 내산성인 효모는 생육이 촉진된다. 그러므로 젖산균에 의하여 발효되는 섬머소시지(Summer saussage), 페파로니(Pepperoni), 세르브랫(Cervelat) 및 제노아 살라미(Genoa salami) 등은 pH가 더욱 저하되어 효모의 생육이 촉진된다. 이탈리아식 발효소시지에서 *Deb. hansenii* 가 50% 이상을 차지하며, 기타 *Deb. vanrijiae* (12.1%)와 *C. zeylanoides* (11.2%)가 그 다음을 차지하였다고 한다. 역시 이탈리안 살라미에서 82% 이상, 그리스 건조소시지의 48%를 *Deb. hansenii* 가 차지하였으며, 기타가 *Candida* 속이었다고 한다.

발효육제품의 낮은 pH는 곰팡이의 생육에도 도움이 된다. 발효육과 염지육의 대부분은 *Aspergillus* 와 *Penicillium*이었으며, *Scopulariopsis* 와 *Rhizopus* 도 발견되었다고 한다. 자연곰팡이 발효소시지에서는 *Penicillium*이 96%이며, *Aspergillus, Eurotium, Cladosporium, Wallemia* 와 효모류가 검출되었다고 한다. *Penicillium nalgiovens* 를 스타터 미생물로 사용하는 경우 mycoflora의 50%를 차지하였다고 한다.

2. 육제품 발효미생물

2.1 식육 및 육제품과 관련된 미생물 대사

열처리한 육이나 유화형의 육제품에도 여러 가지 미생물들이 발견되는 것은 정상적이다. 그 이유는 식육을 기질로 하는 미생물상 내에 구성된 미생물들의 상호작용에 의한 synergy 효과 때문이다. 주변의 외부적 조건과 내재적 조건에 가장 잘 적응하는 미생물이 가장 생장률이 높아 우점하게 된다.

일반적으로 생균수가 10^6 CFU 이상/그램 또는 cm^2을 보이면 기질의 변화와 좋지 않은 냄새 발생(표 4-9)이나 점액성 물질 생성, 변색(표 4-10) 등과 같은 감각적인 품질저하가 관찰된다. 식육환경에서 미생물이 일으키는 변화 중에는 신맛 생성, 부패성 단백질 변화 등의 부패현상과 그 밖에 독소 생성, 생물학적으로 생성되는 아민생산 등의 공중보건학적으로 위해적인 결과들을 초래하는 현상도 있다.

그렇지만 표 4-11과 같이 어떤 종류의 미생물 대사작용은 바람직한 현상을 초래하기도 한다. 즉 생소시지의 발효 중이나 햄의 염지 중에 일어나는 젖산 생성, 질산염/아질산염 감소를 예로 들 수 있다. 진공 포장육에서도 젖산균이 젖산을 생산한다든가 항생효과가 있는 대사산물을 생산한다든가 또는 경합에 의하여 식육부패 및 병원성

표 4-9. 식육의 냄새결함을 일으키는 미생물과 그 원인물질

Odour defects	Chemicals	Microorganisms
Cabbage odour	Methanethiol from methonine	*Proteus* (*Providencia*) *inconstants* *Salinivibrio costicola* (in Ham)
Potato defects taints		*Pseudomonas* (*Burkholderia*) *cepacia*
Pocket taint		*Vibrio*, *Alkaligenes*, *Proteus inconstans*
Sour(cheesy, acid) taste and smell	Lactic acid, Isobutanoic acid, Isopentanoic acid, Acetic acid	
Sweet, Fruity odour	Ethyl esters, Short-chain fatty acids, Ketones and alcohols	*Br. thermosphacta*
Rib taints		*Vibrio* (in Whiltshire ham and bacon)

표 4-10. 식육의 색소결함을 일으키는 미생물과 그 원인물질

Pigments defects	Chemicals	Microorganisms
Greening of DFD in vacuum pack	H_2S + Myoglobin	*Yersinia* spp., *Hafnia alvei*, *Serratia liquefaciens*, *Shewanella putrifaciens*
Water insoluble purple pigment	Violacein	*Janthinobacterium lividum*
Spoilage indicators	2-Oxo-gluconate(or gluconate)	*Pseudomonas*
Green	Sulphmyoglobin	*Lb. sake*

표 4-11. 항생 특성에 따른 젖산균의 대사산물

대 사 산 물	주요 목표 미생물
유기산 젖산 초산	 부패성 Gram 음성균, 일부 곰팡이 부패성 세균, 클로스트리디움, 일부 효모 및 곰팡이
과산화수소	병원성 및 부패성 미생물, 특히 단백질 풍부한 식품
저분자 대사산물 루테린(3-OH-propioni-aldehyde) 다이아세틸 지방산	 광범위 세균, 곰팡이 및 효모 Gram 음성균 여러 종류의 미생물
박테리오신 나이신(nisin) 기타	 일부 젖산균 및 Gram 양성균, 잘 알려진 포자형성미생물 Gram 양성균, 생성 균종 및 박테리오신 종류에 따른 억제 스펙트럼

Holzapfel 등, 1995.

균을 자연적으로 조절하는 장점도 있다.

한 가지 이상의 길항성(antagonistic) 대사산물을 생산하는 것은 다른 경쟁적 관계에 있는 미생물의 존재 하에 한 종류의 미생물이 자리 잡기 위한 복잡한 작용의 하나이다. 이와 같은 대사기구를 이해하게 되면 식육에서 일어나는 복잡한 미생물 상호관계를 이해하는 데 귀중한 역할을 할 것이며, 또한 식육 및 육제품 보존에 관한 생물학적인 접근에 초석이 될 것이다.

1) 유기산

식육 및 육제품에서 탄수화물, glucose, glycogen, glucose-6-phosphate, 소량의 ribose은 EMP 또는 HMP pathway에 의해서 발효되어 유기산을 생성한다. 탄수화물 대사는 Gram 양성균의 주요 에너지 생성기구이며, 젖산균은 이 때에 기질수준의 인산화가 관여된다. 젖산균 중에는 식육의 탄수화물을 이용하지 못하는 종도 있다. *Carnobacteria piscicola* 는 glucose-6-phosphate를 대사하지 못하며, 이산화탄소를 주입한 포장육은 다른 젖산균에서도 공통이지만 식육에 함유되어 있던 젖산이나 미생물이 생성한 L(+) 또는 D(-) 젖산을 초산으로 산화시킨다. 따라서 이러한 점을 이용하여 D(-) 젖산과 초산의 생성여부로 포장육의 미생물학적 품질을 판단할 수 있다.

젖산은 젖산균, *Staphylococcus* 속, *Brochothrix* 속, *Listeria* 속 등의 최종 발효산물이다. 젖산균이 생성하는 젖산은 식육환경의 pH를 낮추어서 부패성균(*Clostridia*, *Pseudomonas*), 병원성균(*Salmonellas*, *Listeria* spp.), 독소 생성균(*Staphylococcus aureus*, *Bacillus cereus*, *Clostridium botulinum*)을 억제하거나 사멸시킬 수 있다.

해리되지 않은 유기산은 지방 용해성이 있어서 박테리아 세포 내부에 확산되어 들어가서 세포질의 pH를 감소시켜 대사활력을 떨어뜨린다. 대장균은 pH 5.1 근처에서, *Salmonella* 와 *Staph. aureus* 는 pH 5.3에서 생장이 억제된다.

Listeria 와 *Brochothrix* 는 산화-환원전위력과 산소의 유용성이 대사 최종산물 생성량과 생성률에 영향을 준다. *Listeria monocytogenes* 는 호기조건 하에서는 아세토인을 26% 생성하지만, 혐기조건 하에서는 생성하지 못한다. 그 대신에 젖산은 호기조건에서 28%이지만, 혐기조건에서는 79%로 증가하며, 초산은 23%에서 2%로 감소하며, 개미산 5.4%, 에탄올 7.8%, 이산화탄소 2.3%가 혐기조건 하에서 생성된다.

초산은 해리상수(pKa)가 pH 4.75이며, 헤테로발효 과정에서 젖산과 동량으로 생성되는 초산은 자연발생적으로 일어나는 발효 초기에 젖산균, 특히 *Leuconostoc* spp.가 정착하는 데 결정적인 요인으로 작용한다. 6탄당이 부족하거나 산소가 유용할 때와 같은 특별한 경우 pediococci, lactococci 및 대부분의 *Lactobacillus* spp.와 같은 호모발효 젖산균은 젖산을 분해하여 초산, 개미산 및 이산화탄소를 생성한다.

2) 과산화수소

과산화수소는 분자상의 산소 존재 하에서 젖산균이 lactate, pyruvate, NADH를 생성할 때 flavin 효소에 의하여 형성된다. Lactate의 산화는 *Lb. curvatus*와 *Lb. sake*의 경우 O_2를 전자수용체로 이용하거나 *Lb. plantarum, Lb. casei, Lb. coryniformis* 등은 methylene blue를 전자수용체로 이용하는 플라빈 함유 L(+) lactate oxidase에 의하여 형성된다. *Pseudomonas* spp.나 *Staphylococcus aureus* 등 대부분의 바람직하지 못한 세균은 젖산균에 비하여 과산화수소에 2～10배 정도 민감하며, 세균의 치사 농도는 포도상 구균은 6 ㎍/㎖, 슈도모나스는 23～35 ㎍/㎖이다.

식품을 발효할 때나 식품에 젖산균이 오염된 경우 미생물에 의한 산소의 환원에 의하여 과산화수소가 생성되는데, 식육에서는 일반적으로 과산화수소의 축적에 의해서 녹변(greening)을 나타낸다. 이것은 젖산균이 낮은 산화환원전위(Eh) 조건에서 nitrosohemochrome의 작용으로 녹색을 내는 산화된 porphyrin을 생산하기 때문이다. 이러한 유형의 녹변을 일으키는 균종으로는 *W. viridescens, Leuconostoc* spp., *Lb. fructivorans, Ent. faecium, Ent. faecalis* 등이 있으며, 과산화수소에 대한 내성은 생성물의 종류와 조건에 따라 달라진다.

3) 저분자 대사물질

저분자 물질은 잠재적인 항생작용을 할 가능성이 높은 것으로 알려진다. *Pediococcus* spp.의 일부는 구연산을 분해하여 diacetyl을 생성하는데, 이 물질은 강한 향미를 갖기 때문에 낮은 농도에서도 강한 악취를 낸다. 다이아세틸은 식육환경에서는 항생작용을 나타내지는 않는다.

이산화탄소는 6탄당으로부터 헤테로발효 미생물에 의하여 생성되며, 산화-환원전위를 낮추므로 *Brochothrix*를 포함한 호기조건에서 성장하는 부패성 세균에 유독하다. Reuterin(3-hydroxypropionaldehyde)은 *Lactobacillus reuteri*의 coenzyme B_{12}의 존재하에 glycerin으로부터 생성된다. 루테린이 광범위성 항생작용을 나타내는 것은 ribonucleotide 환원효소를 억제하기 때문이다. *Lb. reuteri*를 식육에 스타터 미생물로 사용함으로써 생물학적 보존제로 활용하는 데 이용될 수 있을 것이다.

4) Bacteriocins

박테리오신은 젖산균을 포함한 다양한 미생물들이 생산하는 항생효과가 높은 항미생물성 peptide 또는 protein으로서 박테리오신 생산 미생물과 아주 밀접한 관계에 있는 미생물에 대하여 활성을 나타낸다. 박테리오신은 리보솜에서 생산되고, 소화관

표 4-12. 젖산균이 생성하는 박테리오신의 분류

클래스	특 성
I	막활성 열안정성 있는 10 kDa 이하의 작은 펩타이드
Ia	Lantibiotics
Ib	비 란타이오닌 함유 펩타이드 listeria에 활성을 갖는 펩타이드(N-terminal sequence : Tyr-Gly-Asn-Gly-Val-Xaa-Cys) 두 펩타이드의 상보적 작용에 의존하는 활성을 가진 박테리오신류(2 성분 박테리오신) 활성을 나타내기 위해서는 시스틴(cystein)을 요구하는 활성-티올기를 갖는 박테리오신
II	열에 민감한 대형 펩타이드(> 30kDa)
III	복합형 박테리오신(활성을 나타내기 위해서는 탄수화물·지방 등 비단백 성분을 요구하는 박테리오신)

내에서 proteases에 작용에 의해서 불화성화 된다. 젖산균이 생산한 bacteriocin은 내열성(100℃/10min)이 있으며, 소수성이며 다중결합을 하려는 경향이 있다.

Bacteriocin의 활성 스펙트럼은 세포벽에 수용체로서(예; pediocin AcH의 경우 lipoteichoic aicd)의 존재 유무에 따라 결정된다. 박테리오신은 대부분의 세균에 대한 치사작용을 나타내지만, glycoprotein성인 박테리오신은 정균작용(bacteriostatic)을 나타낸다. 젖산균이 생성하는 박테리오신은 표 4-12와 같이 3개 클라스가 있으며, class I은 lantibiotics와 non-lanthionine 펩타이드 등 소형의 막활성 펩타이드, class II는 대형의 열 민감성 단백질, class III는 당단백질을 함유하는 복합 박테리오신 등 세 종류의 class로 분류한다. 식육제품에서 박테리오신을 생물학적 보존제로 사용하는 활용면에서 연구가 수행되고 있으며, bacteriocin을 생성하는 젖산균의 출현빈도는 약 0.6~22% 정도이다.

5) 단백질 분해물

Clostridium spp., 일부 *Bacillus* spp.와는 달리 식육과 관련된 대부분의 Gram 양성균은 단백질 분해력이 약하거나 없다. 식육의 부패에 있어서 단백분해력이 있는 호기성 *Bacillus* spp.의 역할은 잘 알려져 있지만 젖산균의 역할은 잘 알려져 있지 않다. 젖산간균의 세포 외로 분비되는 세포외 분비 peptidase 활성은 아직까지는 잘 알려지지 않고 있다. 염지 햄에서 분리된 *Pediococcus pentosaceus*와 *Staph. xylosus*는 endopeptidase 활성이 없는 것으로 보고되었으며, *P. pentosaceus*는 leucine arylamidase 및 valine arylamidase의 활성은 높았다고 한다.

식육에서 일어나는 단백질 부패현상은 유리 아미노산으로부터 발효소시지에서 바람직한 풍미와 냄새가 나게 하는 젖산균의 단백질 활성과는 관련이 없는 것으로 보인다. 발효소시지에서 micrococci와 pediococci가 생산하는 세포외 단백분해효소의 역할은 분명하지 못하다. *Staphylococcus piscifermentans* 와 *Staph. carnosus* 의 단백분해력은 *Bacillus cereus* 의 케이신 분해력의 20%에 해당한다고 한다. *Brochothrix* 와 *Kurthia* 의 단백분해력은 거의 알려진 바 없으나, *Kurthia* 는 H_2S를 소량 생산한다고 한다.

6) 지방분해물

식육환경에서 젖산균의 지방분해 능력은 비교적 약한 것으로 알려져 있다. 중온성 및 고온성의 간상형 젖산균에 esterase나 lipase 활성은 속(species)이나 종(strain)에 따른 특이성이 있으며, 대체로 중온성 간상형 젖산균에 속하는 종들은 esterase 활성이나 lipase 활성이 낮은 편이다. β-naphthyl butyric acid에 대한 esterase 활성이 가장 높으며, 카프론산(C_6)과 카프릴산(C_8)에 대한 활성도 감지할 만한 수준으로 나타난다. 호기조건 하에서 micrococci의 lipase 활성과 호기 또는 혐기조건 하에서 활성을 나타내는 staphylococci의 지방분해 효소는 발효소시지에서 바람직한 풍미나 향미를 생산에 기여한다.

7) 과산화수소 분해효소(Catalase)

육제품 중에서 여러 가지 경로에 의해서 생성되는 과산화수소에 의한 해로운 산화작용을 하는 것은 이를 분해하는 catalase와 peroxidase의 작용이 방해를 받은 결과이다. 이러한 특성은 발효육제품에 사용되는 스타터 컬쳐(culture)가 과산화수소를 축적하는 것을 catalase가 효과적으로 방지할 수 있도록 하기 때문에 유효한 작용이라고도 볼 수 있다. 실제적으로 스타터로 사용되는 micrococci와 staphylococci의 일부 균종들은 과산화수소 분해력이 높은 것을 염두에 두고 선발한 것이다.

과산화수소의 생성은 heme이 없는 혐기조건 하에서는 억제되지만, 식육과 같이 heme이 전형적으로 풍부한 조건하에서는 hematin을 첨가하면 생성력이 회복된다. 이러한 사실은 *Staphylococcus carnosus* 와 같은 스타터 균종이 생소시지를 발효시키는 동안 과산화수소 분해효소를 생성되는 능력이 나타나는 것으로 확인할 수 있었다.

일부의 젖산균은 heme 의존성 catalase나 비의존성 유사 catalase를 생성한다. Heme 의존성 catalase를 생성하는 미생물 속으로는 *Lactobacillus* 속, *Leuconostoc* 속, *Enterococcus* 속, *Pediococcus* 속 등의 대부분의 속이며, 비의존성 유사 catalase를 생성하는

젖산균으로는 *Lb. plantarum, Lb. mali* 및 *Ped. pentosaceus* 등으로서 제한적이다.

Lb. curvatus 에 비해 *Lb. sake*를 starter culture로 많이 사용하는 것은 catalase를 생성하는 *Lb. sake*가 비가열 발효소시지에서 더 좋은 색을 나타내기 때문이다. *Carnobacterium maltarromicus* 는 가금육제품에서 부패를 일으킨다. Hematin 존재 하에서 혐기적으로 생장할 때 *Carn. maltarromicus* 는 사이토크롬 a 및 b형을 함유하는 것으로 알려져 있으며, 이는 혐기조건에서 보다 10배나 높은 함량을 나타내는 것으로서, 그 결과 아세토인 생성량이 증가하는 결과를 가져온다.

8) 질산염 및 아질산염 환원효소

젖산균의 공통적인 특성은 아니지만 육과 관련된 *Lactobacillus* 와 *Weissella* 는 질산염 및 아질산염을 모두 환원하는 효소 또는 아질산염 환원효소를 생산한다. 그 중에 *Lb. pentosus, Lb. plantarum* 의 일부 균종들은 두 종류의 환원효소를 모두 생산하지만 nitrite reductase만 생산하는 균종들로는 *Lb. brevis, Lb. furciminis, Lb. suebicus, Lb. sake Weissella viridescens* 등이다.

전통적인 느린 속도로 발효시키는 비가열 소시지 제조과정에서 질산염이 아질산염으로 환원하는 것은 *Micrococcus* 와 *Staphylococcus* spp.에 의해서 일어난다. 발효소시지 제조에 전형적으로 사용하는 *Staph. carnosus* 와 *Staph. piscifermentans* 는 일반적으로 nitrate 환원력은 강하지만 nitrite 환원력은 약하다. 바람직한 nitrite의 농도는 발효기간 중에 nitrite의 화학적 산화와 미생물학적 환원에 의해서 점차로 줄어든다. 따라서 발효소시지 제품에서는 nitrate 환원효소 활성이 있는 micrococci의 역할이 강조되고 있다.

9) Biogenic amines

단백질 함량이 높은 식품에서는 생물학적으로 아민류가 생성되기도 하는데, 특히 미생물의 아미노산 decarboxylase 활성에 의하거나 알데하이드 및 케톤의 amination 및 transamination에 의하여 생성된다.

표 4-13은 식육미생물에 의하여 생산되는 biogenic amines의 종류이다. 물론 식품 중에 생물학적으로 생성된 아민류 함량이 높으면 독성을 나타낼 뿐만 아니라 유해한 냄새와 악취를 생성하여 부패현상을 보이기도 한다. 아미노산 decarboxylase 활성은 대부분의 *Enterobacteriaceae* 과에 속하는 미생물들은 공통적으로 갖고 있지만, 식육과 육제품과 관련된 Gram 음성균 중에는 매우 드문 효소활성이다. Tyramine은 특히 식육환경 하에서는 매우 보편적으로 발견되며, tyramine의 존재는 *Carnobacterium*

표 4-13. 식육미생물에 의하여 생산되는 Biogenic amines의 종류

Biogenic amines 종류	생 성 균	저장조건		관련 요인
		온도(℃)	포장방법	
Putrescine	*H. alvei, Serr. liauefaciens*	1	진공포장	pH, ornithine(arginine) 이용성
Cadaverine	*H. alvei, Serr. liauefaciens*	1	진공포장	pH, lysine 이용성
Histamine	*Proteus morganii, Kl. pneumoniae, H. alvei, A. hydrophila*			온도, pH, histidine 이용성
Spermine				pH, spermidine
Spermidine				pH, agmatine, arginine
Tyramine	*Lactobacillus* sp., *L. carnis, L. divergens, Ent. faecalis*	1	진공포장	pH
Tryptamine		20	호기상태	pH

Nychas 등 1998.

균종들이나 일부 *Lb. curvatus* 및 *Lb. plantarum* 균종들의 대사활성과 관련성이 있다. 건조소시지에서 분리된 젖산균들의 tyramine 및 histamine 생성력은 균종에 따른 특이성을 보인다.

스타터 컬쳐로 사용되는 *Pediococcus cerevisiae*와 *Lb. plantarum* 균종들은 tyrosine과 histamine decarbosylase의 활성이 감지할 만한 수준으로 나타나지 않는다. *Staph. carnosus*나 *Staph. piscfermentans*는 히스타민 생성력을 보이지 않으나 2종의 *Staph. carnosus*가 타이라민을 생성한다고 한다. 발효소시지의 숙성 중에 *Bacillus* spp.가 생성하는 putrescine 및 cadaverine 농도는 처음 6일간은 증가하나 젖산균이 생성하는 타이라민의 농도는 24일부터 감소한다.

10) 점액성 다당류(Extracellular polymers) 생산

발효소시지와 진공포장 식육에서 부패 도중에 생성되는 slime(점성물질)은 다당류(polysaccharide)의 폴리머이며, 많은 간상형 젖산균들이 sucrose로부터 점액성 물질(dextran)을 생성한다. 젖산균에 의해서 진공포장 가열 육제품에서 나타나는 ropy slime 현상이 Korkeala 등(1988)에 의해서 보고되었는데 *Lb. sake*와 *Leuconosotoc amelibiosum* 이에 의한 것으로 밝혀졌으며, 그 polymer의 구조는 glucose-galactose를

함유하는 exopolysaccharide인 것으로 밝혀졌다.

2.2 육제품 발효

Gram 양성균들은 식품에 부패에도 관여하지만 육가공 및 발효육 제조에 스타터 균주로서 중요한 역할을 한다(표 4-14). 육의 발효와 관련된 연구는 최근에 시작되었지만, 이러한 유익한 효과는 일부 staphylococci와 micrococci에 의해서도 나타난다는 사실도 포함되어 있다. 그러나 젖산균이 잠재적인 효과를 갖는 것으로 추정되는 부패성 및 병원성 균에 대한 적대적 경쟁 기작에 대한 최근의 이해는 식품의 생물학적 보존 측면에서나 안전성 측면에서 관심을 더해 주고 있다.

1) 육발효

독일식 비가열 건조소시지인 Rohwurst는 육발효 제품의 대표적인 제품일 것이다. 향신료와 소금과 아질산염 또는 질산염을 혼합한 염지염을 처리한 육의 발효와 숙성에는 병원성 및 부패성 미생물의 감소나 제거, 전형적인 염지색상의 발현, 향미와 맛의 생성, 육의 견고성 부여 및 보존성 등의 효과를 얻게 된다.

발효 전이나 도중에 젖산균은 어떤 특별한 조건들, 즉 pH 6.0, 2.5~3.0%의 가염에 의해서 얻게 되는 수분활성도(0.96), 1 kg당 100 mg의 nitrite염, 0.3%의 발효성 당의 첨가 등에 의해서 환경조건이 충족됨으로써 생육증진 효과를 얻게 된다.

발효소시지에 전형적으로 우점하는 *Lb. sake*와 *Lb. curvatus*는 수분활성도가 0.91 이하로 감소되거나 온도가 4℃ 이하의 저온환경에서도 경쟁적인 생장이 우수하다. *Carnobacterium* spp. *Leuconostoc* spp. 및 *Weissella* spp. 등 또 다른 저온성 젖산균은 내염성이 *Lb. sake*나 *Lb. curvatus* 보다 약하지만, *Lb. pentosus, Lb plantarum, Ped. acidilactici* 및 *Ped. pentosaceus* 등은 7℃에서 생장이 매우 미약하다.

전통적인 발효과정은 염지나 완만한 발효에 필요한 아질산염을 생산하기 위해서는

표 4-14. 발효육제품에서 스타터 균주의 역할

생리학적 반응	식육환경에 주는 영향
산성화	보존성 개선, 위생성 증진, 맛 개선, 조직 개선, 색상 개선 가공적성(요리, 제빵적성) 개선
대사생성물	향미 개선, 색상 개선, 맛 개선, 위생적 품질 및 유통기한 연장, 영양적 가치증진 /probiosis
효소생산	향미 개선, 색상 개선, 맛 개선, 보존성 개선, 위생성 증진

Holzapfel 등, 1995.

표 4-15. 소시지 제조에 사용되는 상업용 육가공용 스타터 균주

	종 류	특 징
중온성 젖산균	*Lb. pentosus, Lb. plantarum* *Lb. pentosaceus*	비헴형 catalase 20～25℃ 최적 성장 향미와 색소의 손상 없는 신속 발효 (*Lb. pentosus, Lb. plantarum*)는 아질산염 환원효소 생성
저온성 젖산균	*Lb. sake, Lb. curvatus*	18～22℃ 성장 우세 산 생성력 강함(과도한 산생성) 비헴형 catalase, 아질산염 환원효소
고온성 젖산균	*Ped. acidilactici*	30～38℃에서 숙성하는 섬머소시지 유럽식 제조온도에서는 성장지연
혼합균주	*Micrococcus varians, Staph. carnosus, Staph. xylosus, Staph. pscifermentans*	아질산염 환원효소 변색 및 산패 방지효과

질산염의 환원에 의존하기 때문에 아질산염을 환원하는 능력이 있는 *Stap. carnosus, Staph. xylosus* 또는 *Staph. piscifermentans*는 바람직한 기호성 증진에 필수적이다.

그러나 현대화된 발효소시지의 산업적 가공공정에서는 호모(homo)발효 젖산균을 단독 또는 혼합한 형태의 스타터 균주를 정차로 사용하는 경향이 있으며, 질산염을 첨가하는 경우에는 호모발효 젖산균 이외에 *Staph. carnosus*나 *Staph. piscifermentans*를 사용한다.

새로운 스타터 균주로서 nitrate 환원효소를 생성하거나 비헴형의 catalase를 생성하는 기술적으로 중요한 부차적인 기능을 가진 *Lb. sake, Lb. curvatus, Lb. plantarum* 및 *Lb. pentosus* 등의 자연균주를 선발하여 사용하려는 새로운 시도가 이루어지고 있다.

소시지 제조에 사용되는 상업적인 육가공용 스타터 상업적인 균주들은 표 4-15와 같이 분류될 수 있다.

2.3 식육 및 육제품의 변패

다양한 종류의 미생물이 식육 표면에 존재하게 되면, 특히 호기상태에서 저온 저장하는 경우 *Pseudomonas* spp.가 주도하는 Gram 음성균이 주요 변패 미생물로 작용하게 되며, Gram 양성균인 *Brochothrix*와 *Kurthia* spp.가 경쟁적으로 변패에 관하게

된다. 그 후에 일어나는 가공과정에서는 Gram 양성균의 오염기회와 증식요인이 늘어나게 되는데, 이는 유통기한 단축을 초래하거나 다양한 부위의 식육에서 전형적인 변패를 일으키게 된다.

부패 초기에 오염된 균들이 고기 표면에서 생육을 시작할 때에 포도당과 같은 저분자 물질들을 소비한다. 젖산이나 아미노산과 같은 물질의 대사에 요구되는 효소들은 이화작용이 억제된 상태에 있기 때문에 먼저 포도당이 분해되어 이용되는 것이다. 육에 존재하는 미생물이 증식하여 10^8 CFU/g 수준에 이르면 포도당은 모두 고갈되어 아미노산을 분해하기 시작하면 그로 인해 생성된 황화물(sulphides) · 에스터류 · 아

표 4-16. *Listeria* spp.에 대한 효능성에 관한 연구에 사용되고 있는 박테리오신의 예

식 육 환 경		박테리오신의 종류	생 산 균 주
멸균식품	분쇄우육	Pediocin Ach	*Pediococcus*
비멸균식품	신선육	Pediocin PA-1	*Pediococcus*
	다짐육	Sakacin A	*Lb. sake*
	발효소시지	Pediocin, Sakacin K	*Pediococcus* *Lp. sake*
	프랑크푸터 소시지	Pediocin	*Pediococcus*
	진공포장 비엔나 소시지	Pediocin Ach	*Pediococcus*

Holzapfel 등, 1995.

표 4-17. 국내 쇠고기의 *Listeria* 검출

균 종	USDA법 (n = 60)		Malthus법 (n = 60)		FDA LPM/OXA (n = 60)		Modified CEM (n = 30)		합 계 (n = 270)	
	양성수	양성률 %	양성수	양성률 %	양성수	양성률 %	양성수	양성률 %	양성수	양성률 %
L. welshimeri	37	61.6	20	33.3	27/24	45/40	13	43.3	121	44.81
L. innocua	15	25.0	18	30.0	6/10	10/16.6	0	0	49	18.1
L. murrayi	5	8.4	2	3.3	5/2	8.3/3.3	0	0	14	5.2
L. monocytogenes	0	0	6	10	3/1	5/1.7	2	6.7	12	4.4
L. grayi	3	5.0	0	0	2/1	3.3/1.7	0	0	6	2.2
L. seeligeri	0	0	0	0	0/0	0/0	2	6.7	2	0.7
L. ivanovii	0	0	0	0	1/1	1.7/1.7	0	0	2	0.7
합 계	60	100	46	76.0	44/39	73.3/65	17	56.7	206	76.1

구 등, 1995.

민류 등의 좋지 않은 냄새가 생성되며, 암모니아 농도의 증가와 함께 pH도 증가된다(표 4-16, 표 4-17). 효모에 의해서 부패되는 육의 화학적 변화를 설명하는 보고들은 세균만큼 충분하지 못하다. 적육에 함유된 유리지방산이나 핵산과 같은 저분자 화합물들은 세균에 의하여 다른 복잡한 물질보다 우선적으로 이용되지만, 고분자 화합물인 지방과 단백질에 대해서는 즉시 이용하지 못한다. 식육이 더욱 부패되면 효모의 효소촉매에 의하여 지방의 지방분해와 지방산의 산패를 초래한다.

Candida, Cryptococcus, Trichosporon 속 효모들은 특히 *Tr. puluulans* 와 *Can. scottii* 등 우육의 부패와 관련하여 발견된 효모들이 lipase를 생산하는 것으로 알려졌다. 그 외에도 이탈리아 발효소시지에서 발견된 *Rhodotorula* 속과 *Trichosporon* 속들은 지방분해력뿐만 아니라 단백분해력도 상당한 수준인 것으로 알려졌다.

C. lipolytica 는 Tween 80, 글리세롤, 트리부티르산염, 동물성 중성지방과 식물성 지질을 기질로 하는 조건에서 올레인산을 생성하며, *Tr. beigelii* 는 미리스틴산을 생성한다. 신선 돈육소시지로부터 분리한 여러 종의 효모들은 탄수화물을 이용하는 것으로 보고되었다.

곰팡이로 염지하고 숙성시킨 육제품의 풍미가 향상되는 것은 곰팡이 생육과 관련하여 일어나는 단백질 및 지방분해도 부분적으로 관련된다. 곰팡이로 발효시킨 소시지는 균일한 형태로 서서히 건조되어 결과적으로 중량의 손실이 일어나고 품질이 향상된다. 숙성된 육에서 빗자루모양으로 자라는 곰팡이들이 존재하면 육의 풍미와 연도가 증가된다. *Thamnidium* 속 곰팡이도 단백분해효소를 분비하여 육을 연화시킨다.

1) 식육의 변패현상

(1) 변색

식육 표면에 저온성의 *Micrococcaceae* 과의 세균들이 오염되어 증식하면 표면에 회백색의 건조한 층이 나타나며, 10^8 CFU/g 이상의 숫자로 증가하게 되면 과일향이 난다. 눈에 보일만한 점질층이 나타나는 것은 *Br. thermosphacta* 가 10^8 CFU/g 수준의 분포를 보이는 현상이며, *Lb. sake* 는 유화수소를 생성하며 산소와 포도당이 부족한 조건에서는 근육색소의 색상이 녹색의 sulphmyoglobin으로 변하게 된다.

(2) 불쾌취

Br. thermophacta 와 일부 호모(homo)발효 젖산균인 lactobacilli는 diacetyl과 3-methyl butanol을 형성하여 치즈냄새의 원인이 된다. *Br. thermosphacta* 를 접종한 우육 슬라이스를 1℃에서 2주일간 호기상태로 저장하였을 때 acetoin, 초산, isobutyric acid 및 isovaleric acid를 생성하였다고 한다.

우육 우둔부위나 4분 도체(quaters)를 냉장할 때 나타나는 현상인 'deep spoilage'는 *Clostridium* 과 *Enterococcus* spp.가 혐기상태에서 자라날 때 나타나는 'bone taint 현상' 또는 'sour 현상'이다. *Clostridium* spp.가 오염된 우육을 진공포장 할 때에 일어나는 부패현상은 가스가 차서 포장지가 불어나는 'blowing 현상'과 유황냄새, 과일냄새, 용매냄새 또는 강한 치즈냄새가 나는 불쾌취 등이다. 젖산균이 일으키는 변패현상은 젖산생성, 소량의 초산생성으로서 주로 진공포장이나 MA-포장육에서 나타난다. 불쾌취는 호기상태로 저장한 식육내서 나타나는 것보다는 덜 하다.

(3) 가스 형성

호모발효 및 헤테로발효 젖산균 모두 진공포장 육에서는 이산화탄소를 생산하며, 기타 악영향을 주지 않는 대사산물을 형성한다. 이산화탄소가 수소가스와 혼합되면 지저분한 냄새가 나는데, 이는 진공포장 우육에 오염된 *Clostridium* 에 의해서 나타나는 현상이다.

2) 육제품의 변패현상

(1) Souring과 불쾌취

가열된 소시지를 진공포장한 포면에 젖산균의 수가 10^7 CFU/g 이상으로 증가하게 되면 D(-) 및 L(+) 젖산이 인지할 수 있을 만큼 증가한다. 젖산의 양이 3~4 mg이 되어 pH가 5.8 이하로 떨어지면 소시지는 변패한 것으로 간주해야 한다. 젖산 그 자체는 불쾌한 냄새는 아니지만 단쇄지방산과 같은 다른 휘발성 대사산물들의 생산을 동반하는 경우도 있다.

유화형 소시지를 진공포장 할 때에 지나치게 많은 양의 육즙이 흘러나온 경우 젖산균이 풍부해져서 sour 현상이 나타난다. 슬라이스 한 roast용 우육을 이산화탄소를 충전하여 포장하면 약간의 신맛이 나는 것은 젖산균에 의한 것이며, 단내(sweet odour)가 나는 것은 *Br. thermosphacta* 에 의한 것이다. 산소 투과형 진공포장육에 발생하는 단내가 나고 아주 불쾌한 치즈향은 *Br. thermosphacta, Lactobacillus* spp. 및 *Carnobacterium* spp.가 생성하는 acetoin에 의한 냄새이다.

(2) 변색

니트로소헤모크롬이 과산화수소에 의하여 콜레오미오글로빈으로 산화되어 녹변을 일으키는 것이 주요 변색현상 중의 하나이다. *W. viridescens* 와 같은 과산화수소 생성 세균은 가열하여도 유화형 소시지의 중앙 부위에서 살아남을 수 있으며, 산소를 다시 접하게 되면 생존한 세균은 곧 과산화수소를 생성한다. 호모발효 및 헤테로발효 젖산균, *Lactobacillus, Leuconstoc* 및 *Weissella* spp. *Cb. divergins, Enterococcus* 및 *Pediococcus* spp.들은 가열 후 표면에 재오염된 경우 표면에 녹변을 일으킨다.

(3) 가스 형성

이산화탄소 생성을 *Leuc. mesenteroides* subsp. *mesenceroides* 나 *Leuc. carnosum* 및 *Leuc. amelibiosum* 등의 *Leuconostoc* 구형의 젖산균이나 *Weissella* spp.에 의하여 일어나며, 진공포장 가공육제품에서 'blowing 현상'을 일으킨다.

(4) 점질물 형성

Lb. sake, Lb. carnosum, Leuc. gelidum, Leuc. mesenteroides subsp. *dextranicum, Leuc. mensenteroides* subsp. *mesenteroides* 등과 같은 다양한 종류의 젖산균들이 진공포장 가열육제품에서 ropy 점질물을 형성한다.

3) 미생물 억제물질의 이용

(1) 생물학적 보존제

생물학적 보존제는 유통기한의 연장이나 식품안전성의 향상 등을 목적으로 식품과 자연적으로 관련 있는 미생물이나 그 미생물이 생산하는 항미생물 대사산물을 사용하는 보존법이다.

생물학적 보존법으로는 젖산균 일부에서 볼 수 있는 항미생물성 polypeptides나 박테리오신 등에 특별히 주목하고 있다(표 4-16). Nisin은 박테리오신 중에서 상업적으로 판매되는 물질이다. 이미 45개 국가에서 식품첨가제로 사용을 허가받고 있다. 기타 항리스테리아 제제를 식품첨가물로 사용하고자 하는 연구가 시도되고 있으나 아직도 요원한 실정이다.

구 등(1995)은 *L. monocytogenes* 가 국내 시판 쇠고기에 오염되었는지 여부를 조사하기 위해서 USDA, FDA, Malthus, Modified cold enrichment 방법 등 4가지를 이용하여 *Listeria* spp.를 검출하였다. 국산 쇠고기와 수입산 쇠고기 시료 206개를 서울 시내 정육점으로부터 구입하여 *Listeria* 균종들을 분리·동정하였는데 *L. welshimeri* 가 121개(44.8%)로 가장 많이 검출되었으며, *L. innocua* 49개(18.1%), *L. murrayi* 14개(5.2%), *L. monocytogenes* 가 12개(4.4%), *L. grayi* 6개(2.2%), *L. Seeligeri* 2개(0.7%), *L. ivanovii* 2개(0.7%)로 나타났다고 하였다. 4가지 방법으로

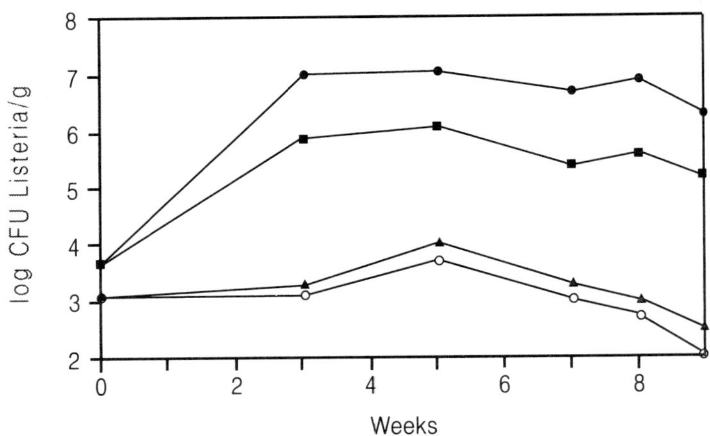

그림 4-1. 박테리오신 비생성 균주 *Lb. alimentarius* L-2를 함유하는 MA-포장 베이컨에서 *Listeria monocytogenes*의 생장(Leisner, 등 1996)

-■- 2℃ : Listeria -○- 2℃ : Listeria + L-2 -●- 15℃ : Listeria -▲- 15℃ : Listeria + L-2

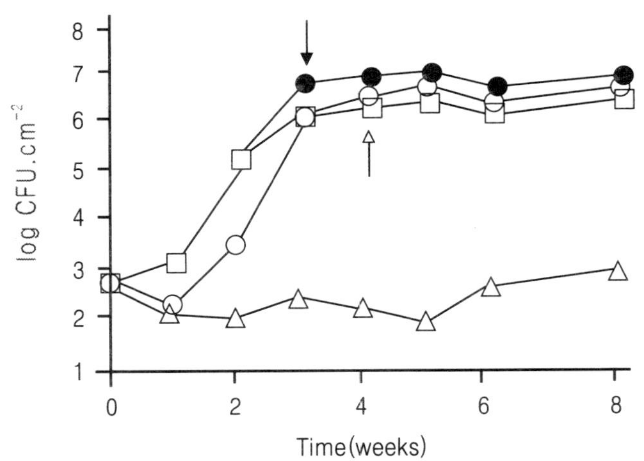

그림 4-2. 진공포장한 우육의 냉장저장 중 박테리오신 생성균주인 *Leuc. gelidum* UAL187에 의한 황화물 생산균주 *Lb. sake* 1218의 생육저해 (Leisner, 등 1996)

-●- *L. sake* 1218 alone -□- *L. sake* with UAL 187-13
-△- *L. sake* with *L. gelidum* UAL 187 -○- *L. sake* with UAL 187-22

인한 *Listeria* spp. 검출율은 다양하게 나타났으며, 쇠고기 속에서 가장 높은 *Listeria* spp. 검출율을 나타낸 검출법은 USDA 방법(검출율 100%)이었고, *L. monocytogenes*를 가장 높게 검출한 방법은 Malthus 방법(10%)이었다고 보고하였다(표 4-17).

그림 4-1에서 2℃와 15℃에서 효과를 MA-포장 베이컨에서 생장하는 *Listeria*

*monocytogenes*에 대한 *Lb. alimentarius*의 박테리오신 비생성 균주 효과를 비교하였을 때 두 온도에서 모두 *List. monocytogenes*의 생육이 저해되는 결과를 보여 주고 있다.

그림 4-2에서는 황화물을 생산하는 *Lb. sake* 1218와 박테리오신 생성균주인 *Leuc. gelidum* UAL187을 진공포장한 우육에 함께 배양하였을 때 *Leuc. gelidum* UAL187의 박테리오 신성의 억제작용에 의하여 sulphide의 냄새가 나타나는 시간이 3주에서 4주로, 약 1주간의 기간을 연장시켰다는 결과를 보여주고 있다. *Leuc. gelidum*의 변이주인 UAL187은 *Lb. sake*의 성장을 효과적으로 억제하고 있음을 알 수 있다.

(2) Sulfur dioxide

아황산염은 SO_2로서 비가열 분쇄 육제품에 450μg/g 수준으로 사용하기도 하는데, 보존력은 pH 2.8～4.2인 포도주보다 pH 5.8～6.8인 식육제품에서 훨씬 효과적이다. 높은 pH에서 분자형태의 SO_2는 농도가 감소하여 bisulfite와 sulfite 이온의 수가 부수적으로 증가한다. Sulfur dioxide는 효모세포를 통과할 수 있는 유일한 형태이기 때문에 효소의 활동억제, ATP의 고갈, 양성자 농도기울기의 중단 등에 효과적이다.

그러나 발효성 효모가 아세트알데하이드를 생산하는 아황산염에 의한 보존력을 무력화 시킬 수 있다. 아황산염은 야생 효모뿐 아니라 곰팡이, 세균을 억제하므로 포도주 제조와 cider제조에 바람직한 발효성 효모를 선발하는 데 유용하다. 육제품의 경우에는 Gram 음성균인 pseudomonads의 생장을 억제하는 데 효과적이다. 효모는 아황산염의 보존효과에 견디므로 세균의 경쟁력이 저하되면서 효모균의 우점이 확보된다. 이렇게 하여 효모 균총이 형성되면 직접적으로 아세트알데하이드를 생산하게 되며, 발효포도주에서 발생하는 현상과 유사하게 아황산염과 아세트알데하이드 반응이 일어나게 된다. 아황산염은 유리상태에서만 항생작용이 있다.

아황산염(Sulfite)을 처리한 영국 신선치즈에 오염되는 효모는 보통 10 CFU/g에서 2.4×10^5 CFU/g 정도이며, 이 효모는 소시지의 주요 부패원인도 된다. 변질 중인 소시지의 표면의 두꺼운 황록색의 필름모양의 오염은 효모에 의한 것이다. *C. saitoana*가 주요 효모종이지만 *Tr. beigelii*는 박테리아 *Brochotrix thermosphacta*가 우점하는 소시지에서 가장 많이 나타나는 주요 오염균이다. 아황산염 처리하지 않고 제조된 소시지나 분쇄한 우육에서 우점하는 효모는 *Deb. hansenii*이고, 그 다음이 *C. zeylanoides*와 *Pichia membranaefaciens*이었다고 한다.

그러나 아황산염(sulfite)을 처리한 소시지에서는 *Cryptococcus*와 *Rhodotorula*종의 비율이 감소하는데, 이들 효모들은 우점효모들과 달리 알데하이드 생산을 하지 못하는 효모들이다.

(3) 유 산

젖산은 햄·베이컨·쇠고기 소금절임(corned beef)·칠면조 고기·살라미 등 염지육의 보존제의 성분에 포함된다. 젖산은 세균의 생육을 억제하지만 효모의 생육에 좋은 조건을 마련해 준다. *Deb. hansenii, Candida* 종, *Rh. mucilaginosa* 등은 700에서 1300 mM 농도의 젖산 나트륨에 견딜 수 있으며, *P. membranaefaciens* 는 초산에도 저항성을 보이며, *Sacch. cerevisiae* 는 500 ppm의 소르빈산에도 저항성을 나타낸다. 곰팡이류들은 소르빈산에 대한 저항성도 있으며, 소르빈산을 분해하여 1,3-pentadiene으로 전환시킨다.

참고문헌

1. Braun-Howland, H. Vescio, P. A. and Nierzwicki-Bauer, B., 1993. Use of a simplified cell blot technique and 16S rRNA-directed probes for identification of common environmental isolates. Appl. Environ. Microbiol. 59, 3219～3224.
2. Collins, M. D., Samelis, J. Metaxopoulos, J. and Wallbanks, S., 1993. Taxonomic studies on some leuconostoc-like organisms from fermented sausages : description of a new genus *Weissella* for the *Leuconostoc paramesenteroides* group of species. J. Appl. Bacteriol. 75. 595～603.
3. De Lay, J. Segers, P. Kersters, K. et. al., 1986. Intra- and intergeneric similarities of the *Bordetella* ribosomal ribonucleic acid cisterns. Proposal for a new family, *Alcaligenaceae*. Int. J. System. Bacteriol., 35. 405～411.
4. Dillion, V. M., Davenport, R. R. and Board, R. G., 1991. Yeasts associated with lamb. Mycolog. Res., 95. 57～63.
5. Dillion, V. M., 1998. Yeasts and moulds associated with meat and meat products, in The microbiology of meat and poultry(Ed. by A. Davies and Ron. B.) Edmundsburry Press Ltd., Bury St Edmunds. p. 35～84.
6. Leisner, J. J., Greer, G. G. and Stiles, M. E., 1996. Control of beef spoilage by a sulfide producing *Lactobacillus sake* strain with bactreriocinogenic *Leuconoctoc gelidum* UAL187 during anaerobic storage at 2℃. Appl. Environ. Microbiol. 62. 2610～2614.
7. Holzapfel, W. H. and Wood, B. J. B., 1995. Lactic acid bacteria in contemporary perspective, in The genera of Lactic acid bacteria,(eds. B. J. B. Wood and W. H. Holzapfel), Brackie Academic and Professional, London, p. 1～6.

8. Holzapfel, W. H., 1998. Gran positive bacteria associated with meat and meat product, in The microbiology of meat and poultry(Ed. by A. Davies and Ron. B.) Edmundsburry Press Ltd., Bury St Edmunds. p. 35～84.

9. Juni, E. and Heym. G. A., 1986. *Psychrobacter immobolis* gen, nov. sp. nov.: genospecies composed od gram negative, aerobic, oxidase-positive coccobacilli. Int. J. System. Bacteriol. 36, 388～391.

10. Korkeala, H., Suortti, T. and Makela, P., 1988. Ropy slime formation in vacuum-packed cooked meat products caused by homofermentative lactobacilli and a *Leuconostoc* species. Int. J. Food Microbiol. 7. 339～347.

11. Ludwig, W., Dorn, S., Springer, N. et. al., 1994. PCR-based preparation of 23S rRNA-targeted group-specific polynucleotide probes. Appl. Environ. Microbiol., 60. 3236～3244.

12. MacDonell, M. T. and Colwell, R. R. 1985. Phylogeny of the *Vibrionaceae* and recommendation for two new genera, *Listonella* and *Shewanella*. System. Appl. Microbiol., 6, 171～182.

13. Molin, G. and Ternstrȯm, A. 1982. Numerical taxonomy of psychrotrophic pseudomonads. J. Gen. Microbiol. 128. 1249～1264.

14. Mossel, D. A. A., Corry, J. E. L., Strujik, C. B. and Baird, R. M. 1995. Essen-tials for the Microbiology of Foods. A Textbook for Advanced Studies, Wiely, Chicester.

15. Nychas, G. J. E., Drosinos, E. H. and R. G. Board. 1998. Chemcal changes in stored meat, in The microbiology of meat and poultry(Ed. by A. Davies and Ron. B.) Edmundsburry Press Ltd., Bury St Edmunds. p. 35～84.

16. Shaw, B. G. and Latty, J. B. 1982. Numerical taxonomic study of *Pseudomonas* strains from spoiled meat. J. Appl. Bacteriol., 52. 219～228.

17. 구동환, 정충일, 정동관, 남은숙, 1995. 국내 시판 쇠고기의 *Listeria* Spp. 오염, 10(2), 89～95.

제 5 장

낙농식품 미생물

1. 원유 미생물

1.1 원유 미생물의 종류와 유래

원유(原乳) 중에 존재하는 미생물의 종류는 착유환경에 따라서 달라질 수 있다. 원유의 미생물은 젖소의 유두, 착유실의 공기, 착유자의 옷과 손, 깔짚, 착유용기, 착유기(milker), 여과포, 유방세척 수건, 우유저장 용기, 젖소의 몸털, 분뇨 찌꺼기 등이

표 5-1. 무균적으로 착유한 원유의 세균수

Point of sampling	Range(Total counts/㎖)
Aseptically drawn milk	500～1,000
Milking machine	1,000～10,000
Bulk tank(farm)	5,000～20,000

표 5-2. 미생물수가 적은 원유의 주요 세균의 출현율

Group	Incidence(%)
Micrococci	30～99
Streptococci	0～50
Asporogenous Gram^{+} rods	< 10
Gram^{-} rods(GNR*)(including coliforms)	< 10
Bacillus spores	< 10
Miscellaneous(including *Streptomycetes*)	< 10

*GNR : Gram negative and rod shape bacteria
(Counsin and Bramley, 1981)

오염원으로 작용한다.

건강한 젖소에서 바로 짠 우유는 1 mℓ당 500～1,000개의 균수를 함유하지만 우유가 착유기를 통과하면서 세균의 오염이 많아지고, 파이프 라인을 통하여 저유탱크(bulk tank)로 옮겨지면서 세균수는 더욱 증가하여 1 mℓ당 5,000～20,000개 정도로 된다.

원유의 착유단계별 미생물 수는 지역환경, 관리방법 및 시기별로 달라질 수 있으나, Cousins와 Bramley(1981)가 조사한 것은 표 5-1과 같다. 즉, 신선하고 위생적으로 착유한 원유의 미생물 분포는 표 5-2 및 표 5-3과 같은 세균들이 주종을 이룬다고 보고하였다.

표 5-3. 신선원유 중 호기적으로 배양한 배지에 출현한 중온성 세균의 종류

Micrococci	Streptococci	Asporogenous Gram$^+$ rods	Spore-formers	Gram- rods	Miscellaneous
Micrococcus	*Enterococcus* ('faecal')	*Microbacterium*	*Bacillus* (spores or vegetative cells)	*Pseudomonas*	*Streptomycetes*
				Acinetobacter	Yeasts
Staphylococcus		*Corynebacterium*		*Flavobacterium*	Moulds
	Group *N*	*Arthrobacter*		*Enterobacter*	
		Kurthia		*Klebsiella*	
	Mastitis Streptococci			*Aerobacter*	
				Escherichia	
	Str. agalactiae			*Serratia*	
	Str. dysgalactiae			*Alcaligenes*	
	Str. uberis				

Note : Special media and/or incubation conditions are needed for isolation or detection of species of *Clostridium*. *Lactobacillus* and other lactic acid bacteria, *Corynebacterium* and certain pathogens (Cousin and Bramley, 1981)

표 5-4. 목장 저유탱크에서 분리한 저온성균의 종류와 출현율

Genus	No.	%
Pseudomonas	33	47.1
Acinetobacter	18	25.7
Enterobacter	10	14.3
Bacillus	6	8.6
Corynebacterium	3	4.3
Total	70	100

최근 우리나라 원유의 미생물 분포에 관해 최 등(1998)이 조사한 바에 의하면 저온성균에 있어서는 *Pseudomonas* 47.1%, *Acinetobacter* 25.7%, *Enterobacter* 14.3%이었고(표 5-4), 대장균군에 있어서는 *Escherichia* 48.6%, *Citrobacter* 20.0%, *Klebsiella* 17.1%(표 5-5), 그리고 내열성균에 있어서는 *Microbacterium* 35.7%, *Bacillus* 30.0%, *Corynebacterium* 28.6%(표 5-6)로 나타났다.

젖소의 우사와 운동장 환경은 원유의 미생물 오염에 커다란 영향을 미친다. 유방과 젖꼭지에 흙과 분뇨가 묻어 있는 것을 세척하지 않고 그대로 착유한다면 원유의 미생

표 5-5. 목장 저유탱크에서 분리한 대장균군의 종류와 출현율

Genus	No.	%
Escherichia	34	48.6
Citrobacter	14	20.0
Klebsiella	12	17.1
Shigella	10	14.3
Total	70	100

(최 등, 1998)

표 5-6. 목장 저유탱크에서 분리한 내열성균의 종류와 출현율

Genus	No.	%
Microbacterium	25	35.7
Bacillus	21	30.0
Corynebacterium	20	28.6
Lactobacillus	4	5.7
Total	70	100

(최 등, 1998)

표 5-7. 깔짚용 재료에서 분리한 세균의 출현수

Bedding	Geometric mean[a] (CFU g^{-1})			
	Total	Psychrotrophs	Coliforms	*Bacillus* spores
Shavings	1.2×10^{10}	1.1×10^{9}	8.3×10^{5}	5.4×10^{6}
Straw	7.4×10^{8}	9.8×10^{7}	1.8×10^{5}	1.5×10^{5}
Sand	5.4×10^{9}	1.4×10^{9}	3.9×10^{5}	5.0×10^{6}

[a] Six samples of each type of bedding

(Cousins, 1978)

물수는 매우 높아져 적어도 10^5/㎖ 이상이 될 것이다.

또 겨울철 축사에 있는 비교적 깨끗하고 건조된 깔개일지라도 1g당 $10^8 \sim 10^{10}$의 세균이 존재하며, 대팻밥·밀짚·모래 등의 깔개 종류에 따라서도 표 5-7과 같이 미생물의 종류와 젖소의 유방 및 젖꼭지는 항상 깔개와 주변 환경에 노출되어 있기 때문에 많은 미생물들이 부착하며, 표 5-8, 표 5-9는 여름철 초지에 방목한 경우와 모래바닥에 있던 젖소의 젖꼭지별 세균수를 측정한 것이다. 초지에 방목하는 것이 훨씬 세균수가 적다는 것을 알 수 있다.

또한 저유탱크(bulk tank)로부터 채취한 원유의 세균수에 있어서도 모래에서 사육한 경우가 초지에 방목한 경우보다 세균수가 훨씬 많았으나 내열성 균수는 적었고, 유방세척과 대장균군의 수와는 별로 관계가 없는 것으로 나타났다.

표 5-8. 모래운동장과 방목초지에서 사육한 젖소의 유두세척에 따른 세균수

Conditions	Herd	Teats	Geometric mean[a](CFU per teat apex)			
			Total	Psychrotrophs	Coliforms	Spores
Bedded on sand	A	Unwashed	8.4×10^6	1.2×10^6	10	5.0×10^4
		Washed	7.3×10^5※	8.3×10^4	12	1.2×10^4
	B	Unwashed	3.3×10^7	1.3×10^6	15	1.0×10^5
		Washed	8.5×10^6※	4.0×10^5	11	4.8×10^4
On pasture	A	Unwashed	7.5×10^4	1.2×10^4	1	1.3×10^2
		Washed	3.1×10^4	2.5×10^3	9	1.1×10^2
	B	Unwashed	1.2×10^5	4.3×10^3	14	4.9×10^2
		Washed	1.4×10^5	3.3×10^3	11	5.8×10^2

[a] Mean of six samples, ※ $P < 0.05$

(Cousins, 1978)

표 5-9. 단일 축군을 주 1회씩 모래운동장과 방목초지에서 사육하여 채취한 원유의 세균수

Conditions	Teats	Geometric mean[a](CFU $m\ell^{-1}$ of milk)				
		Total	Psychrotrophs	Coliforms	Thermoduric organisms	Bacillus spores
Bedded on sand	Unwashed	31,700	1,500	43	120	18
	Washed	15,500	990	61	110	14
On pasture	Unwashed	4,250	280	19	990	7
	Washed	3,530	270	26	750	5

[a] Each result is the mean of 8~9 milk samples

(Robinson, 1981)

원유 중에 존재하는 미생물 중에는 내열성이 강하여 일반 살균조건에서 생존하는 것도 있다. 실험실 살균조건에서 생존하는 미생물들은 다음과 같다.

*Microbacterium lacticum*과 세균 포자는 100% 생존하고, *Micrococcus*도 어떤 것은 열에 저항성을 나타내며, *Alcaligenes tolerans* 도 생존하는 것으로 보고되었다. 또한 *Streptococcus faecalis*, lactobacilli, coryneform 등도 60℃, 20분의 가열처리에 저항성이 있는 것으로 알려져 있다.

1.2 원유의 미생물학적 성상

1) 집유단계별 원유의 세균 오염원과 증식

(1) 착유 직후 원유의 성상

우유는 착유단계에서부터 많은 종류의 미생물에 오염된다. 착유 직후의 신선한 원유는 위생적으로 착유된 경우라도 대개 세균수가 약 500～2,000 CFU/㎖ 정도로 알려지고 있으며, 그 중에는 증식적온에 따라 저온성 균·중온성 균·고온성 균으로 분류할 수 있다. 세균의 종류와 균수는 젖소의 건강상태, 착유방법, 비유기와 계절 등에 따라서 차이가 있다.

(2) 저유탱크 내의 원유의 성상

신선한 원유는 착유기 또는 각종 용기를 거치면서 세균에 오염되며, 저유탱크에서 냉각·저장되는 사이에 계속 증식된다. 그러므로 원유의 저장온도와 냉각속도는 유질관리에 매우 중요한 요소가 된다.

(3) 집유 과정중 세균오염

농가의 저유탱크로부터 집유소를 거쳐 우유공장에 반입되는 동안에도 항상 세균오염이 일어나고, 오염된 세균은 계속 증식되어 균수는 점차 증가한다. 공장 저유탱크에 저장되어 있는 원유의 주요 세균의 종류는 젖산균, *Micrococcus*, *Staphylococcus*, *Microbacterium*, *Pseudomonas*, *Acinetobacter*, *Flavobacterium*, 대장균군 등이며, 1980년대 중반 이후 원유의 냉각저장이 일반화됨에 따라 *Pseudomonas* 등의 저온성 균의 비율이 크게 높아지고 있다.

(4) 공장 내에서의 세균증식

탱크로리로부터 공장으로 이동되는 과정에서도 많은 세균오염이 이루어지고, 또한 수유된 후 원유의 저장 중에도 계속 세균이 증식한다. 공장 내 저유탱크에서는 원유가 비교적 장시간 냉각·저장되는 경우가 많으므로 특히 저온성 균의 증식으로 인한 유질저하가 문제가 된다.

2) 원유의 세균 오염원

원유의 품질을 저하시키는 세균의 오염은 유방에 있는 유두 내부, 유두 및 유방의 외부, 그리고 착유에 이용되는 기구 등의 세 가지 경로에 의해 이루어진다.

(1) 유두 내부로부터의 오염

유방 내에서 생합성 된 우유에 최초로 세균이 오염되는 것은 외부로부터 유두 내에 침입한 세균이 유두조에서 번식하여 착유시 우유에 혼입되어 이루어진다. 일반적으로 착유시 처음 나오는 우유는 나중 착유된 것보다 세균수가 많기 때문에(표 5-10) 세균수 관리를 위해 3, 4회 손으로 짜서 버리는 것이 좋으며, 이것은 유방염 감염검사에도 매우 효과적이다. 그리고 착유가 끝난 후에는 유두 안에 우유가 남지 않도록 손으로 유두를 압착하여 완전히 짜주는 것이 좋다.

(2) 유두 및 유방 외부로부터의 세균오염

젖소의 유방과 유두는 각종 오물·진흙·모래·깔짚 등으로부터 항상 더럽혀져 있기 때문에 착유시 많은 종류의 세균에 심하게 오염될 수 있다.

표 5-10. 착유단계별 원유의 세균수(CFU/㎖)

착유단계	세균수
전 착 유	1,400～26,800
중 착 유	430～920
후 착 유	120～550

표 5-11. 유방세척 방법별 원유 중 세균수(CFU/㎖)

세척방법	일반세균	포 자
세척 안함	7,500	34
수세, 물기 있음	7,900	31
수세 후 건조	4,200	16
염소제로 수세, 물기 있음	4,100	38
염소제로 수세 후 건조	1,500	14

우사 내의 깔짚의 경우 비교적 깨끗하다 해도 세균수가 1g당 수천만 이상이 되므로 착유 전에 반드시 유두를 깨끗이 씻고 건조시키는 것이 바람직하다. 만약 유두를 물로 세척하고 건조시키지 않으면 오히려 더 많은 세균이 오염된다(표 5-11).

(3) 착유기 및 각종 용기로부터의 오염

젖소에서 착유된 우유는 착유기·파이프 라인·저유탱크 등으로 옮겨지면서 많은 세균이 오염된다. 특히 착유기는 복잡한 구조를 하고 있으므로 착유 후 우유 성분이 잔존하여 세균 번식으로 인해 우유를 오염시키는 경우가 종종 있다. 또한 착유된 우유를 저유탱크에 저장시 가급적 빠른 시간 내에 원유의 온도를 5℃ 이하로 냉각하여 오염된 세균이 더 이상 증식하지 않도록 하는 것이 중요하다.

3) 원유의 미생물 오염에 의한 결함

원유는 미생물이나 기타 물질의 오염 정도에 따라 품질에 이상이 생기고, 우유 및 유제품의 원료로서의 품질이 손상된다. 일반적으로 공장에서의 수유는 알코올 시험, 산도, 비중검사, 빙점검사, 세균발육 억제물질 잔류 및 세균수, 체세포수 등을 측정하여 유질을 결정한다. 원유에서 일어나는 미생물학적 결함을 나타내면 다음과 같다.

(1) 유방염유

유방염은 유방이 미생물에 의하여 염증을 일으키는 질병이나, 그 증상의 유무에 따라 임상형, 잠재성, 만성형 및 비특이성 유방염으로 구분된다. 주요 유방염 원인균은 *Staph. aureus* 와 같은 포도상구균, *Str. agalactiae*, *Str. dysgalactiae* 등의 연쇄상구균, *Escherichia*, *Pasteurella*, *Klebsiella* 등의 장내세균군, *Brucella* 균, 방선균, 일부의 효모 및 곰팡이류로 알려지고 있으나 *Staph. aureus* 또는 *Str. agalactiae* 가 원인인 경우가 많다.

대부분 착유기의 잘못 사용과 기계 착유에 의한 유방 내 조직의 손상이 젖소에 스트레스를 주어 유방염을 일으키는 경우가 많다. 최근에는 유방염 치료를 위한 항생물질 남용에 따른 항생물질 내성균(耐性菌)과 변이주가 많이 발생하여 심각한 사회적 문제로 대두되고 있다.

(2) 산패유

원유는 산 생성균의 증식에 의하여 산도가 높아지고 산응고(酸凝固)를 일으킨다. 산패유(酸敗乳)의 원인균은 젖산균, 대장균, *Micrococcus* 등이 있으나, 대장균은 응고와 함께 가스를 발생시키는 특징이 있다.

한편, 가스발효를 일으켜 이상한 산 응고를 나타내는 원유는 주로 대장균군의 오염에 의하여 일어나고, 유당(乳糖)을 발효하여 CO_2와 수소를 생성하기 때문에 응고 커드 중에 기포가 발생하게 되며, 대장균에 오염된 원유를 치즈에 사용하게 되면 숙성 중에 치즈를 팽창시키는 원인이 된다.

(3) 점질유 및 착색유

원유는 가끔 점질유(粘質乳)를 나타내는 경우가 있고, 심할 때는 숟가락으로 뜰 때 묽은 엿가락처럼 딸려 오기도 한다. 그 원인은 미생물이 생산하는 뮤신(mucin), 덱스트란(dextran) 등과 일부의 단백질 및 지방의 부분적 분해에 의하여 일어나며, 원인균의 종류에 따라서는 응고를 동반하기도 한다.

한편, 원유가 착색되는 경우도 간혹 검출되며, 이는 대부분 저온성 균이 생산하는 색소에 의해 발생하며, 젖산균의 공생에 의하여 이상착색(異常着色)을 일으키는 예도 있다.

(4) 약제 오염유

약제 오염유는 스타터 또는 치즈 원유의 응고불능 사고의 원인이 되며, 특히 항생물질 오염유는 유제품 제조에 중대한 지장을 주게 된다. 유방염의 치료에 사용되고 있는 페니실린은 내열성이 있으며, 살균처리 후에도 활성이 잔류되어 문제가 된다. 이와 같은 항생물질 오염유의 대책으로는 최근 신속하고 정확한 항생물질 검출법이 많이 개발되어 이용되고 있으며, 또한 항생물질을 젖소에 투여한 것을 미리 알기 위하여 항생물질에 색소 또는 형광물질을 첨가하는 방법도 강구되고 있다.

1.3 원유의 세균과 온도

원유는 모든 유제품의 원료가 되므로 원유의 품질은 대단히 중요하다. 좋은 원유라는 것은 건강한 젖소에서 위생적으로 착유한 것으로서 유지방·탄수화물·단백질·비타민·미네랄 등의 영양소가 알맞게 균형을 이루고 있고, 세균수, 체세포수가 적어야 한다.

건강한 젖소에서 위생적으로 착유한 우유 1mℓ 중에 100～1,000개의 세균이 존재한다. 그러나 착유 후 원유의 냉각 및 취급 조건에 따라 세균수가 크게 달라지며, 집유과정 중에도 탱크로리를 비롯한 각종 기기로부터의 많은 세균오염과 집유 중의 세균증식 등으로 공장 수유단계에서는 10^5 CFU/mℓ으로 세균수가 높아지는 경우가 종종 있다.

그림 5-1은 원유의 초기 세균수가 50,000 CFU/mℓ인 것을 각각의 온도에 보존하는

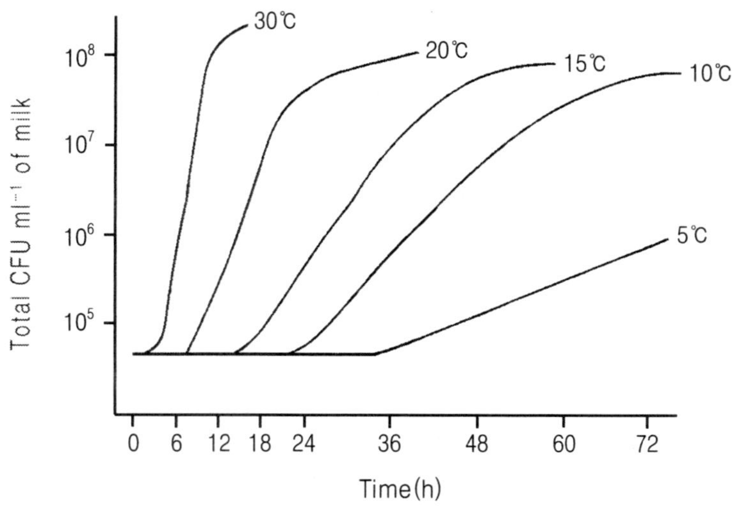

그림 5-1. 초기 오염균수가 5만 CFU/mℓ인 원유의 세균수 증가에 대한 온도의 영향

경우 세균수의 증가를 나타낸 것이다. 5℃로 저장할 경우에는 72시간째에 10^6 CFU/mℓ를 초과하였고, 10℃에서는 20시간까지는 균수 증가현상이 보이지 않았으나 72시간째에는 10^8 CFU/mℓ로 증가하였다. 이러한 점으로 미루어 볼 때 원유의 저장온도를 낮추는 것과 최초 균수를 줄이는 일은 유질관리에 매우 중요하다.

우유는 미생물의 성장에 필요한 영양소를 고르게 함유하고 있기 때문에 온도가 적당하면 우유의 미생물은 급속하게 증식한다. 우유에 미생물이 증식하면 이들이 생산하는 각종 효소에 의하여 우유의 유당·단백질·지방 등이 분해되어 우유의 맛이 변한다. 우유 중에 세균수가 10^6 CFU/mℓ 수준으로 존재하면 이미 맛에 변화가 일어나는 것으로 알려져 있다. 그래서 대부분의 선진국에서는 세균수 10^5 CFU/mℓ 이하의 원유만을 시유(市乳)로 만들도록 법적으로 규제하고 있다.

우리나라에서도 1993년 6월부터 원유의 세균수와 체세포수를 등급화하여 유대(乳代)에 반영시키는 제도를 도입함으로써 유질이 크게 향상되는 계기가 되었다. 다른 동물의 젖에 비하여 우유의 지방에는 단쇄 지방산 함량이 높고, 이들의 대부분이 triglyceride의 형태로 결합되어 있는데, 세균의 lipase에 의하여 이것이 분해되면 butyric acid 등의 냄새가 나는 단쇄 지방산이 분해되기 때문에 우유 맛의 변화가 쉽게 일어난다. 이러한 결점을 없애기 위하여 우리나라도 시유용(市乳用) 원유를 세균수 10^5 CFU/mℓ로 법제화 하는 것이 바람직하다.

세균수가 많은 원유를 살균처리 할 경우에 대부분의 세균은 사멸되지만, 그 세균들이 생산한 효소와 대사산물은 그대로 남게 되므로 유통과정 중에 우유의 품질이 저하되고 보존성도 크게 떨어진다. 특히 저온성 세균이 생산하는 protease와 lipase 중에는 아주 고온에서도 그 활성이 없어지지 않고 남아 있어서 UHT처리유의 상온 유통 중에 gelation, bitter flavor 생성 및 지방분해 등의 작용을 일으킨다.

이러한 문제의 해결은 원유의 세균수를 줄이는 것이 최선의 방법이며, 착유한 즉시 5℃ 이하로 냉각한 후 가급적 빠른 시간 내에 열처리하는 것이 영양적·위생적으로 바람직하다.

1.4 우유와 내냉성 세균

저온성 세균은 대체로 20~25℃의 발육 적온을 갖고 있으면서 7℃ 이하에서 증식

표 5-12. 원유에서 발견되는 내열성 및 저온성 균의 종류

Thermoduric genera[a]	Psychrotrophic genera[b]
Microbacterium	*Pseudomonas*
Micrococcus	*Acinetobacter*
Bacillus spores	*Flavobacterium*
Clostridium spores	*Aerobacter*
Alcaligenes	*Alcaligenes*
	Bacillus
	Arthrobacter

[a] Survive heating at 63℃ for 30 min

[b] Visible growth at 5~7℃ in 7~10 days

표 5-13. 미생물의 발육온도 범위

구 분	정 의	온도(℃)		
		최저	최적	최고
호냉성 균 Psychrophilic	日本乳業事典은 0℃ 혹은 2℃ 이하에서 발육 가능한 세균, 남극에서는 -7℃에서도 생육하는 세균이 존재	-10~5	10~20	25~30
저온성 균 Psychrotrophic	日本乳業事典은 5~7℃, 7~10일간 배양에서 집락 형성하는 균으로 규정, IDF는 증식 적온에 관계없이 7℃ 이하에서 발육하는 세균을 총칭	0~7	20~25	40~45
중온성 균 Mesophilic	보통의 실온에서 잘 생육하는 세균	10~25	30~40	45~50
고온성 균 Thermophilic	온천물에서도 서식 가능한 세균	25~45	50~60	50~90

하는 균을 말한다. 이들 중에는 37℃ 내지 45℃의 높은 온도에서 증식하는 세균이 있는가 하면 0℃에서 성장하는 것도 있으며, 자연계에 널리 분포하고 있다. 효모와 곰팡이 중에서도 저온에서 증식하는 것이 있으나 우유에서 주로 문제가 되는 것은 저온성 세균이며, 효모와 곰팡이는 그다지 문제가 되지 않는다.

우유와 유제품으로부터 분리되는 저온성 균은 간균과 구균, Gram 음성균과 Gram 양성균, 유포자균, 무포자균, 호기성균, 혐기성균 등으로 구분되는데, *Alcaligenes*, *Pseudomonas*, *Flavobacterium*, *Arthrobacter*, *Acinetobacter*, *Bacillus* 등이 주종을 이루고 있다(표 5-12).

이들 중에서 원유에서 가장 많이 발견되는 균은 Gram 음성 간균인 *Pseudomonas*인데, 특히 *Ps. fluorescens*, *Ps. fragi*, *Ps. putrefaciens*의 3균종이 많이 검출된다. 이 균들은 우유와 유제품에서 단백질과 지방분해 작용에 관여하여 품질을 저하시킨다. 특히 *Ps. fluorescens*가 생산하는 내열성 protease는 카제인을 분해하여 쓴맛(苦味)을 발생하거나 멸균유 gel화의 원인이 되기도 한다.

우유에서 분리되는 저온성균에는 병원성인 것도 있으며, 가장 대표적인 것은 *Listeria monocytogenes*이다. 저온성 균은 정상적으로 젖소의 유방에 서식하는 균이

표 5-14. 0℃ 이하에서 호냉성 *Bacillus*균의 세대기간

Culture	Generation time(day)	Temperature, ℃
Bacillus spp.	2	-2
Bacillus spp.	7	-4.5
Bacillus spp.	9	-5～-7
Bacillus cryophilus	0.25	-5

표 5-15. 5℃에 저장중인 목장별 저유탱크 원유의 총 균수

Farm	CFU $m\ell^{-1}$ of milk after storage			
	0 days	2 days	3 days	4 days
A	5,800	3,300	7,900	14,000
B	14,000	10,000	11,000	70,000
C	14,000	10,000	710,000	15,000,000
D	28,000	83,000	2,800,000	18,000,000
E	62,000	400,000	9,500,000	41,000,000
F	170,000	110,000	110,000	130,000
G	240,000	1,800,000	8,900,000	17,000,000

아니기 때문에 원유에 저온성 균이 존재하는 것은 생산과정에서의 위생적인 상태나 살균 전의 저장 기간 및 온도와 관계가 있다. 또한 Gram 음성의 저온성 균은 살균에 의해 쉽게 사멸되므로 살균처리된 우유에서 Gram 음성 저온성 균의 존재는 적절한 살균이 이루어지지 않았거나 또는 살균처리 후에 재오염이 되었다는 것을 의미한다.

원유에 존재하는 Gram 양성의 저온성 균은 그 숫자가 Gram 음성균보다 적지만, 이들의 존재 역시 우유의 품질에 크게 영향을 미친다. 이들은 일반 살균온도에서 사멸되지 않고 생존하거나 포자를 형성하여 살균유의 품질을 저하시키고, 2주 이상 장기간 저장할 경우 보존성(shelf life)에 영향을 미친다.

Gram 양성의 저온성 균은 주로 간균이며, *Arthrobacter*, *Alcaligenes*, *Bacillus*, *Corynebacterium* 등이다. 원유의 세균 중에서 저온성 균이 차지하는 비율은 위생적으로 착유할 경우 총 세균수의 10% 이하가 보통이지만, 이것을 저온에서 저장하면 쉽게 우세균으로 증식한다. 5℃에 저장되어 있는 목장의 저유탱크의 우유를 4일간 보존하면서 세균수의 증가를 나타낸 것이 표 5-15이다.

이 표에서 알 수 있는 것은 목장에 따라 원유의 세균수에 상당히 차이가 있다는 것

표 5-16. 7℃로 저장중인 원유의 저온성 균수 대 일반 세균수 비율

(unit : $\times 10^4$ CFU/㎖)

Storage time	Bacterial count	Farm A	Farm B	Farm C	Farm D	Farm E
After milking	SPC	7.4	1.8	32	51	97
	PBC	1.3	3×10^3	6.7	14	24
	PBC/SPC(%)	18	17	21	28	25
12 hrs	SPC	8.8	2.0	34	58	116
	PBC	3.4	5×10^3	11	22	43
	PBC/SPC(%)	39	25	32	38	37
24 hrs	SPC	17	3.4	54	66	168
	PBC	11	1.2	36	103	82
	PBC/SPC(%)	65	35	67	156	49
36 hrs	SPC	28	7.2	123	110	326
	PBC	44	8.3	240	227	441
	PBC/SPC(%)	157	115	195	206	135
48 hrs	SPC	46	21	284	276	670
	PBC	128	46	680	540	1,380
	PBC/SPC(%)	278	219	240	196	206

(정, 1991)

이다. A목장의 경우 5,800 CFU/mℓ가 5℃, 4일간 보존 후에는 14,000 CFU/mℓ이었고, B와 C목장의 경우는 14,000 CFU/mℓ가 4일 후에는 크게 차이를 나타냈는데, B목장 우유는 70,000 CFU/mℓ로서 그다지 증식하지 않은 반면, C목장 우유는 15,000,000 CFU/mℓ로 엄청난 증가를 보이고 있다. 이것으로 볼 때 B목장보다 C목장 우유에 저온성 균이 많았음을 알 수 있다. 또한 정(1991)은 유질개선 연구조사를 통해서 농가에서 착유한 원유의 일반세균에 대한 저온성 균의 비율이 17~25%였던 것이 7℃로 24시간 저장한 후에는35~156%로, 48시간 저장에서는 196~278%로 되어 냉각저장 중에는 거의 저온성 균만이 증식하였음을 보여 주었다(표 5-16).

저온성 균은 낮은 온도에서 증식한다고 하지만 구체적으로 몇 도에서 증식할 수 있느냐 하는 것은 균종에 따라서 다르다. 예를 들면 그림 5-2에서와 같이 10^4 CFU/mℓ의 저온성 균이 5℃, 7℃, 10℃에서 어떻게 증식하는가를 보면 100만/mℓ 수준에 도달하는 데 소요되는 시간이 10℃에서는 24시간, 7℃에서는 48시간, 5℃에서는 약 72시간을 필요로 한다. 저온성 균의 문제 중에서 관심을 끄는 것은 내열성 효소이다. Adams 등(1975)에 의하면 원유에서 분리되는 저온성 균의 70~90%가 내열성 효소를 생성하며, 이들은 149℃, 10초 가열에서도 70%의 활성을 그대로 유지하고 있어서 이것이 UHT우유의 풍미와 보존성에 큰 영향을 미친다고 하였다.

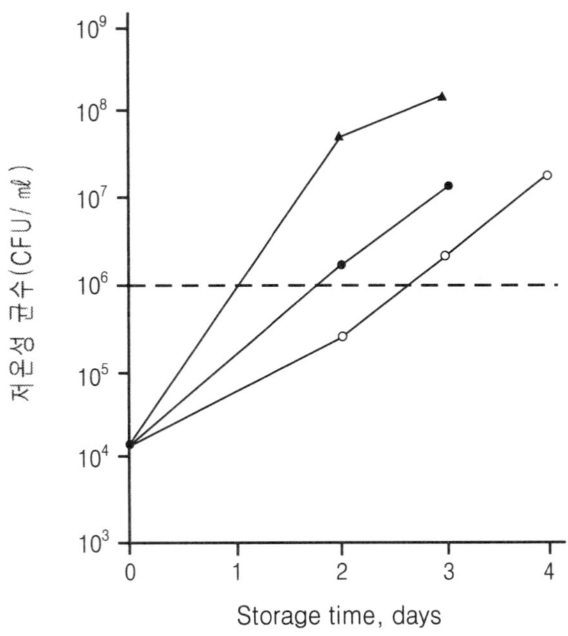

그림 5-2. 목장 원유의 저장온도별 저온성 균수의 변화
(5℃:(○) 7℃: (●) 10℃: (▲)

표 5-17은 대표적인 저온성 균인 *Pseudomonas*가 생산하는 효소의 내열성을 나타낸 것이다. 이 균에 의하여 생산된 protease 중에서 내열성이 강한 것은 *Bacillus stearothermophilus*의 포자보다 4,000배 이상이나 되며, 150℃ 가열에서 효소활성의 90%를 감소시키는 데 90초의 시간이 걸린다는 보고도 있다.

효소활성의 최적 pH는 7～8이지만, pH 6.5에서도 최고 활성의 85～90%를 유지한다. 최적온도는 45℃이지만 실온에서도 최고 값의 25%를 유지한다. 이 protease의 카제인 분해작용은 κ-casein에 대한 작용이 가장 강하고, 다음이 β-casein이다. 이 protease가 카제인에 작용하면 카제인 분해에 의해 카제인태 질소가 감소하고, 가용성 질소와 비단백태 질소가 증가하며, gel화의 가장 중요한 열쇠가 되는 κ-casein이 분해되어 para-κ-casein으로 되면서 gel을 형성한다.

내열성 lipase의 작용에 대해서도 많이 연구되고 있다. *Pseudomonas fragi*가 생산하는 lipase는 지방분해 작용이 가장 강한 편인데, 이 lipase 중의 어떤 것은 100℃, 10분간의 열처리 후에도 지방분해 작용을 나타낸다고 한다. *Ps. fragi*를 원유에 첨가하여 4℃, 48시간 또는 8℃, 24시간 저장했을 때 유리지방산이 현저히 증가되었다는

표 5-17. 저온성 균으로부터 생산되는 protease와 lipase의 열저항성

Microorganism	T (℃)	D (min)	Z (℃)	complete inactivation
Proteases				
Pseudomonas				150℃, 2.4s
P. fluorescens	120	4	20	
Pseudomonas	149	1.5	32.5	
P. fluorescens	130	11	34.5	
P. fluorescens				132℃, 7min
P. fluorescens	150	27	28	
B. cereus	150	0.016		
Lipases				
P. fluorescens	130	16		
Pseudomonas	160	1.25	37	
Micrococcus	160	1	63	

T : temperature

D : decimal reduction time(time necessary to destroy 90% of enzyme activity, given by the authors or calculated by assuming a logarithmic order of inactivation).

Z : temperature coefficient(temperature increase in degrees Celsius resuting in a decrease of D by a factor of ten).

보고도 있다(Law 등, 1976).

Schultze와 Olson(1960)은 586개의 저온성 균 배양액 중에서 90%가 proteolysis나 lipolysis 현상을 보였다고 하였으며, 66%는 양쪽 성질 모두를 나타내었다고 하였다. 또 Bockelmann(1970)은 저유탱크 원유에서 분리한 저온성균의 46%는 *Pseudomonas* spp.였으며, 그 중 77%는 지방을 분해하고, 85%는 카제인을 분해한다고 보고하였다.

저온성 균이 생성하는 또 하나의 효소는 phospholipase인데, 이 효소는 지방구막을 분해하여 지방이 lipase에 쉽게 노출되도록 하는 역할을 하며, 일반 시유나 변질된 우유에서 분리된다. *Pseudomonas*의 57% 정도가 phospholipase C를 생산하며, 6℃에서도 지방구막을 파괴하는 활성을 나타내고, 또한 HTST나 UHT처리에서도 파괴되지 않는 것으로 알려져 있다. 저온성 균은 일반적으로 열에 약하여 63℃, 30분 가열처리하면 사멸되는데, 일부 Gram 양성의 내열성 저온균은 생존하여 제품의 품질을 저하시킨다.

세균의 열에 의한 사멸은 확률적으로 이루어지기 때문에 최초의 세균수가 많을수록 생존 균수도 많아진다. 열처리에서 죽지 않고 살아남은 세균은 비록 죽지는 않았더라도 열처리에 의하여 심한 열 손상을 받았으므로 평판배양에 의한 colony형성이 잘 이루어지지 않는다. 따라서 살균 직후의 세균 검사에서는 발견되지 않으나 이것을 6～7℃에 7일간 보관해 두었다가 검사해 보면 세균수가 10^5～10^6 CFU/㎖로 높게 나타난다(Nakanishi, 1983).

열 손상을 받은 세균이 정상세포의 기능을 회복하기 위해서는 글루코오스・아미노산・펩타이드・무기인 등을 필요로 하며, 이러한 것들에 의하여 RNA가 재합성되어 손상 입은 세포가 회복되는 것으로 알려져 있다. 저온성 균에 오염된 원유를 UHT처리할 경우 저온성 균은 사멸하거나 열 손상을 심하게 받아 회복하기 어려운 상태로 되지만, 이들에 의하여 생산된 내열성 효소는 파괴되지 않고 단백질이나 지방을 분해하여 우유의 카제인 분해, 우유 응고, gel화, 유리지방산 증가 등의 현상을 초래한다.

저온성 균 검사상의 문제점으로는 저온성 균의 종류가 다양하고 그 성질이나 작용도 서로 다르며, 일반 중온균의 배양온도나 특성과 비교하여 애매한 점이 많다. 열 손상을 받은 저온성 균은 일반 검사법으로서는 검출이 어렵고 또한 배양시간도 상당히 소요된다. 저온성 균은 색소 환원능력이 일반 세균에 비하여 매우 약하기 때문에 원유의 간이 세균검사법으로 사용되고 있는 MBRT나 Resazurin 방법으로서는 정확성을 기할 수 없으며, 또한 저온성 균이 생산한 효소를 측정할 수 있는 적절한 방법의 개발도 시급하다.

시유제품의 보존성(shelf life)을 예측하기 위해 저온성 균수를 측정하는 경우가 많으나, 저온성 균수를 측정하는데 배양기간이 너무 길어(7℃, 10일간) 현장에서 이용하는 데에는 제한적일 수밖에 없다. 따라서 대체방법으로 저온성 균을 신속하게 측정할 수 있는 방법들이 개발·활용되고 있다.

즉, 시료를 21℃, 25시간 또는 18℃에서 45시간 예비배양(preliminary incubation)한 후 표준 평판배양법(SPC)에 따라 실시하거나 대사산물의 전기전도도(electronic conductance)의 변화를 Bactometer나 Malthus와 같은 기기를 이용하여 저온성 균의 배양시간을 단축시키고 있다. 그러나 그 유용성은 경우에 따라 많이 달라질 수 있다. 예를 들면 제품의 오염정도, 세균의 종류에 따라 정확도에 차이가 있을 수 있고, 또한 살균유에 효과적인 방법이 원유나 발효유에는 잘 맞지 않는 경우가 많기 때문이다.

그리고 저온성 균의 종류에 따라 증식속도나 대사활동이 다르기 때문에 제품의 보존성 예측을 위해서는 세균수보다 임피던스 측정(Impedence detection)이나 protease assay, SPC 집락의 옥시다제 양성시험 등의 대사활성(metabolic activity)을 측정하는 방법들이 더 유용한 것으로 보고되고 있다.

제품의 적절한 유통기한 설정을 위한 저온성 균의 측정방법은 현장의 품질관리 여건에 따라서 결정되어져야 하며, 그 방법은 한 가지만 있는 것이 아니다. 모든 제품의 품질관리를 위해서는 PBC(psychrotrophic bacterial count)를 대신할 만한 신뢰도가 높고 신속한 방법(rapid method)에 대한 연구가 계속해서 이루어져야 할 것이다.

1.5 우유에 존재하는 병원성 미생물

우유 내에 존재하는 병원성 미생물은 우유 및 유제품을 통하여 인체에 유해한 영향을 미칠 수 있으므로 공중보건학상 매우 중요하다. 결핵(tuberculosis), 브루셀라병(brucellosis), 디프테리아(diphtheria), 성홍열(scarlet fever), Q-열(Q-fever) 및 위장염(gastroenteritis) 등과 같은 여러 가지 질병이 유제품을 통하여 인체에 감염될 수 있고, 최근에는 *Listeria monocytogenes*, *Yersinia enterocolitica*, *Campylobacter jejuni* 등의 장내세균과 *Escherichia coli* 0157과 같은 병원성 미생물에 의한 우유, 치즈, 아이스크림 제품의 오염에 대한 우려와 관심이 높아지고 있다. 우유 내에 잔존 가능한 병원성 미생물의 문제점과 생육 특성 및 병원성 질병에 대하여 알아본다.

1) 병원성 미생물의 출현과 발병 사례

최근 우유·유제품을 통해 일어난 각종 식중독의 발병원인들을 조사·연구함으로써 우유 내에 잔존하는 병원성 미생물에 대한 다음과 같은 몇 가지 공통된 사실이 밝혀졌다.

① 다양한 역학조사 결과 우유와 관련성이 전혀 없다고 알려졌거나, 관련성이 거의 알려지지 않은 미생물에 의해서 발병되었다.
② 발병 가능성이 있는 원인으로는 오염된 원료 또는 첨가물의 사용, 부적절하거나 혹은 불충분한 가공처리 및 가열처리 이후의 오염을 들 수 있다.
③ 가공공정의 적합성을 검증하기 위하여 사용되는 품질검사와 모든 병원성 미생물을 사멸시키는 살균공정의 효율성에 문제가 있을 수 있다.
④ 이들 병원성 미생물의 특성, 우유 내에 잔존 또는 성장 가능한 생존경쟁 능력 및 최소한의 감염 수준에 관하여 알려진 내용이 별로 없다.

선진 외국의 경우에 있어서는 낙농관련 연구소, 행정당국 및 해당 유가공업계에서 이들 병원성 미생물에 대한 새로운 정보 확립을 위한 연구를 체계적으로 진행 중에 있으며, 유가공 관련 전문가들에 의한 상호 정보교환의 필요성도 크게 강조되고 있다.

병원성 미생물은 감수성 있는 숙주에 대하여 질병 감염 또는 중독을 일으킬 수 있는 미생물로 정의할 수 있다. 질병의 전염은 직접적(가축의 질병이 우유를 통하여 인체로 이행됨) 또는 간접적(사람에 의해서 오염된 우유를 다른 소비자가 음용함으로써 발병)인 경로를 통해 발병할 수 있으며, 우유의 경우 일반적으로 부적절한 살균처리 공정에 기인하는 사례가 많았다. 미국에서의 원유 및 유제품과 관련하여 발생한 위장질환 발병 사례와 원인균은 표 5-18과 같다.

한국의 경우 정확한 통계자료가 없으며, 1981년부터 2001년까지의 유제품에 의한 식중독의 발생 현황에 관한 자료를 살펴보면 대장균성 식중독은 1건에 127명의 환자가, 포도상구균에 의한 식중독은 2건에 42명의 환자가 발생하여 그 중 1명이 사망하였으며, 우유와 유제품에 의한 식중독은 1999년 2건, 2000년도에 3건이 발생하여 616명의 환자가 발생한 것으로 나타나 있다(한국 통계월보 2001, 우리나라 식중독 발생동향 분석자료). 미국 질병통제센타에 따르면 원유 음용자의 경우 적절하게 살균처리된 우유를 마시는 사람과 비교하여 *Salmonella dublin*을 통한 질병의 발병 확률이 약 158배 높다고 보고하였다.

공중보건학상 잠재적인 위험성이 존재함에도 불구하고 미국 내 몇 개의 주(State)에서는 여전히 원유판매를 허용하고 있으며, 1995년 오레곤 주에서 원유의 판매・유통 중에 *E. coli* O157 : H7 관련 식중독이 발생하여 보증원유(certified raw milk)의 대장균군 제한 규정을 원유 ㎖당 50군 미만에서 살균우유와 동일한 10군 미만으로 하향 조정하였다.

우유・유제품에 의한 각종 질병 발생 및 식품 회수 사고가 자주 발생함에 따라 미국 식품의약품안전국(FDA)은 유가공장과 완제품에서 병원성 미생물의 오염 여부를 검출해 내기 위하여 고안된 감독프로그램(surveillance program)을 강화시켰다. FDA 조사에 따르면 *L. monocytogenes*의 오염 징후가 1986년의 2.5%(357건 중 9건)에서

표 5-18. 원유 및 유제품에 의한 위장염 질환 발병사례(미국)

년도	발생지역	제품명	원인미생물
1995	California	원유	*Salmonella typhimurium*
1996	Ohio Tennessee	수제 아이스크림 아이스크림	*Salmonella enteritidis* *Salmonella enteritidis*
1997	Illinois California	아이스크림 바 Mexican cheese	*Escherichia coli* O157 : H7 *Salmonella typhimurium*
1998	New York South Dakota Wisconsin New Mexico Texas	우유 우유 체다치즈 커드 우유 수제아이스크림	*Campylobacter* spp. *Campylobacter jejuni* *Escherichia coli* O157 : H7 *Escherichia coli* O157 : H7 *Salmonella enteritidis*
1999	Washington Utah Tennessee Ohio	무살균우유 아이스크림 아이스크림 무살균초콜릿우유	*Campylobacter* spp. *Salmonella typhimurium* *Salmonella heidelberg* *Salmonella typhimurium*
2000	Texas Minnesota Ohio	무살균우유 무살균우유 아이스크림	*Campylobacter* spp. *Campylobacter* spp. *Salmonella enteritidis*
2002	Ohio	무살균우유	*Salmonella typhimurium*
2003	Illinois	무살균우유	*Salmonella typhimurium*

표 5-19. 미국 내 병원성 미생물 오염관련 주요 낙농제품 회수현황

년 도	미 생 물	제 품 명
1985	*Salmonella typhimurium*	저지방우유
1986	*Listeria monocytogenes*	Soft, Mexican-style cheese Linderkranz Brie cheese
1986	*Listeria monocytogenes*	아이스크림 아이스크림 샌드위치 아이스크림 바

1987년에는 3.1%(620건 중 19건)로 증가하였고, 주로 초코우유, 전유 및 저지방우유, 아이스크림, 아이스크림믹스 등 다양한 형태의 제품에서 검출되었음을 발표하였다.

유제품에서 병원성 미생물의 검출빈도는 미국 내 생산제품에만 국한되는 것이 아니라 수입치즈 제품에서도 빈번하게 발생되고 있다. 1986년 이탈리아에서 수입한 치즈 74개 시료 중 21개 시료에서 규격기준을 초과하여 미국 내 반입이 금지된 경우도 있었다.

일본의 경우 2000년 6월 일본 최대 유가공업체인 유키지루시(雪印) 유업 오오사카(大坂) 공장에서 생산한 저지방유에 황색포도상구균이 오염되어 14,000여 명의 식중독 환자가 발생하여 1975년 이후 일본 최대의 식중독 오염사건으로 기록되었으며, 결국 유키지루시 유업은 그 사건으로 인해 소비자의 외면과 사회적 불신을 견디지 못하고 문을 닫게 되었다.

이 사건은 시유 충전과정에서 남은 우유를 저장탱크로 옮기는 연결 파이프의 밸브를 철저하게 소독하지 못하여 잔존우유에 황색포도상구균이 증식하면서 생성된 내열성 독소(엔테로톡신 A)가 제품에 이행되어 복통과 발열을 동반한 식중독 사건이었다.

2) 우유 내의 병원성 미생물

우유는 여러 종류의 미생물이 선택적으로 이용할 수 있는 다양한 영양소를 함유하고 있으며, pH가 중성에 가깝기 때문에 다수의 병원성 미생물 혹은 일반 세균에 대한 훌륭한 성장배지가 된다. 그러므로 우유제품 섭취로 인한 식중독(food poisoning) 발생과 이로 인한 질병은 낙농산업 초창기부터 문제가 되어 왔다.

초창기에는 결핵, 디프테리아, 성홍열 같은 질병이 우유를 통하여 만연되었으나, 결핵 진단용 시약의 개발, 브루셀라병 근절 프로그램 및 살균에 필요한 강제 규정 등의 적용 결과 우유를 매개로 한 질병의 발생 건수가 현격히 감소되었다. 1950년부터 1970년까지 미국에서는 가공우유 및 유제품을 통하여 여러 가지 병원성 질환이 발생하였으며, 분유의 *Salmonella*, 연질 및 반경질 수입치즈의 장독성 *E. coli*, 일반치즈의 *Staph. aureus* 오염 등이 보고된 바 있다(Collins 등, 1968).

이를 계기로 유제품의 생산과 저장과정 중에 병원성 균의 증식, 독소생성에 관한 광범위한 연구가 진행되어 미생물의 오염예방을 위한 종합적인 관리체계 도입에 상당한 도움을 제공하였다. 그러나 오늘날에도 우유 및 유제품 관련 식중독의 원인미생물인 *L. monocytogenes*, *Y. enterocolitica*, *C. jejuni*, 장독소 생성 *E. coli*(O157 : H7) 등은 여전히 치명적인 식중독 발생의 원인이 될 수 있는 잠재적인 위험성을 지니고 있다.

(1) *Listeria monocytogenes*

가) 균의 특성과 유래

1926년 guinea pig으로부터 처음 분리, 보고된 이래 약 50년 간 사람과 동물에 있어 리스테리아증(listeriosis)을 유발해 온 것으로 알려져 있다. Gram 양성, 무포자균으로서 끝이 둥글고 짧은 막대모양을 하고 있으며, 크기는 지름 0.4～0.5 ㎛, 길이 0.5～2.0 ㎛정도이다. 최적 생육온도는 30～37℃이지만 저온에서도 비교적 잘 자라며, 3～45℃의 매우 광범위한 범위에 걸쳐 생육이 가능하다. Trypticase soy agar에서 청록색 집락(colony)을 형성하고, 25℃의 trypticase soy broth에서 성장시 편모가 있어 운동성을 나타낸다. 혈액함유 배지에서는 약한 β-용혈성이며, 성장 가능한 pH 범위는 4.8～9.6(pH 5.5 이하에서는 생육저해)이고, catalase 양성이다.

*L. monocytogenes*는 자연계에 널리 분포되어 있으며, 토양, 거름(manure), 활엽채소류, 생육(raw beef), 가금류, 소, 양, 염소, 애완동물 및 실험실 동물, 진드기, 갑각류, 물, 진흙, 오수, 사일리지 등을 포함한 여러 가지 근원지에서 분리되었다. 이는 또한 *L. monocytogenes*가 원인이 되어 젖산된 소를 치료한 수의사의 손과 팔에서도 종종 분리되었다. 계육가공 공장 근무자들의 경우 이 미생물에 오염된 닭을 취급, 가공함으로써 결막염(conjunctivities ; 눈의 감염)에 걸린 사례 역시 보고된 바 있다.

1980년대 후반 미국에서는 오염된 양배추 샐러드(coleslaw), 원유 및 살균유를 섭취한 결과 3건의 listeriosis가 발생하였고, 유방염유, 발효불량 사일리지, 살균하지 않은 원유로부터도 미생물이 검출되었다(Donnelly, 1986).

표 5-20. 우유 내의 병원성 미생물의 변천과정(식중독 또는 질환 발생)

년 대	주요 질환 또는 병원성균
1900～1940년대	디프테리아, 결핵, 브루셀라병, Q-열, Septic sore throat
1950～1975년	Salmonellosis, *Staphylococcus* enterotoxin, Brucellosis, *Bacillus cereus*, Enterotoxigenic *E. coli*
1975～1996년	Enteropathogenic *E. coli*, *Yersinia enterocolitica*, *Campylobacter jejuni*, *Salmonella typhimurium*, *Listeria monocytogenes*, *Escherichia coli* O157 : H7
1997～	*Staphylococcus aureus*, *Clostridium perfringens*, *Campylobacter jejuni*, *Clostridium botulinum*, *Bacillus cereus*, *E. coli* O157 : H7, *Yersinia enterocolitica*, *Vibrio cholera* 0139, *Helicobacter pilori*, Hepatitis E. virus

Rosenow와 Marth(1987)에 의하면 리스테리아성 감염증은 동물 및 사람 모두에게 상당한 오염 가능성이 있고, 자주 발생되는 질병이며, 사람에 있어서는 3가지 형태의 증세가 나타난다고 한다.

① 임신한 여성의 젖산
② 면역체계의 이상과 관련된 수막염(Meningitis)
③ 수막염, 영구적인 정신박약증세 유발 및 심할 경우 사망에 이르는 미숙아 패혈증(Perinatal septicemia)

*L. monocytogenes*는 열처리에 민감하여 일반적인 살균처리로 불활성화된다. 전형적인 HTST처리(71.7℃, 15초)시에도 사멸되지만, 미생물이 백혈구(식세포와 체세포)에 의해서 보호를 받는 세포내 성장기에 도달되었을 경우에는 잔존할 수도 있다.

표 5-21. *Listeria* 속의 생화학적 특성

Characteristic	Reaction
Motility(at 20～25℃)	+
Oxygen requirement	Anaerobic
Growth at 35℃	+
Catalase activity	+
Hydrogen sulphide production	−
Acid from glucose	+
Methyl red reaction	+
Voges-Proskauer reaction	−
Indole production	−
Citrate utilization	−
Urease activity	−

(Seeliger & Jones, 1986)

표 5-22. 1980년 이후 식품관련 Listeriosis 발생 사례

발생국	발생년도	원인식품	환자수(사망자수)
U.S.A	1985	우유 및 유제품 : 연치즈	142(48)
U.K	1987～1989	식육가공품 : 쇠고기파이	350≥
New Zealand	1980	어패류 · 생굴	29(9)
Australia	1991	훈제조개	4
Canada	1981	생야채, 샐러드	41(17)
U.S.A	1999	핫도그 및 가공식육	101(21)

목장에서 Listeria 오염을 방지하는 1차적인 조치는 우유 내에 이러한 미생물이 전염되지 않도록 관리하는 것이다. 또한 유가공 공장에서는 생산설비 뿐만 아니라 주변 환경의 철저한 위생상태 유지 및 적정한 살균시스템을 도입하여야 할 것이다. Listeria의 잠재적인 오염 가능성을 방지하기 위한 방안을 요약하면 다음과 같다.

① 양질의 사일리지 급여 및 pH 4.8 이하 유지
② 적합한 소독제의 선택 사용(chlorine, 100 ppm ; iodine, 12.5 ppm ; acid-anionic sanitizer, 220 ppm)
③ 정기적인 유방・유두검사와 유방염(임상) 발생 최소화

나) 감염 증세

*L. monocytogenes*는 1929년 Nyfeldt에 의해 처음으로 사람의 혈액으로부터 분리되었는데, 이 환자는 전염성(mononucleosis)를 앓고 있었다. 그 후에 여러 가지의 증세가 환자들에게 나타났는데, Gray와 Killinger(1966)가 *L. monocytogenes*와 관련하여 다음과 같은 증세를 나열하였다.

① 신생아와 40세 이상의 성인에 대한 뇌막염	⑧ 국부 종기
② 패혈증에 의한 젖산	⑨ 돌기형 피부 장해
③ 미숙아의 패혈증	⑩ 결막염
④ 전염성(mononucleosis) 같은 증상	⑪ 요도염
⑤ 성인의 패혈증	⑫ 습관성 젖산
⑥ 폐렴	⑬ 어린이에 대한 정신박약
⑦ 심장 내막염	⑭ 성인의 정신병

다) 내열성

최근 외국에서 *L. monocytogenes*에 의한 식중독의 발생이 자주 보고되고 있어 WHO에서도 상당한 관심을 가지고 있으며, 우리나라에서도 이 균에 대한 검사방법의 확립과 대책이 연구 검토되고 있다. 특히 식품의 가공 및 저장 중에 이 균의 생존과 성장은 식중독의 발생에 관계되므로 중요한 문제점으로 대두되고 있다.

1985년 Fleming 등이 Massachusetts에서 발생한 *L. monocytogenes*에 의한 식중독 발생이 저온살균유에 기인된 것이라고 밝힌 후에 저온살균법과 기타 열처리가 이 세균의 사멸에 어떠한 영향을 미치는지에 대하여 많은 연구가 수행되었다.

Obiger(1976)는 *L. monocytogenes*의 모든 strain이 독일의 HTST 살균조건인 71

~ 74℃, 30초에서 모두 사멸한다고 보고하였으며, Bradshaw 등(1985)은 pH 5~9 범위 내에서 전지우유에 함유된 *L. monocytogenes*의 D-value가 71.7℃에서 0.9초였다고 하였고, 10^5/㎖의 수준으로 오염된 우유는 저온살균 처리에 의해 생존할 수 없을 것이라고 결론지었다.

그러나 Bearns와 Girard(1985)는 만약 이것의 초기 세균수가 5×10^4 CFU/㎖ 이상일 경우에는 61.7℃, 35분의 저온살균법에서 살아남을 수도 있을 것이라고 지적하였으며, Stanier 등(1979)은 이 균을 5×10^8 CFU/㎖ 함유한 우유를 HTST 살균처리보다 훨씬 심한 열처리인 74℃, 42초의 가열처리 후에도 생존하는 것이 있을 수 있다고 하였다.

이 균의 연구에 있어서 초기에는 내열성으로 저온살균에서 생존할 수 있다고 한 보고가 많았으나, 최근 *L. monocytogenes*의 내열성 strain으로 FDA에서 실험한 결과에 의하면 이 균의 함량이 높다 하더라도 저온살균에서 쉽게 사멸되었다는 결과가 보고된 바 있다.

그 외에 Ryser 등(1985)은 cottage cheese의 제조 중 57.2℃, 30분간의 열처리에서 *L. monocytogenes*가 생존하였다고 하였으며, Doyle 등(1985)은 탈지분유의 제조 중 열풍의 유입온도 165±2℃ 및 유출온도 67±2℃의 조건으로 분무 건조하는 경우에 이 균이 생존하였다고 하였다.

라) 저장 중의 생장

*L. monocytogenes*는 1~45℃의 넓은 온도 범위에서 성장할 수 있으며(Seeliger and Jones, 1986), 특히 4℃ 정도의 냉장온도에서 성장한다는 것은 식품저장에 있어서 아주 중요한 문제이다. 즉, 4℃에서의 세대시간은 1.5일이며, 이러한 온도에서 장기간 저장할 경우 위험한 수준까지 증식할 수 있다는 것을 알 수 있다.

Marth(1986)는 여러 가지 종류의 액상유제품(탈지유, 전지유, 초콜릿우유, 크림)에 10^3 CFU/㎖의 수준으로 *L. monocytogenes*를 접종한 후 4℃에서 저장한 결과 5일간의 휴지기를 거쳐 2주일째에는 10^6 CFU/㎖로 증식하였고, 3~4주 후에는 초콜릿우유에서 10^8~10^9 CFU/㎖ 증가되었고, 그 외의 액상유제품에서는 10^7 CFU/㎖ 수준이었다고 했다. Ryser 등(1985)은 *L. monocytogenes*에 오염된 우유로 만든 Cheddar 치즈에서 434일의 저장 후에도 30 CFU/g의 균이 생존하였다고 하였다. Doyle 등(1985)은 분무 건조된 탈지분유에서의 *L. monocytogenes*가 실온에서 12주 이상 생존하였으나, 16주가 지난 후에는 1/10,000로 감소하였다고 보고하였다.

한편, 육제품의 저장 중에 있어서 이 균의 성장에 관한 연구보고도 있는데, 이 점에 관하여 Khan 등(1973)은 *L. monocytogenes*를 접종한 양고기를 4℃에서 20일 이상 저장할 경우 점차 균수가 감소되었는데, 8℃에서는 그렇지 않았다고 하였다.

Conner 등(1986)은 양배추 주스에서 *L. monocytogenes*의 성장에 영향을 미치는 요인을 분석했는데, 그들은 5% 염분을 함유한 양배추 주스에 *L. monocytogenes*를 접종하여 5℃에 보존하면 70일까지 생존한다고 밝혔다. Shahamat 등(1980)은 25.5%의 염농도에서 *L. monocytogenes*가 132일간 생존할 수 있으며, 온도가 생존에 큰 영향을 미친다고 하였다. 즉, 37℃에서는 5일간, 22℃에서는 32일간, 4℃에서는 132일간 생존한다고 보고하였다.

(2) *Yersinia enterocolitica*

*Yersinia enterocolitica*는 Gram 음성, 무포자 형성균으로서 가늘고 긴 막대모양의 구조를 지닌다. 저온성균으로서 생육온도 범위는 0~45℃, 생육적온은 22~29℃이고, 알칼리성 환경 조건하에서 잘 견디기 때문에 이 특성을 균의 선발 시에 이용하고 있다. Cefsulodin-Oragasam-Novobiocin agar 또는 Yersinia selective agar 배지상에서 특징적인 흑점(bullseye) 혹은 표적집락을 형성한다(Vasavada 등, 1985).

Yersinia enterocolitica 역시 자연계에 널리 분포하는 미생물이다. 우유와 치즈, 쇠고기, 돼지고기, 양고기 같은 동물성 식품에서 분리되었으며, 호수 및 시냇물 중에도 존재하는 것으로 알려져 있다. 이 균은 분변·오줌·곤충 등을 통하여 직접 혹은 간접적으로 우유와 식품을 오염시킨다.

Yersiniosis는 위장염(gastroenteritis), 장간막 임파선증(mesenteric lymphadenitis) 및 말초회장염(terminal ileitis)과 같은 특정 질환과 관련이 있고, 종종 급성맹장염(acute appendicitis)과 유사한 증상을 나타내기도 한다. 뉴욕 주의 오네이다 카운티(county)에서는 *Y. enterocolitica*에 오염된 초코우유를 음용한 직후 수명의 어린이가 불필요한 충양돌기 절제수술(appendectomies)을 받았으며, 1979년 캐나다에서 이 균에 오염된 우유를 먹고 2건의 위장염이 발생하였다.

미국 내에서 Yersiniosis의 주요한 발생원은 *Y. enterocolitica* serotype 0：8인 반면에 캐나다와 유럽은 *Y. enterocolitica* serotype 0：3이 보다 더 우세하게 검출되고 있다. 이 미생물은 세계적으로 원유나 살균우유에서 검출되고 있으나 다행히도 사람에게는 비병원성이다. 또한 열처리에 불안정하여 일반적인 살균처리에 의해 즉시 불활성화된다(Stern 등, 1980).

(3) *Campylobacter jejuni*

*Campylobacter jejuni*는 Gram 음성, 무포자 형성균으로 S자 또는 콤마형의 구조를 지닌다. 위상차 현미경(phase-contrast microscope)으로 검경시 던지는 창(살), 코

르크형 나사모양의 운동성을 나타낸다. 이 미생물은 자연계에서는 호기성(aerophilic)이나, 산소가 부족한 상태(5% O_2, 10% CO_2, 85% N_2) 하에서도 성장이 가능하다. 성장 가능한 온도범위는 30~47℃, 생육적온은 42℃이다.

*Campylobacter jejuni*는 β-용혈성, catalase 양성반응을 나타낸다. 이 미생물은 소, 돼지, 양, 염소, 개, 고양이, 토끼 및 설치류의 분변 중에서 분리된다. 이는 젖소 유방염의 원인균이며, 원유로부터도 분리되었다. *Campylobacter* 감염은 살모넬라 감염증(salmonellosis) 및 쉬겔라 감염증(shigellosis)보다 빈번하게 발생하는 질환이다. Campylobacteriosis 증상은 만성 장염 또는 급성 대장염증을 수반한다.

종종 환자들은 외관상 회복증세를 보이기도 하나 곧 재발하며, 메스꺼움(nausea), 복부경련(abdominal cramps), 혈변(bloody diarrhea) 등의 증세를 나타낸다. 장염 감염증은 주로 1~10세의 유아 중에서 발생하지만, 아동 또는 성인의 경우에 있어서도 불편한 증세를 나타낼 수가 있다. Stern(1982)의 연구에 의하면 *Campylobacter*에 오염된 우유 1/2컵을 음용한 사람의 약 50%는 고열(39℃), 설사, 구토, 복부 경련 같은 증세로 고생을 하였다고 한다.

*Campylobacter jejuni*는 열, 건조공정, 공기 및 산성조건의 pH 하에서 민감하고 일반적인 살균처리에 의해서 즉시 불활성화된다. 원유에서의 *Campylobacter*와 기타 병원성 미생물의 오염 위험성을 최소화하기 위한 방안을 요약하면 다음과 같다(Currier, 1981).

① 청결한 젖소 관리 및 착유기구의 위생적인 취급
② 적절한 소독제의 선택 사용(chlorine 100 ppm, 2분 ; iodophore 10 ppm, 30초)
③ 원유의 철저한 냉각 실시
④ 유방염유의 별도 보관, 처리

(4) 병원성 대장균

대장균군, 특히 *E. coli*가 식품에 존재할 경우에는 병원성 미생물의 오염, 오염된 물의 공급사용, 위생상태 불결 등의 가능성을 나타내는 지표가 된다. *E. coli*는 Gram 음성, 무포자균으로, 가늘고 긴 막대모양의 구조를 지니고 있다. 당과 기타 탄수화물로부터 개미산 발효와 혼합 산(acid) 발효과정을 거쳐 젖산, 초산 및 개미산을 생성한다. 개미산의 일부는 산성 조건하에서 formic dehydrogenase에 의하여 CO_2와 H_2O로 분해되며, 이 균이 부패에 관여할 경우 가스를 생성하고, 최적 생육온도는 37℃이다. 또한 이 미생물은 분변 유래균으로서 유당을 분해하여 가스를 생성하기 때문에 상술한 것처럼 식품과 우유의 위생검사에 있어 지표가 되는 균이다.

E. coli 는 장관병원성 대장균(enteropathogenic ; EPEC), 장관독소생성 대장균(enterotoxigenic ; ETEC), 장관침해성 대장균(enteroinvasive ; EIEC), 장관출혈성 대장균(enterohemorrhagic ; EHEC) 및 장관응집성 대장균(enteroaggregative ; EAEC)의 5가지 그룹으로 분류된다(Kornacki 등, 1982).

E. coli 는 건강한 사람이나 동물의 장관 내에 정상균총으로 상존하며, 우리 주위에 널리 분포되어 물·흙 등에서도 분리된다. 그러나 이 균 중의 일부는 사람에게 설사·방광염 등의 주요한 원인이 되기도 한다. 특히 여행자들에서 집단적으로 발생되는 설사, 신생아 보육실에서 발생되어 정상이던 신생아가 설사로 사망에 이르게 되며, 음식물 및 식수에 의한 설사 등의 원인이 된다. 대장균이 이와 같은 설사를 일으키는 기전에 대하여는 잘 알려져 있지 않으나 장독소 생성과 밀접한 관련이 있다.

EPEC 그룹은 유아의 설사와 관련이 있고, 설사증은 전형적으로 수양성이며, 미열과 구토가 수반된다. ETEC 그룹은 한 가지 이상의 장독소를 생성한다.

대장균이 생산하는 장독소로는 이열성 장독소(heat-labile enterotoxin ; LT), 내열성 장독소(heat-stable enterotoxin ; ST), verotoxin(VT) 등이 있다. LT는 분자량이 83,000 되는 단백질로 항원구조 및 작용기작이 콜레라 독소와 유사하며, 장점막세포의 cAMP 생산을 증가시켜 설사를 일으킨다. ST는 분자량이 4,000~5,000 되는 단백질로 cGMP 생산을 증가시켜 설사를 유발하고, VT는 Vero cell 내에 불가역적인 세포독성을 나타내는 독소로서 출혈성 대장염(hemorrhagic colitis), 용혈성 요독증(hemolytic uremic syndrome)을 유발시키는 데 관여한다.

EIEC 그룹은 이들 균주가 장 상피세포에 침입하는 능력 때문에 붙여진 명칭이며, 생화학적 성상은 적리균(*Shigella*)과 유사하고, 분변은 혈액이 함유된 소량의 점액성 변을 보게 된다.

EHEC 그룹에는 *E. coli* O157 : H7이 포함된다. 이 항혈청은 1975년 미국 캘리포니아에서 심한 출혈성 설사증세를 보였던 여성에게서 처음 분리되었다. 그 후 1993년 미국 워싱턴 주에서 햄버거 속의 쇠고기가 원인이 되어 발생한 대규모 식중독과 1996년 5월 일본 전역을 공포로 몰아넣었던 식중독 역시 *E. coli* O157 : H7에 기인한 것으로 밝혀졌다. *E. coli* O157 : H7 감염시 나타나는 3가지 임상증은 출혈성 대장염, 용혈성 요독증 및 혈전성 저혈소판성 자반증(thrombotic thrombocytopenic purpura ; TTP)을 들 수 있다. 끝으로 EAEC는 최근에 알려진 그룹으로서 세포배양물 표면에 부착하는 벽돌 쌓은 형태의 세포집합체를 형성하는 것이 특징이다.

E. coli O157 : H7은 새로이 발병 사례가 증가일로에 있는 병원성 균으로 알려져 있다. 이 미생물은 출혈성 대장염 또는 혈변성 설사의 원인균이다. 특징적인 감염증상으로는 극심한 복부경련 다음에 수양성의 다소 혈액이 함유된 변을 보게 된다. 구

토증세도 나타나지만 고열증상은 흔치가 않다. 이 미생물은 종종 혈액 내의 요소에 의해 심각한 기능장애를 유발하는 용혈성 요독증을 나타내기도 한다(Foster, 1986).

E. coli O157 : H7은 종종 쇠고기에서 발견되었으나, 미국 온타리오 주에서는 유치원생들이 방문한 농장에서 제공된 원유를 음용한 후 질병 증세를 나타낸 이래 우유로부터의 오염에 관한 관심도 높아지고 있다. 일부 행정당국에서는 낙농산업 변화의 결과로서 증가된 젖소의 도살 및 가공이 잠재적으로 *E. coli* O157 : H7에 의한 오염 가능성을 증가시킬 수 있음을 경고하고 있다.

식품 또는 음식물에서 기인하는 병원성 균인 *E. coli* O157 : H7은 열에 약하므로 적절한 요리와 살균처리에 의해서 쉽게 불활성화된다. 장독소생성 *E. coli* O27 : H20은 Brie cheese 섭취와 관련하여 위장염을 일으키는 *E. coli*의 또 다른 종이다. 프랑스산 Brie cheese를 수입하여 소비하는 미국과 네덜란드에서 *E. coli* O27 : H20과 관련한 식중독의 발병 사례가 보고된 바 있다(Foster, 1986).

2. 우유미생물

우유를 가공처리하여 보존하거나 유제품의 원료로 사용하는 경우 그것을 위생적인 상태로 유지하는 가장 간편하고 효과적인 방법은 미생물을 살균 또는 멸균처리하는 것이다. 이러한 가열처리에 의하여 미생물은 균체 성분, 특히 단백질 및 핵산의 변성 또는 분해, 균체의 증식과 대사에 관여하는 효소계의 실활(失活)로 사멸된다.

2.1 가열에 의한 살균과 멸균

1) 살균 및 멸균방법

우유미생물의 살균 및 멸균방법은 크게 구별하여 다음의 3가지 방법이 있다.

(1) 저온장시간 살균법(Low-Temperature Long-Time pasteurization ; LTLT)

일반적으로 batch식의 살균장치로서 중간에 열수 또는 증기를 통하는 것에 의하여 batch 내에서 우유를 63~65℃로 30분간 가열 살균하는 방법이 있다. 최근에는 평판식 가열기로 우유를 살균온도까지 올린 후 홀딩탱크에 내장된 코일을 30분간 순환하도록 만든 자동화 시설도 많이 이용되고 있다.

(2) 고온단시간 살균법(High-Temperature Short-Time pasteurization ; HTST)

우유를 연속적으로 관형(管型) 또는 평판상의 열교환기(plate heater)를 통과하게 하여 우유를 72~75℃, 15~16초로 단시간에 가열 살균하는 방법이다. 다량의 우유를 연속적으로 처리할 수 있는 장점이 있다.

(3) 초고온 처리법(Ultra High Temperature treatment ; UHT)

대개 UHT처리법은 우유를 미리 80~83℃, 2~6분 예비가열을 한 후 135~145℃, 0.5~2초간 처리하는 방법으로, 이 처리에 의하여 우유미생물은 완전히 사멸되지만 멸균유 제품을 만들기 위해서는 무균충전·포장이 병행되어야 한다. 그러나 한국·일본 등의 일부 국가에서는 UHT처리 온도를 약간 낮추어(130~135℃) 일반충전기에 포장하는 수정 UHT살균법이 이용되고 있다.

우유의 UHT처리 방법은 미생물 세포를 100% 사멸시키는 멸균(sterilization)과 미생물의 대부분이 사멸되는 살균(pasteurization) 2종류로 구분할 수 있으며, 이 두 가지 방법을 엄격하게 구별하여 사용되지 않는 경우가 많다. 따라서 UHT살균과 UHT멸균을 엄밀하게 구별하기 위해서는 UHT처리 온도와 가열 후 재오염을 방지하는 무균충전이 필수요건이 된다.

① 한국의 음용우유

살균유: 63℃, 30분(LTLT)
72~75℃, 15초(HTST)

UHT우유 : 80~85℃, 5~6분 + 120~130℃, 2~3초

멸균유 : 80~85℃, 5~6분 + 140~145℃, 2초

② 유럽식 음용우유

살균유 : 63℃, 30분(LTLT)
72℃, 15초(HTST)

멸균유 : 80~85℃, 5~6분 + 135~150℃, 0.5~4초

2) 가열에 의한 미생물 사멸

(1) 미생물의 열사멸효과

미생물의 열에 의한 사멸은 가열온도와 시간에 좌우되며, 일정한 환경조건 하에서 가열처리 할 경우 열사멸효과는 균의 종류에 따라 다르다.

① 열사멸율과 최확수법: 열사멸율은 살균 전후의 생균수 측정에 의하여 다음과 같이 계산할 수 있다.

$$열사멸율(\%) = \frac{살균\ 후의\ 생균수}{살균\ 전의\ 생균수} \times 100$$

위의 표현법은 LTLT 살균과 HTST 살균에 잘 사용되지만, UHT살균은 사멸율이 99.99% 이상이므로 포자의 사멸을 나타내는 데 대장균수 측정법에 준한 최확수법이 이용된다. 중성홍(neutral red)을 첨가한 알코올 시약액 1 ㎖에 UHT살균유 1 ㎖를 가하여 색의 변화와 침전의 유무로부터 양성관수를 세어서 최확수표에 의해 멸균유 5 L 또는 100 ㎖ 중의 포자수로서 표시한다.

② 열사멸온도(thermal death point) : 열사멸점이라고도 하며, 10분간에 균현탁액의 세포를 사멸시키는 최저 온도를 말한다. 이 경우에 가열시 배질과 균의 활성도는 동일 조건으로 해야 한다.

③ 열사멸시간(thermal death time) : 일반적으로 균현탁액의 세포를 일정한 비율만큼 사멸시키는 시간을 말하며, 가열온도와 그 열사멸시간의 대수와의 사이는 그림 5-3과 같이 직선관계가 성립하는데, 이것을 열사멸시간(TDT) 직선이라 한다. 이 직선으로부터 임의의 온도에서 균을 사멸시키는 시간을 구할 수가 있다. 직선 A와 B는 동일한 종류의 세균으로서 다만 균수만이 다를 뿐으로 동일한 기울기를 표시하며, 균수가 많은 경우에는 살균시간을 연장할 필요가 있다는 것을 의미한다. 직선 C는 A와 비교하여 기울기가 작으며, C의 세균 집단이 A의 세균보다도 내열성이 높다는 것을 의미한다.

④ F값(F-value) : 어떤 온도에 있어서 일정 수의 미생물을 사멸시키는 데 필요한 시간(분)을 F값이라 하며, 일반적으로는 250°F(121℃)에서의 사멸시간을 말하는 경우가 많으며, 세균포자의 열사멸효과 판정에 사용된다.

⑤ D값(D value) : 균현탁액 세포를 1대수 주기(90%)만큼 사멸시키는 데 필요한 시간(분)으로서 4D는 균현탁액 세포의 99.99% 사멸시키는 데 요하는 시간을 말한다.

⑥ Z값(Z value) : 열사멸시간을 1/10로 단축시키는 데 필요한 화씨의 온도 증가량을 말하며, TDT 직선이 그 시간의 1대수 주기를 통과하는 사이의 온도차를 의미한다. 그림 5-3에 있어서는 PQ간의 화씨온도 차이가 세균 A의 Z값이다. 내열성이 높은 만큼 Z값이 커지게 되며, 일반적으로 포자 형성균의 Z값은 약 18이다. 이 그림에서 직선 D는 61.7℃, 30분의 LTLT 살균과 71.7℃, 15초의 HTST 살균상에 있어서 동일한 살균효과를 나타내는 세균의 직선이고, 그 Z값은 8.7이다.

⑦ 멸균효과(sterilizing effect) : UHT 처리시에 멸균 정도를 나타내는 수치이고, 멸

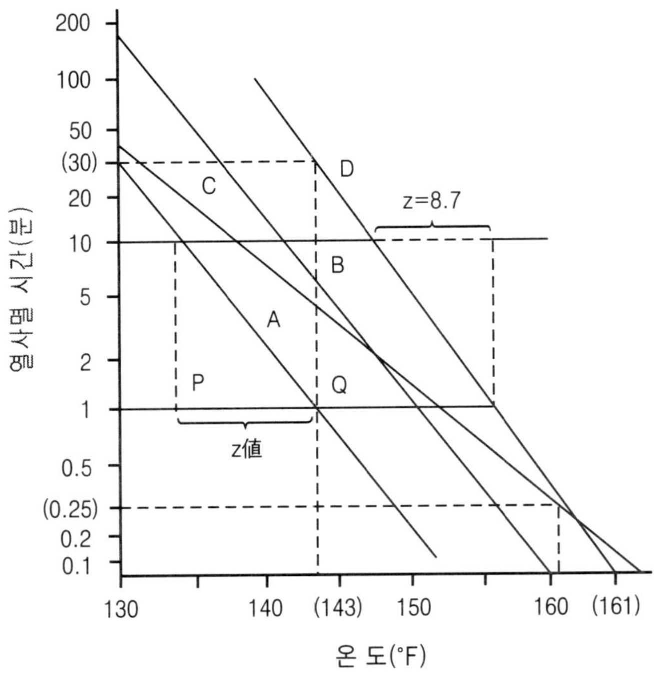

그림 5-3. 가열에 의한 세균의 사멸시간

표 5-23. 저온성 균의 Protease와 Lipase의 D값과 Z값

	D-value(s)	Z-value(℃)	t(℃)
Protease			
Ps. fluorescens	240	20	120
Pseudomonas A	90	32.5	149
Pseudomonas B	100	32	150
Pseudomonas C	30	32.5	150
Ps. fluorescens	660	34.5	130
Lipase			
Pseudomonas A	100	25	150
Pseudomonas B	75	37	160

(H. G. Kessler, 1981)

균전에 세균 포자수의 대수와 멸균 후의 포자수의 대수와의 차이로써 나타낸다. 보통 이 시험에 공시균으로서 *Bacillus subtilis* 또는 *B. stearothermophilus*가 이용된다. UHT 멸균처리에 있어서 멸균 효과의 수치는 일반적으로 6 이상이다.

⑧ 온도계수(Q_{10}) : 직선의 기울기 K는 온도에 의해서 변동하고, 이 변동비율은 균

의 종류에 따라 다르다. 따라서 이 기울기 변동비율에 의해 열사멸효과를 나타낼 수 있고, 어떤 온도와 그보다 10℃ 높은 온도와의 기울기 비율 $K_{\theta+10}/K_{\theta}$을 온도계수 Q_{10}이라 한다. Q_{10}은 화학반응 속도를 나타내는 수치로서도 이용되고, 온도가 높을수록 Q_{10}의 수치는 작아진다. 보통 병원균의 Q_{10}은 55～65℃에서 20～40이고, 세균포자에서는 100～135℃에서 8～10 수치이다.

(2) 가열시간과 잔존 균수와의 관계

일정한 온도 하에서 균현탁액을 가열처리하는 경우 가열시간 t와 균 생존율의 대수 L사이에는 이론적으로 $L = -K_{\theta}t^{\circ}$(K_{θ}는 섭씨온도 $_{\theta}{}^{\circ}$하에 정수)의 관계가 있다.

그림 5-4에서 A, B의 관계를 직선으로 표시하는데, K_{θ}는 직선의 기울기를 나타내고, B가 A보다 내열성이 높은 세포집단임을 알 수 있다. A직선의 경우 최초 세포집단이 일정한 가열온도 θ_A 하에서 t_{A1}분 가열시간에 90% 사멸시키는 것을 의미하며, $K_{\theta}A$ = PQ/QR = $1/t_{A1}$되기 때문에 일반적으로 K_{θ}는 온도 $_{\theta}$에 있어서 균의 90%를 사멸시키는 시간의 역수이다. 여기서 종축의 1눈금은 1대수 주기에 상당하며, 99%, 99.9% 및 99.99%의 사멸은 각기 2, 3 및 4대수 주기에 상응한다.

B의 직선은 1대수 주기 살균에 t_B분의 가열시간을 필요로 하며, A와 B가 가열온도가 다른 동일한 세포집단이라고 할 경우 A의 가열온도는 B보다 높고, 온도가 높으면 기울기 K는 커진다. 이러한 직선은 이론적인 의미의 관계를 나타내기 때문에 실제적

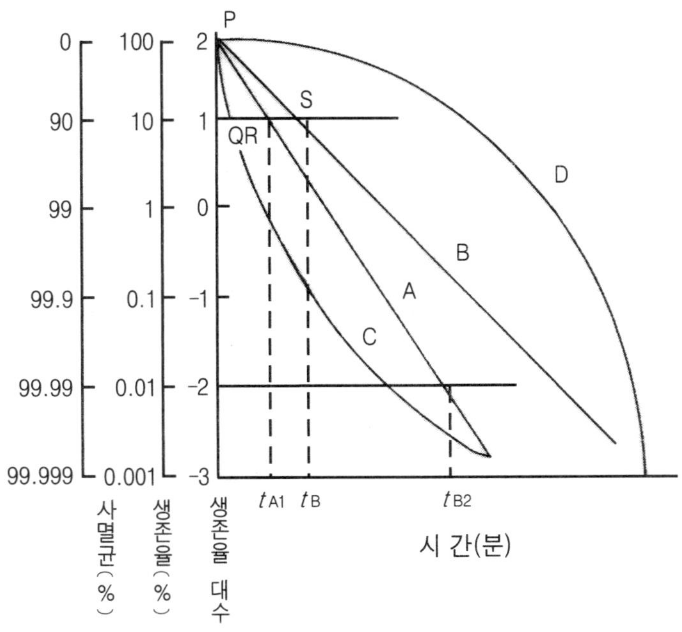

그림 5-4. 가열시간과 균 생존율과의 관계

으로는 여러 가지 외적인 요인의 영향을 받아들여 곡선상이나 균체세포의 농도가 높으면 곡선 C, 균체세포가 괴상을 이루는 경우 곡선 D로 나타난다.

3) 미생물의 열사멸에 영향을 미치는 요인

미생물의 열사멸효과는 여러 가지 원인에 의해 영향을 받는다. 따라서 열사멸효과의 판정을 위한 시험들은 환경조건을 일정하게 할 필요가 있다. 열에 의한 사멸효과는 이 가열 전의 미생물의 성상과 가열시 배지의 상태에 따라 달라진다.

(1) 가열 전 미생물의 성상에 의한 영향

① 미생물의 종류 : 미생물의 종류에 따라 내열성이 각기 다른데, 같은 균 중에서도 strain에 따라 내열성에 차이가 있으며, 제각기 고유의 열사멸 수치를 갖고 있다. 그러나 그 고유의 수치를 갖는 미생물도 열사멸온도에 가까운 온도에 노출되면 종종 변이를 일으키며, 내열성을 갖는 변이주가 생기는 일도 있다.

② 균체세포의 성상 : 균체세포의 배양시간이 길어질수록 내열성이 높으며, 분열 직후의 세포는 열에 쉽게 파괴된다. 또한 세포가 괴상으로 딱딱하게 되어 있을 경우 열이 세균덩어리의 내부까지 잘 침투되지 않아 생존 균수가 많게 된다. 따라서 열사멸에 요하는 시간이 길어지고, 그림 5-4의 D와 같은 곡선을 실험적으로 얻을 수 있다. 또한 같은 이유로 세포의 농도가 높을수록 열사멸시간이 길어지게 된다.

③ 배양온도 : 대부분의 경우 최적 발육온도 하에서 배양한 미생물은 그 이외의 온도에서 배양시킨 같은 미생물보다 내열성이 높다고 한다. 왜냐하면 30℃ 또는 37℃에서 배양한 *E. coli*는 20℃에서 배양한 경우보다 훨씬 내열성이 높다는 것이 실험적으로 증명되었다. 따라서 가열처리 전의 원유를 냉장하는 일은 의미가 있으며, 이렇게 함으로써 원유 중의 미생물의 내열성을 최소한으로 낮출 수 있다. 마찬가지로 배양 후의 균액을 냉장 보존하면 역시 내열성이 저하됨을 알 수 있다.

(2) 가열시의 배지상태

미생물의 내열성은 그 생육배지의 종류와 조성 농도에 따라서 영향을 받는다. 일반적으로 배지의 고형분 농도가 높을수록 열사멸효과가 낮으며 내열성이 증가한다. 따라서 아이스크림이나 연유, 분유제품 제조시 고농도의 고형분 때문에 살균효과가 낮아서 그러한 제품에 대하여는 더 높은 살균온도가 요구된다.

특히 설탕, 식염, 지방, 글리세린 또는 고급 포화산을 많이 함유한 배지에서는 미생물의 내열성이 높다. 그 외 배지의 pH가 미생물의 내열성에 상당한 영향을 미치며, 대체로 중성보다는 산성 측에서 최고의 내열성을 나타낸다. 따라서 치즈제조의 경우 낮은 pH는 스타터 세균의 생존성에 좋은 조건을 부여하는 경우가 많다.

4) 세균성 독소의 내열성

병원성 균은 일반적으로 독소를 생성하는데, Gram 양성균에서 생산되는 외독소와 Gram 음성균에서 나오는 내독소가 알려져 있다. 세균성 독소에는 내열성이 있는 것이 있으므로 살균에 의하여 병원성 균이 사멸되어도 살균 전에 이미 생산된 독소가 살균 후 우유 중에 활성인 채로 잔존하여 식중독을 일으키는 경우가 있다. 내열성 독소로서 특히 중요한 것은 포도상구균과 장내세균의 독소이다. 포도상구균인 *Staph. aureus*와 *Staph. albus*가 생성하는 enterotoxin은 30분간 끓여도 완전히 파괴되지 않는다.

살모넬라균, 웰치균 또는 보툴리누스균의 독소에도 내열성이 있으며, 특히 웰시균과 보툴리누스균은 포자를 만들어 내열성이 있기 때문에 주의를 요한다. 최근에는 병원성 대장균 문제가 중요시되고 있으며, 특히 *E. coli* O157 : H7은 1980년 이후에 미국, 유럽, 일본 등에서 종종 심한 식중독을 일으키는 균으로 주목받고 있다.

5) 살균과 멸균공정의 열사멸효과

(1) LTLT 살균의 열사멸효과

LTLT 살균에는 냉장원유을 63～65℃로 가열한 후 그 온도에서 30분간 유지 후 냉각하기까지 같은 정도의 시간을 요한다. LTLT 살균에 사용되는 온도와 시간 조건은 병원성 미생물의 사멸을 목적으로 하며, 병원성 중 특히 내열성이 강한 결핵균의 열사멸 조건, 즉 61.1℃, 30분의 열처리 조건을 기준으로 하며, 원유 중 세균의 약 95～97%을 사멸시킨다. 이 조건은 원유의 phosphatase의 실활조건과 거의 일치하기 때문에 LTLT 살균효과 판정에 포스파타제 시험을 적용시키고 있다. LTLT 살균의 1차 목적은 제품의 안전성을 확보하고, 우유의 보존성을 높이는 데 있으며, 그 살균조건 하에서 우유에 유래하는 여러 종류의 효소를 파괴한다.

(2) HTST 살균의 열사멸효과

고온단시간(HTST) 살균은 LTLT살균과 같은 정도의 열사멸효과를 나타내도록 열처리 기준을 정하고 있으며, LTLT살균에서와 같이 결핵균의 열사멸 조건인 71.1℃, 16초간으로 해주고 있다. 가열에 의한 세균의 사멸율은 97～99% 정도이다.

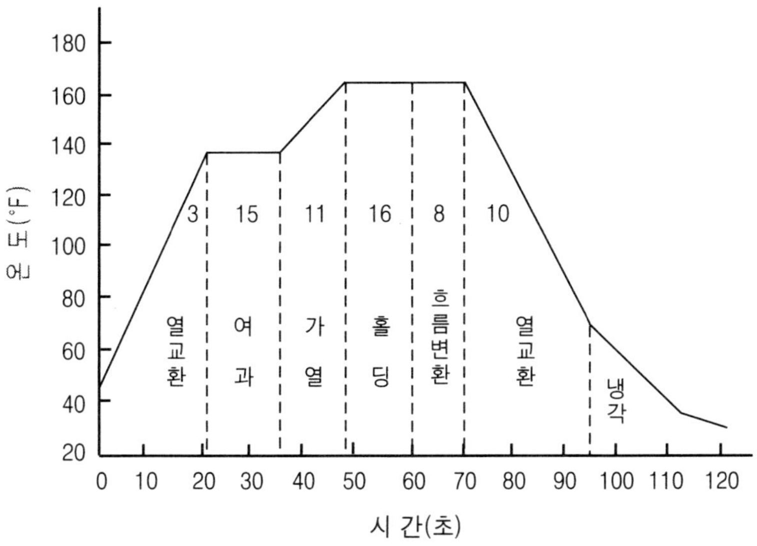

그림 5-5. HTST 살균온도-시간 관계

HTST 살균에 유온과 시간과의 관계는 Rowland 의해 표시한 도표에 있다(그림 5-5). 즉, 4.4℃의 우유를 열교환부, 여과기, 가열부를 통과시키면서 온도를 72.2℃로 상승시키는 데 47초가 필요하다. 16초 유지 후 살균유를 4.4℃ 이하로 떨어뜨리는 시간은 약 40초이다. 따라서 우유의 살균처리 과정 중의 온도 변화를 보면 실제로 우유는 50℃ 이상의 온도가 약 60초간 유지되는 셈이다. LTLT 살균과 HTST 살균에 같은 열사멸효과를 나타내는 세균의 열사멸 직선은 그림 5-3의 D에 나타나 있다.

(3) UHT 처리공정의 열처리 효과

UHT 처리공정 중에는 135～145℃로 하는 직접 증기가열 방식과 간접 증기가열 방식의 멸균법이 있고, 처리온도를 130～135℃로 약간 낮추어 하는 살균법이 있다. 양쪽 모두 75～85℃로 예비 가열처리를 해 주는데, 이 단계에서 대부분의 미생물들이 사멸되며, 최종 처리단계에서는 세균포자를 파괴시키는 것이 주목적이다. 그러므로 UHT살균의 경우 실제적으로 미생물의 99.99% 이상이 사멸되지만, 우유 충전시에 무균충전을 하지 않고 일반 충전과정을 거치므로 이 과정에서 일부 재오염이 일어날 수 있다.

(4) 시유(살균유, 멸균유)의 품질과 보존성

저온살균이나 고온단시간 살균한 시유는 신선한 원유와 마찬가지의 외관과 우유 특유의 온화하고 담백한 맛을 지닌다. 그러나 살균처리 후 잔존하는 세균이 있기 때문에 보존성이 떨어지며, 냉각 저장중 저온성 균의 증식으로 단백질이나 지방분해가 일어나 대체로 5~6일 이내에 풍미의 결함이 발생하지만, 위생적으로 양질의 원유(세균수 3만/㎖ 이하)를 사용한 시유의 경우는 대체로 5℃로 저장할 경우 10일 이상 아무런 풍미상의 결함을 초래하지 않는다. UHT처리유에 있어서는 높은 온도로 인한 가열취와 황화수소취가 감지되고, 유청단백질 변성에 따른 백색의 증가가 나타난다. 그러나 세균학적으로 볼 때 장기 저장시 열 손상균의 회복과 내열성 효소에 의한 쓴맛의 생성, gel화 등의 현상이 발생하기도 한다.

2.2 기타 살균방법

1) 방사선 조사(照射)기술의 이용

(1) 방사선의 종류

전문적인 의미에서 식품 조사(照射)란 단파장의 γ선, 전자선(electron beam) 및 X선에 의한 식품처리를 말한다. 이는 식품을 본래의 상태에 가깝게 보존하거나 위생적 품질을 개선할 목적으로 특정의 방사선 에너지를 피조사체 식품에 일정시간 노출시켜 살균, 살충, 생장조절, 물성 개선 등의 효과를 거두는 기술이라고 할 수 있다. 방사선 에너지는 피조사체를 통과할 때 물질의 원자나 원자단, 분자 등을 전리시켜 이온을 생성하게 되는데, 이와 같은 성질을 지닌 방사선을 전리방사선(ionizing radiation)이라 한다.

γ선, 전자선, X선, 자외선 등은 이에 포함되며, 현재 관련 국제기구(FAO, IAEZ, WHO)와 Codex 식품규격 위원회에서 식품 조사(照射)에 안전하게 이용될 수 있다고 밝힌 방사선의 종류는 표 5-24와 같이 γ선, 전자선 및 X선이다. 이때 피조사체 식품에 대한 방사선 조사량은 흡수선 양으로 나타내며, 그 단위는 그레이(gray, Gy)가 사용된다(1Gy = 100 rad = 1joule/kg). 여기서 1rad(radiation absorption dose)는 피조사체의 종류에 관계없이 물질 1g당 100 erg의 방사선 에너지를 흡수하였을 때를 말한다(1rad = 100 erg/g).

표 5-24. 식품 조사(照射)에 이용될 수 있는 방사선의 종류

방 사 선	선 원	반 감 기	이용에너지(MeV)
γ(감마)ray	^{50}Co ^{137}Cs	5.3년 30년	1.17, 1.33 0.06
전자선(electrons)	전자가속기에서 발생(10 MeV 이하)		
X-ray	기계적으로 발생(5 MeV 이하)		

(2) 방사선의 생물학적 작용

식품 조사에서 방사선의 생물학적 작용은 살균·살충·생장 조절 등으로 나타난다(표 5-25). 이와 같은 방사선 조사(照射) 효과를 가져오는 생물학적 작용기작은 직접 작용설(direct theory), 즉 표적설(target theory)과 간접 작용설(indirect theory)로 설명된다. 먼저 직접 작용설은 생물체의 세포나 그 밖의 표적 물질에는 방사선에 대해 감수성이 높은 부분(DNA 등)이 존재하므로 여기에 방사선 에너지가 직접 유효한 전리를 일으켜 생물학적 효과를 가져오는 작용이다.

간접 작용설은 생체 내에 세포 구조를 둘러싸고 있는 물이나 전리작용에 따른 생성물(이온이나 유리기 등)이 2차적으로 세포 생활에 필요한 물질 또는 그 구조에 화학적 변화를 일으켜 간접적으로 생물학적 작용을 나타내는 학설로 설명되어진다. 일반적으로 식품 및 생체에 대한 방사선의 작용은 이상의 두 가지 작용이 동시에 일어나는 것으로 이해되며, 따라서 피조사체의 수분함량(건조상태), 생리적 상태(숙도, 저장기간), 공존물질, 조사(照射) 온도, 조사(照射) 분위기 등에 의해 방사선의 생물학적 작용이 상이하게 나타날 수 있다.

(3) 방사선 에너지의 특징 및 살균공정 비교

식품 조사(照射)에 이용될 수 있는 방사선 에너지의 특징을 살펴보면 먼저 표 5-25에 나타난 바와 같이 방사성 동위원소에서 방출되는 γ선과 기계적으로 발생되는 X선은 우수한 투과력을 지니고 있어서 식품을 포장된 상태에서도 내부의 살균·살충이 가능하다. 따라서 포장된 제품을 연속적으로 처리할 수 있으며, 재포장에 따른 2차 오염이 없다.

또한 전자가속기(electron accelerator)에서 발생되는 전자선은 γ선에 비해 투과력이 약하여 적용 범위가 제한되나 곡류, 분말식품, 육류 등의 표면 살균에 이용이 가능하다. 특히 전자선은 에너지 발생이 전원에 의해 조절되고 공정제어, 신속·정확성, 에너지 효율성, 소비자 수용성 등의 측면에 장점이 있으므로 선진국에서는 전자선의 이용에 대한 연구 개발이 활발히 추진되고 있다. 그러나 X-ray는 에너지 발생 효율

표 5-25. 식품 조사(照射)에서 생물학적 효과

살 균	살 충	생장조절
부분살균(radurization)	저장해충 사멸	발아 억제
병원균 살균(radicidation)	과실해충 사멸	발근 억제
	건조식품 살충	숙도 지연
완전살균(radappertization)	기생충 사멸	생장 조절

이 낮아 실제적인 이용에 제한을 받고 있다. 따라서 식품 조사(照射)에 실제 활용되고 있는 방사선 에너지는 γ 선이 대부분을 차지하고 있으며, 최근에는 전자선의 이용 분야가 점차 확대 개발되고 있다. 이와 같이 감마선 등의 방사선 에너지는 식품에 사용되고 있는 화학훈증제나 보존제와는 달리 처리 후 잔류 성분이 남지 않아 강력한 투과력으로 연속처리 공정이 가능하다. 특히 살균공정에서 처리시간과 피조사체의 밀도를 제외한 기타 공정인자의 영향을 거의 받지 않는다(표 5-26).

또한 방사선 조사(照射) 기술은 표 5-27과 같이 타 가공방법에 비해 에너지 소요

표 5-26. 살균방법별 특성과 공정에서의 영향인자※

항 목	건열살균	습열살균	가스살균(EQ)	방사선 살균
온 도	+	+	+	-
시 간	+	+	+	+
압 력	-	+	+	-
습 도	-	NA	+	-
처리 후 건조 또는 탈기	NA	+	+	NA
물질과의 작용	산화적 분해	가스분해	히드록시에틸화	방사선 분해
잔류독성	nil	nil	yes	nil
환경공해	nil	nil	yes	nil
물질의 밀도	+	+	+	+
포장방법	narrow	narrow	narrow	wide
완포장	NA	NA	NA	A
처리형태	batch	batch	batch	연속

※ + ; 영향을 줌, - ; 영향을 주지 않음, A ; 적용됨, NA ; 적용되지 않음

표 5-27. 식품의 가공방법별 소요에너지 비교

가 공 방 법	에너지값(KJ/kg)
방사선 발아억제(0.10 kGy)	12
방사선 살충(0.25 kGy)	7
방사선 부분살균(2.5 kGy)	21
방사선 완전살균(30 kGy)	157
냉장(0℃, 5.5일)	318
냉장(0℃, 10.5일)	396
가열멸균	918
조리(93℃)	2,558
냉동(-25℃, 3.5주)	5,149
송풍동결(4.4℃ → 23.3℃)	7,552

량이 적고 가열살균법과는 달리 처리식품의 온도 상승이 거의 없어 [국제기구 최대 허용선량(10 kGy), 처리시 2.4℃ 상승] 영양성분의 파괴나 관능적 품질 변화 등을 최소화 할 수 있는 냉온처리의 특징을 지니고 있다.

(4) 축산식품의 병원성 유기체 사멸

식인성 질병은 국민 및 생산성에 큰 영향을 미치고 있다. 닭고기・쇠고기・어패류・가공식품 등 동물성(가공) 식품에 오염된 병원성 미생물들은 적정 선량 범위의 방사선 조사에 의해 사멸이 가능하다. 이는 식중독균, 경구 전염병균, 무아포성 등을 사멸시키는 방사선 살균(radiation)분야이다.

식인성(食因性) 질병은 식품을 매체로 전염될 수 있으며, 특히 가금육은 *Salmonella, Campylobacter* 등 병원성 미생물의 오염도가 매우 높아 식인성 질병의 대표적인 원인식품이 되고 있다. 최근 WHO 보고에 의하면 미국에서는 매년 7종의 병원균, 즉 *Campylobacter jejuni, Clostridium perfringens, E. coli* O157 : H7, *Listeria monocytogenes, Salmonella* spp., *Staphylococcus aureus, Toxoplasma gondii* 등에 의하여 330～1,230만여 명의 환자가 발생되고 있으며, 이 중 3,900여 명이 목숨을 잃어 이로 인한 경제적 손실은 매년 65～349억불에 이른다고 한다. 또한 식인성 질병에 대한 실상은 보고된 내용의 350배 이상이라고 WHO는 밝히고 있다.

특히, 1993년 1월 미국 서부지역에서는 *Escherichia coli* O157 : H7이 오염된 햄버거를 판매하여 4백여 명의 입원환자가 발생하고 2명의 어린이가 사망하는 사건이 있었다. 이에 미국 육류연구소(American Meat Institute)에서는 방사선 조사에 의한 *E. coli*의 사멸효과 확인과 소비자 여론조사를 실시하였으며, 1994년 7월 Isomedix사에서는 식육(red meats)의 방사선 조사(照射) 허가를 FDA에 신청하게 되었다. 더욱이 1996년 일본에서는 *E. coli* O157 : H7오염사건으로 9,587명의 발병 환자 중 11명이

표 5-28. 방사선 조사(照射)에 의한 병원성 미생물의 사멸효과

Pathogens	Temp.(℃)	Substrates	D_{10} Value[1] (kGy)	References
Aeromonas hydrophila	2	Beef	0.14～0.19	Adopted form D. W. Thayer(1995)
Campylobacter jejuni	0～5	Beef	0.16	
Escherichia coli O157 : H7	5	Beef	0.28	
Listeria monocytogenes	2～4	Chicken	0.77	
Salmonella spp.	2	Chicken	0.36～0.77	
Staphylococcus aureus	0	Chicken	0.36	

[1] Decimal reduction dose for the initial microbial populations

사망하는 대규모 식인성 질병사건이 발생되어 병원성 미생물 오염방지에 대한 방사선 감수성을 나타낸 것으로서, 병원균은 일반 미생물에 비해 방사선에 대단히 민감하여 국제적으로 사용이 허가된 선량보다 훨씬 낮은 선량으로 사멸이 가능한 것으로 밝혀지고 있다.

방사선 조사(照射)의 목적은 병원성 미생물 및 기생충의 사멸과 선도 연장을 포함하고 있으며, 허가 신청된 방사선 최고 선량은 냉장육의 경우 4.5 kGy, 냉동육의 경우는 7 kGy이다. 한편, 미국 FDA(1985)는 돼지고기의 기생충(선모충) 제거를 위하여 1.0 kGy 이하의 감마선 조사를 허가하였다.

또한, 1993년 9월부터는 감마선 조사(照射)된 가금육이 위생적 품질을 보증할 수 있는 식품으로 인식되면서 Florida 및 Illinose의 소매가게에서 성공적으로 판매되었으며, 최근에는 병원, 레스토랑 및 일반 유통단계에 까지 보급되고 있다.

이와 같이 식품에 오염될 수 있는 병원성 미생물들은 방사선에 대하여 비교적 저항성이 낮아 3～7 kGy 범위의 조사선 양에 의해서도 완전 사멸이 가능하므로 위생적 식품 생산에 적극적인 활용이 기대되고 있다.

식품 조사(照射) 기술의 세계적 실용화를 뒷받침하기 위하여 1984년 FAO/IAEA/WHO의 지원 하에 설립된 식품조사 국제 자문그룹(International Consultative Group on Food Irradiaton, ICGFI)에서는 "식품의 위생적 품질 확보를 위한 방사선 조사(照射) 기술의 이용"에 대해 전문위원회를 개최하고 다음과 같은 결론을 내렸다.

「가까운 미래에 우리 인간은 어떠한 방법에 의해서도 특정 병원성 미생물이나 기생충이 전혀 오염되지 않은 닭고기, 즉 가금육·돼지고기 등을 생산할 수 없을 것이며, 이는 인류의 공중보건에 큰 위협이 될 것이다. 따라서 식인성(食因性) 질병의 예방을 위한 방사선 살균·살충법의 이용은 신중히 고려되어야 한다는 것이다」 전문가들은 또한 방사선 조사 기술은 밀봉 포장된 식품에 대해서도 완벽한 살균·살충이 가능하지만, 현재로서는 어떠한 다른 방법도 이와 같은 기술적 우수성과 경제적 타당성을 지닌 방법으로 발전될 가능성이 없다고 지적하고 있다.

(5) 방사선 조사(照射) 식품의 안전성

FAO/IAEA/WHO 방사선 조사 식품공동 전문위원회(Joint Expert Committee on the Wholesomenss of Irradiated Food, JECFI, 1980)에서는 조사(照射) 식품의 안전성에 대한 국제적 평가를 실시하여 다음과 같은 결론을 공표하였다.

즉, 「어떤 식품이든 총 평균 10 kGy 이하로 방사선 조사된 식품은 독성학적 위험을 초래하지 않으므로 그 선량 이하로 처리된 식품에 대해서는 더 이상의 toxicological test가 필요치 않으며, 또한 미생물학적으로나 영양학적으로도 안전하며, 어떤 특정한 문제를 야기하지 않는다」.

또한 Codex 식품규격 위원회(1983)에서는 이상의 결론을 수용하면서 "Codex General Standard for Irradiated Foods"와 "A Recommended International Code of Practice for the Operation of Radiation Facilities USED of the Treatment of Foods"를 채택하여 130여 회원국들에게 활용을 권고하고 있으며, WHO(1992)는 식품 조사(照射)에 대한 입장 발표에서 "설정된 모범 제조 규범에 따라 처리된 방사선 조사 식품은 독성학적, 미생물학적 및 영양학적으로 안전하다고 재확인"한 바 있다.

(6) 실용화 현황

세계적으로 40여 개국이 식품의 방사선 조사와 관련된 허가 또는 금지 규정을 가지고 있다. 이들 나라 중 한 품목 또는 여러 종류의 식품(군)에 대하여 방사선 조사를 허가한 국가는 39개국에 이른다.

연대별 허가 추세는 1960년대까지가 미국・영국・구소련 등 8개국, 1970년대에는 일본・프랑스・이탈리아・남아공 등 10개국, 1980년대 이후에는 우리나라를 포함한 아르헨티나・벨기에・이스라엘・태국 등 21개국에 이르고 있다. 또 39개국의 지역별 분포를 보면 유럽 17개국, 아시아・태평양 10개국, 아메리카 주 8개국, 아프리카・중동 4개국 등으로 독일・호주 등을 제외한 대부분의 산업화된 국가들이 식품 조사(照射) 기술의 허가에 선도적인 입장이다. 이들 39개 국가들이 허가하고 있는 식품류들은 약 115개 식품(군)으로서 대부분의 식품을 포함하고 있다. 주요 허가 식품류 가운

표 5-29. 국내 감마선 조사(照射) 허가식품 (1997. 10. 현재)

품 목	조사품목	허가선 양 (kGy, max)	허가일자
감자, 양파, 마늘	발아・발근 억제	0.15	1987. 10. 16.
밤	발아・발근 억제	0.25	1987. 10. 16.
버섯(생 및 건조), 건조 식육 및 어패류	살충, 숙도 조정	1	1987. 10. 16.
분말(가공식품용)	살균, 살충(위생화)	7	1991. 12. 14.
된장, 고추장, 간장 분말	살균, 살충(위생화)	7	1991. 12. 14.
전분(조미식품용)	살균, 살충(위생화)	5	1991. 12. 14.
건조 채소류	살균, 살충(위생화)	7	1995. 5. 19.
건조 향신료 및 이들 조제품	살균, 살충(위생화)	10	
효모 및 효소식품	살균, 살충(위생화)	7	
알로에 분말	살균, 살충(위생화)	7	
인삼(홍삼 포함) 제품류	살균, 살충(위생화)	7	
2차 살균이 필요한 환자식	살균	10	

데 감자, 양파, 마늘 등 발아·발근 억제 대상 식품인 근채류 농산물의 허가국이 가장 많고, 그 다음이 향신료를 포함한 건조식품의 허가 및 실용화가 활발하다.

이상의 연구결과와 관련 국제기구의 기술적 제도적 뒷받침을 바탕으로 하여 우리나라 정부에서는 1987년 이래 4차례에 걸쳐 10 kGy 이하의 감마선 조사를 허가하였다. 이상의 허가 식품류에는 표 5-29와 같이 신선 식품류 외에도 건조 식육, 어패류 분말, 장류분말, 건조 채소류, 건조 향신료 및 그 제품, 효모, 효소, 알로에, 인삼류, 환자용 무균식 등 다양한 식품군이 포함되어 있다. 따라서 식품의 방사선 조사(照射) 기술은 이제 식품산업에서 빼놓을 수 없는 핵심 저장·가공 기술로 등장하게 되었다.

2) 자외선 살균

자외선은 가시광선과 X선과의 중간 전리방사선으로서 2600Å 부근이 가장 강한 살균력을 나타낸다. 그 살균효과는 매우 유효하며, 일반적으로 저압 수은등(파장 2,537Å)이 사용된다. 자외선 조사량과 균의 생존율의 대수와는 직선관계가 성립하며, 1 m 거리에서 31 μW/cm^2 방사조도(放射照度)를 갖는 살균등으로 50 cm의 거리에 있는 병원성 균을 1분 이내에 사멸시킬 수 있다고 한다. 우유를 살균시키기 위해서는 우유층의 두께를 1～2 cm로 하고 조사(照射) 거리를 40 cm로 할 경우 약 15분 정도가 소요된다고 한다. 그러나 자외선이 우유에 대한 투과력이 약해 조사(照射) 후 가시광선에 노출되면 균체세포가 재활성화, 즉 광재생(photoreaction)이 일어나는 것으로 알려져 있다.

3) 초음파 살균

200,000 사이클 이상의 음파를 초음파라 하며, 이 음파에너지는 균체를 파괴하는 효과가 있다. 우유의 초음파 처리에는 560～570 K 사이클의 초음파로 5～10분간 처리하여 우유미생물을 대부분 파괴할 수 있다.

4) 화학적 살균

(1) 과산화수소 처리

과산화수소에 의한 우유의 살균은 예전부터 연구되어 왔다. 이 방법의 장점은 시약의 강력한 산화력이 미생물의 사멸에 효과적이며, 또한 처리 후의 제거가 용이한 데 있다. 우유 중의 *E. coli*는 37℃에서 50 ppm 농도의 H_2O_2를 첨가하여 5시간 만에 파괴되며, *B. subtilis*는 같은 조건에서 36시간 처리 사멸된다.

그러나 catalase 생성균이나 결핵균은 내성이 높기 때문에 H_2O_2를 다량 첨가할 필요가 있다. 또한 원유의 살균 전의 보존에 사용하는 경우 40% H_2O_2를 0.05~0.3% 첨가하는 방법이 있으나, 냉장시설이 제대로 갖추어지지 않은 저개발국을 제외하고는 선진국에서는 거의 사용하지 않는다.

(2) 그 외의 화학적 살균법

이 외에 우유 살균용에 사용되고 있는 약품류에는 계면활성제나 항생물질이 있지만 주로 우유의 방부제로 이용되며, 공업적 살균법으로는 실용화되지 않고 있다. 그리고 대부분의 화학약품들은 우유의 맛이나 색의 변화를 일으키기 때문에 음용유의 살균목적으로는 부적합하다.

3. 발효유 미생물

3.1 젖산균

1) 젖산균 정의

젖산균(乳酸菌, lactic acid bacteria 또는 젖산균)은 '당을 발효시켜 다량의 젖산(乳酸, lactic acid)을 생성하는 균의 총칭'이다. 초기의 젖산균의 정의는 "우유를 발효시키고 응고시키는(coagulate) 능력이 있는 세균"이라고 하여 대장균군(coliform)도 함께 포함시키고 있었다. 그 후 1919년에 올라 옌센(Orla-Jensen, 1870~1949)이 현재의 젖산균 정의에 매우 근접한 정의를 내렸다. 그는 "Gram 양성의 운동성이 없고, 포자를 형성하지 않으며, 간균 또는 구균형태의 세균으로서 탄수화물이나 고농도의 알콜을 발효시켜 에너지원으로 사용하며, 최종산물로서 젖산(乳酸)을 생성하는 세균"이 젖산균이라고 정의하였다.

미생물의 분류학을 체계적으로 다룬 Bergey's Manual of Systematic Bacteriology vol. 2(Sneath 등, 1986)에 의하면 젖산균은 분류학적으로 독립된 개념이 아닌 것으로 나와 있다. 이 책의 출판 후부터 젖산균에 대한 계통 분류학적 검토가 이루어져 왔지만, 젖산균이라는 항목이 별도로 설정되어 있는 것은 아니고, Gram 양성 구균의 장(Section 12)과 Gram 양성 간균의 장(Section 14)에서 젖산균에 속하는 균을 모두 취급하고 있다.

대장균도 젖산을 생성하지만 젖산균이라고 하지 않는 이유는 Gram 음성균인 것과 젖산 이외에 여러 가지 부패산물을 생성하기 때문이다. 그래서 젖산균이란 식품이나, 사람과 동물의 장 내에서 인체에 해로운 물질인 indole, skatole, phenol, amine, 암모니아 등을 생성하지 않고 포도당으로부터 다량의 젖산을 생성하면서 부패를 방지하는 등의 유익한 작용을 하는 세균이라고 정의할 수 있다.

일반적인 젖산균의 특성은 다음과 같다.

① Gram 양성균으로 비운동성 균이다.
② 포자형성을 하지 않는다(non-sporeforming).
③ 혐기적으로 생장하며, 산소 존재하에서도 잘 생장한다.
④ Catalase 음성이다.
⑤ Cytochrome을 가지고 있지 않아 전자전달 인산화 반응을 하지 못하고 기질수준의 인산화 반응에 의해 에너지를 생산한다.
⑥ 영양소 요구성이 까다롭다.
⑦ 내산성(耐酸性)이 있다.
⑧ 젖산이 당 발효의 주된 최종산물이다.

2) 젖산균의 기원 및 역사

인류가 젖산균을 이용하기 시작한 것은 문자 기록이 남겨지기 이전부터인 것으로 밝혀지고 있다. 신화, 전설 및 성경에서 젖산균 발효를 이용하여 식품을 만들었다는 기록을 찾아볼 수 있으며, 이에 관한 한 전설은 주로 유제품에 관한 것이 많다. 한 전설은 천사가 발효유가 담긴 항아리를 가지고 인간에게로 내려왔다고 전해진다.

구전으로 전해지는 이야기로 고대 불교 신자였던 터키인이 자신을 수호하는 별과 천사에게 요구르트를 바쳤다고 하며, 또한 성경 구약 창세기 18장 1-10절에 아브라함이 세 사람의 방문을 받았을 때 우유의 응고물을 대접하였고, 사사기 5장 25절에는 우유의 응고물에 대한 기록이 있으며, 신명기 32장 14절에 모세가 여호와에게서 받아 그의 백성들에게 나누어 준 음식은 소와 염소의 산유(酸乳, sour milk)인 것으로 여겨지고, 페르시아판(版)의 구약성경 창세기 18장 8절에 따르면 "아브라함이 장수한 것은 산유를 마셨기 때문이었다"라고 적혀 있다.

또한 기원전 76년에는 로마의 역사학자인 플리니우스(Plinius, 23～29)가 장염을 치료할 때 발효유제품을 먹도록 하였다고 전해진다. 이러한 기록으로 보아 인류가 젖산균을 이용한 식품을 섭취한 것은 오랜 역사를 가지고 있음을 알 수 있다.

이러한 오랜 역사를 갖고 있는 젖산균의 개념이 정립되기 시작한 것은 19세기 말에 미생물학의 과학적, 기술적 발전이 개척되기 시작한 이후부터였다. 1857년 프랑스의 루이 파스퇴르(Louis Pasteur, 1822～1895)가 젖산발효에 관한 보고를 프랑스의 과학아카데미에 게재함으로써 젖산균에 알려지기 시작하였지만, 그 당시의 젖산균은 프랑스 산업의 주축이었던 와인을 시게 만드는 나쁜 역할을 하는 균으로 여겼다고 한다.

그림 5-6. 루이 파스퇴르
(Louis Pasteur, 1822～1895)

그림 5-7. 일리야 메치니코프
(Elie Metchnikoff, 1845～1916)

그림 5-8. 시구르드 올라 옌센
(Sigurd Orla-Jensen, 1870～1949)

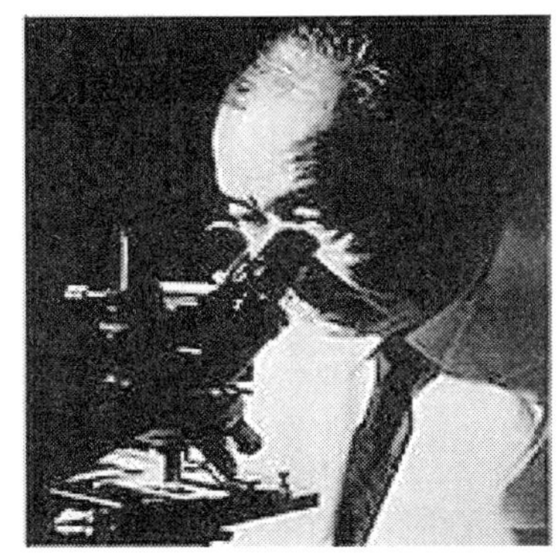

그림 5-9. 시로타 미노루
(代田 稔, 1899～1982)

이후 Louis Pasteur의 제자이자 무균수술의 창시자였던 영국인 외과의사 조셉 리스터(Joseph Lister, 1827～1912) 박사가 우유를 시게 만들고, 발효시키는 것 또한 젖산균임을 밝혔으며, 1873년 최초의 젖산균을 순수 분리하는 데 성공하였다. 1899년 파스퇴르 연구소의 앙리 티씨에(Henry Tissier, 1866～1926)는 모유를 먹고 자란 아기의 장내에서 공기가 있는 곳에서는 자라지 않는 절대 혐기성인 젖산균을 발견, 그 해 12월 2일 파리의 생물학회에 발표하였고, 그 이듬해인 1900년에 「장내균총-유아의 정상과 병태(病態)(La flore Intestinale-Normale et Pathologique du Nourrisson)」라는 저서에서 *Bacillus bifidus communis*(espéce nouvelle, new species)라고 하는 새로운 균을 발견하였다고 명기하고 있다.

이 균은 현재의 *Bifidobacterium bifidum*에 해당한다. Bifidus의 뜻은 '둘로 나뉘어진(divided in two)' 또는 '분지(分枝, branched)된'이라는 뜻의 라틴어에서 나온 것

으로, 현미경상으로 관찰할 시에 균의 모양이 Y字 모양으로 나타나는 경우가 있어 그렇게 명명하였다. 1900년 오스트리아 그라츠(Graz) 대학의 독일인 소아과 의사 에른스트 모로(Ernst Moro, 1874∼1951)는 분유를 먹고 자란 아기의 장내에서 한 종류의 젖산균을 발견하여 애시도필러스균이라고 명명하였다[Acidophilus란 산을 좋아하는(acid-loving) 균이라는 뜻에서 명명하였다].

20세기로 넘어가서는 러시아 태생의 생물학자 일리야 메치니코프(Elie Metchnikoff, 1845∼1916)가 프랑스의 파스퇴르 연구소에 근무하면서 불가리아 사람들이 100세가 넘게 장수하는 이유가 그들이 섭취하는 발효유인 'yahourth'에 원인이 있다고 하는 '불로장생설(不老長生說)'을 1908년에 그의 논문 「생명의 연장(The Prolongation of Life)」에서 주장하면서 젖산균의 인체 유용성이 각광을 받게 되었다.

그는 인간의 노화가 장내에 존재하는 부패성 유해균이 생성하는 독소나 부패산물에 의한 것이며, 이 유해균을 장내에서 제거한다면 노화를 막을 수 있다고 주장하였다. 또한 그는 식이요법을 통한 유해균 제거방법으로 발효유 섭취를 제시하면서 발효유를 통해서 인체에 유입된 젖산균의 증식 중에 생성된 유기산과 대사산물에 의해서 유해균의 증식을 억제할 수 있으며, 노화가 지연되어 장수할 수 있다고 주장하였다.

그 후 젖산균의 내산성(耐酸性) 문제로 인하여 발효유의 젖산균의 건강증진 효과에 대한 학자들의 의심을 해결할 단서를 제공한 것은 일본의 의사였던 시로타 미노루(代田 稔, 1899∼1982) 박사로, 보통의 젖산균은 사람의 위액이나 담즙의 살균력에 의하여 사멸하기 때문에 사람의 장에서 선발한 젖산균, 소위 인장젖산균(人腸乳酸菌)을 사용한 발효유를 고안하였다.

그는 결국 1930년 사람의 위액이나 담즙에 강한 *Lactobacillus casei* 를 선발하여 배양하는 데에 성공하였다. 그리고 그 젖산균을 자신의 이름을 따서 *Lactobacillus casei* strain Shirota라고 명명하였다.

이후 1950∼1960년대 후반까지에 이르러서야 산소가 없는 상태에서 균을 키울 수 있는 혐기 배양기술이 개발되어 장내균총과 젖산균에 관한 연구에서 한층 진보된 결과들을 얻게 되었고, 분자생물학적 기술이 진보하여 미생물의 분류학(Microbial Taxonomy)이 크게 번성하였다. 또한 장내세균(腸內細菌)에 대한 과학업적들이 계속 축적되어 가면서 애시도필러스균과 비피더스균의 인체유용 효과를 입증하는 연구들이 활발히 진행되었다.

3) 젖산균의 분류

초창기의 미생물 분류학은 형태학적인(morphological) 특성과 생리학적(physiological) 특성을 중심으로 이루어졌다. 이러한 특성의 구명은 현미경으로 검경할 경우에 나타나는 크기와 모양, 염색법에 따른 차이, 세포벽의 구성물질, 세포의 지방산 분석, 세포내의 isoprenoid quinone 분석, 당이용 패턴 분석, 효소 패턴 분석 등을 통하여 이루어졌다. 이 방법들은 오늘날의 미생물 동정(同定, identification)에 유용하게 이용되는 방법이기도 하다.

그러나 미생물의 분류학은 같은 조상의 뿌리를 찾는 데에 그 의미의 비중을 높게 두므로 분자 수준에서의 특성이 분류학에 많이 적용되게 되었다. 현재는 DNA의 mol% G+C 함량, 전기영동을 통해서 본 미생물의 유전자 분석(electrophoretic properties), DNA : DNA 융합(hybridization) 연구, 16S rRNA(ribosomal ribonucleic acid)의 염기서열 분석 등이 많이 이용되고 있다. 1965년에 생체내 원형이 유지되는 무엇인가가 있을 것이라 창안한 사람은 에밀 주커캔들(Emile Zuckerkandl)과 라이너스 폴링(Linus Pauling)이며, 그들은 이것을 '분자시계(molecular chronometers)'라 불렀다.

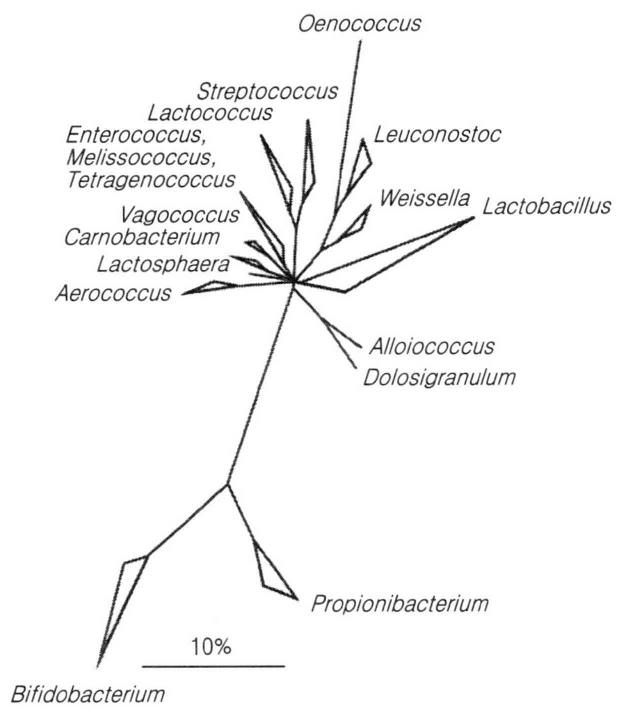

그림 5-10. 주요 젖산균과 관련 Gram 양성균의 계통 분류학적 분류

상단은 DNA G+C 함량 mol%가 낮은 계통이며, 하단은 50 mol% 이상인 계통이다. *Lactobacillus, Weisella, Leuconostoc, Oenococcus*가 근친관계이다.

그 후 1987년에 카알 워즈(Carl Woese)와 그의 동료들은 16S rRNA(ribosomal ribonucleic acid)가 원핵생물에서 세대가 아무리 지나더라도 상당히 변화가 적은 물질임을 알고, 이를 계통분류학에 이용하였다. 오늘날은 PCR 기술과 핵산의 염기서열 분석 기술이 발전함에 따라 방대한 자료가 축적되었다.

또한 23S rRNA, EF-Tu(elongation factor of Tu) 또는 ATPase의 β-subunit 등의 또 다른 분자시계를 찾게 되었다. 현재는 16,000여 가지 이상의 분자시계가 거론되고 있으나 가장 신뢰할 만한 것은 16S rRNA 분석이다. 16S rRNA의 자료를 바탕으로 하여 여러 선(線, major line)의 큰 혈통(descent)으로 나뉘어지며, 이것을 분류학상의 문(門, phylum)이라 한다.

계통 분류학상 젖산균은 Gram 양성의 세균에서 clostridial branch에 속한다. Catalase 음성이고, 포자를 형성하지 않으며 구균, 간균 또는 그 중간 형태인 단간균으로서 DNA에는 55 mol% 미만의 G+C 함량이 들어 있다.

그림 5-10의 계통수(系統樹, phylogenetic tree)에 따르면 *Bifidobacteria*는 55 mol% 이상의 G+C 함량의 DNA를 갖고 있으므로 actinomyces branch에 속하게 되어 전통적인 젖산균(lactobacilli, lactococci, streptococci, leuconostocs, pedicocci 등)과 간격을 두고 떨어져 나가게 된다. 낙농식품에서 중요한 젖산균이 속하는 genus에는 *Lactobacillus*, *Lactococcus*, *Streptococcus*, *Enterococcus*, *Pediococcus*, *Leuconostoc* 등이 있으며, 그밖에 식품오염 미생물로 보고되고 있는 *Carnobacterium*, *Oenococcus*, *Tetragenococcus*, *Vagococcus*, *Weisella* 등이 있다.

(1) *Lactobacillus* 속

Lactobacilli는 그 서식처가 매우 다양하며, 특히 탄수화물이 풍부히 존재하는 곳에서 발견된다. 우유와 유제품, 육류, 인체와 동물의 구강, 장, 질과 같은 점막부위, 식물성 발효식품, 알콜성 음료 및 퇴비나 인간생활과 밀접한 하수처리장 또는 음식물의 발효나 부패하는 곳에서 많이 발견된다.

이들은 인간과 가장 밀접하게 오랜 역사를 두고 공생하면서 인류의 건강을 지켜주는 중요한 일을 해 오고 있으며, 오늘날에도 각종 식품을 통하여 계속 섭취하고 있다. 최근에 이들 lactobacilli의 건강증진 기능에 대하여 많은 연구보고가 발표되고 있으며, 장내에서 콜레스테롤의 흡수억제, 암세포의 생장억제, 다른 미생물의 억제, 질점막의 보호, 장내 유해물질의 생산억제 등 여러 가지 건강증진 기능이 알려지고 있다.

가) 특성

젖산간균(乳酸桿菌)이라고 불리는 lactobacilli의 일반적인 특성은 다음과 같다.

① Gram 양성
② 포자를 형성하지 않는다(non-sporeforming).
③ DNA의 G+C 함량은 50 mol % 이하이다.
④ 내산성 · 호산성이다(aciduric/acidophilic).
⑤ 영양소 요구성이 까다롭다 ; complex nutritional requirements(탄수화물, 아미노산, 펩타이드, 지방산 에스테르, 염, 핵산, 비타민 등)
⑥ Porphyrinoid를 합성하지 않는다.

표 5-30. Kandler와 Weiss의 기준으로 분류한 lactobacilli

구 분	주 요 특 성
Group-I Obligately homofermentative	· 15℃(-) · 6탄당은 EMP 회로에 의해 대부분이 젖산으로 발효됨(85% 이상) · fructose-1,6-bisphosphate aldolase(+) · phosphoketolase(-) : 5탄당 발효 불가능, gluconate(-) · gas from glucose(-) · gas from gluconate(-) · *Lb. acidophilus, Lb. amylophilus, Lb. amylovorus, Lb. crispatus, Lb. delbrueckii* ssp. *bulgaricus, Lb. delbrueckii* ssp. *delbrueckii, Lb. delbrueckii* ssp. *lactis, Lb. gallinarum, Lb. gasseri, Lb. helveticus, Lb. jensenii, Lb. johnsonii* 등
Group-II Facultatively heterofermentative	· 15℃(+) · 6탄당은 EMP 회로에 의해 대부분이 젖산으로 발효됨(50% 이상) · fructose-1,6-bisphosphate aldolase(+) · phosphoketolase(+) : 5탄당 발효 가능, gluconate(+) · gas from glucose(-) · gas from gluconate(+) · *Lb. acetotolerans, Lb. casei, Lb. coryniformis, Lb. curvatus, Lb. paracasei, Lb. rhamnosus, Lb. sake, Lb. pentosus, Lb. plantarum* 등
Group-III Obligately heterofermentative	· 15℃(+) · 6탄당은 EMP 회로에 의해 젖산, 에탄올(초산), 이산화탄소 등으로 발효됨 · phosphoketolase(+) : 5탄당 발효 가능, gluconate(+) · gas from glucose(+) · gas from gluconate(+) · *Lb. brevis, Lb. buchneri, Lb. fermentum, Lb. kefir, Lb. reuteri, Lb. confusus, Lb. fructosus* 등

그러나 lactobacilli의 실질적인 G+C mol%는 33~55 mol%에 해당된다. 또한 어떠한 종은 주변 환경에서 얻어진 porphorin을 갖고, catalase, nitrite reduction 또는 cytochrome같은 활성을 보이기도 한다. 그리고 *Lb. mali* 같은 경우는 pseudocatalase를 생성하기도 한다.

Lactobacilli는 탄소급원으로 포도당이 존재할 경우 최종산물로 85% 이상의 젖산을 생성하는 호모발효(homofermentative)나 젖산 및 탄산가스, 기타 물질도 어느 정도 생성하는 헤테로발효(heterofermentative) 중의 하나일 수 있지만, 산소나 다른 산화제가 존재할 경우 acetate kinase 반응을 일으켜 ATP를 생성할 수 있으므로 젖산이나 ethanol을 소비시켜 acetate가 생성될 수도 있다. 따라서 주변 환경에 따라 최종산물은 매우 다양하게 존재할 수 있다.

이 외에도 citrate, malate, tartarate, quinolate, nitrate, nitrite 등의 다양한 유기산을 대사하여 양성자 동력(proton motive force)을 통하여 에너지 급원이나 전자전달계로 이용할 수 있는 예외성을 보인다.

나) Lactobacilli의 그룹별 분류

1919년 올라 옌센(Orla-Jensen)에 의하여 최초로 분류된 젖산균은 균의 외형, 생장온도, 발효형태 등을 기준으로 하여 총 7속으로 나뉘어 있으며, 그 중 현재의 *Lactobacillus* 속에 해당하는 균들은 간균형태이며, catalase 음성인 균으로 *Thermobacterium, Streptobacterium, Betabacterium* 3가지의 속의 각기 일부에 속하였다. 그러나 Orla-Jensen이 나누었던 기준은 때때로 맞지 않는 경우가 있으며, 식품미생물학에서는 중요하게 여겨지는 특성을 중심으로 재분류를 할 필요성이 제기되어 1986년에 캔들러(Kandler)와 바이스(Weiss)가 lactobacilli를 생화학적·생리학적 특성을 기준으로 I, II, III의 세 그룹으로 나누었다.

이에 따라 1986년 Bergey's Manual 제8판부터 종래의 호모 젖산발효와 헤테로 젖산발효의 2군으로 구분하는 것을 Obligately homofermentative(group-I), Facultatively heterofermentative(group-II), Obligately heterofermentative(group-III)의 3군으로 나누었다. 이들 중 group 1, 2와 3중 일부는 식품발효에 사용되는 lactobacilli이지만, group 3은 보통 식품의 오염과 관련이 많다.

올라 옌센(Orla-Jensen)이 처음 발견한 lactobacilli는 10종으로, 그 후로 차츰 수가 늘어 Bergey's Manual에서는 7판에 15종, 8판에 25종을 다루고 있으며, 최신 9판에서는 44종이 언급되고 있다. 그러나 여러 분석기법이 등장함에 따라 최근 더욱 많은 수의 lactobacilli가 발견되거나 다른 속으로 이동하는 경우가 잦아 현재로서는 56종이 lactobacilli에 속하고 있다.

(2) *Streptococcus* 속

Streptococci는 인체와 동물의 질병과 관련되어 있어 연구의 역사가 오래된 미생물의 하나이다. *Streptocccus* 라는 명칭은 1874년 빌로스(Billroth)가 상처 부위에서 발견한 균의 형태를 가리켜 'Streptococcos'라고 말한 것을 1884년에 로젠바흐(Rosenbach)에 의해 변형되어 처음 사용되어졌으며, 사슬모양을 이루는 구균이라는 뜻에서 붙여졌다. 국내에서는 연쇄상구균(連鎖狀球菌)이라고 불린다.

알려진 많은 종들이 사람이나 동물에게 있어서 기생생활(parasitic)을 하거나 일부는 중요한 병원균(pathogenic)으로 활동하기도 한다. 사람과 동물의 성홍열(scarlet fever), 유방염(mastitis) 등의 병을 일으키는 균과 함께 일부는 충치형성의 원인균이 되기도 하고, 몇몇은 젖산을 생성하여 치즈, 발효유, 사일리지, 김치 등의 발효에 작용을 하면서 중요한 기능을 갖고 있기도 하다.

가) 특성

① Gram 양성이다.
② 구형(spherical) 또는 난형(ovoid)의 세포로 연쇄상이거나 짝을 이룬 형태를 이룬다.
③ 조건적 혐기성(facultatively anaerobic)이다.
④ 포자를 형성하지 않는다(non-sporeforming).
⑤ Catalase 음성이다.
⑥ 호모(homo) 젖산발효를 한다.
⑦ 영양소 요구성이 까다롭다.

나) Streptococci의 분류

병원성이 의심되는 균을 분류할 때 용혈(溶血, hemolysis) 검사가 많이 이용된다. 1903년 슈트뮐러(Schottmüller)가 고안한 이 방법은 혈액 한천에 *Streptococcus* 를 배양하여 균락 주위에 나타나는 형태에 따라 β-용혈그룹, α-용혈그룹, 용혈을 일으키지 않는 그룹으로 구분한다. β-용혈(hemolysis)은 균락 주위에 투명한 용혈환을 나타내며, 용혈소 streptolysin O와 S가 생성된다. α-용혈(hemolysis)은 균락 주위에 녹색환 혹은 갈색환이 있고, 부분적으로 약한 용혈을 나타내며 용혈소를 생성하지 않는다. 그러나 용혈성 검사법은 각 균종별로 동정하거나 설명하고자 할 경우에는 현재까지도 유용한 분류방법에 속하지만, 같은 종에서도 균주(strain)에 따라 많이 변화하기 때문에 계통분류학적으로는 구분의 기준이 될 요건을 갖추지 못한 방법이다.

Streptococcus 속은 1919년 올라 옌센(Orla-Jensen)에 의해 생장온도, 내염성, 담즙

산염 내성, 외형, 발효반응 방식 등의 기준에 의해 분류되었다가, 1933년에 랜스필드(Lancefield)에 의하여 "group antigen"이라 불리는 각 streptococci의 세포벽에 존재

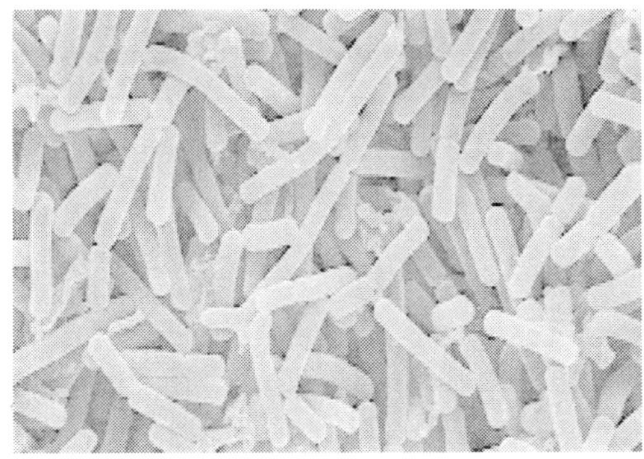

Lacobacillus acidophilus

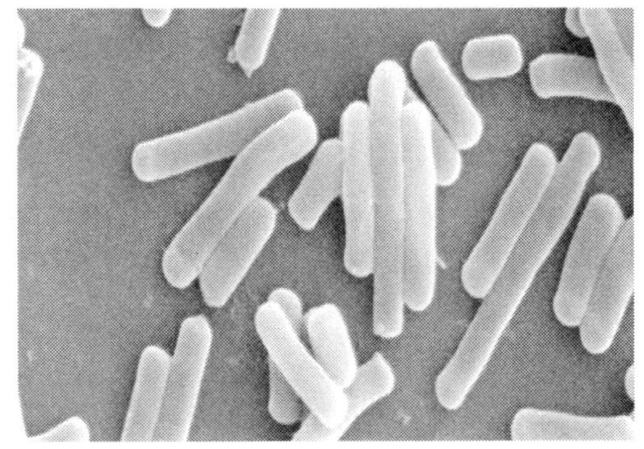

Lactobacillus brevis

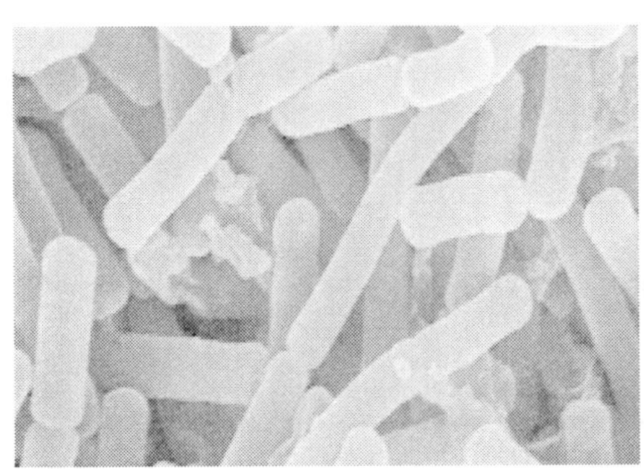

Lactobacillus casei

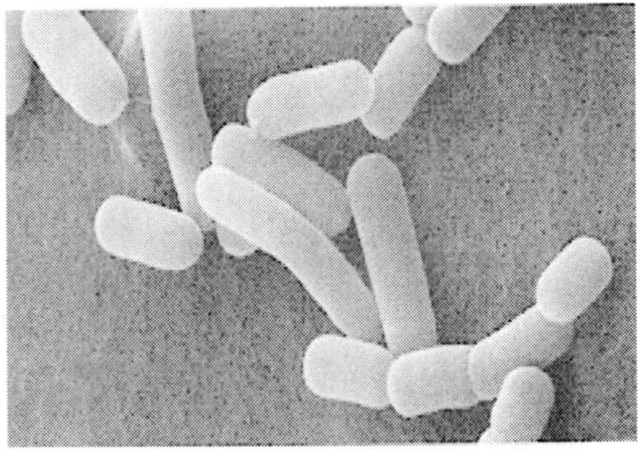

Lactobacillus reuteri

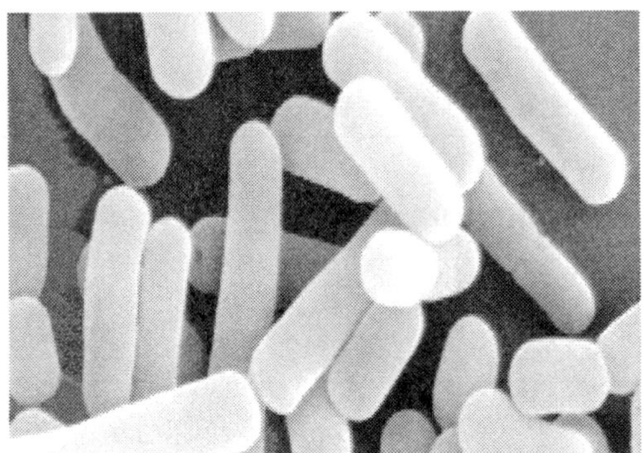

Lactobacillus fermentum

그림 5-11. 주요 lactobacilli 의 전자현미경 사진(Mitsuoka, 1990)

표 5-31. Lactobacilli의 주요 species

종(Species)	특 성
Lb. acidophilus	산을 좋아한다는 의미(*acidum-philus* ; acid-loving). 인간과 동물의 장관, 구강, 질에서 발견
Lb. brevis	짧은(*brevis* ; short) 모양을 나타낸 의미. 우유, 치즈, 사우어크라우트, 사우어도우(sourdough), 사일리지 등의 발효식품과 소의 분변, 인간과 설치류의 장관 등에서 발견
Lb. buchneri	독일 미생물학자 부흐너(Buchner)의 이름을 기림. 우유, 치즈, 발효식물체, 사람의 구강 등에서 발견
Lb. casei ssp. *casei*	치즈(*caseus* ; cheese)에서 발견되었다는 의미. 우유, 치즈, 유제품 및 낙농관련 환경 및 사우어도우(sourdough), 소의 분변, 사일리지, 인체의 장관, 구강, 질, 하수 등에서 발견
Lb. cellobiosus	Cellobiose와 관련되어 있다는 의미. *Lb. fermentum* 과 유사 종으로 취급하기도 함.
Lb. confusus	*Leuconostoc* 과 혼돈되었던(*confudere* ; confuse) 것을 암시. Sucrose에서 dextran이 생성, 사탕수수나 당근주스에서 발견, 때때로 원유나 하수에서 발견. *Weisella confusa* 로 변경
Lb. crispatus	Broth 배양에서 곱슬(*crispatus* ; curled)모양의 균체가 관찰됨. 48～53℃에서 생장하는 strain도 있으며, 인체의 분변, 질, 구강 또는 닭의 소낭, 맹장에서 발견. 화농성 늑막염(purulent pleurisy), 백대하(白帶下, leucorrhoea) 및 요로감염 환자에게서 발견. *Lb. acidophilus* group A2와 동일 종
Lb. curvatus ssp. *curvatus*	말발굽 모양(*curvatus* ; curved)의 균체가 가끔 발견됨. 4개의 세포로 이루어진 닫힌 원모양을 이루기도 함. 초기에는 운동성이 있다가도 계대를 거치면서 소실. 2～4℃에서 생장하는 strain도 있음. 소의 분변, 우유, 사일리지, 사우어크라우트, 및 육제품에서 발견. *Lactobacillus curvatus* 는 오기
Lb. delbrueckii ssp. *bulgaricus*	불가리아 요구르트에서 발견된 것을 의미. 발효유, 치즈에서 발견되며, 일부 소수의 당만을 발효함. *Lactobacillus bulgaricus* 는 오기
Lb. delbrueckii ssp. *delbrueckii*	독일 미생물학자 델브뤽(M. Delbrück)을 기림. 높은 온도(40～53℃)에서 발효하는 식물 물체에서 분리. *Lactobacillus* 속의 표준 균주
Lb. delbrueckii ssp. *lactis*	우유(*lac* ; milk)에서 분리된 것을 의미. 우유, 치즈, 압축 효모, 곡물 분쇄물 등에서 분리. *Lb. lactis* 는 오기, *Lb. leichmannii* 는 유사 종
Lb. fermentum	발효한다는(*fermentm* ; ferment, yeast) 의미. 균체의 길이는 매우 다양하게 존재함. 효모, 우유, 사우어도우(sourdough), 발효식물체, 퇴비, 하수 및 사람의 구강과 분변에서 분리

(계속)

종(Species)	특 성
Lb. gallinarum	닭(*gallina* ; hen)에서 발견된 것을 의미. 4% NaCl에 내성이 있으며, 닭의 장에서 분리됨. *Lb. acidophilus* group A4와 동일 종
Lb. gasseri	*Lactobacillus*의 lactate dehydrogenase 연구를 개척한 F. Gasser의 이름을 기림. 우유를 응고시키며 구강, 장, 분변, 질에서 분리. *Lb. acidophilus* group B1과 동일 종
Lb. helveticus	스위스(*Helveticus* ; Swiss) 지방의 치즈에서 발견된 것을 의미. 50~52℃에서 생장하는 것도 있으며, 산유·치즈 스타터 등에서 발견된다. 특히 스위스 치즈인 에멘탈(emmental)과 그뤼예르(Gruyére)에서 분리됨.
Lb. jensenii	덴마크의 미생물학자 올라 옌센(S. Orla-Jensen)의 이름을 기림. 단일 또는 짧은 연쇄상으로 존재하며, 인체의 질 배출물, 응고혈에서 분리
Lb. johnsonii	미국의 미생물학자 존슨(Johnson)의 이름을 기림. 4% 염농도에 내성이 있으며, 닭·쥐·송아지·돼지의 분변에서 분리됨. *Lb. acidophilus* group B2와 동일 종
Lb. kefiri	터키어로 코카서스 산유인 Kefir를 나타내는 의미. 짧은 간균의 연쇄상을 형성하거나 긴 섬모를 형성하기도 함. 케피어 그레인이나 케피어 드링크에서 분리. *Lb. kefir*는 오기
Lb. reutri	독일의 미생물학자 로이터(Reuter)의 이름을 기림. 인체, 동물의 분변, 육제품, 사우어도우(sourdough)에서 분리
Lb. rhamnosus	Rhamnose와 관련되어 있는 것을 의미. 일부 strain은 48℃에서 생장. 유제품, 하수, 인체와 임상검체에서 분리. *Lb. casei* ssp. *rhamnisus*는 오기
Lb. ruminis	소의 반추위(*rumen* ; throat)에서 발견된 것을 의미. 섬모를 가지고 있어서 운동성이 있다. cystein-HCl을 첨가하면 배양이 촉진된다. 반추위에서 분리한 strain은 운동성이 있는 반면, 하수에서 분리된 strain은 운동성이 없고 45℃에서 생장하지 않는 경우가 있다.
Lb. sakei ssp. *sakei*	일본 술에서 발견된 것을 의미. 일부 strain은 2~4℃에서 생장, lactic acid racemase 활성이 있다. 사케 스타터, 사우어크라우트, 발효식물 등에서 분리. *Lb. barvaricus*와 유사 종, *Lb. sake*는 오기. *Lb. sakei*에서 *Lb. sakei* ssp. *sakei*로 변경
Lb. salivarius ssp. *salicinus*	배당체인 salicin과 관련된 것을 의미. salicin과 esculin을 발효하지만 rhamnose는 발효하지 않는다. 사람과 햄스터의 구강과 장관, 닭의 장관에서 발견
Lb. salivarius ssp. *salivarius*	사람의 타액(*salivarius* ; salivary)에서 발견된 것을 의미. Rhamnose를 발효하지만 salicin과 esculin은 발효하지 않는다. 사람과 햄스터의 구강과 장관, 닭의 장관에서 발견

하는 특정의 항원의 혈청학적 분류방법으로 재분류되었다. 이는 *Str. pyogenes*를 기준으로 처음 발견된 serotype을 A로 시작하여 B, C, D 등으로 나뉘고, 또한 동일 그룹 내에서도 세부 연구가 이루어져 subgroup으로 하위분류가 성립되는 방식으로 정립된 분류방법이다. 이의 분류방식은 병원성 streptococci의 동정에 중요한 열쇠가 되었으나, 부분적으로 항원을 갖지 않는 종이 존재하거나 일부 종은 고유의 항원만을 보유하고 있지 않는 것으로 밝혀져, 전체 속(屬)에 속한 종(種)에 대한 분류법으로는 적합하지 못하였다. 이후 1937년에 셔먼(Sherman)은 10℃, 45℃ 생장여부, 60℃에서 30분간 열처리시 생존여부, pH 9.6에서의 생장여부, 0.1% methylene blue 존재시의 생장여부, 내염성 등을 기준삼아 streptococci를 다시 4군으로 통합 분류하였다.

4개의 분류는 Pyogenic 그룹, Viridans 그룹, Lactic 그룹, *Enterococcus* 그룹이며, 각각의 그룹별로 특징이 크게 대별되며 그 상세는 다음과 같다.

표 5-32. *Streptococcus*속의 분류 기준(Sherman, 1937)

Sherman's group	Lancefield group	Haemo-lysis	Growth at 10℃ /45℃	Growth in NaCl 6.5%/ pH 9.6 broth	Methylene blue 0.1% 0.3%	Survive 60℃ for 30min	NH_4 from arginine
Pyogenic	*Sreptococcus*						
	A : *Str. pyogenes*	β	-/-	-/-	-/-	-	+
	B : *Str. agalactiae*	β, α	-/-	-/-	-/-	-	+
	C : *Str. dysgalactia*	α	-/-	-/-	-/-	-	+
	D, E, F, G, H						
Viridans	No group specific antigen *Streptococcus*						
	thermophilus	γ	-/+	-/-	-/-	+	-
	bovis	γ	-/+	-/-	-/-	+	-
	uberis	α, γ	+/+	-/-	-/-	+	+
Lactic	N : *Lactococcus*						
	lactis	γ	+/-	-/-	+/+	-	+
	cremoris	γ	+/-	-/-	+/-	-	-
Entero-coccus	D : *Enterococcus*						
	faecalis	γ	+/+	+/+	+/-	+	+
	faecium				+/-	+	+
	durans	β	+/+	+/+	+/-	+	+

① Pyogenic group(용혈 연쇄구균군)

병원성이고 식품 중에 간혹 존재하며, 유방염을 일으키는 *Str. agalactiae*와 *Str. dysgalactiae* 그리고 성홍열의 원인균인 *Str. pyogenes* 등이 이 그룹에 속한다. 10℃, 45℃에 생육하지 않고 β-용혈(溶血)을 한다. 발열, 용혈성 그룹에 속한 streptococci는 Lancefield의 분류방법이 기초가 되었다.

② Viridans group(녹색 연쇄구균군)

구강(oral) 그룹이라고도 한다. 혈액 한천상의 집락 주위에 녹색환의 α-용혈을 나타낸다. 10℃에서 생육하지 않고, 45℃에는 생육한다. 여기에 속하는 중요한 균은 치즈, 발효유에 사용하는 *Str. thermophilus*이며, 살균한 우유에 *Str. bovis*가 생장하는 경우도 있다.

③ Lactic group(젖산구균군)

유제품의 중요 젖산균으로서 용혈성은 없고, 10℃에 생육하지만 45℃에는 자라지 않는다. 식염 내성은 2~4% 정도이고, 식염이 많으면 생육하지 않는다. 일반적으로 생육온도는 30℃이고, *Lactococcus*로 독립되었다. *Lc. lactis, Lc. cremoris, Lc. diacetylactis* 등이 여기에 속한다. 우유 가공에 이용되고 있는 젖산균으로서의 *Lactococcus*는 antigen group N에 속하는 것들이다.

④ Enterococcus group(장구균군)

10℃, 45℃에도 생육하고 난형(卵形)의 구균이며, 사람과 동물의 장관에 유래하며, 식물에 유래하는 것도 있다. 장내, 상·하수, 시판 육제품, 건조 수산식품, 우유, 유제품, 냉동야채, 냉동과즙, 생과자, 된장, 토양, 사일리지 등에서 쉽게 검출되며, 약제로 쓰이는 경우도 있다.

이 구균의 특징은 내열성이 강하고, 우유의 저온살균 또는 그 이상의 가열에도 생존(生存)한다. 6.5% 혹은 그 이상의 식염에도 생육하고, 5~8℃에서도 자라는 것이 있으며, 대부분 48~50℃에서 생육한다. *Enterococcus faecalis*은 내열성이 가장 강하고 α-용혈성을 보이며, 식물유래 젖산균으로서 γ-용혈성을 보인다.

Streptococci 중에서 *Str. thermophilus*는 다른 종들에 비하여 예외적인 존재이다. 그 이유로는 *Str. thermophilus*는 발효유와 치즈제조에 사용되는 중요한 스타터 미생물로 분류학적인 관점에서 많은 논쟁의 대상이 되어 왔다. 이 균은 Sherman의 분류에 의하면 viridans 그룹에 속하며, Lancefield의 항원반응을 일으키지 않는다. *Str. thermophilus*는 45℃에서 50℃ 사이의 온도에서 생장이 가능하나 15℃에서는 자라지 않는다. 이 균은 다른 streptococci에 비하여 상대적으로 높은 열저항성을 가지고 있다.

1973년 런던(London)과 클라인(Kline)은 *Str. thermophilus* 를 Sherman의 분류에서 Lactic group에 속하는 group N streptococci로 분류하려 하였으나, 1982년에 클리퍼 발츠(Klipper-Bälz) 등은 핵산교잡법(核酸交雜法, Nucleic acid hybridization)을 통하여 *Str. thermophilus* 는 group N과는 다른 것으로 밝혔다. 따라서 *Lactococcus*에는 속하지 않으면서 식품의 발효에 쓰이는 유일한 *Streptococcus* 균이 존재하는 것이다. *Str. thermophilus* 는 *Lb. delbrueckii* ssp. *bulgaricus, Lb. lactis* 또는 *Lb. helveticus* 와 함께 혼합스타터로 사용되며, 최적 생장온도는 발효유 제조와 스위스, 이탈리아 치즈의 제조공정에 적합한 40℃ 이상이다.

특히 *Lb. delbrueckii* ssp. *bulgaricus* 를 *Str. thermophilus*와 같이 배양하면 서로의 생장을 촉진하는 공생관계가 이루어지는데, 이는 *Str. thermophilus*가 formic acid를 생성하여 *Lactobacillus*의 생장을 촉진하고, *Lb. delbrueckii* ssp. *bulgaricus* 가 단백질 분해활성을 발휘하여 *Streptococcus* 의 우유 내에서 생장을 활발하게 해줌과 동시에 acetaldehyde 같은 향기물질을 생성토록 한다.

다) Streptococci의 생태학

Streptococci는 조건적 혐기성으로 설명되고 있으나 속한 종의 대부분이 이산화탄소가 존재하는 미호기성이나 혐기조건에서 잘 자란다. 액체배지 상태의 배양조건에서는 포도당이나 다른 탄수화물이 공급될 때 생장이 촉진된다. 그러나 배지의 완충효과가 떨어져 pH가 빨리 저하될 경우 생장이 급격히 억제된다.

배지의 탄수화물이 충분할 경우 생장이 빠르며, 주로 L-lactic acid를 생성한다. 포도당을 제한시키고 낮은 희석배율로 연속배양 할 경우 formate, acetate, ethanol 등의 다른 생성물이 나온다. 영양소 요구성이 까다롭기 때문에 meat extract, peptone, blood, serum 같은 물질이 들어간 복합배지를 사용하는 경우가 많으며, 일부 종은 arginine을 분해하여 에너지원으로 사용하기도 한다. 또한 catalase 음성이고, haem compound를 생성하지 못하지만, 호기조건에서 배양시킬 경우 일부 종은 hydrogen peroxide를 생성한다.

(3) *Lactococcus* 속

Lactococci는 Gram 양성의 구균으로 Lancefield group N lactic streptococci에 속한다. 젖산구균(乳酸球菌)이라 불리기도 하는 이 균종들은 20~30℃에서 10~20시간 정도 방치시킨 우유에서 자연스럽게 유당을 발효하여 L(+) lactic acid를 생성하며, 중온성(中溫性 ; mesophilic) lactic streptococci라고도 불린다.

1909년에 뢰니스(Löhnis)가 발효유제품에서 주로 발견되는 연쇄상(連鎖狀球菌) 구균을 '*Streptococcus lactis*'로 통칭하였으며, 1919년에 올라 옌센(Orla-Jensen)이 mesophilic lactic streptococci를 '*Streptococcus lactis*'와 '*Streptococcus cremoris*'로 정립시키고, 1933년에 랜스필드(Lancefield)가 혈청학적 분류를 통하여 group N으로 구별된 그룹이다. 그 후 1985년에 슐라이퍼(Schleifer) 등의 핵산교잡법이나 SOD (superoxide dismutase)의 면역학적 관계규명 등을 통하여 독립된 새로운 genus인 *Lactococcus*가 출현하게 되었다.

Lactococcus 속의 균은 산업적으로 가장 널리 사용되는 균이며, 특히 유가공 산업에 있어 스타터로 사용되는 것들은 안정성과 그 신뢰도가 주된 관심사이다. Lactococci가 발휘하는 대부분의 장점들은 플라스미드에서 발현되는 것이므로 상당히 불안정하다. 또한 한 종류의 균주만을 지속적으로 사용할 경우 phage 오염의 문제가 발생할 수 있다.

*Lc. lactis*의 아종들은 상업적으로 이용되는 젖산균에서 가장 중요한 균들이다. 보통 식물체 등에서 많이 분리되었지만, 가장 많이 발견되는 곳은 유제품이다. 비운동성으로 구균형의 호모젖산발효를 하며 10℃에서 생장하나 45℃에서는 하지 못한다. 또한 포도당으로부터 L(+)-lactic acid를 생성하지만, 플라스미드 DNA로 획득한 PEP-PTS(phos-phoenolpyruvate-phosphotransferase system)을 통하여 우유에서 유당을 효율적으로 이용할 수 있게 된다. 여기에 속하는 균은 *Lc. lactis* ssp. *lactis*, *Lc. lactis* ssp. *cremoris*로서 발효유제품에 널리 쓰이고 있다.

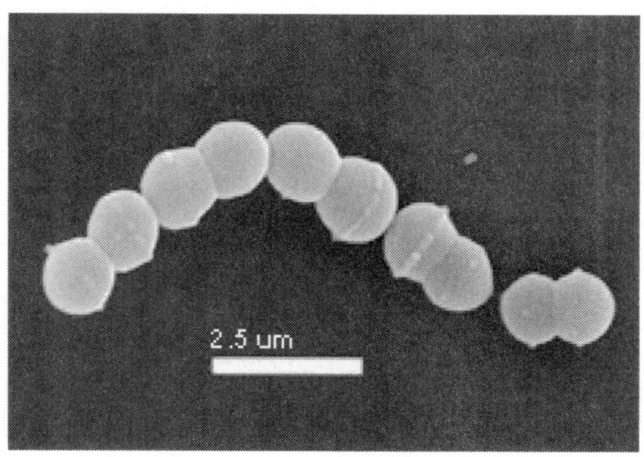

그림 5-12. *Streptoccus thermophilus*의 전자현미경 사진

(Robert Hutkins. University of Nebraska)

표 5-33. Streptococci의 주요 species

종(Species)	그룹 (Group)	특 성
Str. agalcatiae	pyogenic	소 유방염의 원인균이 한때는 인간에게도 병원균으로 인식됨. 주로 β-hemolytic이며 Lancefield group B에 속함. 사람의 질점막, 상부 호흡관, 소변, 분변 및 동물의 유방조직과 우유에서 발견된다.
Str. bovis	viridans	Arabinose와 raffinose는 발효하나 mannitol은 발효하지 못하는 소의 세균. 인체의 심장내막염과 결장암의 원인균이며 α-hemolytic이다. 소・양 등의 반추동물의 소화관, 돼지분변, 사람의 분변, 원유와 살균유 및 심장내막염 환자에서 발견된다.
Str. canis	pyogenic	β-hemolytic이며, Lancefield group G에 속함. 개(피부, 상부호흡관, 생식기), 소(유방)에서 발견되며, 사람에게서는 발견되지 않는다.
Str. dysgalactiae ssp. *dysgalactiae*	pyogenic	소의 유방염의 원인균 β 또는 α-hemolysin을 생성함. Lancefield group C, G, 또는 항혈청 L과 반응한다. 인간의 호흡기, 질, 피부, 인후부, 가축의 생식기관 등에서 발견되며, 유방염에 걸린 소에게서 분리되었다.
Str. equi ssp. *equi*	pyogenic	말의 호흡기 질환과 관련된 균으로서 β-hemolytic, Lancefield group C에 속하며, 말고삐 등에서 발견된다.
Str. equinus	other	부패물에서 생장하는 균으로서 공기, 먼지, 말의 분변에서 유래됨. 약한 α-hemolysin을 생성하고, 말의 소화기관에서 발견된다.
Str. faecalis	-	*Enterococcus faecalis* 로 변경
Str. faecium	-	*Enterococcus faecium* 으로 변경
Str. lactis	-	*Lactococcus lactis* ssp. *lactis* 로 변경
Str. lactis ssp. *cremoris*	-	*Lactococcus lactis* ssp. *cremoris* 로 변경
Str. lactis ssp. *diacetilactis*	-	*Str. diacetilactis* 는 오기. *Lactococcus lactis* ssp. *lactis* 로 변경
Str. mutans	mutans	충치의 원인균으로 알려져 있음. 주로 α- 또는 non-hemolytic 하고, 일부는 β-hemolytic. 최적 생장온도는 37℃이고, 일부는 45℃에서도 생장하나, 10℃에서는 생장이 이루어지지 않는다. 사람의 치아 표면이나 분변에서 발견된다.
Str. pyogenes	pyogenic	*Streptococcus* 속의 표준 종으로 β-hemolytic 하다. Lancefield group A에 속하며, 표면 단백질 항원에 의해 M, T, R로 나뉜다. Streptolysin O(oxigen liable)과 S(oxygen stable), erythrogenic toxin(성홍열 독소) 등을 낸다. 사람의 상부 호흡관, 화농성 삼출물, 피부상처, 혈액과 오염된 대기 먼지 등에서 발견된다.

(계속)

종(Species)	그룹 (Group)	특 성
Str. pyogenes	pyogenic	*Streptococcus* 속의 표준 종으로 β-hemolytic 하다. Lancefield group A에 속하며, 표면 단백질 항원에 의해 M, T, R로 나뉜다. Streptolysin O(oxigen liable)과 S(oxygen stable), erythrogenic toxin(성홍열 독소) 등을 낸다. 사람의 상부 호흡관, 화농성 삼출물, 피부상처, 혈액과 오염된 대기 먼지 등에서 발견된다.
Str. salivarius	viridans	사람의 타액에서 발견됨. 일반적으로 병원성 균으로는 여겨지지 않으나 감염성 심장내막염 환자에서 발견되거나 무균동물의 충치 발생에 관여하는 것으로 밝혀짐. Non-hemolytic 또는 약한 α-, β-hemolytic 하다. 일부는 Lancefield group K에 속한다. DNA-DNA hybridisation 분석에 의하여 *Str. vestibularis, Str thermophilus* 와 근친관계에 있다. 사람과 동물의 구강, 특히 혀와 타액에 존재한다.
Str. salivarius ssp. *thermophilus*	-	*Str. thermophilus* 로 복귀 변경
Str. thermophilus	viridans	Orla-Jensen(1919)이 발견한 이 균은 Farrow와 Collin(1984)가 *Str. salivarius* ssp. *thermophilus* 로 분류한 것을 16S rRNA분석을 기초로 한 유전형적 특성과 표현형적 특성을 기준으로 Schleifer (1991)가 재분류하였다. 세포는 직경 0.7~1 ㎛로서 구형이나 난형이다. 연쇄를 이루거나 짝을 이룬 형태로 존재하며, 45℃에서 배양시 일정치 않은 세포와 군집형태를 보인다. α-Hemolytic 하거나 non-hemolytic 하며, 15℃에서는 생장하지 않으나 45℃에서는 생장한다. 60℃, 30분간 가열시 생존하며, DNA의 G+C 함량은 37~40 mol%이다. 가열 살균된 우유에서 발견되나, 자연적인 생태는 밝혀지지 않았다.

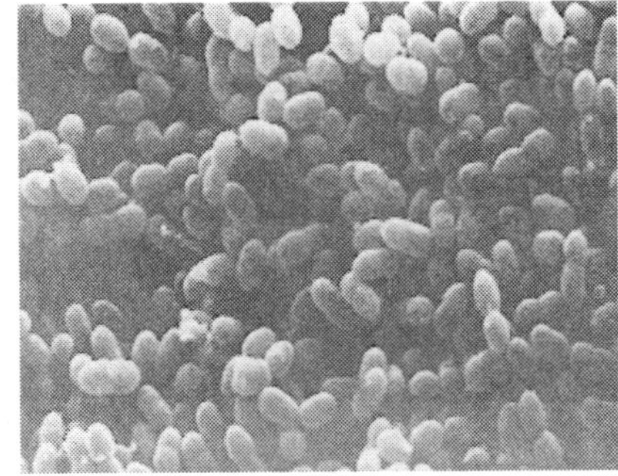

Lacococcus

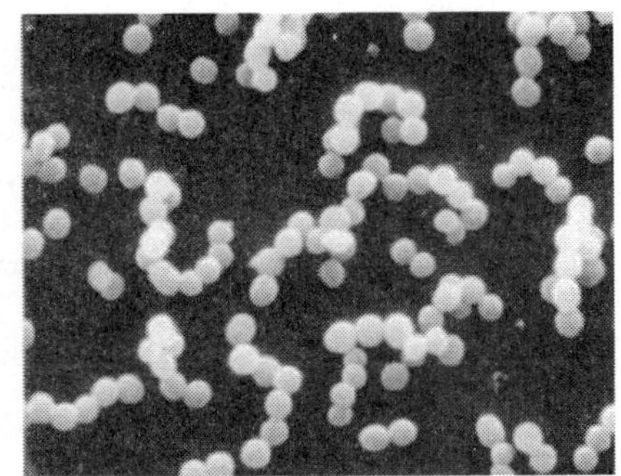

Lactococcus cremoris

그림 5-13. 주요 Lactoccci의 전자현미경 사진(Bart Weiner. Utah State Univ.)

표 5-34. Lactococci의 주요 species

종(Species)	특 성
Lactococcus lactis ssp. *cremoris*	· 크림(*cremor* ; juice, cream)과 관련이 있음을 나타냄 · Maltose, ribose를 발효하지 못함 · G+C mol%는 34.8～35.6 mol%이다. · 원유와 유제품에서 발견됨 · *Streptococcus cremoris*는 오기 · *Streptococcus lactis* ssp. *cremoris*는 오기
Lactococcus lactis ssp. *lactis*	· *Lactococcus*속의 표준 종 · 우유(lac)에서 발견된 것을 의미함. · 당의 발효 특성이 잘 밝혀져 있으며, 효소의 특성도 잘 밝혀져 있다. Arginine dehydrolase를 가지고 있어 ammonia를 생성한다. 일부 strain은 citrate를 이용하여 이산화탄소, acetoin, diacetyl 등을 생성한다. · G+C mol %는 34.4～36.3 mol %이다. · *Lactobacillus xylosus* 유사 종 · *Streptococcus lactis*는 오기 · *Streptococcus lactis* ssp. *diacetilactis* 유사 종
Lactococcus plantarum	· 냉동완두콩(*planta* ; plant)에서 발견된 것을 의미함. · *Streptococcus plantarum*은 오기
Lactococcus raffinolactis	· 원유에서 발견됨 · *Streptococcus raffinolactis*는 오기

두 균의 차이는 *Lc. lactis* ssp. *lactis*는 40℃, 4% NaCl, 0.1% methylene blue가 함유된 우유에서 생장 가능하고, pH 9.2에서도 생장 가능하며, arginine으로부터 ammonia를 생성하는 반면 *Lc. lactis* ssp. *cremoris*는 그렇지 못하다는 점이다. 한편 *Lc. lactis* ssp. *lactis*가 생성하는 박테리오신인 나이신(nisin)은 현재 식품 변질을 방지하기 위한 항미생물성 물질로 가장 널리 쓰이고 있다.

(4) *Enterococcus*속

1899년에 티에르슬링(Thiercelin)이 장내의 구균이라는 뜻으로 사용한 "entérocoque"라는 말을 사용한 후 1906년에 앤드류스(Andrews)와 홀더(Horder)가 심장내막염을 앓는 환자에게서 분리한 *Str. faecalis*를 "*Enterococcus*-type" 미생물이라고 표현한 것이 그 시초가 되었다. 이후에 Sherman의 분류와 Lancefield 분류에 의해 독립된 속으로 출발하였다. Enterococci는 포도당으로부터 L(+)-lactic acid를 호모

(homo) 젖산발효하며, 또한 아미노산을 분해하여 에너지로 사용한다.

그러나 위의 전통적인 분류방식이 현재의 16S rRNA의 분석에 기초를 둔 분류방법에는 들어맞지 않고 몇몇 종은 예외로 남는 경우가 많다. 또한 hemolysis 같은 중요한 특성이 플라스미드에 의해 발현되는 것이 많기 때문이다.

1970년에 캘리나(Kalina)가 *Str. faecalis*와 *Str. faecium*에 일반명인 *Enterococcus*를 사용할 것을 제안한 이후 1984년에 슐라이퍼(Schleifer)와 클리퍼 발츠(Klipper-Bälz)가 Lancefield D group 전체를 모두 *Enterococcus*로 독립시킨 이후에 이와 같은 명칭을 사용하는 것이 이루어졌다. 그러나 *Str. bovis, Str. equinis*는 Lancefield D group에 속하지만 *Enterococcus*에 속하지 않는다.

Enterococci 중에서도 특히 *E. faecalis*는 인체의 심장내막염, 요로감염, 병원감염의 원인균으로 지목되어 왔다. 그러나 다른 종들은 인체 감염과는 관련이 거의 없다. 식품과 공중보건미생물학에서 중요하게 다뤄지는 enterococci는 장내에서의 생태, 식

표 5-35. Enterococci의 주요 species

종(Species)	Source	주요 발견처
E. faecalis		사람과 동물의 장관
E. faecium		사람과 동물 및 가금류의 장관
E. avium	D streptococci	가금류와 포유류의 장관
E. casseliflavus	D streptococci	목초, 사일리지, 식물, 토양
E. cecorum	D streptococci	임상검체, 동물
E. durans	D streptococci	임상검체
E. gallinarum	D streptococci	가금류의 장관
E. maldoratus	D streptococci	고다(Gouda) 치즈

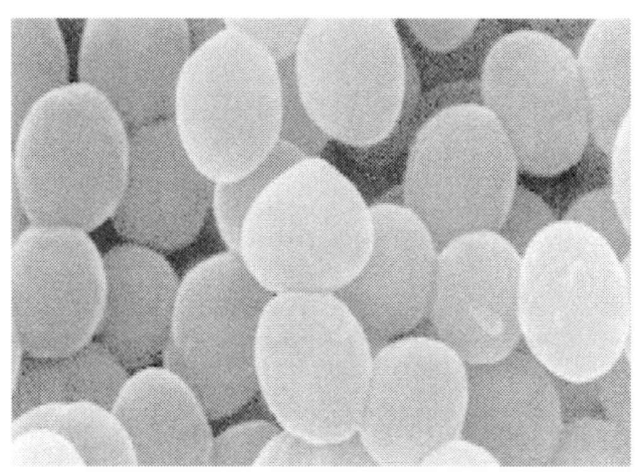

그림 5-14. *Enterococcus faecalis*의 전자현미경 사진(Mitsuoka, 1990)

품 위생의 지표 및 식중독과 관련된 사항에 대하여 다뤄진다. Enterococci가 식품에서 발견되는 것은 장내 환경 바깥에서도 생존하는 그들의 특성을 이용한 것이다. 또한 상대적으로 내열성이 있고, 열처리가 이루어진 식품에 존재하는 전체 균의 오염정도를 대표하기 때문에 중요한 지표로 사용되기도 한다.

일부 식품에서는 enterococci가 스타터로서 사용되기도 한다. 또한 상업적인 probiotics로써 만들어져 사람의 장내 질병을 예방하거나 치료하는 데 사용되기도 하였고, 일부는 동물 사료의 생균제로도 사용되어 왔다.

(5) *Leuconostoc* 속

Leuconostoc 은 lactobacilli와 *Pediococcus* 에 매우 근친하고, 특히 헤테로 젖산발효를 하는 lactobacilli와 가깝다. *Leuconostoc* 은 영양소 요구성이 까다롭고 식물체, 유제품, 육제품과 여러 발효식품에서 발견된다. 사일리지 발효에서 *Leuc. mesenteroides* ssp. *mesenteroides*는 과량의 exopolysaccharide를 생성하고, 이는 사일리지 가공기계에 오염을 일으키는 것으로 알려져 있다. 유제품과 발효유제품에서 주로 발견되는 것은 *Leuc. mesenteroides* ssp. *mesenteroides* 와 *Leuc. lacis* 로, 특히 *Leuc. mesenteroides* ssp. *mesenteroides* 와 *Leuc. paramesenteroides* 는 낮은 온도에서도 느리게 생장이 가능하기 때문에 우유에서 발견되는 것으로 여겨진다.

Leuconostoc mesenteroides ssp. *cremoris* 와 *Leuc. lactis* 는 citrate를 inducible citrate lyase를 활용하여 낮은 pH에서 diacetyl과 acetoin으로 변환할 수 있다. 이들은 citrate와 유당의 활발한 대사작용 및 항생제 내성, 그리고 다른 여타의 젖산균과 함께 반응하여 생장하는 특성을 갖고 있어 유제품의 스타터로 사용되기도 한다.

치즈의 제조시에 이들은 치즈의 관능적 특성, 경도, 촉감, 치즈의 구멍(eye formation) 형성에 영향을 미친다. 이것으로 만드는 치즈는 Manchego, Danbo, Minas, Sovetskii, Fynbo, Gouda, Kefalotyri, Buffalo Mozzarella, Aracena 등이 있으며, 치즈뿐 아니라 다른 발효유에 *Leuconostocs* 을 사용하면 관능적 특성이 향상되는 것으로 알려져 있다. 그러나 우유에 사용할 경우 phage의 공격을 당하기 쉽고, 실질적으로 발효시간을 단축시키는 데에는 영향을 주지 못한다.

박테리오신을 생성하는 *Leuconostocs* 은 *Leuc. mesenteroides* 와 *Leuc. gelidum* 이

포도당으로부터의 발효산물	속(Genus)
L(+)-Lactic acid	*Lactococcus*
D(-)-Lactic acid, CO_2, acetic acid, ethanol	*Leuconostoc*
DL-Lactic acid	*Pediococcus*

있다. 이 물질은 플라스미드에 의해 생성되는 것으로 알려졌으며, 두 균이 생성하는

표 5-36. *Leuconostocs*의 주요 species

종(Species)	특 성
Leuc. mesenteroides	장간막(腸間膜, Mesentery) 모양의 것을 의미함. 배양조건에 따라 모양이 매우 다양해지고, lactobacilli와 streptococci와 유사한 외형을 갖는다. 우유에서 생장시 구형의 모양을 갖추지만, 고체의 배지에서 배양할 경우 간균형태가 나타난다. 세포외로 dextran을 형성하기도 한다.
Leuc. mesenteroides ssp. *mesenteroides*	Sucrose를 발효하여 dextran을 생성한다. 20～25℃에서 생장하며 육제품, 사탕수수 가공공장, 우유 및 다양한 유제품에서 발견됨.
Leuc. mesenteroides ssp. *dextranicum*	*Leuc. mesenteroides* ssp. *mesenteroides*와 유사하나 발효하는 당의 종류가 적다. 식물체, 육제품, 우유 다양한 유제품에서 발견됨.
Leuc. mesenteroides ssp. *cremoris*	외형은 *Leuc. mesenteroides* ssp. *dextranicum*와 유사하나, 액체 배양시에도 간균의 형태가 관찰되는 경우가 있다. Fructose, sucrose를 발효하지 못하며, dextran도 형성하지 못한다. 18～25℃에서 생장하며, 어떠한 조건에서는 citrate에서 acetoin과 diacetyl을 생성한다. 모든 strain은 우유와 유제품에서 분리되었다.
Leuc. lactis	*Leuc. mesenteroides*와 외형적으로는 유사하며, 보통 유당을 발효한다. Sucrose를 발효하지 못하며, dextran도 형성하지 못한다. Citrate에서 acetoin과 diacetyl을 생성하며, 대부분 유제품에서 분리되었다.
Leuc. oenos	와인(*oenos* ; wine)에서 분리된 것을 의미하며, pH 4.8의 낮은 pH 환경에서도 초기배양이 가능하다.

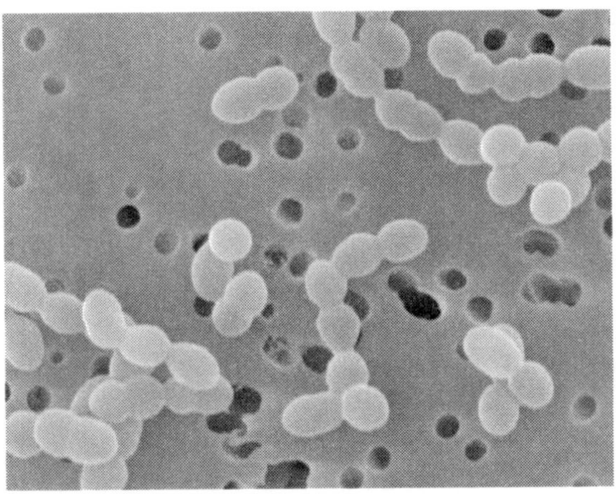

그림 5-15. *Leuconostoc mesenteroides*

(Fred Breidt. North Carolina State Univ.)

박테리오신의 종류와 특성은 상당히 다르지만 *Listeria, Staphylococcus aureus, Ent. faecalis, Brevibacterium linens, Yershinia enterocolitica, Clostrdium botulinum* 등에 대한 항균효과가 있는 것으로 알려져 있다.

(6) *Pediococcus* 속

Pediococcus 속은 맥주의 변패와 관련하여 루이 파스퇴르(Louis Pasteur)가 최초로 연구한 젖산균이다. 사연구균(四連球菌, Tetrad)의 형태로 존재하는 구균으로 외형적인 모습이 초기의 분류학에서 중요한 열쇠가 되었다. Pediococci는 호모 젖산발효를 하며, 모든 종은 포도당을 발효하여 DL-lactic acid를 생성하나 *Ped. dextrinicus*는 예외적으로 L(+)-lactic acid만을 생성한다. Bergey's Manual(1986)에는 8개의 종이 기재되어 있으며, 그 명칭과 발견처는 표 5-37과 같다.

Pediococci는 식물체, 여러 식품, 맥주를 비롯한 알콜성 음료의 변패된 것 등에서 대부분 낮은 숫자로 발견되며, 보통 *Leuconostocs* 나 lactobacilli와 함께 존재한다.

표 5-37. Pediococci의 주요 species

종(Species)	주요 발견처
Ped. damnosus	맥주 양조장, 와인 양조장, 탄산수 공장 등
Ped. dextrinicus	맥주, 사일리지
Ped. parvulus	사우어크라우트, 사일리지
Ped. inopinatus	사우어크라우트, 맥주
Ped. pentosaceus	식물체, 발효소시지, 우유 유가공품
Ped. acidilactici	식물체, 우유와 유제품

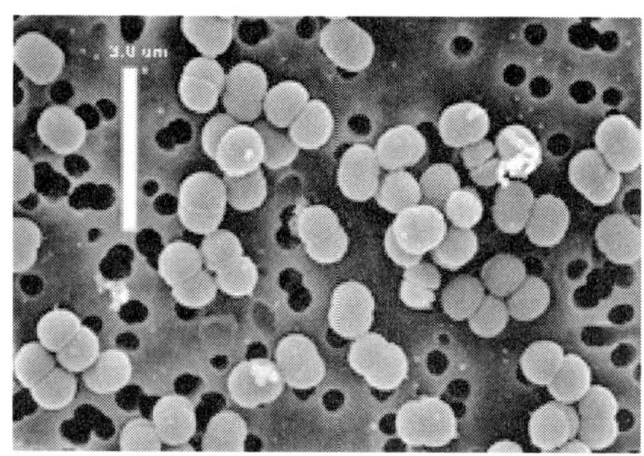

그림 5-16. *Pediococcus pentosaceus*

(Jeff Broadbent, Utah State Univ.)

발효소시지나 기타 식품에서 pediococci가 사용되며, 특히 널리 사용되는 *Ped. acidilactici* 와 *Ped. pentosaceus* 는 박테리오신을 분비한다. 비록 스타터로 사용되는 중요한 경제적 가치를 지닌 균종이지만 pediococci의 당 이용성에 대한 정보는 확실하지 못하다. 이들은 유당의 이용성이 현저하게 낮기 때문에 우유에서 잘 생장하지 못하며, 생장을 촉진하기 위해서는 탄수화물이 필수적으로 강화되어야 한다.

(7) *Bifidobacterium* 속

*Bifidobacterium*은 1989년에 티씨에(Tissier)가 유아의 분변에서 처음 분리한 균으로 Gram 양성, 절대 혐기성, 비운동성 세균으로서, 배양조건이나 영양상태에 따라서 가지형, Y자, V자, 만곡, 곤봉, 아령 등의 다양한 형태를 보이며, 인체의 장내 주요 균종 중의 하나이다. *Bifidobacterium*은 포유동물 · 조류 · 곤충 등의 소화관에 널리 분포하는데, 특히 사람의 소화관에 서식하는 종은 *Bif. bifidum, Bif. breve, Bif. infantis, Bif. longum, Bif. adolescentis, Bif. angulatum, Bif. catenulatum, Bif. pseudocatenulatum, Bif. dentium* 등 9종이 있다.

특히, 모유를 섭취하는 유아의 장내 균총 중의 90% 이상은 *Bifidobacterium* 으로

표 5-38. *Bifidobacterium*의 주요 species

종(Species)	서 식 처
Bif. adolescentis	사람의 분변, 소의 반추위, 하수 오물
Bif. bifidum	사람(성인, 유아), 젖먹이 송아지의 분변, 사람의 질, 하수 오물
Bif. breve	유아, 젖먹이 송아지의 분변, 사람의 질, 하수 오물
Bif. infantis	사람, 젖먹이 송아지의 분변, 사람의 질
Bif. longum	사람(성인, 유아), 젖먹이 송아지의 분변, 사람의 질, 하수 오물
Bif. psedolongum	돼지, 닭, 개, 소, 쥐 등의 분변

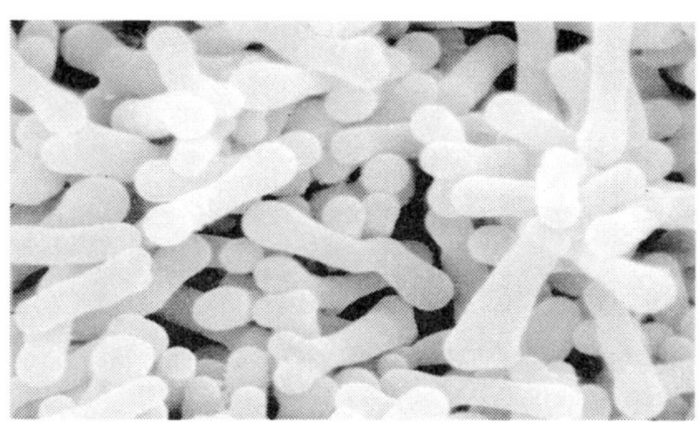

그림 5-17. *Bifidobacterium longum*

이루어져 있다. 그러나 이유식 섭취 이후에 *Bifidobacterium* 의 숫자는 감소하며, 전체 균총 중의 10~20% 수준으로 존재하다가 노인이 되면서 더욱 감소한다.

일반적으로 *Bifidobacterium* 의 최적 생장온도는 36~38℃이며, 20℃ 이하에서는 생장하지 못한다. 또한 최적 pH는 6~7로 pH 5.5 이하에서는 자라지 못한다. 절대 혐기성균이기는 하나 CO_2 존재 하에서는 산소에 어느 정도 내성을 나타내며, 균주마다 산소에 대한 감수성에 차이가 많다.

*Bifidobacterium*은 유해한 물질을 거의 생산하지 않고, 병원성 미생물에 대한 저항성을 증진시켜 설사성 질환에 대한 예방, 비타민 B군 등을 생산하여 인체에 공급하고 유당을 분해하여 유당불내증을 개선하는 효과를 가지고 있다. 이 외에도 *Bifidobacterium*의 면역 증강능력, 항종양 효과, 혈중 콜레스테롤의 감소능력 등이 다수 보고되고 있다.

4) 프로바이오틱(Probiotics)

Probiotic는 그리스어로 "생명을 위한(for life)"이란 의미를 지니고 있으며, 장내 미생물 균형을 조절하여 숙주의 건강에 도움을 주는 살아 있는 미생물 제제를 의미한다. 1965년에 릴리(Lilly)와 스틸웰(Stillwell)은 probiotics를 protozoa가 생산하는 다른 미생물의 생장을 촉진하는 물질로 정의하였으며, 그 후 1974년 파커(Parker)는 숙주의 장내 미생물 균형을 조절하여 숙주에게 유익한 작용을 하는 미생물 가축사료 첨가제로 정의하였다. 그러나 사료용 첨가 물질에는 항생제를 포함한 다양한 첨가제를 포함하는 것으로 probiotics의 정의로서 널리 수용되지 못하였다.

그 후 1989년에 플러(Fuller)는 오늘날과 같이 probiotics를 "장내 미생물 균형을 향상시켜 숙주동물의 건강을 증진시키는 살아있는 미생물사료 첨가제(A live microbial feed supplement which beneficially affects the host animal by improving its intestinal microbial balance)"라고 정의하였으며, 현재까지 사용하기에 이르렀다. 최근 1992년에 하베나르(Havenaar)와 하우스 인트 펠트(Huis in't Veld)는 "사람과 동물의 장내 균총을 개선하여 숙주에게 유용작용을 하는 단독 혹은 복합 균주"로 그 정의를 확대하였다.

(1) 프로바이오틱(Probiotics)의 개념

사람 또는 동물의 장내에는 수많은 미생물들이 서식하고 있다. 주로 대장 내에 서식하고 있으며, 장내용물 1 g당 10^{10} 수준의 균이 존재하고 있다. 사람의 분에서 약 400여 종의 균이 발견되고 있지만 30~40여 종의 균이 99%를 차지하고 있다. 장내에는 lactobacilli와 *Bifidobacteria* 와 같이 사람과 동물의 건강에 유익한 미생물도 존재하지만 발암과 노화의 원인이 되는 물질을 생성하거나 장질환의 원인이 되는 독소를 생성하는 유해균들도 존재한다.

건강한 사람과 동물의 장내에는 이러한 미생물들이 균형을 맞추어 서로 공생 또는 길항관계를 유지하며 사람과 동물의 장내에 서식하고 있다. 그러나 숙주의 생리(소화관내 pH, 장운동, 효소 등), 음식, 약물, 기후, 감염, 스트레스, 그리고 장내 미생물의 상호작용에 의해 장내 미생물 균총이 불균형을 나타내면 장질환, 노화, 암발생 등의 원인이 되며, 면역체계에 영향을 줄 수 있다. 따라서 처음에 probiotics은 많은 위장관 기능장애들이 장내 미생물의 교란과 불균형에 의해 발생된다는 사실에서부터 출발하였다. 그러므로 probiotics는 장내 미생물 균총의 균형을 유지하여 미생물 기능장애를 예방 또는 개선함으로써 숙주의 건강에 영향을 주는 살아 있는 미생물 배양물로 정의되었다.

한편, 1950년대부터 수의학적인 질병 감염의 예방목적이나 성장 촉진효과를 위해 항생제가 가축사료에 첨가되기 시작하였다. 그러나 항생제는 축산식품에 잔류하게 되어 사람에게 전이되거나, 병원성 미생물의 내성 증가가 질병 치료시에 문제를 발생하며, 병원균뿐만 아니라 체내에 유익한 미생물까지 사멸시켜 장내 미생물 균총의 불균형을 일으킬 수 있는 여러 가지 부작용을 나타내자 유럽의 여러 나라에서는 가축의 사육에 항생제 사용을 규제하고 있는 실정이다. 따라서 최근에 항생제의 대용으로서 가축용 probiotics의 사용이 관심을 끌게 되었다.

(2) 선발 기준

젖산균은 숙주 특이성(host-specific properties)을 갖고 있기 때문에 사람에게 사용할 probiotic 젖산균은 사람에서 유래한 균주를 사용해야 하며, 사용 균주의 안전성이 확보되어야 하므로 generally regard as safety(GRAS)로 인정된 균주를 사용해야 한다.

그리고 모든 젖산균들이 probiotic 기능을 갖고 있는 것은 아니기 때문에 젖산균이 인체에 유용한 효과를 나타내려면 소화기관을 통과하는 과정에서 생존하여 소장에 정착할 수 있어야 한다. 따라서 probiotics 균주들이 갖추어야 할 필수요건들은 다음과 같다(그림 5-18).

① 위산에 대한 저항성을 갖고 있어야 한다. 위산의 분비는 미생물 감염에 대한 숙주의 주요한 방어기작으로 미생물은 위산에 의해 생존이 크게 억제 받는다. 따라서 probiotic 균주가 강한 산성 환경인 위를 통과하여 장내에 도달하여 정착하기 위해서는 낮은 pH에 대한 저항성이 있어야 한다. 일반적으로 *Lb. casei*,

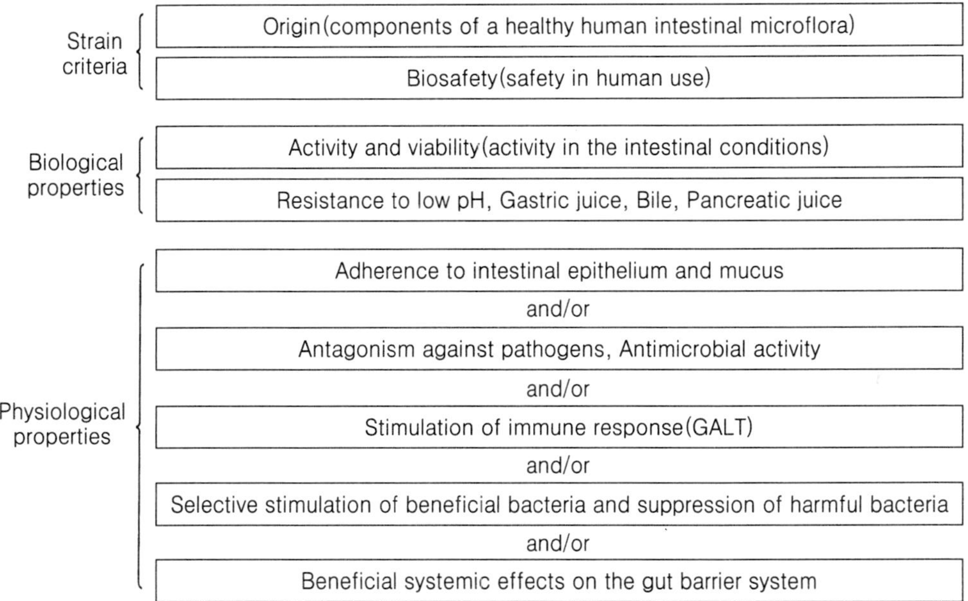

그림 5-18. Probiotic 균주의 선발 기준(Lee 등, 1999)

Lb. acidophilus, 그리고 *Lb. plantarum* 등은 낮은 pH에 대한 저항성이 높은 lactobacilli로 알려져 있다.

② 담즙에 대한 저항성을 갖고 있어야 한다. 담즙의 구성성분인 담즙산은 미생물의 생존을 크게 억제한다. 특히 유리 담즙산은 복합 담즙산보다 항균활성이 매우 높으며, Gram 음성균보다는 Gram 양성균이 유리 담즙산에 대해 더 민감한 것으로 알려져 있다. 따라서 장관 내에서 젖산균이 생존 및 정착하기 위해서는 담즙에 대한 저항성을 갖고 있어야 한다.

③ 장 상피세포에 대한 부착능을 갖고 있어야 한다. 젖산균이 장내에서 정착하여 생장하기 위해서는 소화액의 흐름에 쓸려가지 않도록 장벽세포에 흡착하여 생장할 수 있어야 한다.

이밖에도 probiotics로 사용할 젖산균을 선발할 때는 기능성(항균물질 생성능, 면역력 강화능, 유해균 억제능 등), 관련기술(우유에서의 생장, 관능적 특성, 생산공정 및 유통 중의 안정성과 생존력 등)을 고려해야 한다.

(3) Probiotic 박테리아

인체에 유용한 작용을 하는 미생물은 표 5-39에서 보는 바와 같다. 다양한 probio-

표 5-39. Probiotics로 사용되는 미생물(Holzapfel, 2002)

Lactobacilli	*Lb. acidophilus, Lb. ampylovorus, Lb. brevis, Lb. casei, Lb. rhamnosus, Lb. crispatus, Lb. delbrueckii* ssp. *bulgaricus, Lb. fermentum, Lb. gallinarum, Lb. gasseri, Lb. helveticus, Lb. johnsonii, Lb. paracasei, Lb. plantarum, Lb. reuteri,*
Bifidobacteria	*B. adolescentis, B. animalis, B. bifidum, B. breve, B. infantis, B. lactis, B. longum*
기타 젖산균	*Ent. faecalis, Ent. faecium, Lc. lactis* ssp. *cremoris, Lc. lactis* ssp. *lactis, Leuc. mesenteroides* ssp. *dextranium, Ped. acidilactici, Str. thermophilus, Sporolactobacillus inulinus*
기타 미생물	*Bacillus cereus var. toyoi, Bacillus subtilis, Escherichia coli*(Nissle), *Propionibacterium freudenreuchii, Saccharomyces cerevisiae*(boulardii)

tic 균주들이 발효식품 또는 동결건조된 형태의 식품 또는 제약 첨가물로 판매되고 있다. 현재 젖산균이 식품과 제약시장에서 주종을 이루고 있는 probiotics이다. 젖산균이 probiotics의 주종을 이루는 이유는 전통적으로 발효 유제품 제조에 사용되어 왔으며, 장내 미생물 균총을 구성하는 유익한 미생물로서 인정되어 왔기 때문이다.

또한 젖산균을 대량 배양하는 방법과 보전방법이 유가공산업에서 발전되어 왔기 때문이다. *Lactobacillus* spp.는 probiotics로서 가장 오랜 역사를 갖고 있으며, 현재 상업용 probiotics에서 가장 많은 부분을 차지하고 있다. 특히, probiotic lactobacilli 중에서 *Lb. acidophilus*와 *Lb. casei Shirota* 균주는 이 균주들의 건강증진 효과 때문에 가장 오랜 역사를 갖고 있다. 그 다음에 *Bifidobacterium* spp., 기타 젖산균, 그리고 다른 미생물들이 있다.

*Bifidobacterium*은 사람의 장내에 lactobacilli 보다 많이 존재한다는 사실에 근거하여 일반적으로 yogurt에서 lactobacilli와 같이 사용되고 있다. 그러나 젖산균 이외의 다른 미생물들은 유제품이나 다른 식품에 거의 사용되지 않고 분말이나 encapsulation 형태로 제약용으로 사용되고 있다. 현재 분말 또는 알약 형태의 probiotic 젖산균도 소비되고 있으나, 장내 균총인 lactobacilli와 *Bifidobacteria* 가 함유된 유제품이 전통적으로 가장 많이 소비되고 있다(표 5-40).

Probiotics로 분류된 젖산균 중에서 *Lb. delbrueckii* ssp. *bulgaricus, Str. thermophilus, Leuconostocs, Lactococcus* 등은 장내에서 발견되는 균종은 아니지만 발효유 제조시 starter로 사용된다. 그러나 이들 젖산균은 장내에서 정착이 어렵기 때문에 섭취했을 경우에 실제로 유용작용을 기대하기 어렵다.

표 5-40. 상업용 probiotic products

Product	Producer	Probiotics	Functional Claims	Product Category
Yakult 65/80, ACE, Sofuhl	Yakult Honsha(일본)	*Lb. casei* Shirota	장내미생물 균형	발효유
Mil-Mil	〃	*Bif. breve* Yakult *Bif. bifidum* Yakult *Lb. acidophilus*	〃	〃
Bifiel	〃	*Bif. breve* Yakult *Str. thermophilus* *Lc. lactis*	〃	〃
Morinaga Caldus/Bifidus	Morinaga milk Industry(일본)	*Bif. longum* BB 536 *Lb. acidophilus*	〃	〃
Onaka He GG	Takanashi Milk Products Co.(일본)	*Str. thermophilus* *Lb. bulgaricus* *Lb.* GG	〃	〃
LG 21	Meiji(일본)	*Lb. gasseri* OLL 2716	*Helicobacter pylori* 억제	〃
Bulgaria yogurt LB81	Meiji(일본)	*Lb. bulgaricus* 2038 *Str. thermophilus* 1131	장내미생물 균형	〃
Yakult 400	한국야쿠르트(한국)	*Lb. casei* Shirota *Lb. acidophilus* SNUL *Bif. longum* HY8001	면역력 증가	〃
Will	한국야쿠르트(한국)	*Lb. casei* HY2743 *Lb. acidophilus* HY2177 *Lb. rhamnosus* HY7201	*Helicobacter pylori* 억제, rotavirus 억제	기능성 발효유
Kupffer's	한국야쿠르트(한국)	*Lb. brevis* HY7401 *Lb. fermentum* CS332	알코올 및 아세트알데하이드 분해	〃
프로바이오 GG	매일유업(한국)	*Lb.* GG	장내미생물 균형	발효유
웰빙	파스퇴르유업(한국)	*Lb. acidophilus* *Bif. longum*	〃	〃
불가리스	남양유업(한국)	*Lb. acidophilus* 비피더스균	〃	〃
Yoplait Yoplus	National Dairies (싱가포르, 호주)	*Lb. acidophilus* Bifidus	–	〃
VAALIA	QUF Industries Pauls(호주)	*Lb. acidophilus* *Bif. lactis* *Lb.* GG	건강증진, 장내미생물 균형	〃 (smoothies)

(계속)

Product	Producer	Probiotics	Functional Claims	Product Category
LC1	Nestlé(유럽)	*Str. thermophilus* *Lb. bulgaricus* *Lb. johnsonii*	면역체계 증진	발효유
LC1	Nestlé(유럽)	*Str. thermophilus* *Lb. bulgaricus* *Lb. acidophilus* NCC 208	면역체계 증진	Capsule
Actimel	Danone(유럽)	*Str. thermophilus* *Lb. bulgricus* *Lb. casei Imuntass*	유해균에 대한 저항성 증진	발효유
Lactophilus	Laboratories Lyocentre(프랑스)	*Lb. rhamnosus*	–	분말
Ventrux Acido	A B Cernelle(스웨덴)	*Ent. feacium* SF 68	영양보충	Capsule
Erivan Acidophilus Yogurt	Erivan Dairy(미국)	*Lb. acidophilus*	건강증진	발효유
Crunch N-Yogurt	Yoplait(미국)	*Str. thermophilus* *Lb. bulgaricus* *Lb. acidophilus*	건강증진	발효유
LGG	ConAgra(미국)	*Lb.* GG	건강증진	Capsule
Lactinex	Hynson, Westcott and Dunning(미국)	*Lb. acidophilus* *Lb. bulgaricus*	건강증진	분말

(4) Probiotics의 건강증진 효과

Probiotics의 다양한 건강증진 효과들은 아래와 같다.

가) 영양적인 우수성

대부분의 probiotics는 유제품 형태로 섭취되고 있어 유제품 자체의 영양적 우수성과 probiotic 균주의 건강증진 효과를 동시에 얻을 수 있다.

나) Vitamin 합성, mineral과 미량성분의 이용성 증가

장내용물의 pH를 낮춤으로써 calcium의 이용성을 증가시키며, 어떤 probiotic 균주는 vitamin B군을 합성한다.

다) 유당분해효소(β-galactosidase) 생산

젖산균의 증식에 따른 젖산균에서 유당분해효소가 분비된다.

라) 감염에 의한 설사(traveller'diarrhoea, children acute viral diarrhoea) 예방

일반적인 감염성 설사에는 여행자 설사병과 rotavirus 성 설사병이 있으며, 원인균으로는 *Shigella, Salmonella, Clostridium difficile*, 장독성 대장균, rotavirus 등이 있다. *Lactobacillus* spp.가 이러한 감염성 설사에 대해 좋은 치료수단이 될 수 있는 것으로 알려져 있다.

마) 항생제 및 방사선 치료와 관련된 설사 예방

항생제 치료를 받고 있는 환자의 약 20%가 항생제 부작용으로 인한 설사 증상을 일으킨다. 이러한 항생제 설사에 대한 정확한 원인은 밝혀져 있지 않지만 항생제 치료로 인하여 장내 균총에서 균수나 균종의 변화에 의해 발생하는 것으로 보고되고 있다. 엠피실린을 투여 받고 있는 입원환자를 대상을 *Lb. acidophilus*와 *Lb. delbrueckii* ssp. *bulgaricus*로 구성된 상업용 probiotics인 Lactinex를 급여한 결과, 엠피실린성 설사 증상을 나타낸 환자는 없는 반면, 위약을 투여한 환자는 설사 증상을 나타내는 것으로 보고되고 있다. 한편 방사선 치료는 장내 미생물 균총과 점막에 영향을 주게 된다. 따라서 장내 유익균이 죽고 병원성 미생물이 우점하게 되어 장염을 일으키는 경우가 많다. 이때 probiotics를 섭취하면 증상이 호전되는 효과를 얻을 수 있다.

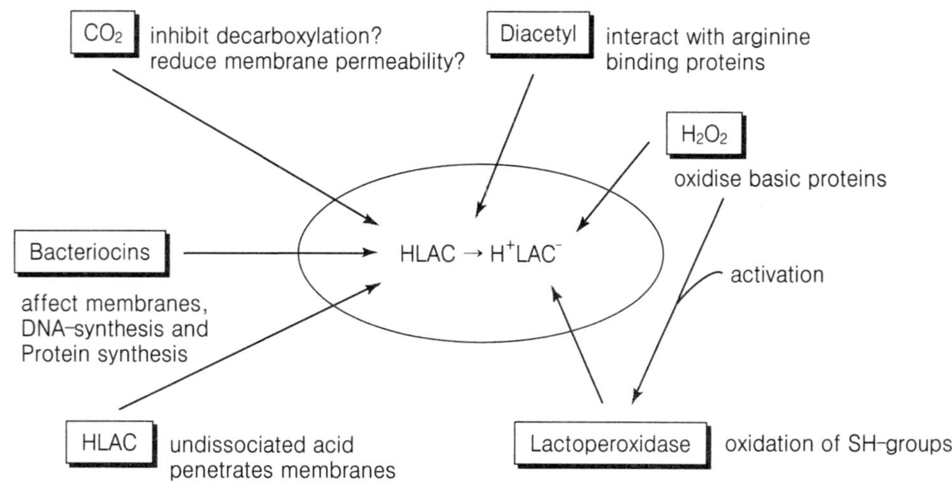

그림 5-19. 젖산균의 항균 활성(Lindgren, 1992)

표 5-41. Probiotic 젖산균이 생산하는 항균물질(Lee 등, 1999)

Lactic acid bacteria	Antibacterial agent	Bactericidal effect
Lb. acidophilus N2	Lactacin B (Bacteriocin)	*Lactococcus, Lactobacillus*
Lb. acidophilus 11088	Lactacin F (Bacteriocin)	*Lactobacillus*
Lb. acidophilus	Lactocidin (Bacteriocin-like)	*Streptococcus, Lactococcus, Bacillus, Lactobacillus, Escherichia, Salmonella*
	Acidolin	*Bacillus, Escherichia*
Lb. delbrueckii ssp. *bulgaricus*	Bulgarican	*Staphylococcus, Mycobacterium, Bacillus, Escherichia*
Lb. rhamnosus GG	Microcin	*Staphylococcus, Streptococcus, Mycobacterium, Bacillus, Clostridium, Listeria, Bifidobacterium, Escherichia, Salmonella*
Lb. reuteri	Reuterin	*Staphylococcus, Clostridium, Listeria, Escherichia, Salmonella*
Lb. helveticus, Lb. fermenti 466	Lactocin 27	*Lactobacillus*
Lb. helveticus	Helveticin J	*Lactobacillus*
Lb. plantarum	Lactolin	*Staphylococcus, Leuconostoc, Clostridium, Lactobacillus, Pediococcus*
Lb. plantarum C-11	Plantaricin A	*Leuconostoc, Lactobacillus, Pediococcus*
Lb. sake 706	Sakacin A	*Listeria*
Lc. lactis ssp. *lactis* DL16/SIK83/11454	Nisin (Bacteriocin)	*Staphylococcsu, Lactococcus, Mycobacterium, Micrococcus, Clostridium, Listeria, Corynebacterium, Lactobacillus, Vibrio*
Str. cremoris 202, *Lc. lactis* ssp. *cremoris, Lc. lactis* ssp. *diacetylactis, Lc. lactis* ssp. *lactis*	Lactostericin 1, 2, 3, 4, 5	*Streptococcus, Bacillus, Lactobacillus, Pseudomonas*
Str. cremoris 346	Diplococcin (Bacteriocin)	*Pediococcus*
Ped. pentosaceus 4321/43200/L7230/FBB61/FBB63	Pediocin A (Bacteriocin)	*Staphylococcus, Streptococcus, Micrococcus, Bacillus, Leuconostoc, Clostridium, Lactobacillus, Pediococcus*
Ped. acidilactici PC/B5627/PO2/PAC1.0	Pediocin PA-1 (Bacteriocin)	*Staphylococcus, Streptococcus, Bacillus, Leuconostoc, Bifidobacterium, Lactobacillus, Pediococcus*
Ped. acidilactici H	Pediocin Ac H (Bacteriocin)	*Streptococcus, Listeria, Campylobacter*

바) 혈중 cholesterol 수준 저하 효과

발효유 또는 젖산균 섭취에 의해 혈중 총 cholesterol 수준과 LDL-cholesterol 수준이 감소하는 것으로 알려져 있다. 특히, 최근에 복합담즙산 분해 활력이 높은 *Lb. acidophilus* SNUL을 섭취한 결과, 분내 유리 담즙산의 배출이 증가하면서 자원자들의 혈중 cholesterol 수준이 저하되는 효과가 나타나는 것으로 보고되고 있다.

사) 면역체계 촉진

염증 반응시 면역반응을 촉진하며, allergy에 대한 면역반응을 감소시킨다.

아) 장운동 촉진 및 변비 예방

젖산균이 생산하는 젖산은 장 내용물의 산도를 증가시켜 소장의 연동운동을 원활하게 하여 소화·흡수를 도와주고, 대장에서는 장의 연동운동을 조절하여 변비와 설사를 예방한다. 특히 bifidobacteria가 함유된 발효유 섭취에 의해서 장의 연동운동이 촉진되어 음식물의 장내 체류시간이 짧아지는 것으로 보고되고 있다.

자) 유해 미생물 생장 억제(그림 5-19)

젖산균이 생산하는 대사산물들(유기산, 지방산, H_2O_2, 그리고 diacetyl)은 항균효과를 갖고 있다. 이 중에서 젖산균이 포도당 대사 과정 중에 생산하는 유기산에 의한 항균효과가 널리 인정받고 있는데, 젖산은 해리되지 않은 상태로 미생물의 세포 안으로 들어가 세포 내에서 해리되어 세포내 pH를 저하시켜 미생물의 생장에 영향을 미친다. 최근에는 젖산균이 생산하는 bacteriocin 또는 단백질태 물질들에 의한 미생물 억제에 관한 연구결과들이 많이 보고되고 있다.

Bacteriocin은 미생물이 생산하는 천연 항균성 단백질 또는 단백질태 물질로서 일반적으로 bacteriocin을 생산하는 미생물과 형태, 계통학적으로 유사한 균종에 대하여 항균력을 갖는 물질을 말한다. 젖산균이 생산하는 bacteriocin 중에서 *Lc. lactis* ssp. *lactis*가 생산하는 nisin은 인체 사용이 승인된 bacteriocin으로 혐기성 포자형성균의 생장에 의한 치즈의 부패를 막는데 성공적으로 사용되어 왔다(표 5-41).

3.2 스타터(starter)

1) 스타터 미생물의 정의

스타터(starter)라는 것은 치즈, 요구르트 발효버터 제조시에 사용하는 미생물의 배양액을 말한다. 따라서 스타터 미생물의 종류는 그 제품의 특성을 결정하게 되며, 제품의 품질에 중요한 영향을 미친다. 미생물 중에서 스타터로 사용되고 있는 것은 세균·곰팡이·효모이며, 이것을 단독 혹은 혼합하여 사용하고 있다.

유제품의 스타터 균종 중에는 젖산균이 가장 많이 이용되고 있기 때문에 일반적으로 유제품의 스타터라고 하면 곧 젖산균(乳酸菌) 스타터를 말하기도 한다. 젖산균 외에 곰팡이 스타터와 효모 스타터 등도 사용되고 있지만, 젖산균 스타터에 비하면 사용범위가 매우 제한되어 있다.

스타터의 명칭은 제조과정에 따라 다음과 같이 불리워진다. 즉 제품의 제조를 목적으로 직접 사용하는 스타터를 벌크 스타터(bulk starter)라 하고, 벌크 스타터를 제조하기 위하여 미리 배양한 균액을 마더 스타터(mother starter)라 하며, 마더 스타터를 제조하기 위하여 종균을 배양한 종균 배양액을 시드 컬쳐(seed culture)라 한다. 또 스타터는 제품의 종류에 따라서 치즈 스타터, 요구르트 스타터, 버터 스타터 등으로 분류된다.

2) 스타터의 사용 목적과 기능

스타터의 사용 목적은 만들고자 하는 제품의 종류와 사용한 균의 종류에 따라 다르다. 우유 성분 중에서 특히 단백질·탄수화물·지방에 스타터 미생물이 작용하여 맛과 조직 등에서 특징 있는 유제품으로 만드는 데 중요한 역할을 한다. 스타터의 작용에 의하여 유성분이 변화하여 생성되는 대사산물은 매우 다양하다.

(1) 젖산 생성

젖산균 스타터를 사용하는 가장 중요한 목적은 젖산균에 의하여 우유 중의 유당을 젖산으로 변화시키는 것이다. 우유 발효에 의하여 일어나는 우유의 변화는 pH의 저하, 응고, 산미생성 등이며, pH의 저하는 잡균의 증식을 저해한다. 젖산생성은 발효유의 응고물 형성에 필요조건이며, 치즈 제조시에는 렌넷작용을 도와 치즈 커드의 형성에 관여한다.

(2) 풍미 생성

스타터를 첨가하는 목적의 하나는 제품에 양호한 풍미를 제공하는 것이다. 풍미 생성에 있어서 중요한 대사는 구연산 분해인데, 여기에 관여하는 미생물은 *Leuconostoc* 이 주요 균종이지만 *Lactococcus* 와 *Lactobacillus* 도 관여한다. 풍미 생성균은 구연산을 분해하여 디아세틸(diacetyl), 아세토인(acetoin), 2, 3부틸렌글리콜(2,3-butyleneglycol)과 같은 C_4화합물과 미량의 휘발성 산, 알코올, 알데하이드 등을 생성하지만 풍미 생성에 큰 역할을 하는 것은 디아세틸과 아세토인이다.

Leuconostoc cremoris 는 당 분해에서 생성된 피루브산으로부터도 디아세틸을 생성한다. *Leu. cremoris* 의 생육은 Mn^{++}에 의하여 촉진되며, 우유 중의 Mn^{++} 이온농도는 계절별로 차이를 보이며, 봄에는 적다. 따라서 풍미 생성균으로 *Leu. cremoris* 만을 스타터로 사용하여 봄철에 치즈를 제조하면 디아세틸 함량과 가스공(孔)이 부족하게 된다. 이 균의 생육이 지연되는 경우에는 Mn^{++}이온을 미량 첨가함으로써 촉진된다.

풍미 생성의 정도는 균주, 배양조건에 따라 변환되며, 배지에 구연산을 첨가하거나 통기하면 풍미 생성이 촉진되고, 배지를 중화하면 억제된다. 디아세틸은 스타터 미생물이나 그 외의 미생물에 의하여 효소적으로 파괴된다. *Leuconostoc* 을 포함한 헤테로(hetero) 발효를 하는 젖산균은 휘발성 산, 알코올, 알데하이드를 젖산과 더불어 생성하는데, 이러한 대사산물도 풍미에 미치는 영향은 매우 크다.

(3) 단백질 분해

단백질 분해를 목적으로 하는 스타터의 사용은 치즈 숙성에 중요한 역할을 한다. 카제인의 분해에 의하여 생성되는 펩타이드나 아미노산은 숙성치즈의 중요한 풍미 성분이다. 대개 산 생성력이 강한 균일수록 단백질 분해력이 강하다.

특히 *Ent. faecalis* var. *liquefaciens, Ent. faecium* 의 단백질 분해력은 강력하여 탈지유에 이 균을 접종하여 37℃에서 12시간 배양하면 우유단백질이 응고되면서 분해되어 유청(whey)이 분리되는 현상을 뚜렷하게 볼 수 있다. 이들 균종의 단백질 분해효소는 일반적으로 중성이나 산성 측에 최적 pH를 가지며, 이탈리아에서는 *Ent. faecalis* var. *liquefaciens* 를 치즈제조에 이용하고 있다.

(4) 지방분해

지방분해에 의한 치즈의 숙성은 주로 곰팡이 치즈의 제조에 이용되고 있으며, *Penicillium roqueforti* 와 같이 단백질 분해작용을 겸한 숙성 목적에 많이 이용되고 있다. 효모인 *Candida lipolytica* 도 지방분해용 스타터에 이용되고 있다.

젖산균 중에서 *Lc. lactis, Lb. casei* 등 일부에는 지방 분해력이 있는 것으로 알려져 있고, 체다치즈의 숙성에 관여한다. 실제로 스타터를 첨가하는 것은 지방분해만을 목적으로 하는 경우는 없고, 젖산발효와 단백질 분해의 성질을 겸하여 사용되고 있다.

(5) 프로피온산 발효

스위스 치즈의 스타터는 프로피온산(propionic acid) 발효를 한다. 프로피온산균은 젖산균이 생성하는 젖산을 더욱 분해하여 프로피온산, 초산, 탄산가스, 물로 만든다.

이러한 발효생성물은 스위스 치즈의 독특한 풍미와 치즈눈(cheese eye)을 형성하는 데 관계하고 있다. 보통 스타터로서 첨가하지 않아도 숙성실에 상재하는 프로피온산균에 의하여 숙성되며, 처음부터 젖산균 스타터와 혼합 사용하기도 한다.

(6) 알코올 발효

케피어(kefir)와 같은 알코올 발효유에는 유당을 분해하여 알코올 발효하는 효모가 이용되고 있다. 효모의 발육은 산성 측에서 양호하기 때문에 보통은 젖산균과 같이 사용하며, 젖산균에 의해 먼저 배지의 pH를 낮추어 잡균 오염을 막게 하고, 이어서 효모 발육이 일어나게 된다. 알코올 발효성 효모는 에틸알코올의 산업적 생산에서도 이용된다.

(7) 항균성 물질 생산

대부분의 젖산균은 대사과정 중 다른 균의 생육을 저해하는 물질을 생산하는데, 이러한 물질을 박테리오신(bacteriocin)이라 한다. *Lc. lactis* 는 나이신(nisin)을, *Lc. cremoris* 는 디플로콕신(diplococcin)을 생성한다. 이러한 균은 젖산발효성 스타터로서의 사용목적 외에 잡균의 증식 억제, 특히 낙산균의 오염을 방지하기 위하여 일부의 치즈 스타터로 이용되고 있다. 또 *Lb. acidophilus* 는 항균물질로서 애시도필린(acidophilin)을, *Lb. bulgaricus* 는 불가리칸(bulgarican)을 생산하는 것으로 알려져 있지만, 이러한 물질이 유제품 중에서 어떻게 작용하는지에 대해서는 앞으로도 많은 연구가 필요하다.

(8) 혼합스타터의 공생

스타터는 보통 2균종 혹은 그 이상을 혼합하여 사용하는 경우가 많다. 혼합스타터의 사용목적은 각 균종이 가지고 있는 특징과 장점을 살려서 제품의 제조에 적합한 양질의 스타터를 만드는 데 있다. 또 혼합 스타터를 사용하면 균종 상호간에 공생작용이 나타나서 균의 생육을 촉진시키고, 제품의 성분에 대한 작용도 효과를 높일 수 있다. 몇몇 예를 들면 다음과 같다.

① 산 생성이 느린 스타터 균종을 다른 균종과 혼합하면 균의 활력을 촉진시킬 수 있고, 어떤 균주에 따라서는 열 안정성의 발육촉진물질을 만든다. *Lc. lactis* 와 *Lc. cremoris* 의 공생 하에서도 발육촉진 물질이 알려져 있다.

② *Lb. bulgaricus* 와 *Str. thermophilus* 를 발효유 제조시에 같이 배양하면 *Str. thermophilus*가 유단백질을 우선적으로 분해하고, 분해된 단백질을 *Lb. bulgaricus*가 신속히 이용하여 배양시간이 단축된다. 또한 이렇게 생성된 발효유는

풍미가 좋다.

③ 버터 제조시에 *Lc. lactis* 와 *Leuconostoc* 과의 혼합 스타터의 사용은 전자의 젖산발효에 의한 pH 저하로부터 후자의 풍미 생성에 최적 조건을 제공한다. 또 *Lc. lactis* 는 *Leuc. citrovorum* 의 발육촉진인자(growth promotion)인 엽산(folic acid)을 만들어 후자의 발육을 촉진한다.

④ 스위스 치즈에 있어서 젖산균과 프로피온산균의 혼합사용은 젖산균에 의하여 생성된 젖산이 프로피온산균에 의하여 프로피온산으로 변하기 때문에 젖산에 의한 젖산균의 손상이 감소된다.

⑤ 젖산균과 산화 발효성 효모와의 혼합사용은 젖산균에 의하여 생성된 젖산을 효모가 탄산가스와 물로 분해하여 산도를 저하시켜 젖산균의 생존과 발육을 지속시켜 주므로 제품의 숙성을 촉진시킨다.

이러한 목적으로 스위스 치즈에서는 *Geotr. candidum* 이나 *Cand. krusei* 가 젖산균과 혼합 사용되고 있다. 이 효모는 젖산균의 발육을 촉진하며, *Brev. linens* 와 산화발효성 효모의 혼합스타터를 사용하는 Brie 치즈, Limburger 치즈에 있어서도 마찬가지다. 이 외에 *Lc. lactis* 와 *Lb. acidophilus* 와의 공생도 알려져 있고, 또 곰팡이 스타터와 젖산균 스타터와의 혼합사용은 젖산균에 의하여 pH가 저하되면 곰팡이의 효소작용이 촉진되며, 알코올 발효효모와 젖산균의 혼합 스타터도 pH저하에 의한 효모의 발육을 촉진시킨다.

⑥ 버터 스타터에 *Cryptococcus minor* 나 *Cryp. flavescene* 와 같은 무자낭포자(無子囊胞子) 효모를 사용하면 이 효모가 만드는 환원물질에 의하여 지방산화가 방지되고, 호기성 곰팡이의 발육을 억제하는 작용이 있다. 이 효모는 당을 발효시키지 않는다. 따라서 버터의 보존성을 높이기 위한 효모 스타터의 사용은 앞으로 흥미 있는 연구 분야가 될 것이다.

3) 스타터의 종류와 사용 균주

스타터의 종류는 대상으로 하는 제품에 따라 치즈 스타터, 버터 스타터, 발효유 스타터 등으로 제품 이름에 붙여 구분하고 있고, 또 스타터 성상에 따라 액상 스타터, 분말 스타터, 동결스타터로 구분한다.

액상 스타터는 전유, 탈지유, 버터밀크, 유청을 배지로 하여 만든 액상의 스타터이며, 분말 스타터는 액상 스타터를 저온건조 또는 동결건조하여 분말화한 스타터를 말한다. 스타터 균종을 단독으로 사용할 경우 단독 스타터라 하고, 두 종류 이상의 균종을 혼용할 경우 혼합 스타터라 한다.

현재의 유가공 산업에서 여러 단계의 스타터 계대배양 과정이 없이 1회용으로 직접 사용하는 스타터는 DVS(Direct-Vat-Set) 또는 DVI(Direct-Vat-Inoculation)이라 불리는 방식을 많이 사용하고 있는데, 기존의 방식으로 산업적인 발효를 할 경우 생성되는 번거로운 여러 차례의 계대배양이나 스타터의 보존에 소요되는 비용 및 오염에 따른 손실, 균의 활력 감소 등의 문제점을 해결하는 방식이다.

DVS 스타터는 이용하고자 하는 균을 대량으로 증식시킨 후 농축한 다음 진공하에서 건조시키면 작은 과립상태의 것이 된다. 이를 액체질소가 채워진 용기에 -70℃ 이하로 급속 냉동시켜 공장까지 수송하는 형태의 스타터 컬쳐로 배양 발효탱크에 직접 분말을 투입하는 방식으로 이용한다. 스타터에 이용되는 주요한 균종과 성질은 표 5-42와 같다.

표 5-42. 다양한 중온성 및 고온성 젖산균 스타터의 종류와 그 용도

온도별	균종명	제 품
Mesophillic	*Lactococcus lactis* ssp. *cremoris* *Lactococcus lactis* ssp. *lactis*	Cheddar cheese Feta cheese Cottage cheese Quarg
	Lactococcus lactis ssp. *cremoris* *Lactococcus lactis* ssp. *lactis* *Leuconostoc mesenteroides* ssp. *cremoris* *Leuconostoc lactis*	Continental cheese(with eyes) Lactic butter Feta cheese
	Lactococcus lactis ssp. *cremoris* *Lactococcus lactis* ssp. *lactis* cit^+ Lactococci	Lactic butter
	Lactococcus lactis ssp. *cremoris*	Continental cheese
	Lactococcus lactis ssp. *lactis*	Mould ripened cheese
	cit^+ Lactococci	Cultured buttermilk
Thermophillic	*Streptococcus thermophilus* *Lactobacillus delbrueckii* ssp. *bulgaricus*	Yoghurt Mozzarella cheese
	Streptococcus thermophilus *Lactobacillus helveticus*	Emmenatal cheese ; Grana chese
	Streptococcus thermophilus *Lactobacillus acidophilus* *Bifidobacterium longum*	Mild yogurt

※ cit^+ = Abbreviation for citrate which is metabolised to flavor and aroma compounds

표 5-43. 세계 발효유 제품에 사용되는 혼합 젖산균 스타터

(Lourens-Hattingh와 Viljoen, 2001)

혼합 젖산균 스타터	제 품	국 가
A + B	AB milk products	Denmark
A + B + Yogurt culture	Acidophilus bifidus yogurt	Germany
Bif. longum + Yogurt culture	BA 'Bifidus Active'	France
Bif. bifidum or *Bif. longum*	Bifidus milk	Germany
Bif. bifidum or *Bif. longum* + Yogurt culture	Bifidus milk	Many country
Bif. longum + *Str. thermophilus*	Bifighurt	Germany
A + B	Bifilak(c)t	USSR
Bif. bifidum or *Bif. longum* + Yogurt culture	Biobest	Germany
A + B + *Pediococcus acidilactici*	Biokys(=Femilact)	Chechoslovakia
A + B	Biomild	Germany
A + B + *Bif. breve*	Mil-Mil	Japan
A + B + *Str. thermophilus*	Bioghurt	Germany
A + B	Cultura	Denmark
A + B + *Str. thermophilus*	Philus	Sweden
A + B + Yogurt culture	BA live	United Kingdom
A + B + Mesophilic LD culture	A-38	Denmark
A + B + Mesophilic LD culture	Acidophilus milk	Sweden
A + B + Yogurt culture	Kyr	Italy
A + B + *Str. thermophilus*	Ofilus	France
A + B + Yogurt culture	BIO	France
A + B + *Str. thermophilus*	Biograde	Germany
A + B + *Lb. casei*	ABC Ferment	Germany
A + B + *Lb. casei* GG + *Str. thermophilus*	AKTIFIT plus	Switzerland
A + B + *Lb. reuteri* + *Lb. casei*	Symbalance	Switzerland
A + B	LA-7 plus	Bauer
Bif. longum + Yogurt culture	Zabady	Egypt

A : *Lb. acidophilus*, B : Bifidobacteria, Yogurt culture : *Str. thermophilus* and *Lb. bulgaricus*

4) 스타터의 조제와 보존

(1) 스타터 조제의 필수조건

양질의 스타터를 만드는 것에는 필수조건이 있다. 젖산균 액상 스타터와 곰팡이 분말 스타터의 조제에 특히 필요한 것은 다음과 같다.

가) 배지의 선택

스타터 조제에 사용되는 배지의 종류는 원칙적으로 목적 제품의 원료와 같은 것이나 유사한 것으로 선택한다. 치즈나 요구르트는 주로 젖산균 스타터가 이용되지만, 그 배지로는 전유・탈지유・환원탈지유가 많이 이용된다.

이 원료에는 신선한 양질의 우유를 사용한다. 곰팡이 치즈에 이용되는 분말 스타터 조제에는 빵가루를 이용한다.

나) 배지의 전처리

젖산균 스타터용 배지는 우선 살균하여 젖산균의 발육저해물질을 파괴하고, 잡균을 사멸시키는 것이 필요하다. 마더 스타터용 배지는 고압멸균 또는 간단하게 멸균시키는 것이 바람직하며, 벌크 스타터는 약 90℃에서 60분간 또는 100℃에서 30~60분간의 살균이 필요하다. 또한 곰팡이 스타터용 빵은 적당한 수분을 함유한 형태로 목적에 따라 고압멸균하여 완전하게 무균으로 한다.

다) 균주의 선정

스타터 균주의 선택은 스타터의 양과 품질을 결정하는 중요한 사항이다. 구체적으로 표 5-44에 따라 사용 목적에 적당한 성질을 고려하여 균종을 선택하며, 같은 균종(species)이라도 목적에 따라 특정의 균주(strain)를 선택할 필요가 있다. 이의 선정기준은 균종의 최적 생장온도, 내열성, 점질화의 유무, 산 생성력 등이다.

라) 스타터 균종의 접종량

스타터에 사용되는 균주 배양액의 접종량은 배지의 양, 균의 종류와 활성도, 배양시간, 온도 등에 따라 다르다. 젖산균 스타터 경우 탈지유에 대하여 0.5~1.0%의 접종량이 적당하며, 일반적으로 스타터 활성이 낮거나 배양온도가 낮을 때 산업적으로 신속한 조제가 필요한 경우에는 접종량을 많이 한다.

곰팡이 스타터 제조의 경우는 빵에 곰팡이 부유액을 주입시켜 빵 전체를 일정한 습도로 조정한다. 그 양은 배양온도와 습도 조건에 따라 변한다.

마) 배양시간과 온도

배양시간과 배양온도의 조건은 스타터 미생물의 활성, 산 생성력, 풍미 생성력, 커드형성 상태를 결정한다. 치즈 또는 버터 스타터의 배양에는 20~30℃의 온도를 사용하지만, *Leuconostoc*을 함유한 bulk starter는 20~22℃가 적당하다. 요구르트나 일부 치즈에는 35~38℃을 적용한다.

표 5-44. 스타터용 미생물과 그 사용 종별

스타터용 미생물		사용제품
일반명	균종명	
젖산구균	*Str. thermophilus*	각종 치즈, 요구르트
	Ent. faecalis	Cheddar 치즈
	Str. liquefaciens	Romano 치즈
	Str. zymogenes	Romano 치즈
	Str. durans	Cheddar 치즈
	Lc. lactis	각종 치즈, 버터, 발효유
	Lc. cremoris	위와 같음
	Lc. diacetilactis	버터
	Leu. citrovorum	버터, 버터밀크
	Leu. dextranicum	버터, 버터밀크
젖산간균	*Lb. lactis*	프로블론, Swiss 치즈
	Lb. acidophilus	애시도필러스 밀크
	Lb. bulgaricus	요구르트, Bulgarian 치즈
	Lb. thermophilus	치즈
	Lb. casei	각종 치즈
	Lb. plantarum	Cheddar 치즈
프로피온산균	*Pro. freudenreichii*	Swiss 치즈
	Pro. shermanii	Swiss 치즈
	Pro. petersonii	Swiss 치즈
Micrococcus	*M. freudenreichii*	Brick, Cheddar 치즈
	M. caseolyticus	Brick 치즈
Brevibacterium	*Brevib. linens*	Brick, Limburger 치즈
효 모	*Sacchr. fragilis*	케피어, 쿠미스
	Sacchr. lactis	케피어, 쿠미스
	Cand. pseudotropicalis	케피어, 쿠미스, 에탄올
	Cand. lypolytica	Blue 치즈
	Cand. krusei	Swiss 치즈
	Cryptoc. minor	버터
	Cryptoc. flavescens	버터
곰팡이	*Asp. oryzae*	Oryzae 치즈
	Pen. roqueforti	Roquefort 치즈
	Pen. camemberti	Camembert 치즈
	Pen. caeicolum	Caseicolum 치즈
	Pen. frequentans	Gammerost 치즈
	Geotr. candidum	Swiss 치즈

바) 배양 후의 냉각과 보존

적당한 배양에 의해 필요한 발육상태에 이른 스타터는 빠르게 냉각하여 냉장고에 보존한다. 냉각에 소요되는 시간을 고려할 때 후 배양에 의해 과다 배양되는 것을 막기 위하여 장기보존 목적의 젖산균 스타터는 적정산도 약 0.7%에 이를 때 배양을 중지시켜 냉각시키는 것이 좋다. 곰팡이 스타터는 배양 후 30℃로 건조분말 하여 무균 용기에 넣어 보존한다.

(2) 스타터 조제법

가) 젖산균 스타터 조제법에 필요한 기구와 배지

① 건열멸균기 : 스타터 용기, 피펫 등을 멸균하여 사용한다.
② 고압멸균기 또는 증기멸균기 : 배지멸균에 사용한다.
③ 항온기 : 전기식 또는 증기 열수 가열식, 스타터 배지에 이용한다.
④ 마더 스타터용 용기 : 면전 삼각플라스크 또는 밀봉 글라스병
⑤ 벌크 스타터용 용기 : 대형 글라스 용기 또는 배양조류
⑥ 멸균 피펫 : 벌크 스타터 제조용
⑦ 산도 적정장치 : 필요한 방법으로 스타터 산도를 측정한다.
⑧ 냉장고 : 1～5℃로 조절하여 스타터 보존에 사용한다.
⑨ 탈지유 또는 환원탈지유 : 신선하고 이상이 없는 것, 환원 탈지유는 탈지분유를 약 60℃의 온수에 8～10배 희석한다.
⑩ 보존 culture : 균주의 탈지유 배양시험관을 냉장하여 정기적으로 이식시킨 것

나) 젖산균의 액상 스타터

① 보존균주(保存菌株, stock culture, seed culture)의 제조

젖산균의 액상 보존균주를 위한 배지를 10 lb/in^{2}의 고압멸균기(autoclave)에서 10분간 멸균한 후, 30℃에서 1주일 배양하여 멸균상태를 확인하고 사용한다. 액상 보존균주는 3개월 이내에 다시 신선한 배지에 계대 활성화시켜 보존한다.

② 보존균주의 활성 유지

보존균주를 매일 3일간 탈지유 배지에 계대하여 균의 활성을 회복시킨 다음, 이것을 마더 스타터 용기에 멸균 피펫으로 약 1% 접종하고, 필요한 배양온도에서 12～24시간 배양하여 응고시킨다. 가능하면 이 과정을 2～3회 반복하여 스타터의 활성을 높여 주는 것이 바람직하다. 응고된 스타터는 0～5℃의 냉장고에 보존하면서 정기적으로 계대하여 벌크 스타터(bulk starter) 제조에 사용한다.

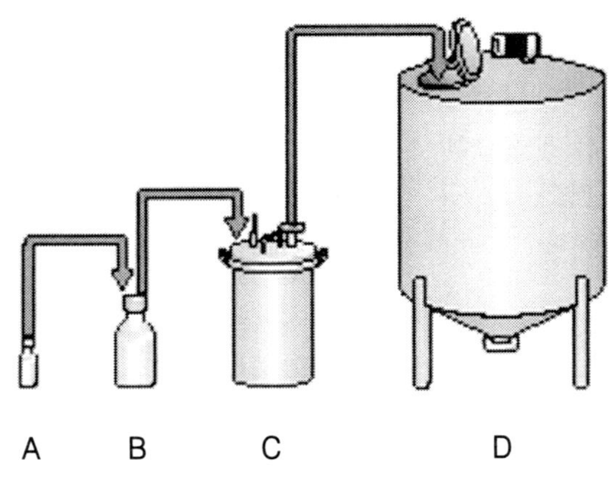

그림 5-20. 액상 스타터의 제조방법

A : seed starter, B : mother starter, C : 중간 starter
D : bulk starter 또는 bulk culture

혼합 스타터를 제조하는 경우에는 균주별로 스타터를 만든다. 그러나 버터 스타터에서는 미리 혼합균주로 만드는 경우도 있다.

보존 분말 스타터로부터 마더 스타터를 만드는 경우에는 분말을 멸균수에 희석하거나 그대로의 분말을 탈지유에 첨가하여 배양하며, 3회 이상 계대하여 활성을 회복시켜야 한다.

③ 벌크 스타터의 조제

목적하는 제품의 필요량에 따라서 탈지유로 만든 배지를 벌크 스타터 용기에 넣어서 90℃, 30~60분간 가열 멸균 후, 약 25℃까지 냉각하여 잘 분쇄한 마더 스타터를 약 1% 접종한다.

벌크 스타터는 제품의 제조에 사용될 때까지 냉장 보관하며, 사용시에는 다음번의 벌크 스타터의 제조용으로 일부를 남겨 놓는다. 그러나 안전을 위해서는 제품 제조시마다 마더 스타터로부터 새로이 만드는 것이 바람직하다.

최근에는 연속 자동식으로 스타터를 배양하는 방법도 많이 이용되고 있다. 즉 직경 1인치의 가느다란 스테인리스 강제(鋼製) 파이프에 탈지유를 서서히 순환시켜 배양하며, 파이프의 온도, 탈지유의 유량(流量), pH 등을 자동제어에 의하여 관리하고, 12주간의 연속 운전으로 양호한 결과를 얻고 있다.

다) 젖산균의 분말 스타터

분말 스타터에 있어서의 생균수 함량이 가장 중요한 것이므로 이것을 높이기 위하

그림 5-21. 분말 스타터(DVS)의 접종방

여 여러 가지 세포 보호물질을 첨가하고 있다.

① 분무건조 스타터

분무건조 스타터의 제조시에 세균에 대한 온도의 영향을 감소시키기 위하여 건조온도를 75~80℃로 하며, 생존율(survival rate)가 10~44% 밖에 되지 않기 때문에 상업용 스타터의 조제에는 이 방법을 사용하지 않고 있다. 그러나 MSG(monosodium glutamate)와 아스코르빈산(ascorbic acid)을 첨가하면 세균세포를 보호하여 생존균수를 높일 수 있다. 이렇게 조제한 분무건조 스타터는 21℃에서 6개월 동안 그 활력을 유지한다.

② 동결건조 분말 스타터

동결건조 스타터의 경우는 분무건조보다 생존율이 훨씬 높기 때문에 상업용의 스타터 조제에 많이 이용되고 있다. 최근에는 농축동결 스타터나 분말 스타터를 치즈나 요구르트 제조에 직접 사용하는 방법을 많이 이용하고 있다.

라) 젖산균의 동결 스타터

액체 스타터(mother 혹은 feeder)를 -20~-196℃에 동결하면 몇 개월간 보존할 수 있다. 동결온도는 액체질소를 이용하여 -196℃에서 동결하는 것이 균의 생존에 유리하다. 동결저장은 대개 -80℃의 극저온 냉동고를 사용하지만, 이러한 시설이 없는 경우에는 보통 냉장고의 동결고를 이용하면 편리하다.

마) 곰팡이 스타터

① 곰팡이 스타터의 특성

*Penicillium roqueforti*는 Roquefort 치즈나 Blue 치즈 등의 푸른곰팡이 치즈 제조에 이용되고 있으며, 치즈 내부의 커드 사이에 생육하여 대리석 모양을 나타낸다. 이 곰팡이는 단백질 및 지방의 분해력이 강하며, 균체의 밖으로 효소를 분비하여 치즈의 숙성에 큰 역할을 한다.

균체 외 protease의 최적 pH는 5.5, lipase의 최적 pH는 6.0 및 7.5이다. 또 이 균은 지방분해에 의하여 생성된 유리지방산을 산화하여 메틸케톤(methyl ketone)을 생성함으로써 Blue 치즈에 독특한 자극적인 풍미를 부여한다.

② 곰팡이 스타터의 조제법

사용 균종에 따라 배양온도가 약간씩 다르지만, 대체로 Roquefort 치즈의 곰팡이 스타터의 조제법에 준하므로 이 방법을 여기서 설명한다.

우선 신선한 밀가루빵 또는 보리가루빵을 8～10 ㎜의 작은 입방체로 절단하여 밑이 넓은 플라스크 바닥에 한 층으로 넣은 다음, 적당한 수분함량(40%)이 되도록 하여 고압멸균 한다. 이때 소량의 젖산을 첨가하여 산성으로 하는 것이 곰팡이의 생육을 좋게 한다. 다음에 보존용 사면 배양의 곰팡이를 멸균수로 현탁하여 빵 표면에 살포한다.

이때 가능하면 멸균여과지가 빵 표면을 덮어서 온도를 유지하는 것이 좋다. 21～25℃에서 8～12시간 배양하여 곰팡이가 빵 표면을 덮고 포자를 만들게 되면 배양기에서 꺼내어 30℃ 전후에서 10일 정도 배양하여 포자를 충분히 착생시킨다. 이 배양물은 물로서 현탁, 포자를 추출하여 치즈 제조에 사용할 수 있지만, 보통은 동결건조시키든지 혹은 실온에서 진공 건조시킨다. 이것을 볼밀(ball mill)이나 유발(mortar)에서 무균적으로 분쇄하여 분말로 만들어 체로 걸러서 적당한 용기에 넣어 냉장 보존한다.

바) 케피어 스타터

케피어(Kefir) 제조에는 황색 과립상의 고체인 케피어 입자(kefir grain)를 사용한다. 이것은 코카사스 지방의 알코올 발효유에 이용되고 있는 고체 스타터의 일종이다. 새로이 케피어 입자를 만들려면 본래의 케피어 입자를 온수에 팽윤시켜 약 3배량의 멸균유에 넣어 35~38℃, 12~16시간 배양한다. 우유는 응고하여 응고물이 일단 침전하지만, 결국에는 가스 기포의 발생과 함께 위로 떠오른다. 이 응고덩어리를 여과 세척하여 저온에서 건조하면 새로운 케피어 입자가 얻어진다. 최근에는 순수한 알코올 발효성 효모를 사용하여 발효유를 만들고 있다. 케피어 스타터는 -18℃에서 9개월간 보존이 가능하다.

5) 스타터의 품질과 그 판정

(1) 스타터의 품질

스타터의 품질이 일정하게 유지되지 않으면 제품의 생산과 품질에 차질을 초래하게 된다. 여기에서는 젖산균 스타터의 품질에 대하여 설명한다. 젖산균 스타터의 품질 판정에는 다음과 같은 내용에 유의하여야 한다.

① 응고커드의 외관(body)이 적당하게 단단하고 매끄러우며, 탄력성이 있고 균일한 조직이어야 하고, 잡균의 오염 등으로 표면이 변색, 균열 형성, 기포가 없고, 현저한 유청(whey) 분리나 점질성이 없을 것

② 양호한 풍미나 산미취(酸味臭)를 가지고 불결취 · 부패취 · 고미취(苦味臭) · 사료취 · 효모취 등의 이상취(異常臭)를 가지지 않을 것

③ 커드를 완전히 교반 분쇄한 경우 외관이 균일하고 매끄러우며, 어느 정도 점성이 있고, 덩어리를 형성하지 않을 것

④ 필요한 균종을 적당량 접종하였을 경우 규정시간 내에 우유가 응고하고, 스타터의 활성시험을 하면 활성이 일정할 것

(2) 스타터의 품질 판정법

스타터 품질 판정에는 다음과 같은 방법이 있다.

가) 관능검사

우선 육안으로 외관 · 조직 · 색 · 유청분리 등을 관찰하고, 촉각이나 다른 방법으로 경도 · 점성 · 탄성 등을 조사하며, 동시에 미각검사를 실시하여 산미의 과부족, 쓴맛(苦味)의 유무를 감정하여 풍미를 검사한다. 또 커드 장력(curd tension)의 기계적 측정에 의하여 스타터의 품질을 평가할 수 있다.

나) 화학적 검사

① 적정산도 : 적정산도를 측정하여 산도가 0.8~1.0% 정도를 나타내는지 확인한다.

② 휘발산 정량 : 스타터 250 g을 증류플라스크에 채취하고 황산으로 pH 2.0에 맞춘 다음 수증기로 증류하여 최초의 증류액 100 mℓ를 받아 0.1 N NaOH로서 적정한다.

③ 디아세틸 및 아세토인의 측정 : 정성적 분석은 Hammer의 방법이 간단하고 신속하다. 스타터 2 mℓ에 같은 양의 40% NaOH와 소량의 크레아틴(creatine)을 첨가 혼합하여 적색층이 강하게 나타날수록 acetoin과 diacetyl의 함량이 많다. 디아세틸의 정량에는 증량법이나 비색법도 있지만, 스타터 용기의 상공층부의 기체(head space)를 포집하여 가스크로마토그래피(gas chromatography)로 분석하는 것이 편리하다.

다) 세균학적 시험

총 균수나 생균수를 측정하고, 필요한 경우에는 적당한 선택배지로서 특정 균종을 조사한다.

라) 스타터의 활성시험과 항생물질 및 파아지(phage) 검사

스타터의 활성은 균의 증식에 의한 산 생성이나 색소환원을 이용하여 판정한다. 제품의 제조용 스타터의 활성도 측정은 간단·신속을 필수조건으로 요구하는 것이기 때문에 단시간에 측정할 수 있는 여러 가지 방법이 고안되어 있다. 그 주요한 것을 소개하면 다음과 같다.

① 산도 측정(Harrall-Elliker 법)

환원탈지유(양질의 탈지분유 10 g+증류수 90 mℓ)를 시험관에 10 mℓ씩 분주, 고압멸균한 후 스타터를 3%(0.3 mℓ) 접종하여 37.8℃에서 3.5시간 배양한 후 적정산도를 측정한다. 산도가 0.35% 이상이면 양호, 0.30% 이하이면 불량으로 판정한다.

② 레사주린(Resazurin) 환원시험(Leber법)

세균이 레사주린을 청색에서 보라색을 거쳐 적색으로 변화시켰다가 최후에는 완전히 퇴색시키는 작용을 응용한 것이다. 환원탈지유 9 mℓ에 스타터 1 mℓ와 0.005% 레사주린 용액 36.7℃에서 배양하여 완전히 퇴색할 때까지 35분 이상인 것을 양호하다고 한다.

③ 항생물질 검출법

스타터의 산생성 부족은 원료유의 항생물질, 방부제, 파아지(phage) 등의 혼입에 원인이 되는 경우가 많다. 이 중에서 항생물질 함유는 스타터의 많은 결함을 초래한다. 우리나라에서는 1976년부터 TTC(2, 3, 5-triphenyltetrazolium chloride)법을 공정분석법으로 채택하여 현재까지 집유장의 원유위생검사법으로 사용하고 있다. 그러나 현행 TTC법은 미생물학적 방법의 특성상 페니실린을 비롯한 베타-락탐계 항생물질에 대해서는 0.005 ppm의 매우 낮은 수준까지 검출 가능하나, 설파제의 검출감도는 500∼5,000 ppm으로 원유 중에 미량 잔류하는 설파제를 효율적으로 검출할 수 없어 현재는 원유의 세균발육 억제물질 검사법인 TTC법을 개량하여 원유 중 잔류설파제를 25∼50 ppb 수준까지 검출가능한 TTC-II법을 개발하였다.

TTC-II법은 설파제 검출감도를 획기적으로 개선하였을 뿐만 아니라 페니실린 및 설파제와 타 항균제를 구분할 수 있는 장점을 가지고 있다. 이밖에도 미생물 억제능을 이용한 우유 중 잔류 항균물질 검사 kit로 Delvo test, Charm Farm test 등 그리고 면역화학적 원리를 이용한 Charm II test kit이 많이 사용되고 있다.

④ 파아지(phage) 검출법

파아지(phage)는 전자현미경으로 직접 확인하거나, 그렇지 않으면 한천배지의 용균반 형성으로 검출할 수 있다. 또 배양균액의 산도 측정, 색소 환원시험에 의해서도 간접적으로 확인할 수 있다. 이 때 검사 시료를 80℃, 5분간 살균한 것과 살균하지 않은 시료를 동시에 비교 시험하였을 때 살균한 것이 음성으로 나타나면 파아지(phage)의 사멸에 의하여 음성으로 나타났다고 판정할 수 있으므로 항생물질과의 혼동을 피할 수 있다.

6) 스타터의 활력 감퇴와 그 원인

스타터를 오랫동안 사용하는 과정에서 나타나는 결함은 산 생성량의 부족, 풍미 생성의 부족, 고산도, 유청분리, 가스발효, 점질화, 이상취 발생 등이다. 이러한 결함의 원인과 방지법은 다음과 같다.

(1) 산 생성량의 감퇴

스타터의 산 생성력 감퇴는 균주의 변이, 잡균 오염, 이상유, 방부제, 살균제, 항생물질, 파아지(phage)의 오염 등에 의해 일어난다.

가) 잡균 오염

스타터의 주요한 오염균은 대장균과 내열성균 그리고 포자 형성균이다. 이러한 오염은 스타터의 관리부족, 살균 불완전 등에 원인이 있고, 이러한 오염균이 스타터의 산 응고를 지연시켜 가스발효, 펩톤화 등을 일으킨다. 이것을 방지하려면 스타터 배지의 완전한 멸균, 균의 접종과 배양의 확실한 관리가 필요하다.

나) 이상유 중의 세균발육 저해물질

젖소에서 우유를 착유하여 방치하면 어느 시간까지는 우유 중의 세균수가 감소하였다가 일정한 시간이 지나면 세균이 증식하기 시작하는데, 이 현상을 생유의 정균작용(靜菌作用)이라 한다. 이 정균작용에는 여러 세균 저해물질이 관여하고 있다. 지방을 응집시키는 어글루티닌(agglutinin)과 락토페록시다제(lactoperoxidase) 등이 이에 해당된다. 어글루티닌은 우유의 지방을 응집시켜 떠오르게 하는데, 이 때 세균도 함께 응집되기 때문에 탈지유 부분에 잔류하는 세균수가 감소하는 효과가 발생한다.

락토페록시다제(lactoperoxidase) 효소에 의하여 퀴노노이드(quinonoid) 구조를 가진 산화생성물이 우유 중에 생기면 젖산균의 생육이 저해되고, 또 우유 중에 H_2O_2와 SCN (thiocyanate)이 존재하면 젖산균이 저해된다.

이 물질들은 유방염유나 lipase를 많이 함유한 이상유(異常乳) 중에 많이 존재하므로 이러한 원료유에서는 스타터의 활력이 저해를 받는다. 그러나 이상의 3가지 물질은 60～75℃, 30분 이상의 가열처리로서 파괴되므로 발효유 제조에는 문제되지 않는다.

다) 항생물질

유방염, 기타 질병의 치료에 사용한 항생물질 등이 우유에 이행되면 젖산균의 발육을 저해한다. 페니실린에 의한 *Lc. lactis*의 당대사 저해작용은 이당류보다 단당류의 대사를 더 크게 저해한다. 항생물질 중에서 스트렙토마이신은 호기성균에 대한 저해작용이 크고, 유간균에 대한 작용은 페니실린의 1/6 정도이다.

이 물질은 세균의 리보솜(ribosome)을 공격함으로써 단백질 합성이 저해되어 사멸하게 된다. 일반적으로 페니실린, 오레오마이신, 스트렙토마이신, 테라마이신, 클로로마이세친은 열에 안정하다. 페니실린은 100℃, 30분 가열하면 50%가 파괴된다.

라) 살균제・세제

정상적인 환경에서 우유를 착유할 경우 함유될 수 있는 살균제들은 다음과 같다. 즉 클로린(chlorine)화합물 0.5～1.4 mg/ℓ, iodophor 0.1～0.2 mg/ℓ, 4급 암모늄화합물(quaternary ammonium compounds) 0.5～1.0 mg/ℓ, dodecyldi-(aminoethyl)-glycine-hydrochloride(Tego 51) 2.0 mg/ℓ 등이며, 이들은 젖산균의 생육에 영향을 미친다.

특히, 염소제의 살균 기능은 산화작용에 의한 것으로, 염소제의 어떤 특이한 활성 부분이 세균세포 내에 침입하여 세포질과 반응하고, 다시 특정 효소의 SH기를 산화하여 살균작용을 발휘한다. 젖산균의 경우 유효 염소농도 5 ppm에서 산 생성이 약간 저해되고, 25 ppm에서는 확실히 저해되며, 100～200 ppm에서는 균의 발육이 억제된다. 이 효과는 pH, 온도, 유기물의 농도 등에 의하여 영향을 받는다.

마) 지방산

우유 지방이 lipase에 의하여 분해되어 유리지방산이 많아지면 젖산균의 생육이 저해된다. 유리지방산 중에서도 capric acid($C_{10:0}$), caprylic acid($C_{8:0}$), lauric acid ($C_{12:0}$)의 순으로 영향이 크다. 또 지방산은 배지의 표면장력을 저하시켜 세균의 생육을 저해한다.

바) 항균물질

몇 종류의 젖산균이 생산하는 항균성 물질(bacteriocin)이나 우유에 혼입된 항생제 등에 의하여 스타터용 젖산균의 생육이 저해를 받는다.

사) 박테리오파아지(Bacteriophage)

파아지(phage)에는 독성(抗菌力)이 강한 용균(溶菌)성 파아지(virulent phage)와 독성이 약한 용원(溶源)성 파아지(temperate phage)로 구분한다. 젖산균에는 균 종류에 따라 여러 종류의 phage가 존재하며, 젖산균 배양과정에 이들이 감염되면 젖산균이 용균 사멸하게 된다. 용균 phage가 젖산균에 감염하면 감염된 세포는 100% 용균된다. 그러나 용원 phage는 phage 핵산이 젖산균에 주입되더라도 세포분열이 정상적으로 일어나면서 숙주세포 1회 분열시 10^{-2}～10^{-7} 비율로 용균성 phage를 방출하는 특성이 있다.

젖산균의 용균 파아지(phage)는 *Lb. acidophilus, Lb. casei, Lb. lactis, Lc. cremoris, Str. thermophilus, Leuc. citrovorum, Lb. bulgaricus, Leuc. mesenteroides, Lb. brevis, Lb. helveticus, Lb. fermenti, Lb. plantarum, Lb. salivarius, Bif. bifidum* 등에서 발견되었고, 용원 phage는 *Lb. casei, Lc. lactis* 등의 특정 균주에서 발견되고 있다.

젖산균 파아지(phage)의 평균 방출량은 60～90개로서 대장균 파아지(phage)에 비하면 적은 편이다. 이러한 phage가 젖산균배양 중에 감염되면 산도가 낮은 배양 초기 단계에서 젖산균이 용균되어 버리므로 배양액의 산 생성이 증가하지 않는다. 이러한 현상은 phage의 종류에 따라서 다르다. 용균 phage의 감염증상은 현저하여 배양액의 생균을 현미경으로 관찰하여도 보이지 않으며, 산도 증가가 나타나지 않는다. 그러나 용원 phage에 감염되면 그 증상이 미약하여 phage 검출을 해보지 않으면 phage 감염 여부를 쉽게 판단하기 어렵다.

파아지(phage) 감염은 배양 초기단계에서 일어나며, 산도가 높아지면 phage가 숙주세포에 흡착 증식하지 못한다. 따라서 산 생성이 왕성한 균은 배양 초기단계가 짧기 때문에 phage가 감염시킬 수 있는 시간이 짧아서 phage의 감염이 적다. 그러나 산 생성이 완만한 젖산균의 경우에는 일정 수준의 산도까지 증가하는 데 시간이 오래 걸리므로 파아지 감염의 기회가 많아진다. 그러므로 산 생성이 완만한 젖산균을 종균으로 사용하는 경우에는 파아지 오염에 대한 방지대책을 확립하여야 한다.

파아지 오염대책으로서는 ① 종균의 사전검사 체제 확립, ② 공장의 위해 환경점검, ③ 살균철저, ④ 차아염소산 소다 50 ppm(pH 9.5)에서 15초 이내에 phage가 파괴되므로 중요 부분에 살포, ⑤ 혼합 스타터 사용, ⑥ 종균배지 개발, ⑦ phage 저항균주 개발 등이다.

신축 공장에 파아지가 나타나는 것을 보면 젖산균을 취급하기 시작하여 약 5～6년이 경과해서부터이다. 신축 공장의 경유에 초기에는 젖산균이 공장의 제한된 부분에만 존재하다가, 시간이 경과하면서 그 분포가 점점 확대되어 드디어는 공장 내·외부 전체에 젖산균이 흩어져 있으므로 자연계에 존재하던 파아지와 접촉할 수 있는 기회의 빈도가 높아져 어떤 한 곳에서 파아지의 증식이 일어나면 증식된 phage는 사람의 손·발·도구 등에 의하여 공장 내·외부로 확산하여 점점 증식이 일어나게 된다.

아) 젖산균의 활력 감소와 플라스미드의 소실

젖산균의 활력 중에서 가장 중요한 것은 젖산 생성력이다. 그런데 젖산균을 계대배양 해나가는 과정에서 젖산 생성력이 감소하여 제품 생산에 종균으로 더 이상 사용할 수 없는 경우가 발생한다. 이 원인은 젖산 생성을 조절하는 유전자가 플라스미드(plasmid)라고 하는 염색체 외의 DNA에 존재하는데, 이 플라스미드가 배양과정에서 세포 밖으로 빠져나가 버리기 때문이다.

젖산 생성에 관여하는 유전자 이외에도 proteinase 형성 유전자, citrate permease 형성 유전자, 박테리오신 생성 유전자, 항생물질 내성 유전자 등도 플라스미드에 존재하는 것으로 알려져 있다. 최근에 이 플라스미드의 중요성이 널리 인식되어 젖산균의 유전 연구에 많이 이용되고 있다. 젖산균의 안전한 관리를 위해서는 플라스미드의 특성과 동태를 잘 파악하여야 한다.

또 젖산균 배양과정에서 플라스미드 소실에 어떠한 인자가 관여하는지, 또는 그 소실되는 것을 방지하려면 어떤 조건을 주어야 하는가에 대한 연구가 이루어진다면 젖산균의 종균관리에 획기적인 대책이 확립될 것이다.

(2) 풍미 생성의 부족

Diacetyl은 배지의 pH가 산성일 때에 생성되므로 산 생성의 부족은 직접적인 풍미 생성 부족의 원인이 된다. 따라서 버터 culture에 있어서 *Streptococcus*의 첨가량이 부족하거나 활성이 약하면 풍미 결함의 원인이 된다. 또 4급 암모늄 화합물은 풍미 생성을 현저하게 억제하고, 구연산 함량이 적은 원료유, 디아세틸을 파괴하는 약간의 Gram 음성균의 오염, 극단적인 산 생성 과잉도 풍미 생성을 저해한다. 또한 풍미 생성에 중요한 균인 *Lc. diacetylactis*를 용균(溶菌)하는 파아지가 발견되어 있고, 이것은 Cottage 치즈의 제조에 손해를 끼친다.

(3) 젖산(乳酸) 과다 생성

스타터의 산도 과잉의 원인은 배양온도의 상승, 배양시간의 연장, 보존 균주(starter culture) 접종량의 과대 등이다. 젖산 과다 생성은 스타터의 활성을 저하시킨다. 즉 내산성이 강한 균종과 약한 균종의 혼합 스타터에 있어서 젖산 과다생성 현상은 내산성이 약한 균종을 저해시키므로 혼합 스타터의 기능을 손상시킨다. 따라서 젖산 과다 생성 현상을 방지하려면 무엇보다도 균의 활성과 접종량을 일정하게 유지하는 일이다.

(4) 유청분리

우유를 산(酸) 응고시켰을 경우 탈지유 표면에 유청(whey)이 분리하는 현상을 유청분리(whey off)라고 한다. 이 현상은 고형분 함량이 적을 경우, 살균온도가 낮을 경우, 스타터 접종량이 적은 경우, 산도가 낮은 경우, 알코올 양성유(陽性乳)인 경우에 일어난다. 또 잡균 오염에 의해서도 유청분리가 일어나며, 불투명한 유청을 분리한다.

(5) 가스발효

스타터의 가스발효는 응고된 커드 내의 가스 기포형성이 심한 경우에는 커드가 부상(浮上)한다. 이러한 스타터를 치즈제조에 사용하면 커다란 콩알모양의 구멍(cheese eye)을 만들거나 팽창시킨다. 이 원인균은 대장균군, 낙산균, 유당 발효성 효모 등이며, 이러한 미생물은 불완전한 살균, 접종 균액의 오염에 의한 경우가 많다. 이러한 스타터는 사용하지 않는 것이 좋고, 배지의 철저한 살균과 스타터의 취급 관리를 신중히 하는 것이 이러한 현상을 방지하는 길이다.

한편, 스타터로 사용하고 있는 *Leuconostoc*도 가스를 약간 생성한다. *Lc. diacetylactis* 중에도 이러한 균주가 있으므로 스타터로 사용할 때에는 가스 생성량을 검사하여 가스 발효성이 강한 것은 사용하지 않는 것이 좋다.

(6) 점질화

우유의 점질화를 일으키는 균은 상당히 많다. 특히 *Alcaligenes viscosus*나 일부 대장균 및 *Micrococcus*에 의한 점질화는 스타터에 이상취(異常臭)를 생성하고, 제조공정에 결함을 초래한다. 또한 스타터 젖산균 중에도 점질화를 일으키는 균주가 많으나 점질화 이외의 결함이 없다면 문제시 할 것은 없고, 오히려 이 성질을 이용하여 유청분리가 없는 농후한 외관의 발효유를 만들 수도 있다.

(7) 이상(異常) 풍미 생성

스타터의 이상(異常) 풍미에는 젖산균이나 단백질 분해균에 의한 쓴맛(苦味) 생성, *Lc. lactis* var. *maltigenes*에 의한 맥아취 발생, 스타터 젖산균에 의한 풀냄새(green flavor) 생성, 효모의 오염에 의한 효모취 발생, 배지의 외적 오염에 의한 우사취・사료취・금속취 등이 있다. 고미취(苦味臭)・효모취와 같은 스타터의 제조와 관리 부족에 의하여 생성되는 냄새는 그 원인에 따라서 적당한 예방책을 고안하여야 하며, 맥아취의 발생을 예방하려면 균주의 선정에 신중하여야 한다.

7) 스타터 균주의 개량

스타터 미생물의 활력이 여러 가지 요인에 의하여 감퇴되었을 때 그것을 회복시키거나 혹은 어떤 균주의 특정한 활력을 강화시킬 필요가 있을 경우에 다음과 같은 방법으로 개량할 수 있다. 그러나 무엇보다도 중요한 것은 스타터 균주의 생리적 활력이 저해되지 않도록 균주 보존에 대한 정확한 방법을 확립하는 것임을 밝혀 둔다.

(1) 자연 돌연변이에 의한 방법

미생물은 증식과정에서 자연적으로 돌연변이 현상이 나타난다. 그 발현율은 10^8의 1의 비율로 나타나며, 그 발현을 쉽게 확인하는 방법은 파아지(phage)를 감염시켜 보면 알 수 있다. 즉, 증식과정에 있는 어떤 균에 감염할 수 있는 파아지를 첨가하면 그 균은 모두 용균이 일어나는데 반드시 그 파아지 내성 돌연변이균이 잔류하게 된다.

이 내성균은 균이 증식하는 과정에서 자연적으로 발생한 것이다. 이 변이균을 배양한 후 스타터 미생물로서의 특성을 그대로 가지고 있는 균주를 선발한다면 파아지에 대한 저항성이 있는 균주 개발이 이루어지게 된다. 또 이 자연 돌연변이균 중에서 모균주(母菌株, parent strain)보다도 특정한 활력이 강한 것을 골라낼 수도 있다.

(2) 인공 돌연변이에 의한 방법

핵산의 염기배열에 손상을 일으키는 물질, 즉 mitomycin C, nitrosoguanidine (NTG), 5-bromouracil, 2-aminopurine, nitrite(HNO_2), hydroxylamine(NH_2OH), acriflavin, acridinemustard, ethylmethanesulfonic acid(EMS)이나 자외선 등을 사용하여 인공적으로 돌연변이를 유발시키는 방법이다. 이러한 돌연변이 유기물질(誘起物質)을 처리하여 얻은 돌연변이균 중에서 필요로 하는 특정 균주를 선별해 낼 수 있다.

(3) 유전자 교환에 의한 방법

서로 다른 특성과 활력을 가지고 있는 두 세포를 접합시켰을 때 두 세포의 유전물질이 한 세포 내에서 발현될 수 있다면 매우 편리하게 이용될 것이다. 최근에 새로운 균주 개발의 방법으로 이 세포융합(cell fusion)이 많이 연구되고 있다(Back et al., 1986). 젖산균 스타터의 경우도 국내에서 연구가 진행 중에 있으나 아직 산업화에 성공한 예는 발표되지 않고 있다.

세포 융합법에 있어서 기술적으로 어려운 문제는 두 세포의 protoplast가 융합했을 때 그것을 적절히 선별해 내는데 필요한 표식인자(marker)가 확립되어 있지 못한 데 있다. 또한 세포벽 용해효소도 일반적으로 리소자임(lysozyme)을 많이 사용하고 있지만 *Lb. casei*의 경우에는 이 효소로서는 어려우며, 최근에 N-acetylmuramidase가 적합하다. 이와 같이 각 젖산균의 세포벽의 특성에 따라 작용하는 효소가 다르므로 체계적인 연구가 필요하다.

세포융합 기술의 개요는 다음과 같은 단계로 진행된다.

① 균주 개발 : 사용 균주의 미약한 면을 보완시켜 줄 수 있는 다른 젖산균을 각종 실험을 통하여 선발한다.
② 유전적 표식인자 개발(genetic marker) : 세포융합에 선발된 균주는 각 균주가 어떠한 특이한 유전적 인자의 보유 여부를 조사한다.
③ 세포벽 융해 : 특수한 효소를 처리하여 세포의 세포벽만을 제거한다.
④ 원형질체 형성(protoplast formation) : 세포벽이 제거된 세포는 원형질막만 남게 되며, 이 때 젖산간균은 막대기 모양이 없어지고 삼투압의 영향으로 둥근 모습을 나타낸다.

⑤ 세포융합(cell fusion) : 원형질막으로 된 세포는 적당한 삼투압을 유지시켜 주면서 융합촉진제(polyethylene glycol)를 처리하여 세포 상호간 융합이 일어나도록 한다. 이 때 유전물질의 상호교환이 일어난다.

⑥ 정상세포로의 재생(regeneration) : 세포융합 이후 세포벽이 재생되어 정상세포로 복귀된다.

⑦ 유용한 균주 선발 : 목적대로 유전적으로 유용한 형질을 지닌 새로운 균주를 선발한다.

⑧ 새로운 균주의 유전적 기능검사 : 새로운 균주에 대해서 유전적 기능의 안정성 여부와 능력을 검정한다.

⑨ 새로운 균주의 탄생

⑩ 새로운 균주에 의한 시제품의 제조실험을 해 본다.

이러한 기술을 개발하기 위해서는 우선 각종 젖산균의 유전자 분포에 대한 조사, 젖산균 세포벽 용해 효소의 개발, 제한효소의 개발, 필요한 유전자를 세포 안으로 운반할 수 있는 운반매체(vector)의 개발 등이 체계적으로 확립되어야 한다. 유전자 교환의 방법에는 세포융합뿐만 아니라 conjugation(형질접합), transformation(형질전환), transduction(형질도입), gene cloning(유전자 복제) 등이 있다.

8) 스타터와 박테리오파아지

박테리오파아지(bacteriophage)는 간단히 파아지(phage)라고도 하며, 세균을 숙주로 하여 증식하는 바이러스(virus)의 일종이다. Phage라는 말에는 먹는다는 뜻이 내포되어 있어 그 이름만으로 짐작하더라도 세균을 먹는 성질을 가졌다고 쉽게 생각할 수 있다.

1915년에 영국의 세균학자 트와트(Twart)는 포도상구균의 집락 형태를 변화시키는 감염성 물질을 발견하고, 이것이 그 당시에 알려져 있던 동물 바이러스와 식물 바이러스에 유사한 것이라고 보고하였으나 인정받지 못하였다.

그 후 1917년에 프랑스의 데렐(d'Herelle)이 이질균 환자의 분변을 세균 여과기로 여과한 여액이 이질균 배양액을 투명하게 용해시킨다는 사실을 발견하고, 이 물질을 초미생물이라 생각하여 "bacteriophage"라고 명명하였다. 거의 대부분의 세균은 그 세균 특유의 phage를 가지고 있으며, 젖산균에 있어서도 각 종류의 phage가 보고되어 있다.

젖산간균을 숙주로 하는 phage는 1934년 코펠로프(Kopeloff)가 하수구에서 *Lb. acidophilus* 와 *Lb. bulgaricus* 의 phage를 분리한 이후 공장 배수, 사람의 구강, 분변,

발효 생산물 등으로부터 수많이 분리되었으며, lactobacilli에 속하는 균종의 반수 이상에서 phage가 알려져 있다. 그 밖에도 *Lb. casei, Lb. plantarum* 등에서도 많은 종류의 phage가 보고되어 있다.

(1) 파아지(phage)의 특성

파아지(phage)는 세균의 수십 분의 1 정도로 매우 작은 물질로서 일반 미생물과 다른 여러 가지 특징을 지니고 있다.

Phage의 특성을 들어 보면 다음과 같다.

① 독자적으로 증식이 불가능하고 숙주세균의 세포 안에 침입하여 증식한다.
② 1개의 phage가 숙주세포 안에 들어가서 신생 phage를 만드는데, 그 수가 수십 내지 수백 개에 달하며, 따라서 증식속도가 세균보다 매우 빠르다.
③ Phage는 세균에 대한 감염범위가 매우 좁다. 즉 *Lb. casei* 의 phage는 다른 종류의 세균에는 감염하지 않고, *Bacillus*의 phage는 *Lactobacillus*에 감염하지 않는다.

(2) 파아지(phage)의 형태

파아지(phage)는 그 크기가 세균보다 훨씬 작기 때문에 광학현미경으로서는 관찰이 불가능하고, 전자현미경으로 수만 배 이상 확대하면 그 형태를 볼 수 있다. Phage의 형태에는 여러 종류가 있으며, 그 대표적인 것은 머리(head), 몸통(sheath), 꼬리섬유(tail fiber) 등으로 되어 있고, 그 밖에 머리만으로 되어 있는 것도 있다. Phage는 유전물질로서 DNA(deoxyribonucleic acid) 또는 RNA(ribonucleic acid)만을 가지고 있으며, 젖산 간균의 phage는 현재까지 알려져 있는 것은 모두 DNA를 유전물질을 가지고 있다.

(3) 파아지(phage) 증식과정

파아지(phage)는 적당한 온도·pH·수분 등 숙주세포가 잘 생육할 수 있는 조건이 갖추어지면 숙주세포가 증식하는 과정에서 동시에 phage도 증식한다. Phage가 숙주세포에 감염하여 증식하는 과정은 ① phage의 꼬리부분이 숙주세포의 세포벽에 흡착, ② DNA 주입, ③ 숙주세포 안에서의 증식, ④ 결합, ⑤ 방출의 순서로 진행된다(그림 5-23).

이 과정의 소요시간은 각 phage에 따라 다르며, 대장균 phage의 경우 흡착하여 방출할 때까지 약 20분 정도 소요된다. Phage가 숙주세포에 흡착하면 일정시간 세포 안에서 phage가 잠복상태로 있게 되는데, 이 시간을 잠복기(latent period)라고 한다.

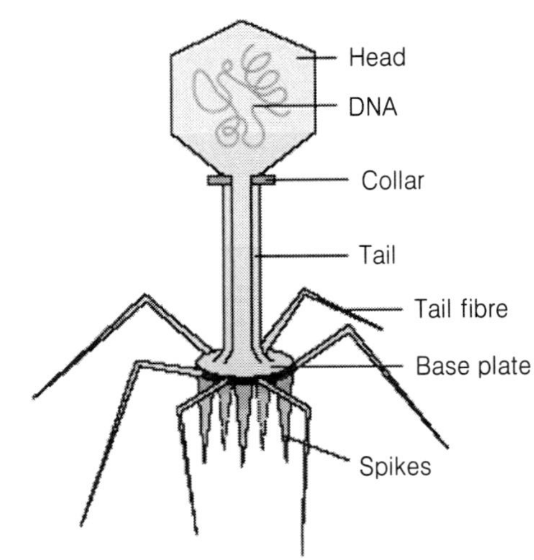

그림 5-22. 파아지(phage)의 형태

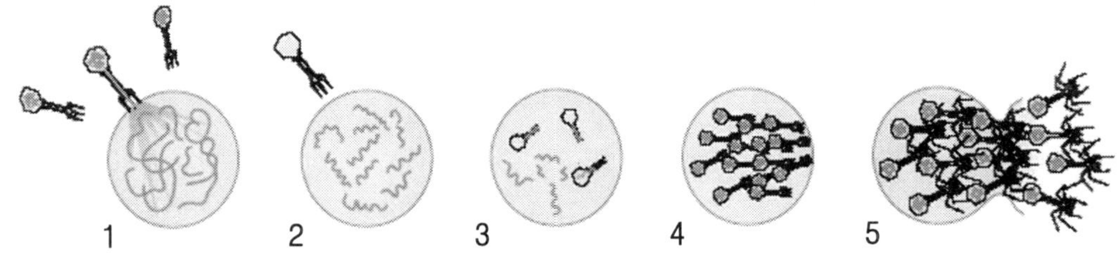

그림 5-23. 파아지(phage)의 증식과정

잠복기가 끝나면 세포 안에서 새로 성숙한 phage가 세포벽을 용해시켜 방출하는데, phage 1개가 흡착하여 새로 방출하는 phage의 수를 평균 방출량(burst size)이라고 한다. 우유 또는 인공배지에 젖산균을 접종하여 젖산균이 대수 증식기(logarithmic phase)에 도달했을 때 phage를 접종하면 1 mℓ당 10^9 정도의 phage를 얻을 수 있다.

(4) 독성 파아지(virulent phage)와 용원성 파아지(temperate phage)

파아지(phage)는 그 생리적 특성에 따라 독성 파아지(virulent phage)와 용원성 파아지(temperate phage)로 대별된다. 독성 phage는 숙주세포에 흡착하여 반드시 용균하는 phage를 말하며, 따라서 증식력이 강하다. 발효유나 치즈 제조공장에서 문제가 되는 것은 주로 독성 phage이다.

용원성 phage는 숙주세포의 염색체 속에 phage 유전자가 잠복해 있음에도 불구하고 숙주세포의 증식에 아무런 변화가 나타나지 않다가 외부로부터 염색체에 어떤 자

표 5-45. 젖산균의 파아지(phage)

숙주균	phage	평균 방출량	잠복기 (분)	배양온도 (℃)	발견자
Str. lactis	-	-	-	-	Kopeloff(1935)
Str. cremoris	-	-	-	-	Kopeloff(1935)
Str. thermophilus	-	-	-	-	Kopeloff(1935)
Leuc. mesenteroides	-	-	-	-	Kopeloff(1935)
Lb. brevis	-	-	-	-	Kopeloff(1935)
Lb. helveticus	-	30～100	72～99	-	Kiuru(1995)
Lb. casei	-	60～150	90～190	37	Meyers(1958)
Lb. casei S-1	J1	300	88	37	Murata(1969)
Lb. casei S-1	SG-T	100	110	37	Murata(1969)
Lb. casei C1045	NHc	80	140	37	Murata(1969)
Lb. casei C1045	TMc	57	175	37	Murata(1969)
Lb. casei S-1	TK93	100	90	37	Kim(1979) 등
Lb. plantarum	-	20～40	60～70	37	Sakurai(1969)
Lb. plantarum IAM 1216	PB	140	40	37	Murata(1969)
IAM 1216	ϕ219	180	40	37	Murata(1969)
IAM 1216	ϕ16	150	100	37	Murata(1969)
Lb. salivarius	-	100～130	80	37	Sakurai(1969)
Lb. fermenti	-	-	-	-	De Klerk(1965)
Lb. bifidus	-	-	-	-	Yousserf(1966)
Bif. thermophilum	-	-	-	-	Matteuzzi(1971)

극(mitomycin C, 자외선 등)을 받으면 잠복되어 있던 phage 인자가 활성화되어 증식하는 것을 말한다. 그리고 숙주세포에 잠입해 있으면서 증식하지 않는 상태의 phage 인자를 prophage 또는 temperate phage라고 한다.

(5) 발효유 제품공장의 파아지(phage) 오염

치즈나 발효유의 스타터(starter)에 파아지(phage)가 오염되면 phage에 의해 젖산균이 용균(lysis)되므로 산이 생성되지 않아 치즈나 발효유를 제조할 수 없게 된다. Phage의 오염에 의하여 종균이 사멸되게 되면 대개의 경우 여러 가지 잡균이 증식하며, 그 정도가 심한 경우에는 배양액을 폐기 처분하지 않을 수 없게 된다.

치즈나 발효유의 생산 공장에서와 같이 동일 균주를 장기간 사용하게 되면 그 공장 주변에 종균이 점차 광범위하게 분포하게 되며, 따라서 공기나 토양에 존재하던 phage 입자의 흡착기회가 증가되어 phage가 점점 공장 내・외부로 광범위하게 분포하게 된다. 이러한 상태에서 phage가 종균의 계대배양시에 오염되거나 또는 배양조에 직접 침입하여 큰 사고를 유발하는 경우가 있다

파아지(phage) 오염사고의 대부분은 phage에 약간 오염된 스타터(starter)를 사용할 경우에 발생하게 되는데, 이러한 사고는 스타터에 대한 phage에 대한 오염 여부를 철저히 검사함으로써 방지할 수 있다.

(6) 발효유 제품공장의 파아지(phage)에 대한 대책

파아지(phage)에 대한 대책으로는 예방이 최선의 수단이며, 이미 phage에 감염된 것은 용균을 중지시킬 수 없다. 그 예방 방법으로는 우선 공장 내·외부를 청결하게 하는 것이 중요하다. 숙주와 phage는 생육조건이 거의 일치하므로 온도나 pH 등의 환경조건을 변화시켜 phage의 증식을 억제하려고 하는 것은 불가능하다. 따라서 다음과 같은 점에 착안하여 종합적인 대책을 수립하는 것이 안전하다.

① 공장의 하수구 및 배수구, 배양액이 항상 흐르는 장소 등에 대해 정기적으로 phage 검사를 실시하여 phage가 공장 내부에 광범위하게 분포되어 경우에는 특별히 주의하여 청소와 살균을 철저히 한다.

② 종균과 스타터(starter)는 사전검사의 체계를 확립하여 확인하고 phage 음성인 것을 사용한다.

③ Phage 감수성(sensitivity)이 서로 다른 균주를 준비해 두었다가 phage에 오염되면 phage 저항균주를 일정기간 동안 바꾸어서 사용한다.

④ 혼합 균주를 사용하면 단시간에 산도(acidity)를 높일 수 있을 뿐만 아니라 한쪽 종균에 phage가 오염되더라도 다른 한쪽의 종균에 의하여 제품을 제조할 수 있다.

⑤ 발효유 배양탱크에 phage가 심하게 오염되면 산 생성이 저조하고, 효모와 기타 잡균의 증식으로 가스가 발생하여 배양탱크 위로 배양균액이 흘러넘치는 경우가 있다.

⑥ 젖산균 phage는 그 증식과정에서 칼슘(Ca^{++}) 이온을 필요로 하므로 오염의 기회가 많은 종균 및 스타터 제조시에 적당한 온도로 가열하거나 인산염·구연산 등을 첨가하여 배지 중의 칼슘을 불활성화 시킨다.

9) 발효유와 젖산균

젖산균은 당으로부터 주로 젖산만을 생성하는 호모(homo) 발효젖산균과 젖산·알코올·초산·이산화탄소 등을 혼합 생성하는 헤테로(hetero) 발효젖산균으로 구분한

다. 현재 많이 이용되고 있는 발효유 제품용 젖산균은 *Lc. lactis* ssp. *lactis, Lc. cremoris, Str. thermophilus, Lb. bulgaricus, Lb. acidophilus, Lb. casei, Lb. helveticus, Leu. citrovorum, Leu. dextranicum, Leu. paracitrovorum, Bif. longum, Bif. infantis* 등이 있다.

우리나라에서 발효유 제조에 사용하는 종균은 대부분 혼합종균으로서 덴마크·프랑스·독일·미국 등으로부터 수입하고 있다. 요즘은 발효유 종균의 건강 유용성이 부각됨에 따라 각 유업체에서는 젖산균의 차별화 및 자체 개발에 관심을 가지게 되었으며, 균주의 차별성을 강조하고 있다.

사람의 소화기관 내의 장내 균총은 400여 종의 균으로 구성되었으며, 개인별 균의 종류는 다양하지만 건강한 성인의 경우 일반적으로 균종의 수와 총 균수는 상대적으로 일정하다. 이미 소화기관 내에는 정착되어 있는 정상 장내 균총이 형성되어 있으며, 여기에 균이 정상적인 식품의 일부(통과적인 미생물 균총)로서 혹은 오염원(우발적인 미생물 균총)으로서 생체로 유입된다. 통과적인 미생물 균총은 소화기관 내의 위쪽에서 더 큰 효과를 가진다.

발효유에서 발견되는 발효유의 섭취는 전반적인 미생물 모집단에 건강적인 이상 영향을 갖지 않는다. 이러한 안정성에도 불구하고 장내 미생물 균총은 여러 가지 요소에 의해 영향을 받는다. 숙주 요소로서 위산, 담즙산염, 장벽의 점막 영향을 받으며, 그 밖에 다이어트, 약물치료, 감염, 스트레스, 노화, 날씨 등에도 영향을 받는다. 또한 미생물 간의 길항작용 혹은 공생관계의 영향을 받는다.

장내 미생물 균총은 구강 혹은 담도를 통해 장내로 들어가거나 장내로 직접 분비되는 대부분의 기질에 적응하고 대사할 수 있다. 적응은 몇 일 안에 일어난다.

(1) *Lactobacilus acidophilus*

*Lactobacillus acidophilus*는 자연적으로 위장관과 전통적인 발효유에서 발견된다. 산과 담즙산염에 대한 내성이 있어 위장관을 통과할 수 있다. 일반적으로 *Lb. acidophilus*는 섭취시 다양한 건강 유용성을 주기 때문에 probiotics로 간주된다. 주로 건강 유용효과로는 콜레스테롤 저하 효과, 항미생물 효과, 면역조절 효과, 대장암 예방 효과 등이 있다.

*Lb. acidophilus*의 유용성에 대한 가능성에 대한 언급은 1900년경의 메치니코프(Metchnikoff) 박사의 '건강 장수이론'으로 거슬러 올라간다. 그 후 1980년대 중반 사람을 대상으로 콜레스테롤 저하효과가 밝혀지면서 항미생물 효과, 면역조절 효과, 항암효과 등 다양한 건강 기능성이 제기되었다.

가) *Lb. acidophilus*의 특징 및 분류

① 특징

*Lb. acidophilus*는 절대 호모발효, 통성 혐기성 간균으로 주요 최종 분해산물은 젖산이다. 주요 서식처는 사람과 동물의 위·장관, 사람의 입과 질 그리고 케피어(kefir)와 같은 일부의 전통 발효유다. 우유에서 느리게 자라기 때문에 원하지 않던 미생물이 자라거나 좋지 못한 풍미를 생성하게 하는 미생물이 자랄 위험이 있다.

② 분류(DNA-DNA homology에 의한 분류)

Lb. acidophilus group은 *Lb. acidophilus*(A1), *Lb. crispatus*(A2), *Lb. amylovorus*(A3), *Lb. gallinarum*(A4), *Lb. gasseri*(B1), and *Lb. johnsonii*(B2)의 6종으로 분류된다. 또한 *Lb. acidophilus*는 DNA(RAPD)-PCR(polymerase chain reaction) 방법에 의해 다양한 strain으로 분류된다.

③ Probiotics로서의 Lb. acidophilus

In vitro test에서 *Lb. acidophilus*는 *Lb. bulgaricus*와 *Str. thermophilus*보다 산이나 담즙산염에 대한 내성이 강하다. 이러한 생존능력은 strain마다 차이가 있다. 인체실험에서 10^8 CFU/g의 *Lb. acidophilus*와 10^7 CFU/g의 *Bifidobacterium* spp.을 함유한 100g의 발효유를 먹였을 경우 소장에서 log 3의 lactobacilli의 균수 증가가 있었으며, 10^6 CFU/mℓ의 균이 살아 있는 상태로 소장을 통과한다고 보고되었다.

㉠ 정장효과

· 유당분해효소 결핍의 개선

젖산균의 총 β-galactosidase 활성, 요구르트에 있어서 입에서 맹장까지의 이동속도 저하, 발효유 내의 어떤 기질에 의한 유당발효의 억제 등이 영향을 끼쳐 유당분해효소 결핍에 의한 유당불내증을 개선한다.

· 소화기관의 이동시간 조절

· 감염성 소화기 질환에 대한 비특이적 내성

In vitro 실험 결과 장내 미생물의 '방어막 효과'에 기여하며, 젖산균에 의해 만들어지는 젖산에 의해서 산성적 환경이 형성되므로 일부의 해로운 균에게 좋지 않은 환경을 제공함으로써 억제한다. 또한 일부 젖산균은 부산물로 만들어지는 항미생물적 특성을 나타내는 박테리오신과 같은 물질을 분비한다.

㉡ 콜레스테롤 저하(hypocholesterolemic) 효과

1974년에 Mann과 Spoerry가 마사이 전사들이 하루 2 L의 발효유를 마시고 낮은

혈중 콜레스테롤 수준을 유지한다는 것을 지적한 이후 많은 관심을 불러일으켰다. *In vitro* 연구에서 *Lb. acidophilus* 는 콜레스테롤을 흡수 혹은 포집하거나 침전시킬 수 있다. 여러 임상 실험결과 총 콜레스테롤과 LDL 콜레스테롤 수준을 낮추는 것으로 보고되었다.

ⓒ 항미생물(Antimicrobial) 효과

In vitro 실험에서 일부의 *Lb. acidophilus* 는 다양한 병원성 미생물(*Helicobacter pylori, Yersinia pseudotuberculosis, Salmonella typhimurium* 및 *Shigella sonnei*)에 대해서 억제활성을 보인다. *Lb. acidophilus* 와 *Lb. casei* 와의 혼합 배양물은 단독 배양보다 향상된 억제능력을 보여 준다.

동물실험에서 *Lb. acidophilus* 와 *Lb. casei* 로 배양한 발효유를 쥐에 투여했을 때 *Escherichia coli, Listeria monocytogenes, Shigella sonnei* 에 의한 감염을 예방할 수 있었다. 사람을 대상으로 한 실험에서 *Lb. acidophilus* 의 발효유 혹은 캡슐을 이용하여 어린이 설사, 항생제 사용에 따른 설사 등의 예방에 대해서 조사한 결과 균주의 strain 별로 효과의 차이가 있었다. 10^8 CFU/mℓ의 *Lb. acidophilus* 를 포함한 발효유를 6개월간 섭취한 경우 여성의 칸디다성 질염 감염이 1/3로 줄었다. 이러한 항미생물 효과를 나타내는 대사산물은 유기산, 과산화수소, 유사항생 물질(antibiotic-like compounds)인 lactocidin, acidophilin, bacteriocins(lactacin-B, lactacin-F) 등이다.

ⓓ 면역조절(immunomodulating) 효과

In vitro 실험에서 *Lb. acidophilus* 는 interferon(INF)-g, TNF-a(tumor necrosis factor), interleukin(IL)-1b 등의 여러 cytokine의 분비를 촉진한다. 쥐를 이용한 동물실험에서 *Lb. acidophilus*를 먹였을 때 장내의 점질물질 분비 증가 및 혈장 내의 IgA-생성 세포와 IgG-생성 세포의 증가가 확인되었다. 사람을 대상으로 한 임상실험에서 혈장내 IgA 증가가 확인되었다. 또한 3주간 *Lb. acidophilus* 발효유 음용 후 혈액내 백혈구의 포식세포(phagocytic) 활성을 측정한 결과 포식세포 활성이 증가하는 것으로 확인되었다. 동결건조된 *Bif. bifidum* 과 *Lb. acidophilus* 를 섭취하면 말초혈액의 B세포 수와 TNF-a가 증가하였다.

ⓔ 대장암 예방

In vitro 연구에서 *Lb. acidophilus* 가 heterocyclic amines(procarcinogen)의 돌연변이(mutagenic) 활성을 낮춘다. 이 효과는 균체와 직접 결합함으로써 나타나는 효과로 보인다.

Lb. acidophilus 를 섭취할 경우 사람과 동물의 분변 내에서 β-glucuronidase, azoreductase, nitroreductase 등과 같은 발암성 유발효소(procarcinogenic enzyme)가 줄어든다. *Lb. acidophilus* 로 배양한 발효유를 음용할 경우 장내 lactobacilli의 수준이 증가하고 뇨와 분변의 돌연변이성(mutagenic) 효소활성이 줄어든다.

(2) *Bifidobacteria*

처음으로 시장제품으로 비피더스균 발효유가 소개된 것은 50여 년 전이지만, 1970년대 이후 bifidus균을 이용한 제품이 다양하게 소개되었다. 특히 독일과 일본에서 활발하게 개발되었으며, 현재는 세계의 많은 제품에서 비피더스균을 사용한다. 국내 발효유에도 많은 발효유 제품에 비피더스균이 이용되고 있다.

모유 음용 영유아는 이유식 영유아에 비하여 설사질환의 발병 확율이 낮다. 이때 모유 음용 영유아의 대장 비피더스균수를 비교해 보면 모유 음용 영유아의 비피더스균 수가 월등히 많다. 비병원성 미생물인 비피더스균이 많은 공간을 차지하는 것만으로도 다른 균의 감염을 막는 데 도움을 줄 수 있다.

가) *Bifidobacteria*의 특징 및 분류

① 특징

비피더스균은 인체의 대장내 미생물 균총의 중요한 종으로서 태어나면서부터 일생동안 위장관에 서식한다. 대장 내용물에 약 10^8~10^{11} CFU/g이 존재하며, 특히 모유를 먹인 신생아에 있어서는 때때로 장내 미생물 중 가장 많은 수를 나타내기도 한다. 발효시 젖산은 물론 초산을 주요 발효산물로 생성한다.

② 분류

1899년 발견된 이래 여러 차례 바뀌었으며, 1994년 3종이 추가되어 현재 32종이 포함된다.

나) Probiotics로서의 *Bifidobacteria*

IDF(International Dairy Federation)와 일본 발효유와 젖산균 음료협회에서는 probiotics 효과를 위해서는 제품에 10^7 CFU/g의 비피더스균이 존재해야 한다고 정하였다. 비피더스균의 건강효과는 직접적인 방법(항미생물 활성)과 간접적인 방법(대장세포의 면역조절 혹은 대장의 정상 미생물 균총의 기능을 변화)으로 작용한다.

① 위장관 내의 이동 개선

노인의 경미한 변비는 비피더스 발효유를 섭취함으로써 부분적으로 바로잡을 수 있다. 비피더스 발효유를 섭취하였을 때 여성의 대장 이동속도는 상당히 증가하였다.

특히 초기 시간이 느린 경우에 상당히 증가하였다. 이러한 현상은 비피더스균이 없던 전통적인 발효유에서는 관찰할 수 없는 효과이므로 대장의 운동성 증가는 *Bifidobacterium* 의 특이성을 보여 주는 것이다.

② 발암 위험 감소

간접적인 증거로 *Bif. longum* 과 *Str. thermophilus* 로 발효한 발효유를 섭취하였을 때 발암성 물질의 생성에 관여하는 분변효소(β-glucuronidase)의 수준이 감소하고, 부패성 대사물질(ρ-cresol, indole, ammonia)이 감소한다.

In vitro 연구 결과 *Bifidobacteria* 는 procarcinogens(nitrites, nitrosoamines)를 비효소적으로 세포내 메커니즘을 통해서 억제한다. 또한 heterocyclic amines(붉은 고기의 요리과정에서 생성되는 발암물질)도 결합하여 분변으로 제거한다. 쥐를 대상으로 한 많은 보고서에서 *Bifidobacteria* 를 먹였을 경우 대장내 비정상적인 함몰점(aberrant crypt foci : early preneoplatic lesions) 형성이 억제되며, 대장에서 종양 발병 건수와 종양의 수가 상당히 감소한다고 보고되었다. 또한 대장세포의 종양세포 크기가 상당히 축소되었다고 한다. 최근의 *in vitro* 연구에서 비피더스 발효유가 사람의 유방암 cell-line의 성장을 억제한다는 보고도 있다(표 5-46).

③ 항미생물적 활성

1994년 Saavedra 등은 영유아에게 *Bif. bifidum* 과 *Str. thermophilus* 로 배양한 발효유를 먹일 경우 정상적인 이유를 했을 때와 비교하여 병원에서 일어난 설사의 빈도를 낮출 수 있고, rotavirus의 분열 속도를 낮출 수 있음을 밝혔다.

표 5-46. *Bifidobacteria* 의 함암효과에 관한 연구결과

Stage of cancer	Type of study	Results
Initiation	*In vitro*	Inhibit nitrites, nitrosamines
	In vitro	Bind to heterocyclic amines
	Animal	Prevent carcinogen-induced DNA damage in colon cells
	Human	Reduce fecal enzyme β-glucuronidase
	Human	Reduce putrefactive metabolites : ρ-cresol, indole, ammonia
Precancer lesions	Human	Supress aberrant crypt foci formation
Cancer	*In vitro*	Inhibit growth of human breast cancer cell line
	Animal	Supress colon tumor incidence

많은 연구 보고서에서 병원성 미생물(*Escherichia coli, Shigella dysenteriae, Yersinia enterocolitica*)에 대한 억제효과가 확인되었다. 대사물질인 초산과 젖산의 생성은 그 자체로 억제효과가 있게 pH를 낮추며, 일부 비피더스균은 항균물질을 분비한다.

④ 면역조절 효과

혈액내 다양한 면역조절 요소를 조사한 결과 발효유를 섭취하지 않았을 때보다 *Bifidobacteria* 와 *Lb. acidophilus* 를 함유한 발효유를 섭취하였을 때 독소를 약화시킨 *Salmonella typhimurium* 를 투여하면 훨씬 더 큰 IgA 증가 반응을 보였다. *Bif. bifidum*을 첨가한 발효유를 섭취하였을 때 말단의 혈액에서 *E. coli*에 대한 전체적인 식세포 활성이 증가하였다. *In vitro* 상에서 비피더스균이 있을 때 혈액내 단핵세포에서 interleukin(IL)-6, IL-1b와 g-interferon(면역반응에서 세포간의 신호로서 작용하는 물질)의 생산이 확인되었다.

⑤ 콜레스테롤 제거(Cholesterolemic) 효과

In vitro 실험에서 비피더스균이 콜레스테롤을 직접 포집하거나 담즙산염과의 conjugation 결합에 의한 침전에 의해서 콜레스테롤을 제거하였다.

다) 기술적 개발방향

비피더스균은 발효유에서 빠르게 사멸한다. 특히 pH 4.5 이하의 호기적 조건에서는 잘 살아 남지 못한다. 제품 내에 보관 중에도 사멸하며, 음용 후 위장관 통과 중에도 위산 담즙산염에 의해 사멸한다. 균주의 strain에 따라서 생존율 차이가 크다고 보고되고 있다.

비피더스균의 유용효과를 얻기 위해서는 음용시의 균수가 중요하다. 따라서 음용시점까지의 생존율을 높이고 음용 후에도 장에 잘 도달할 수 있도록 하기 위해서 생존성이 좋은 균주를 선발하고 초기 균수를 높이는 것이 중요하다. 그리고 단백질 분해 젖산균(특히 *Lb. acidophilus* 또는 *Lb. bulgaricus*)과의 혼합배양은 비피더스균의 생존율을 높여 준다.

(3) *Lactobacillus casei*

Lactobacillus casei 는 전통적인 발효유(kefir, laban zeer)와 다양한 치즈(provolone, parmesan and Vifit)에서 발견된다.

가) 특징 및 분류

① 특징

*Lb. casei*는 산과 담즙산염에 내성이 있고, 일부 설사의 치료 및 예방에 효과가 있다. 장내 미생물 균총을 바꿔 주며, 일부 암의 위험을 낮출 수 있다. 또한 면역조절 기능이 있다. 주요 서식처는 발효식품, 우유, 고기, 대장, 입, 그리고 자연환경이다. *Lb. casei*라는 용어는 1919년에 처음 사용되었고, 어원상 치즈와 깊은 관계가 있다. Casei와 casein은 치즈라는 의미의 라티어 caseus에서 유래되었다.

② DNA 상동성에 의한 분류

각 species는 유전적으로 매우 유사하며, *Lactobacillus genus*의 구성원으로서 Gram 양성의 간균모양 세포이다. 다른 lactobacilli에 비해 크기가 작고, 통성 헤테로 발효의 중온성(mesophilic) 균이다. 당이용 범위는 발효유에서 발견되는 대부분의 lactobacilli 보다 넓다(표 5-47).

나) 프로바이오틱스로서의 *Lb. casei*

① 장내 미생물 균총의 개선

프로바이오틱으로 작용하기 위해서는 위산에 의해서 pH 3 근처까지 떨어지는 위에서 살아남아야 하고, 2%의 담즙산에도 견뎌야 한다. Lactobacilli는 위산과 담즙산에 견뎌 살아 있는 상태로 위소화기관을 통과한다.

Dynamic computer controlled model(Havenaar 등, 1994)에서 *Lb. casei*는 생리적으로 유효하게 작용하기에 충분한 양(5~10% 생존율)이 소장에 도달한다고 보고되었다(bifidobacteria의 경우 장내 도달율은 30%까지 이른다). 이는 yogurt species (특히 *Str. thermophilus*) 보다 도달율이 높다. 장내 도달능력은 strain별로 차이가 있

표 5-47. *Lactobacillus casei*의 명명 및 형태

Former taxanomy	current taxanomy	Metabolic properties	
		Growth temperature	Sugar fermentation
Lb. casei subsp. *casei*	*Lb. casei*	10~40℃	Ribose-, Sucrose-, D-Turanose-
Lb. casei subsp. *paracasei*	*Lb. paracasei* subsp. *paracasei*	10~40℃	Great diversity of sugars metabolized
Lb. casei subsp. *tolerans*	*Lb. paracasei* subsp. *tolerans*	10~37℃, resistance to 72℃, 40min	very few sugars metabolized
Lb. casei subsp. *rhamnosus*	*Lb. rhamnosus*	15~45℃	rhamnose

었다. 따라서 종류별 특이적인 효과 또한 다르다고 할 수 있다.

② 프로바이오틱스로서의 안전성

*Lb. casei*를 영유아, 신생아 혹은 노인에게 2주간 주기적으로 섭취하도록 한 결과 임상적 문제는 발견되지 않았다. 결론적으로 *Lb. casei* 발효유는 수천 년간 수백만의 사람들에게서 부작용 없이 이용되어 왔기 때문에 안전한 식품으로 생각할 수 있다.

③ 설사에 대한 *Lb. casei*의 임상적 효과

1971년 Hamada 등은 처음으로 *Lb. casei*(Yakult)로 배양한 발효유가 이질에 대한 예방효과가 있음을 확인하였다. 이후 다양한 형태의 실험을 통해 여러 가지 타입의 설사에 대한 효과실험이 수행되었다. 결과적으로 *Lb. casei*는 일부 형태의 설사 빈도와 설사 기간에 효과가 있었다.

*Lb. casei*와 다른 젖산균의 섭취가 영유아의 설사(매년 4백만 명의 사망 원인) 예방 및 치료에 모두 효과가 있는 것으로 보고되었다. Gonzalez 등(1990)은 *Lb. casei*와 *Lb. acidophilus*의 발효유 섭취에 따른 어린이 설사 빈도의 상당한 감소효과를 보고하였다. 또한 분변에서의 lactobacilli의 증가와 높은 체중 증가 등을 지적하였다. 항생제 사용에 따른 설사의 예방과 치료에도 *Lb. casei*가 효과가 있다.

여행자 설사는 출발지나 여행지에 따라 여행자의 50%까지도 겪는 일반적인 이상 증상인데, 이 경우에 대해서도 경우에 따라 상당한 효과를 보였다.

▩ 유용한 기능성 장내 젖산균총 유지

*Lb. casei*를 10^{10}~10^{11} CFU/day 투여한 성인 및 신생아의 경우 분변에서의 *Lb. casei*와 다른 미생물의 농도가 바뀌었다. *Lb. casei*는 대장에서 procarcinogen을 carcinogen으로 변화시켜 암발생 위험과 관련된 것으로 알려진 효소인 β-glucuronidase, nitroreductase, glycoholic acid hydrolase의 활성을 줄이는 것으로 보인다. *Lb. casei*를 10^{10}~10^{11} CFU/day 섭취하면 이러한 효소의 활성을 줄일 수 있다. 섭취를 중단하면 효소의 수치는 정상으로 돌아간다. *Lb. casei*를 구운 고기와 함께 섭취한 경우 분변의 bifidobacteria 수준이 증가하였다.

④ 면역조절 효과

㉠ 정상적인 위장관의 방어작용

- 낮은 pH, 소화효소, 점액질층, 연동운동, 정상 장내 균총에 의한 먹이 경쟁 등
- GALT(Gut-associated lymphoid tissue ; 소장내 자체 면역시스템) : 우선적으

로 외부로부터 침입한 미생물이나 독소에 대항하는 방어기전으로 특이적 면역시스템 반응으로 면역글로블린이 증가하였고, 비특이적 면역시스템 활성 촉진물질(γ - interferon, γ -interleukins) 생산이 증가하였다.

㉡ *In vivo* 상에서 *Lb. casei*는 interferon, interleukins과 같은 비특이적 면역시스템 촉진인자(non-specific immume system activator)의 생성을 증가시켰다. 급성 설사 어린이를 *Lb. casei*로 치료할 경우 몇 개의 면역단백질의 수준이 높아졌다고 보고하였다.

㉢ *Lb. casei* 분말을 섭취한 경우 표피성 방광암의 재발을 감소시켰다. 이 경우 특이적, 비특이적 두 가지 면역반응이 모두 일어난다.

㉣ 쥐에게 경구 투여, 정맥주사 혹은 복강 내로 투여하였을 경우

- 비특이적 면역반응으로 소장 내에서 활성화된 macrophage, lymphocytes의 수준이 증가하였으며, 이때 소장뿐만 아니라 폐 혹은 간에서도 증가하였다.
- 특이적 면역반응으로 면역글로블린이 증가하였다.

㉤ 열로 사멸시킨 *Lb. casei*가 종양 유도 쥐의 생존율을 상당히 증가시켰다. 이 실험 결과 이러한 면역반응에 있어서 세포 구성성분이 중요한 요소임을 알 수 있다. 하지만 일부 보고에서는 *Lb. casei* 생균을 경구 투여하였을 경우에만 종양 억제능력이 있는 것으로 나타났다. 이러한 면역조절 효과는 생리적인 수준에 머물기 때문에 측정하기 어렵고 메커니즘을 찾기 어렵다.

참고문헌

1. Adams, D. M., J.T. Barach and M. L. Speck, 1975. Heat resistant proteases produced in milk by psychrotrophic bacteria. J. Dairy Sci. 58 : 828.

2. Atlas, R. M., 1995. Principles of Microbiology. Mosby.

3. Back Young Jin, Hyeong Suk Bae, Min Yoo, Young Kee Kim and Hyun Uk Kim, 1986. A study on the protoplast formation and regeneration of *Lactobacillus casei*. YIT 9018. Kor. J. Appl. Microbial, Biology. 14(3), 251 ~257.

4. Back Young Jin, Min Yoo, Young Kee Kim, Hyeong Suk Bae and Hyun Uk Kim, 1986, Studies on the protoplast fusion of *L. casei*. Kor. J. Appl. Microbial Biology. 14(3), 265~270.

5. Back Young Jin, Hyeong Suk Bae, Young Kee Kim, Min Yoo and Hyun Uk Kim, 1986. Studies on the genetic recombination by intraspecific fusion

of *L. casei.* protoplast. Kor. J. Appl. Microbial Biology. 14(4), 319～324.

6. Bockelmann, I. Von, 1970. Lipolytic and psychrotropic bacteria in cold stored milk. XV Int. Dairy Congr. 1E : 106.
7. Burton, H., 1965. J. Soc. Dairy tech., (18) 62.
8. Collins, R. M., M. D. Trager, J. B. Goldsby, J. R. Boring, D. B. Coohan, and R. N. Barr, 1968. Interstate oubreak of Salmonella newbrunswick infection traced to powdered milk. J. Am. Med. Assoc. 203, 838.
9. Currier, R. W., 1981. Raw milk and human gastrointestinal disease: Problems resulting from legalized sale of certified raw milk. J. Publ. Health Policy 2, 226.
10. Dairy Processing Handbook, 1995. Tetra Pak Processing System AB. Lund. Sweden.
11. Donnelly, C. W., 1986. Listeriosis and dairy products : Why now and why milk ; Hoard's Dairyman 31, 663.
12. Doyle, M. P., 1981. *Campylobacter fetus* ssp. *jejuni* and old pathogen of new concern. J. Food Prot. 44, 480.
13. Farrow, J. A. E. and Collins, M. D., 1984. DNA base composition, DNA-DNA homology and long-chain fatty acid studies on *Streptococcus thermophilus* and *Streptococcus salivarius.* Journal of General Microbiology. 130 : 357～362.
14. Foster, E. M., 1986. *Escherichia coli.* Food Technol. 40 : 20.
15. Fuller, R., 1989. Probiotics in man and animals. Journal of Applied Bacterio-logy. 66 : 365～378.
16. Galesloot, T. E., 1965. Neth. Milk & Dairy J., (10) 79.
17. Havenaar, R. and J. H. J. Huis in't Veld, 1992. Probiotics : a general view. In B. J. B. Wood(ed.), The lactic acid bacteria, Vol. 1. The lactic acid bacteria in health and disease. Elsevier Applied Science, London.
18. Holzapel, W. H., and U. Schillinger, 2002. Introduction to pre- and probiotics. Food Research International. 35 : 109～116.
19. Hui, Y. H., 1993. Dairy Science and Technology Handbook. VCH Publishers Inc.
20. International Dairy Federation, 1992. General standard of identity for fermented milk. IDF. 163 : 1～4.
21. Kandler, O. and Weiss, N., 1986. Genus Lactobacillus. In P.H.A. Sneath, N. S. Mair, M. E. Sharpe, and J.G. Holt(eds.). 1986. Bergey's Manual of Systematic Bacteriology, Vol 2. Williams and Wilkins. Baltimore, MD.
22. Kaufmanners, W., 1984. Milchwiss. 38, 281.

23. Kessler, H. G., 1981. Food Eng. & Dairy technol. p. 139～186.

24. Lancefield, R. C., 1933. A serological differentiation of human and other groups of hemolytic streptococci. J. Exp. Med. 57 : 571～595.

25. Lau. B. L. T., T. Kakuda, and D. R. Arnott, 1986. J. Dairy Sci. 69, 2052.

26. Law. B. A., M. E. Sharpe, and H. R. Chapmann, 1976. J. Dairy Res. 43 : 459.

27. Lee, Y.K., K, Nomoto, S. Salminen, and S.L. Gorbach, 1999. In Handbook of Probiotics. JOHN WILEY & SONS, INC. USA.

28. Lindgren, S., 1992. Storage of waste products for animal feed. In The Lactic Acid Bacteria. vol 1. The lactic acid bacteria in Health & Disease. B. J. B. Wood(eds.) Elsevier Applied Science. England.

29. Lourens-Hattingh A. and B. C. Viljoen, 2001. Yogurt as probiotic carrier food. International Dairy Journal. 11 : 1～17.

30. Mann G. V. and Spoerry A., 1974. Studies of surfactant and cholesterolemia in Maasai. Am. J. Clin. Nutr. 27 : 464～469.

31. Mitsuoka, 1990. 腸內菌の素顔. ヤワルト 本社.

32. Nakuzawa, Y. and Hosono, A., 1992. Functions of Fermented milk-challenges for the Health Science. Elsevier Applied Science.

33. Orla-Jensen S., 1919. The Lactic Acid Bacteria. Fred Host and Son. Copenha-gen.

34. Richardson G. H., 1985. Standard Methods for the Examination of Dairy Products(15th ed.). American Public Health Association.

35. Rosenow, E. M. and Marth, E. H., 1987. Listeria, Listeriosis, and dairy foods. J. Cult. Dairy Prod. 22, 13.

36. Saavedra, J. M., Bauman, N. A., Oung, I., Perman, J. A. and Yolken, R. H., 1994. Feeding of *Bifidobacterium bifidum* and *Streptococcus thermophilus* to infants in hospital for prevention of diarrhoea and shedding of rotavirus. Lancet. 344 : 1046～1049.

37. Salminen, S. and A. von Wright(eds.), 1998. In Lactic Acid Bacteria. Micro-biology and Functional Aspects. MARCEL DEKKER, INC. New York.

38. Salminen, S., A. Ouwehand, Y. Benno, and Y.K. Lee, 1999. Probiotics : how should they be defined ?. Trends in Food Science & Technology. 10 : 107～110.

39. Shahamat, M., A. Seaman, and M. Woodbine, 1980. Influence of sodium chloride, pH and temperature on the inhibitory activity of sodium nitrite against L. monocytogenes. Society for Applied Bacteriology, Technical Sereies, No. 15 : 227～237.

40. Sherman, J. M., 1937. The streptococci. Bacteriol. Rev. 13～97.

41. Shultze, W. D. and J. C. Olson, 1960. Sludies on psychrophilic bacteria. J. Dairy Sci. 43, 346～350.

42. Sneath, P. H. A., N. S. Mair, M. E. Sharpe, and J. G. Holt(eds.), 1986. Bergey's Manual of Systematic Bacteriology, Vol 2. Williams and Wilkins. Baltimore, MD.

43. Stanier, B., S. Zakula and I. M. Kovincic, 1979. Thermoresistance of *L. monocytogenes* and its maintenance in the products prepared from non pasteurised milk. Veterinarski Glasnik. Beograd., 33 : 102～112.

44. Stern, J. J., M. D. Pierson and A. M. Kotula, 1980. Growth and competitive nature of *Yersinia enterocolitica* in whole milk. J. Food Sci. 45, 972.

45. Stiles, M. E. and W. H. Holzapfel, 1997. Lactic acid bacteria of foods and their current taxonomy. International Journal of Food Microbiology. 36 : 1～29.

46. Talaro, K. and A. Talaro, 1993. Foundations in Microbiology. W. C. B. Publi-shers.

47. Tanine. A. T., 1985. Yogurt(Science and Technology). Pergamon Press.

48. Thomas, S. B. and B. F. Thomas, 1973. Psychrotrophic bacteria in refrigerated bulk-collected raw milk. Dairy lndustry. 38:11.

49. Vasavada, P. C., L. Larkin and E. H. Marth, 1985. Incidence of *Yersinia enterocolitica* in relation to quality of milk. J. Dairy Sci. 68(Suppl. 1), 82.

50. WHO, 1988. Foodborne listeriosis : Report of a informal working group, Geneva, 1988.

51. Witter, L. D., 1961. Psychrophilic bacteria-A review. J. Dairy Sci. 44:983.

52. 祐川金次郎, 1975. 乳業技術便覽(上) p. 262～272.

53. 中西武雄, 中江利孝, 1963. 乳業技術講座(1), p. 253.

54. 中西武雄, 1967. 우유와 유제품의 미생물 p. 92～102.

55. 津鄕友吉, 林俊雄, 1961. 日畜會報 (33)301.

56. 강국희, 백영진, 강영찬, 1977. 공장 배수계에 존재하는 젖산간균 Virulent phage에 관한 연구. 한국산업미생물학회지 5(1) : 13～17.

57. 강국희, 1990. 乳酸菌食品學. 성균관대학교 출판부.

58. 김현욱, 백영진 외, 1997. 낙농 및 식품미생물학, 선진문화사.

59. 김현욱, 백영진 외, 1999. 유가공학, 선진문화사.

60. 권중호, 1997. 한국축산식품학회 제20차 추계학술발표자료집 p. 41～53.

61. 금종수(1998). 우유 내에 존재하는 병원성 미생물의 특성. 한국유가공기술과학

회지 16(1) : 35～48.

62. 남은숙, 정충일, 강국희, 1996. 저장온도에 따른 원유의 단백질분해에 관한 연구. 한국축산식품학회지 16(1) : 14～26.
63. 민봉희, 박성주, 박용근, 배형석, 이건형, 이호용, 한홍의, 2000. 미생물 과학. 도서출판 효일.
64. 박기문, 강국희, 1983. 젖산간균 파아지에 대한 Sodium pyrophosphate의 용균억제작용. 한국산업미생물학회지 11(1) : 1～4.
65. 손봉환, 최진영, 배도권, 정충일, 1997. 유질개선을 통한 낙농가 소득증대. 한국가축위생학회지 20(3) : 261～279.
66. 정충일, 1991. 최근 원유의 미생물학적 품질. 한국유가공기술과학회 8(2) : 92～98.
67. 정충일, 강국희, 1999. 우유・유제품의 미생물학. 유한문화사.
68. 최현식, 남은숙, 강현미, 정충일, 1998. 낙농지도가 원유의 위생적 품질에 미치는 영향. 한국낙농학회지 20(1) : 45～52.

제 6 장

환경미생물

1. 자연속의 미생물

1.1 미생물과 생태계

미생물은 상호간 또는 다른 생물과 반응하여 특정 미세환경과 생태적 지위의 영양물질 순환에 영향을 주면서 생태계에도 기여한다. 생태계는 '자체 조절단위로 작용하는 생물 공동체와 물리화학적 환경'이라고 정의되어 왔다. 이 자체 조절 생물적 단위는 자신의 구조와 기능을 변화시키면서 환경의 변화에 반응한다.

미생물은 생태계에 상호 보완적인 두 가지 역할을 할 수 있다. ① 1차 생산자(primary producer)로서 CO_2와 무기물로부터 새로운 유기물의 합성, ② 누적된 유기물의 분해가 그것이다. 유기물이 1차 생성되는 단순한 자체 조절적 생태계는 조류에서 볼 수 있다. 조류는 광합성으로 생성된 산소와 유기물을 주위환경으로 방출하므로 이들 산물을 사용하는 화학종속영양생물에 의해 둘러싸여 있다. 미생물은 조류가 광합성 한 유기물을 타소, 전자, 에너지원으로 사용하고, 유기물을 원래의 무기물 인자로 바꿔준다.

산소와 유기물을 생성하고 소비하는 이 두 종류의 미생물은 자가 조절적 생태계를 이룬다. 그러나 이러한 자가 조절적 생태계는 빛이 약해지면 광합성이 줄고 유기물의 양도 준다. 이 조건에서는 종속영양세균 군집의 크기가 제한되고 활동과 생물량도 감소한다. 유기물을 합성하는 1차 생산자와 종속영양물질인 분해자(decomposer) 그리고 소비자의 일반적인 관계는 그림 6-1에 나타냈다.

담수와 해양에서 시아노박테리아와 조류는 유사한 기능을 담당한다. 열수와 탄화수소가 나오는 지역에서 화학영양적 생태계가 형성되기는 하나, 이 두 서식지에서 1차 생산을 가능하게 하는 주된 에너지원은 빛이다. 사람을 포함한 고등 소비자(consumer)는 화학종속영양생물이다. 소비자는 유기물을 축적하고 분해하는 생물에 의해

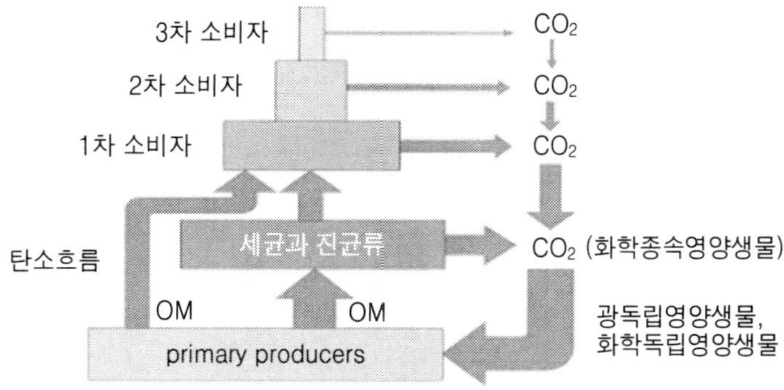

그림 6-1. 미생물은 생태계에서 극히 중요한 역할을 한다.

제공되는 '생명유지 시스템'에 의존한다. 즉, 미생물은 이들이 생태계와 상호 작용할 때에 다음을 포함한 많은 중요한 기능을 수행하고 있다.

① 광합성과 화학합성과정을 통한 유기물의 형성에 기여한다.
② 유기물을 분해하여 무기화합물(CO_2, NH_4^+, CH_4, H_2)을 방출한다.
③ 원생동물이나 동물과 같은 다른 화학종속영양 미생물에게 영양가 높은 식량원이 된다.
④ 공생적 성장 과정과 상호작용에 사용되는 기질과 영양물을 변화하여 생물지구화학순환에 기여한다.
⑤ 수용성 또는 기체 형태인 물질의 양을 변화한다. 직접적인 대사과정에 의해 또는 환경의 변화에 의해 간접적으로 일어날 수 있다.
⑥ 미생물의 활동을 감소시키거나 식물과 동물의 생존과 기능을 제어하는 억제물질을 생성한다.
⑦ 유익하거나 해가 되는 공생관계를 통해 동물과 식물의 생활에 기여한다.

1.2 생태계에서 미생물

1) 생태계속의 미생물

미생물은 끊임없이 움직이며, 한 생태계에서 다른 생태계로 이동하기도 한다. 이것은 여러 방법으로 나타난다. ① 폭풍과 눈비로 토양이 원래의 자리를 떠나 이리저리 이동한다. ② 강이 부식된 물질이나 공장 폐수와 도시의 폐기물을 바다로 이동시킨다. ③ 곤충과 동물이 장소를 옮겨 다니면서 뇨, 배설물, 그리고 다른 폐기물들을 주변 환경으로 방출한다.

동・식물이 새로운 환경으로 옮겨간 다음 죽게 되면 동식물의 사체가 썩으면서 특수하게 적응되고 함께 진화해온 미생물(미생물의 핵산)을 방출한다. 종종 음식과 물을 통해 일어나는 배설물에서 구강 질병 감염경로와 병원 내 질병의 감염(원내감염, nosocomial infection)은 생태계에서 병원체 이동의 좋은 예이다. 사람들이 기침과 재채기를 할 때마다 미생물은 새로운 생태계로 이동한다. 사람 또한 의도적으로나 무의식 중에 미생물을 다른 생태계로 이동시킨다.

미생물을 사용해 분해작용을 촉진시키거나(생물학적 처리), 콩과식물의 질소고정 뿌리혹 형성을 증가시키고자 토양에 리조비움과 같은 식물과 연관된 미생물을 첨가한다. 우연한 미생물의 이동은 현대 교통수단을 통해 이동하는 것이다. 정상적으로 존재하지 않던 곳에 놓여진 또는 다시 원래의 위치로 돌아온 미생물들의 운명은 이론적으로 그리고 실제적으로 매우 중요하다. 정상적으로 동물숙주에 살고 있던 병원체는 다른 생태계로 이동하는 경우 특히 큰 영향을 받는다.

이들 미생물들은 다른 환경에 사는 토착 미생물과의 경쟁할 수 있는 능력을 잃어버렸기 때문이다. 새로운 환경으로 이동하게 되면 생존 가능하고, 배양 가능한 병원체의 수는 점점 줄어든다. 그러나 분자생물학적 기술과 같은 좀더 세밀한 방법으로 생존 가능성을 조사해보면 비브리오(*Vibrio*)와 함께 관찰되는 배양 불가능한 미생물이 질병의 발병에 중요한 역할을 담당하는 것 같다.

동물과 같이 진화한 미생물들이 토양과 수생환경에서 살지 못하는 이유에 관해 많은 연구가 있어 왔다. 그 이유로 브델로비브리오(*Bdellovibrio*)나 다른 원생동물에 의한 포식이나 서식지의 부족, 영양부족, 독성물질의 존재 등을 들 수 있다. 오랜 연구결과 '외부' 미생물이 경쟁에서 밀리는 가장 큰 이유는 환경에 존재하는 영양의 부족 때문으로 보인다.

특정 환경에서 분리한 미생물도 실험실 내 영양이 풍부한 배지에 배양하면 원래의 환경조건에서 살 수 있는 능력을 상실하는 경우도 있다. 물리적인 이유를 보면 미생물이 자신을 먹는 원생동물이나 다른 포식자로부터 보호되었던 물리적인 생태적 지위를 발견하지 못했기 때문일 수 있다. 반면 실험실 배양기에서 풍부한 영양을 공급받은 미생물이 생리적으로 원래 집단과 경쟁할 수 있는 능력을 잃어버렸을 수도 있다. 낮은 온도(극지방, 얼음, 냉동식품)에서는 외부에서 유입된 미생물도 숙주 밖에서 오래 생존한다는 것은 흥미로운 일이다. 이러한 조건에서 이 외부 세균의 생존시간은 급격히 증가한다.

2) 미생물의 환경 적응성

생태계의 미생물은 다양한 환경조건에서 서식한다. pH, 온도, 압력, 염분의 농도, 물의 존재 유무, 전리방사선(ionizing radiation) 등의 환경조건을 표 6-1에서 요약했다. 이러한 스트레스 요인은 미생물집단과 집락에 주된 영향을 미치고 극한환경(extreme environment)을 만들어 낸다. 높은 염분의 농도, 극한 온도, 산성도 등은 미생물 군집에 영향을 미친다. 이러한 극한 환경에서 생존하는 미생물을 호극성 생물(extremophile)이라 하는데, 이러한 극한 조건에서 배양 가능한 미생물의 종류는 그리 많지 않다. 그러나 분자생물학적 감식 기술을 이용한 결과 배양되지 않는 미생물은 놀랄 정도로 다양한 것으로 밝혀졌다. 이러한 분자생물학적 기술로 관찰되고 감지되는 미생물과 배양 가능한 미생물간의 관계를 밝히는 데 더 많은 연구가 필요하다.

소위 말하는 극한 조건에서 생존하고 활동하는 많은 미생물속들은 특수한 조건을 필요로 한다. 예를 들어 *Halobacterium*속에 속하는 호염성(halophile) 세균은 막 구조를 유지하기 위해 높은 염농도를 필요로 한다. 할로박테리아는 적절한 생장을 위해 염농도가 최소한 1.5M에서 약 3～4M까지 필요하다. 깊은 바다에서 발견되는 세균은 그들이 발견된 지역에 따라서 다른 압력을 필요로 한다. 1～500기압에서 생장 가능

표 6-1. 미생물이 자라는 극한 환경

스트레스	환경조건	관찰되는 미생물
고 온	110～113℃, 심해의 해구	*Pyrolobus fumarii*
		Methanopyrus kandleri
		Pyrodictium abyssi
	67～102℃, 해저	*Pyrococcus abyssi*
	85℃, 온천	*Thermus sulfolobus*
	75℃, 유황 온천	*Thermothrix thiopara*
저 온	-12℃, 남극 빙하	*Psychromonas ingrahamii*
삼투압	13～15% NaCl	*Chlamydomonas*
	25% NaCl	*Halobacterium*
		Halococcus
산성 pH	pH 3.0 또는 이하	*Saccharomyces*
		Thiobacillus
	pH 0.5	*Picrophilus oshimae*
	pH 0.0	*Ferroplasma acidarmanus*
알칼리성 pH 낮은 수분 가용성	pH 10.0 또는 이상	*Bacillus*
	a_w = 0.6～0.65	*Torulopsis*
		Candida
온도와 낮은 pH	85℃, pH 1.0	*Cyanidium*
		Sulfolobus acidocaldarum
압 력	500～1,035 기압	*Colwellia hadaliensis*
방사선조사	1.500.000 rads	*Deinococcus radiodurans*

한 세균은 압력 저항성(baro- 또는 piezo-tolerant bacteria), 적정 생장에 필요한 깊이가 5,000 m이나 1기압에서도 생장 가능하면 중간적 호압성 세균(moderately barophilic bacteria)으로, 생장에 약 400기압 이상이 필요하면 극단적인 호압성 세균(extreme barophilic bacteria)으로 분류된다. 극단적인 산성 또는 염기성 조건에서 활동하는 미생물의 기본적인 생리과정은 복잡하게 변화했다.

이들 호산성 또는 호염기성 미생물은 내부의 pH를 중성으로 유지하고 화학삼투압을 유지하는 과정이 전혀 다르다. 절대적 호산성 미생물은 pH 3.0 이하에서만 자란다. 내부와 외부의 pH 차이는 매우 크다. 이러한 호산성 균들은 *Thiobacillus, Sulfolobus, Thermoplasma*속에 속하는 생물들을 포함한다. 상대적으로 높은 내부 pH는 양자를 외부로 방출함으로써 유지된다. 이것은 막지방의 구조가 독특하고, 산소를 물로 환원하면서 수소이온을 제거 또는 pH 의존적 막 결합효소의 특징에 의해 가능하다.

최근에 pH 0에서도 자랄 수 있는 철산화 호산성 균인 *Ferroplasma acidarmanus*라는 고세균이 캘리포니아 황화물 광산에서 발견되었다. 이 독특한 원핵생물은 흐르는 수면 아래서 표면에 붙어 거대한 집락으로 자랄 수 있으며, 세포벽 없이 단일 세포막을 가지고 있다. 극단적인 호염기성 미생물은 pH 10 이상에서 자라고, 이를 위해서 양성자를 내부로 수송해야 한다. 절대적 호염성균은 pH 8.5 이하에서 자랄 수 없으며 주로 바실러스속에 속한다. *Micrococcus, Exiguobacterium*속에 속하는 것들도 보고된 바 있다. 광합성 *Cyanobacteria*의 일부도 유사한 특징을 가지고 있다.

세포내 양성자의 농도는 수소-나트륨이온의 수송을 조절하여 유지되는 것으로 보인다. 113℃ 정도 되는 열수공에서 자라는 극호열성 미생물이 관찰되었는데, 이 분야는 더 많은 연구가 계속되어야 할 부분이다. 일부 성공적으로 적응된 미생물에게 극단적인 환경은 더 이상 '극단적인' 것이 아닌 필수적이고 이상적인 조건으로 보인다.

3) 미생물 생태학에서 이용되는 분석방법

집단, 공동체, 생태계의 일부인 미생물의 존재와 종류 및 활성을 알아내기 위해 사용되는 다양한 방법들이 표 6-2에 제시되어 있다. 이러한 기술로 시간적·물리적 범위를 망라하여 측정할 수 있다. 해양, 담수, 폐수, 식물 뿌리의 환경 등에서의 반응은 초나 분 단위로 측정할 수 있다. 심해 또는 토양에서 유기물이 변화하는 과정은 수년에서 수십 년 심지어는 수백 년에 달할 것이다. 연구에 사용되는 물리적 범위는 하나의 세균과 그 미세 환경에서 호수, 바다, 전 식물 토양계 등을 망라할 수도 있다.

미생물을 연구하는 데 기본적인 문제는 관찰될 수 있는 대부분의 미생물을 배양하여 연구하지 못한다는 데 있다. 이 오랜 숙제는 분자생물학적 기술을 사용해 접근하

표 6-2. 여러 환경에서 자라는 미생물의 연구를 위해 사용되는 방법

검사에 이용되는 특징	이용되는 기술이나 측정에 이용되는 특성	환 경				
		해양	담수	하수	토양	식품
영양물질	화학적 분석(C, N, P 등)	++	++	++	++	++
	COD(화학적 산소요구량)	−	+	++	−	−
	BOD(생물학적 산소요구량)	−	+	++	−	−
미생물 생물량	광합성 색소	++	++	−	−	−
	여과와 건조중량 측정	++	++	+	−	+
	화학적 조성물 측정(ATP, 뮤람산, 폴리베타히드록시뷰틸산(PHB), 지질다당류)	++	++	++	++	++
	현미경과 형질전환 인자를 이용하여 생물 부피를 생물량으로 전환	++	++	+	++	++
	훈증 배양/추출	−	−	+	++	−
	포도당-보정 호흡	−	−	+	++	−
미생물 수와 종류	현미경적 방법-표면형광/위상차	++	++	++	++	+
	유동 세포계수법(flow cytometry)	++	++	+	−	−
	침수/삽입 슬라이드와 필름	+	++	+	++	−
	생균수 측정법(배양, 현미경법)	++	++	++	++	++
	직접적 미생물 분리	++	++	++	++	++
	시료의 미세절편	−	−	−	++	++
	주사전자현미경법	++	++	++	++	++
	직접적 DNA 추출과 분석	++	++	++	++	++
	특정 지점 프라이머를 이용한 중합효소 연쇄반응(PCR)	++	++	++	++	++
	DNA 탐지와 혼성화 기술	++	++	++	++	++
	16S와 18S 프라이머를 이용한 *Insitu* PCR	++	++	++	++	++
	미세조작법과 단일세포 PCR/계통유전학적 분석	++	++	++	++	++
미생물 생존 정도	날리딕식산과 현미경적 분석(Nalidicic acid) ; 직접적 생균수 측정	++	++	++	++	++
	생물형광 측정(녹색 형광단백질)	+	+	+	+	+
	안정적 또는 방사성 동위원소를 이용한 연구	++	++	+	++	++

(계속)

검사에 이용되는 특징	이용되는 기술이나 측정에 이용되는 특성	환 경				
		해양	담수	하수	토양	식품
미생물 활성	환원성 색소를 이용한 현미경법	++	++	++	++	++
	자가 방사선 사진법	++	++	++	++	++
	효소활성 분석	+	+	++	++	+
	미세 칼로리 측정법(microcalorimetry)	-	-	+	+	+
	RNA를 이용한 기능 탐지	++	++	++	++	++
	기체 교환(O_2, CO_2, N_2, CH_4)	++	++	++	++	-
	선별적 항생제를 이용한 곰팡이와 세균의 생장 저해도 측정	+	+	-	++	-
	기질이용 속도	++	++	++	++	+
	형광성 기질의 가수분해	++	++	++	++	+
집단적 특성	현미경을 이용한 다양성 분석	++	++	++	++	+
	분리한 미생물의 생리적 다양성	++	++	++	++	+
	16S 또는 18S 리보솜 RNA분석(SSCP; DGGE; TGGE)	++	++	++	++	+
	DNA 증식 지문분석법(DNA amplification fingerprinting, DAF)	++	++	++	++	+

(++ : 많이 사용, + : 적게 사용, - : 사용하지 않음)

고 있으며, 배양되지 않는 미생물들은 알려진 게놈 염기서열과 비교하여 분석할 수 있다. 미생물 공동체의 다양성은 작은 리보솜 RNA 소단위(small subunit ribosomal RNA)의 분석에 기초한 분자생물학적 계통분류학과 같은 여러 접근방법을 사용해 분석할 수 있다. 환경에서 분리한 시료나 개개의 세포에서 얻어지는 작은 양의 DNA는 중합효소 연쇄반응(polymerase chain reaction, PCR)을 통해 증폭할 수 있다.

일부 기술은 분석 가능한 시료의 종류가 한정되어 있다. 미생물 집단의 크기가 작거나(해수나 일부 담수에서 유래한 시료), 시료에 고농도의 저해 유기물 또는 입자가 존재하기 때문일 수도 있다. 반면, 새로운 분자생물학적 분석은 직접적 DNA 추출, DNA 증폭 지문분석법(DNA amplification fingerprinting, DAF), 16S와 18S RNA에 기초한 계통학적 분석, PCR, DNA 탐침(probe)과 혼성화(hybridization) 등이 다양한 시료의 분석에 응용될 수 있다.

최근에는 유전자 감지자(genosensors)라고 하는 수많은 탐침을 포함하는 젤 어레이

마이크로칩, 즉 마이크로어레이(microarray)가 개발되었다. 이 방법으로 혼합된 집단에서 작은 리보솜 소단위 RNA를 감지할 수 있다. 또한 16S rRNA에 기초한 탐침을 사용해 철 또는 망간 산화 피막 세균과 같은 특정 미생물 그룹을 감지할 수도 있다.

현재 방사선 물질을 사용하거나 개개 미생물의 생존성과 활동성을 측정할 수 있는 정교한 기술과 같은 많은 새롭고 더 민감한 방법들이 있다. 잡종화(hybridization) 기술은 집락이나 단세포를 '탐침'하여 이들이 특정 DNA나 RNA 염기서열을 가지고 있는지 알아낼 수 있다. 전체 세포 잡종화 기술은 '집단 내 특정(subcluster specific)' 탐침을 개발한 단계에 와 있다. 이것은 동일 시료에서 여러 종류 미생물의 존재를 일시에 알아내게 한다.

복잡한 미생물 공동체를 분석하는 이러한 분자생물학적 접근방법에서는 시료에서 핵산을 추출하고 클로닝하여 게놈과 유전자 계통수를 분석하는 것이 일반적이다. 중합효소 연쇄반응의 민감도가 개선되면서 광학핀셋(optical tweezer : 하나의 미생물을 뽑아낼 수 있는 레이저 광선)이나 미세 조정장치(micromanipulator)로 분리해낸 하나의 세포에서 나온 핵산을 연구할 수 있게 되었다. 미세 조정장치를 이용하면 원하는 세포나 세포소기관을 직접 눈으로 보면서 좁은 모세관으로 뽑아낼 수 있다. 하나의 세포나 세포소기관에서 나온 핵산을 PCR로 증폭하여 염기서열을 얻으므로 계통학적 분석이 가능하게 되었다.

예를 들어, 마이코플라스마(mycoplasma)와 편모충류인 *Koruga bonita*와의 계통유전적 관련성이 밝혀졌다. 단세포에 근거한 접근방법으로 현미경에서 관찰되는 특정 미생물의 구조와 그 세포나 세포소기관에 있는 계통학적 정보를 연결시킬 수 있게 되었다. 이러한 방법은 복잡한 미생물 집단에서 개개 미생물의 역할에 대한 이해를 증진시킬 것이다.

공생과 미생물의 생태는 복잡한 관계를 가지고 있으나, 그 미묘한 관계를 이제 겨우 이해하기 시작한 정도이다. 이것은 어떤 미생물이 존재하는지를 알아내는 것뿐만 아니라 어떤 미생물이 어떤 일을 하는지, 이들이 다양한 온도와 공간에서 어떻게 상호작용 하는지를 알아야 한다. 이러한 숙제는 미생물이 다른 생물과 그리고 환경과 어떤 관계를 맺고 있는지를 이해하는 데 중요하다. 미생물과 다른 생물과의 관계 그리고 환경과의 상호작용을 이해하는 것이 미생물 생태학의 핵심이다.

2. 환 경

2.1 환경의 인식

환경의 영역은 크게 대기·토양·수질로 나누어 생각하여 왔으나, 근래에는 폐기물, 대규모 토목공사, 소음 및 진동도 환경의 중요한 요인으로 인식하고 있다. 산업화가 가속화되면서 환경의 범위가 넓어지고 있으며, 상대적으로 많은 환경의 파괴가 수반되었으며, 아직도 산업화와 환경 사이의 갈등이 우리 사회 곳곳에서 발생하고 있다. 그러나 대부분의 환경은 일부 훼손되더라도 자연 정화 및 복원과정을 거쳐서 원래의 모습으로 되돌아가게 되며, 자연복원의 속도보다 훼손의 속도가 앞서가기에 여러 가지 사회적·경제적·생태학적 문제로 대두되고 있는 것이다.

최근의 환경의 영역에 대한 인식이 변화되고 있다. 오염원으로부터 환경(environment)을 보호하는 근대적 개념과 각종 전염성(수인성) 질병으로부터 공중위생을 보호하려 하는 현대적 개념으로 확대되고 있다.

이 장에서는 여러 환경분야 가운데 특히 수질 및 토양의 오염기준과 오염된 수질 및 토양의 정화에 유용한 역할을 수행하는 다양한 미생물들에 대해 알아보고, 충실한 자연복원의 전달자로서의 역할을 어떻게 수행하게 되는지 알아보고자 한다.

2.2 수질오염

1) 수질오염

수질오염이란 자연생태에 있던 물에 폐수나 오염물 등 유해한 물질이 흘러 들어가 용수로서의 가치가 저하되는 현상을 총칭하며, 오염의 원인으로는 과다한 오염물질의 배출과 순환용량의 부족 그리고 강수량의 계절적 편중을 들 수 있으며, 순환용량 부족과 강수량의 계절적 편중은 자연적인 조건으로써 개선하는 데 제약이 많으므로 수질오염을 개선시키는 방법은 오염물질의 배출을 최소화하는 수밖에 없다.

하지만 80년대 이후 빠르게 진행된 공업화·도시화는 산업폐수 발생량을 증가시켜 지난 15년 동안 4.5배가 증가할 정도로 오염물질의 발생량이 크게 늘고 있다. 오염물질의 급증은 곧 수질오염을 심화시키게 되어 4대 강의 오염도가 이미 기준치를 초과했으며, 적조발생 건수와 피해액도 계속 증가하고 있는 것으로 나타났다.

수질오염을 야기하는 독성 무기물은 금속, 산, 염 등 그 범위가 넓고 배출원도 매우 다양하다. 수은이나 납과 같은 독성금속이 가장 중요한 오염물질로 산업폐수, 도심지를 흘러나오는 물, 광산지역, 하수처리장, 대기오염 물질의 낙하 등 그 근원지가 다양하다.

그러나 근래에 들어서는 다양한 공법의 개발과 공정의 개선으로 중금속 및 염색, 염료 폐수 등의 공업적 발생 폐수의 처리에는 많은 개선을 이루고 있으나, 아직도 축산 분뇨의 처리만큼은 많은 어려움을 겪고 있는 실정이다.

기본적으로 수질오염도 측정은 유기물의 양에 따라 결정되는데, 그 방법으로는 물

속에 녹아있는 산소량을 측정하는 방법인 용존산소량(DO)과 물속의 호기성 미생물이 유기물을 분해하는 데 사용하는 산소량을 나타내는 생물학적 산소요구량(BOD), 대장균수 등으로 판단한다.

2) 하수의 정의

하수란 생활에서 발생되는 폐수의 총칭으로 오수와 우수로 구성된다. 오수는 가정에서 발생되는 생활하수, 공장이나 사업장의 폐수, 지하수 등이 집합된 것이며, 우수는 빗물이 도로 등의 배수로를 통하여 모여진 물이다. 하수의 특징은 질적으로 매우 복잡하고, 지역에 따라 다르며, 오수와 우수를 함께 집수하는 합류식인가, 별도로 하는 분류식인가에 따라 그 특성이 변한다. 또한 처리구역의 지역적 특성, 규모, 인간의 생활양식, 공장의 조업방식과 시간대별, 요일별, 계절에 따라 양적·질적으로 변화하게 된다.

3) 우리나라의 하수처리 역사

서울의 하수도는 1394년(태조 3년) 10월 개성에서 한양으로 환도한 이후부터 발전되었다. 조선시대에는 도성내의 청계천 개수정비가 하수도 사업의 전부였다. 1410~1430년(태종 11년~세종 16년)에 최초로 자연하천에 제방을 쌓고, 하천의 폭을 넓히는 공사를 한 이후 홍수피해를 막기 위하여 1760년(영조 36년)에 대대적인 청계천 개수 준설작업을 한 기록이 있다.

근대적 하수도는 1918~1940년에 이루어져 이 기간 중 225 ㎞의 간, 지선 하수도가 형성되었다. 1954년 전쟁복구사업으로 하수도 개수가 시작된 이래 하수도 사업은 서울의 발전과 더불어 발전되어 왔다. 1976년 6월에 처음으로 청계천 하수종말처리장이 준공되었다. 1983년 10월 1일부터 하수도 사용료를 징수하여 안정적인 재원이 확보되었다. 1983년의 탄천 하수처리장, 1984년의 안양(가양) 하수처리장, 난지 하수처리장 등이 준공되었으며, 서울에서 발생되는 하수 전량을 처리하기 위하여 계속적인 증설을 하였다. 1998년 서울시 4개 하수처리사업소에서 서울시 전역의 581만 톤의 하수를 처리하고 있으며, 하수관의 길이는 9,314 ㎞에 이른다.

4) 하수처리의 필요성

(1) 생활향상

가정생활이 윤택하게 됨에 따라 무심코 버리게 되는 음식 찌꺼기, 세제, 생활하수와 정화조의 급증 등으로 인한 수질오염이 극심해지고 있다.

(2) 경제성장

경제의 비약적인 성장으로 공장에서 유출되는 산업폐수가 수질오염을 가속화시켜 우리들의 생명을 위협하고 있다.

(3) 도시인구 집중

농촌인구의 도시 집중, 도시 거대화로 많은 생활하수 및 쓰레기 발생으로 환경오염이 심각해지고, 점차 그 처리가 어려워지고 있다.

(4) 축산분뇨

가축의 분뇨에는 다양한 병원성 미생물이 서식하고 있다. 축산농가의 분뇨처리 비용의 증대와 민원제기, 사양 의욕 저하와 이에 따른 생산성 저하가 가중되고 있다.

5) 대표적 하수처리법

하수처리는 하수를 인공적으로 정화하여 하수 속의 오탁 성분을 분리, 제거하여 하수를 맑고 안전한 물로 만드는 일이다.

하수 속에는 배설물, 가정에서 나오는 배출물 또는 빗물 등을 통해 지역의 자연환경에서 흘러드는 오탁물 등 여러 가지 물질이 있다. 이러한 오탁물질을 되도록 경제적이면서도 그 처리된 물이 자연환경에 나쁜 영향을 미치지 않도록 만드는 것이 하수처리장에서 이루어지며, 처리된 물은 공공수역으로 배출되거나 재이용된다. 처리 정도에 따라 1차・2차・3차로 나뉜다.

(1) 1차 처리

하수에 떠 있는 고형물이나 미세한 부유물, 유지(油脂)의 분리・제거를 목적으로 하며 간이처리라고도 한다.

하수 속으로 유입된 토사 등 비중이 무거운 입자를 침사지(沈沙池)에서 침전・분리한 다음, 부유성이 큰 쓰레기를 스크린(체의 일종)으로 제거한다. 그 뒤 1차 침전지로 하수를 유입시키는 도중에 도수로(導水路)에서 부패하지 않도록 공기를 불어넣는 예비 포기 또는 하수 속의 유지성분을 부상・분리시키는 유지분리를 조작한다. 이 단계까지가 예비처리이다.

1차 침전지에서는 하수 속의 부유물질이 침전・분리되어 한결 맑아지며, 배수되기 전에 염소 또는 아염소산소다로 소독, 1차 처리를 끝낸다. 이로써 BOD 25～35%, 부유물질 30～40%가 제거된다.

(2) 2차 처리

1차 처리에 이어지며, 1차 처리를 생략하는 수도 있다. 고급처리라고도 한다. 구체적 방법으로는 활성 슬러지법 또는 살수 여상법(撒水濾床法)이 주로 쓰인다. 이는 미생물이 효소의 존재 하에 하수 속의 유기물질을 분해하여 안정시키는 작용을 이용한 방법이다. 활성 슬러지법은 포기 탱크에 흘러든 하수가 미생물로 구성된 활성 슬러지와 혼합되며, 동시에 공기 속의 산소를 에어레이터로 용해시키거나 저부로부터 압축공기를 기포(氣泡)로 주입한다.

포기 탱크 안의 혼합과 미생물 분해반응 시간은 약 6～8시간 정도이며, 그 뒤 최종 침전지(2차 침전지)로 유입되면 활성오니를 침전・농축시켜 다시 포기 탱크에 돌려보내고, 침전지에서 흘러나오는 맑은 물을 소독하여 배수시킨다. 활성 슬러지는 이처럼 포기 탱크와 최종 침전지 사이를 순환하면서 연속적으로 하수처리를 실시한다.

한편, 2차 처리의 경우 1차 침전지를 가리켜 최초 침전지라고 한다. 살수 여상법에서는 자갈, 플라스틱 충전물을 쌓아 만든 여상의 상부로부터 하수를 살수한다. 자갈, 충전물의 표면에는 미생물막이 생성・발달해 있으므로 그 위로 하수가 수막을 형성하면서 떨어져 그 동안 공기 속의 산소와 하수 속의 유기물이 미생물 막 속으로 침투하여 활성 슬러지법과 같은 식으로 분해작용을 받는다. 표준 활성 슬러지법에서는 BOD가 85～95%, 부유물질이 80～90% 제거되고, 표준 살수 여상법에서는 BOD가 75～85%, 부유물질이 70～80% 제거된다.

2차 처리의 중심이 되는 미생물 이용 처리법에는 이 밖에도 포기시간을 늘려 슬러지의 양을 줄이는 [장시간 에어레이션(포기)법(전산화법)], 포기탱크의 깊이를 깊게 하여 탱크 설치부지의 면적을 줄이는 [딥 에어레이션법], 수심을 50～100 m 늘려 하수와 활성 슬러지의 혼합액이 철체 튜브 속을 강하・상승하는 동안 고농도로 산소 용해시키는 [초심층(超深層) 에어레이션법]이 있으며, 공기에서 산소만 분리하여 포기 탱크에 주입하는 [순산소 에어레이션법], 수심 1～2 m 정도의 긴 원형 도랑을 포기부분으로 삼는 [산화구법] 등의 개량법도 있다.

또 살수 여상법은 표면에 고착한 미생물을 이용하는 처리법이며, 이러한 고착 미생물을 이용한 회전원판법이 있다. 이는 여러 장의 원판을 일정한 간격으로 공통 축에 부착해 전체를 회전시키는 것으로, 절반 이상의 원면적은 대기 중에 있고, 나머지 부분은 물에 잠겨 있다.

원판 표면에는 미생물이 부착・성장하고 있으므로 원판이 하수 속에 잠겨 있는 동안 유기물 등 오탁성분을 흡착하여 대기 중에 나오는 즉시 산소를 섭취하여 유기물을 분해한다. 2차 처리때와 같은 처리수질을 얻는다.

(3) 3차 처리(고도처리)

2차 처리보다 더 고도의 수질을 얻기 위한 처리법이며, 고도처리라고도 한다. 생물학적으로 질화(窒化)・탈질소 반응시키는 방법, 혐기성(嫌氣性)・호기성(好氣性) 조건을 배합・이용하여 생물학적으로 인(燐)의 제거능력을 높이는 방법 등이 있다. 이러한 처리기술은 종래의 활성슬러지법을 고도로 연구・개발하여 새로 고안된 방법이다.

물리화학적 처리방법으로는 활성슬러지법에 의한 처리과정에서 철・알루미늄 응집제를 주입하여 최종 침전지에서 인을 침전・제거하는 방법, 2차 처리 수속의 인을 부착・결정화시켜 제거하는 정석탈린법(晶析脫燐法) 등 여러 가지가 있다.

6) 일반적 하수처리 방식

하수처리장에서 하수를 정화하여 깨끗한 물로 만드는 방법은 한 가지로 정해져 있는 것은 아니고 여러 가지 공법과 설비를 가지고 운영된다. 현재는 많은 기술과 기기들이 개발되어 전보다 더 깨끗하고 더 저렴하게 정화하고 있다(그림 6-2).

처리계통에 이용되는 생물학적 처리방식은 주로 포기조의 형태와 운전방식 및 미

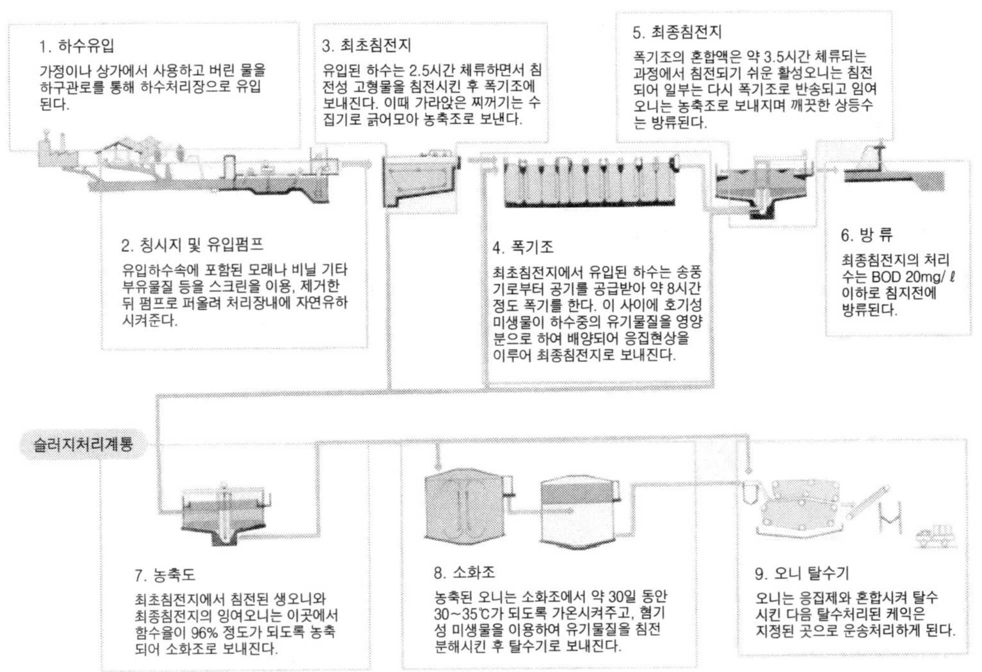

그림 6-2. 하수처리 계통도

생물의 상태에 따라서 침전성 생물법과 부착성 생물법으로 구분되며, 현재 사용되고 있는 방식들은 다음과 같다.

(1) 표준 활성 슬러지법

하수처리 공법 중 가장 많이 사용되는 방법이다(그림 6-3). 최종 침전지로부터 유입 하수량의 20~50%에 상당하는 활성 슬러지를 포기조(활성 슬러지조)로 반송하여 유입하수와 활성 슬러지를 혼합한다. 그 후 5시간 정도 포기하여 최종 침전지에서 슬러지를 분리하여 상등수를 방류하는 것이다.

이 방법은 침전성이 좋은 활성 슬러지가 얻어지고 또한 정상적인 기능이 기대될 수 있는 공법이다. 흡착 및 산화작용의 처리 등이 원활하고, 합리적으로 이루어져야 하는 등 고도의 운전기술을 필요하므로 비교적 대규모의 처리시설에 전문기술자가 상근하는 곳에 적당하다. BOD 제거율이 90% 이상으로 투시도가 높으며, 건설비가 적게 든다. 그러나 포기용 동력이 비교적 많이 들고, 잉여 오니의 생성량이 많다.

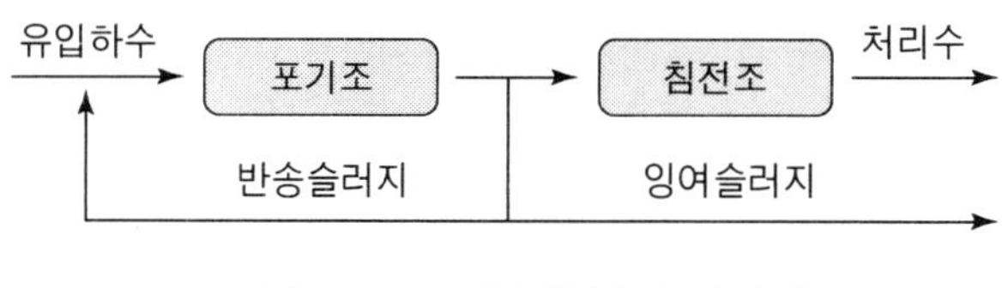

그림 6-3. 표준 활성 슬러지법

(2) 단계식 포기법(step aeration)

단계적 포기법(그림 6-4)은 폐수를 포기조의 전체 길이 4개 정도로 분할하여 유입시킨다. 반송유량은 선단(앞부분) 포기조에 보내어 포기조 입구에서 출구보다 지나치게 부하율이 증대되는 결점을 방지하기 위한 처리공법이다.

실제로 운전시 1차 침전지 이후에 30분 정도의 중화조 설비하여 충격부하에 따른 미생물 영향을 줄일 수 있다. 또한 반송 슬러지는 포기조 앞으로 반송하면서 유입 수

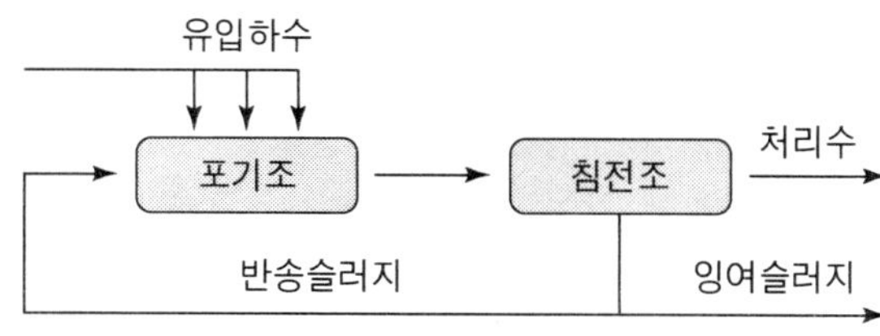

그림 6-4. 단계식 포기법

는 포기조 흐름방향으로 수개 조로 나누어 유입시키는 방법으로 포기조 내 오염 부하량을 균등화시키므로 처리효율을 향상시킬 수 있는 장점이 있다. F/M 비는 0.2～0.4 정도이고, BOD 용적부하는 0.4～1.4 정도이다.

(3) 접촉 안정법(contact stabilization)

접촉 안정법은 접촉조에서 1차 침전지의 유출수를 약 30분간 접촉시켜 산화한다. 그 후 침전지에서 고액 분리시켜 분리된 슬러지를 안정조로 보내 3～7시간 재포기하여 슬러지를 활성, 안정화시킨다.

MLSS 농도는 접촉조에서 2,000 mg/ℓ 안정조에서 20,000 mg/ℓ 정도이며, 슬러지가 미세하여 탈수와 침전성이 나쁘다. 활성 슬러지는 F/M 비를 적당히 유지하면서 응집 및 흡착작용에 의해 플럭(floc)형성이 현저하게 높아진다.

접촉 안정법은 활성 슬러지를 하수와 약 20～60분간(유량기준) 접촉조에서 포기, 혼합하여 활성 슬러지에 의해 유기 영양물을 흡수·흡착 제거시켜 이것을 최종 침전지에서 침전시킨다. 활성 슬러지를 안정조에서 3～6시간 포기하여 흡수·흡착된 유기물을 산화시키고 새로운 미생물을 생성해내는 방법으로 유기물의 상당량이 콜로이드 상태로 존재하는 도시하수를 처리하기 위하여 개발되었다.

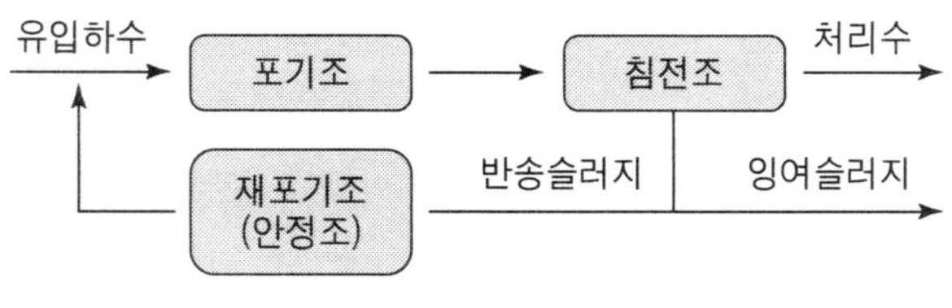

그림 6-5. 접촉 안정법

(4) 장기 포기법(extended aeration)

장기 포기법은 활성오니법의 변법의 일종으로 표준적인 방법보다 포기시간이 길고(18～36시간), BOD 용적부하가 적으며, 포기조 내의 MLSS가 높게 유지되는 것이

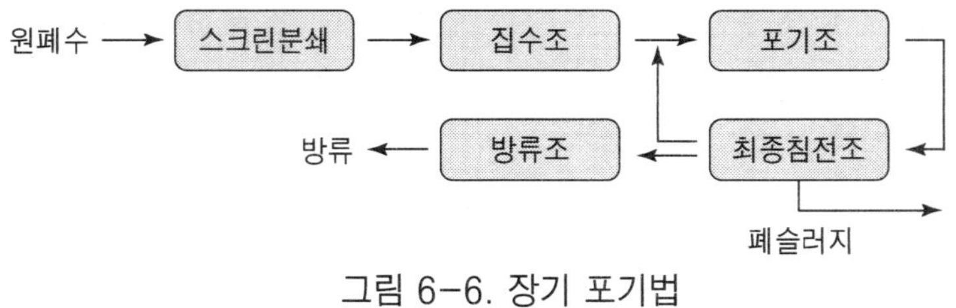

그림 6-6. 장기 포기법

특징이다. 이것은 잉여 슬러지의 생산량이 적고, 유입수량 및 부하변동에 강한 장점을 지니고 있는 반면, 동력비의 소모가 많은 단점이 있다. 또한 장기 포기법은 SRT를 충분히 길게 유지해서 잉여 슬러지를 최소화하는 공법으로 분해 가능한 유기물은 내생 호흡단계에서 제거하도록 설계한다.

포기시간은 12～24 hr, F/V비는 0.2, F/M 비는 0.05 이하로 소규모 처리시설에 적합하며, 반송률은 50～150%, MLSS는 3,500～5,000 mg/ℓ 이다.

(5) 산화구법(oxidation ditch)

산화구법은 장기 포기법의 일종으로 타원형 산화지에 폐수를 전처리 없이 유입한 후 기계식으로 24시간 이상 포기시켜 질산화 반응까지 하여 처리한다.

산화구는 수심 1～1.6 m, 폭은 수심의 1～1.2배, 유속은 0.4 m/sec 정도로 BOD 2,000mg/ℓ 이하에 적합하며, 운전이 편리하고 악취가 없어 주거지역에서도 설치할 수 있다. 또한 포기조는 타원모양의 유로를 갖는 형상으로 유속은 대체로 0.25～0.35%로 유지되고, 질화화 탈질이 1개의 포기조 내에서 진행된다는 장점을 가지고 있다. 특히 이 방법에서 사용되는 포기조는 브러쉬(brush) 형상으로 시간당 산소공급 능력은 1.0～1.4 kg O_2/HP이며, 이 포기기 1대당 최대 폭은 약 7.5 m 정도이다.

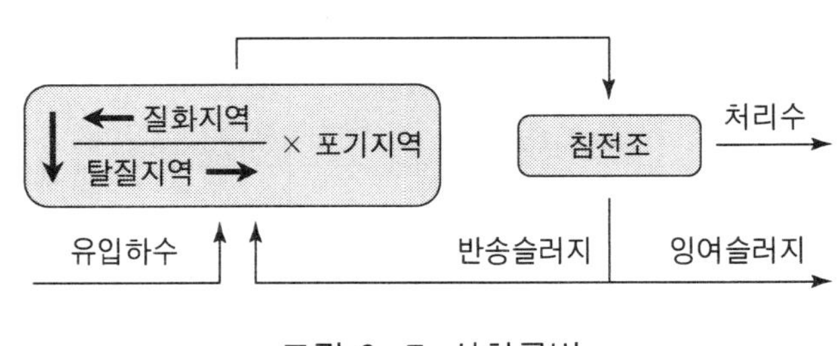

그림 6-7. 산화구법

(6) 살수 여상법(trickling filter treatment)

살수 여상법은 여과재, 하부 배수시설, 살수 분배기로 구성된다. 살수 분배기에 의해 살포되어 하수는 여상에 충진되어 있는 잡석이나 plastic재 등의 여재 표면을 따라 흐르면서 여재 표면에 형성된 미생물 막과 접촉한다. 하수 중의 부하변동에 강하고, 반송 슬러지가 없어 조작이 간편하다는 장점이 있으나 취기 발생 및 시설 면적이 넓게 소요된다는 단점이 있다.

살수 여상법의 처리방식에는 표준 살수 여상법과 고속 살수 여상법이 있고, 일반적으로 전자는 고도처리, 후자는 보통처리이다. 표준 살수 여상법은 BOD 부하를 낮게

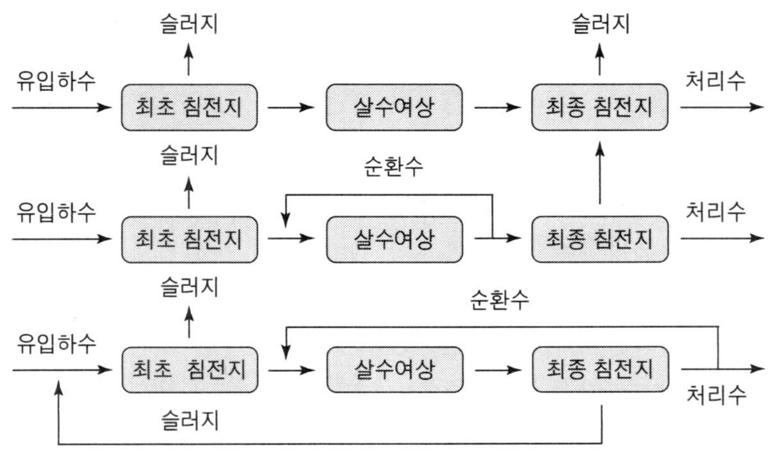

그림 6-8. 살수 여상법

설정해 운전하기 때문에 정화효율이 우수하고 질산화가 진행된 처리수를 얻을 수 있지만, 넓은 부지면적을 필요로 하는 단점이 있다.

한편, 고속 살수 여상법은 살수부하가 크기 때문에 용지면적의 절감은 되지만 처리수질은 전자보다 나쁘다. 고속 살수 여상법은 원칙으로 높은 반송을 행함으로써 다음과 같은 장점이 있다.

① 유입폐수의 유량, 온도, 유독물질의 영향을 받는 것이 적다.
② 살수기의 자동운전이 용이하다.
③ 여상 파리의 발생, 비산이 방지된다.
④ 악취의 발생이 방지된다.

(7) 회전 원판법(RBC : rotating biological reactor)

회전 원판법은 직경 2～5 m인 주로 플라스틱제의 원판 체를 여러 장 겹쳐 수평방향의 축(shaft)에 15～30 mm 간격으로 고정시켜 원판 표면적의 총 40%가 수중에 침적되도록 수조에 설치된다.

축에 고정된 판들은 shaft와 천천히 회전하면서 수중과 공기 중을 교대로 접촉함으

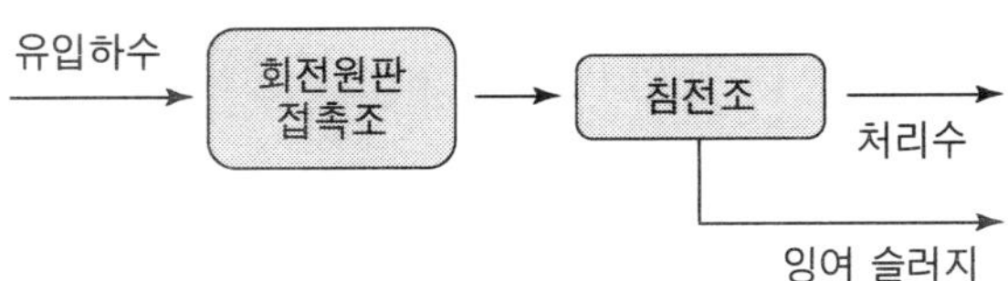

그림 6-9. 회전 원판법

로써 원판 표면에 부착된 1～3 mm의 미생물 막에 의해 하수 중의 유기물질을 흡착하여 산화 및 동화작용을 통해 정화시킨다. 회전 원판법은 반응조에 저류된 폐 수면보다 약간 높게 설치된 수평 회전축에 1백여 매의 원판을 수직으로 고정시켜 만든다. 이 원판 표면의 흠에 미생물막이 형성되어 그 회전장치가 회전하여 반응조에 적실 때 미생물이 유기물을 섭취하고, 그 부분이 대기 중에 노출 시에는 공기 중의 산소를 전달받아 호기성 조건에서 폐수를 처리하는 공법이다.

※ RBC공법의 특성

① 질소 제거가 가능하며 저농도에서 고농도의 BOD 처리가 가능하다.
② 잉여 슬러지의 생산량이 적으며, 충격 부하에도 잘 적응한다.
③ 포기와 반송 슬러지가 필요 없고, 동력비가 싸며 운전도 용이하다.
④ DO는 최소한 0.5～1 mg/ℓ 이상 유지해야 한다.
⑤ 회전원판의 미생물 층이 백색을 띨 때는 Beggiatoa, Thiothrix 등이 과잉 번식된다.

2.3 토양오염

1) 토양오염

토양오염의 정의는 "인간의 활동에 의하여 만들어지는 여러 가지 물질이 토양에 들어감으로써 환경 구성요소로서의 토양이 그 기능을 상실하는 것"이다. 토양오염은 대체로 지하자원을 이용하여 암석 중의 무기성분이 지표로 쌓이거나 농약 등 천연에 거의 존재하지 않는 유기물의 축적, 공업화로 야기되는 산성비, 각종 폐기물 등에서 비롯된다. 자연환경에서 토양은 외적 요인에 큰 완충역할을 담당하는데, 토양오염의 상황은 그 한계를 넘게 됨으로써 유래된다.

토양오염의 원인은 인간의 소비, 생산 활동에서 발생하는 매연, 먼지, 하수 및 폐수 등 오염물질, 유독물 및 중금속 함유물 등인 유해화학 물질과 각종 폐기물을 들 수 있다. 토양 오염원 중 용해성이 높은 유기물 및 무기염류는 토양 중에서 용탈이나 용해되어 토양 내 축적성이 적다. 그러나 중금속류는 이동성이 적어 토양 내에 유입되면 장기간 축적되고, 식물의 생육피해와 먹이연쇄를 통하여 직·간접으로 사람과 가축에 피해를 줄 수 있다.

2) 주요 토양 오염물질

우리나라는 1996년 1월에 토양환경보전법이 제정되어 시행되면서 오염지역 관리를 위한 기준 및 오염방지를 위한 예방적 조치 등이 규정됨에 따라 전국적인 모니터링 및 오염토양에 대한 복원에 대한 관심이 커지고 있다. 토양환경보전법에서 규정하고 있는 토양 오염물질은 토양 중에서 미분해 되어 잔류하는 물질로 농작물의 생육을 저해하거나 지하수를 오염으로 인체에 영향을 미치는 중금속류, 불소류, 유류, 및 PCB 등 16개 항목을 토양 오염물질로 규정하고 있다.

① 카드뮴 및 그 화합물, 구리 및 그 화합물, 비소 및 그 화합물, 수은 및 그 화합물, 납 및 그 화합물, 6가 크롬 및 그 화합물, 아연 및 그 화합물, 니켈 및 그 화합물 등 중금속 8종
② 불소 화합물
③ 유기인 화합물
④ 폴리클로리네이티드비페닐(PCB)
⑤ 페놀류, 시안화합물 등 독성물질 2종
⑥ 유류 : 벤젠, 톨루엔, 에틸벤젠, 크실렌(BTEX), 석유계 총탄화수소(TPH)

표 6-3. 우리나라의 토양오염 기준(2002년, 환경부)

(단위 : mg/kg)

오 염 원	토양오염 우려기준		토양오염 대책기준	
	농경지 (가 지역)	공장/산업지역 (나 지역)	농경지 (가 지역)	공장/산업지역 (나 지역)
카드뮴	1.5	12	4	30
구 리	50	200	125	500
비 소	6	20	15	40
수 은	4	16	10	40
납	100	400	300	1,000
크 롬	4	12	10	30
아 연	300	800	700	2,000
니 켈	40	160	100	400
불 소	400	800	800	2,000
유기인화합물	10	30	-	-
PCB	-	12	-	30
시 안	2	120	5	300
페 놀	4	20	10	50
유류(B.T.E.X)	-	80	-	200
유류(TPH)	-	2,000	-	5,000
TCE	8	40	20	100
PCE	4	24	10	60

⑦ 트리클로로에틸렌(TCE), 테트라클로로에틸렌(PCE)

⑧ 기타 토양 오염물질로서 토양오염의 방지를 위하여 특별관리가 필요한 물질

3) 농경지의 토양 환경기준

토양오염의 기준 항목은 토양 오염물질인 16개 항목에 대하여 가, 나 지역으로 토양의 용도를 구분하고 각각에 대하여 오염 정도에 따라 토양오염 우려기준과 토양오염 대책기준으로 구분하였다. 가 지역은 지적법 제5조 제1항의 규정에 의한 전, 답, 과수원, 목장용지, 임야, 학교용지, 하천, 수도용지, 공원, 체육용지(수목, 잔디 식생지), 유원지, 종교용지 및 사적지 등이고, 나 지역 공장용지, 도로, 철도용지 및 잡종지로 구분하고 있다.

토양오염 기준은 오염의 정도가 사람의 건강과 동식물의 생육에 지장을 초래할 우려가 있어 토지의 이용중지, 시설의 설치금지 등 규제조치가 필요한 정도의 오염상태를 토양오염 대책기준으로 설정하였고, 대책기준의 약 40% 정도로 더 이상의 오염이 심화되는 것을 예방하기 위한 오염수준을 토양오염 우려기준으로 구분 설정하였다(표 6-3).

3. 미생물의 대사와 생물학적 처리

3.1 미생물의 생장과 대사

미생물의 생장과 대사과정 중에 탄소, 황, 질소, 인, 철분, 마그네슘과 같은 영양물질의 순환에 서로 영향을 미친다. 이러한 영양물질의 순환이 생물적 화학적 과정과 같은 환경에 적용될 때 이를 생물지구화학적 순환(biogeochemical cycling)이라고 한다.

영양물질의 화학적·물리적 특징은 산화환원과 같은 반응에 의해 변형되고 순환된다. 그리고 대사와 관련된 영양물질의 변형은 매우 광범위하게 나타난다. 중요한 성분들의 주된 산화환원 형태는 표 6-4에 나타냈다.

1) 탄소 순환

탄소는 메탄(CH_4)이나 유기물처럼 환원형태로 존재할 수도 있고, 일산화탄소(CO)나 이산화탄소(CO_2)처럼 산화형태로 존재할 수도 있다. 그림 6-10에서 종합적인 기본 탄소 순환에 관여된 주된 구성요소를 볼 수 있다. 환원자(예 : 수소, 수소는 강한 환원자이다)와 산화자(예 : 산소)는 탄소가 관련된 생물적·화학적 반응에 영향을 미친다.

표 6-4. 생물지구화학 순환에서 탄소, 질소, 황, 철의 주된 산화환원 형태

주요 원소	중요기체인자의 존재	주요형태와 이온가				
		환원형	중간산화형			산화형
C	+	$CH_4(-4)$	CO(+2)			$CO_2(+4)$
N	+	NH_4^+, 유기물의 N(-3)	$N_2(0)$	$N_2O(+1)$	NO_2-(+3)	NO_3-(+5)
S	+	H_2S, 유기물의 SH 그룹(-2)	S0(0)	$S_2O_3^{2-}(+2)$	$SO_3^{2-}(+3)$	$SO_4^{2-}(+6)$
Fe	-	$Fe^{2+}(+2)$				$Fe^{3+}(+3)$

주: 탄소, 질소 및 황 순환과정에는 상당량의 기체성분이 관여한다. 이를 기체상 영양물질 순환이라 부르기도 한다. 철 순환과정에서는 기체성분이 포함되지 않아 침전형 영양물질 순환이라 한다.

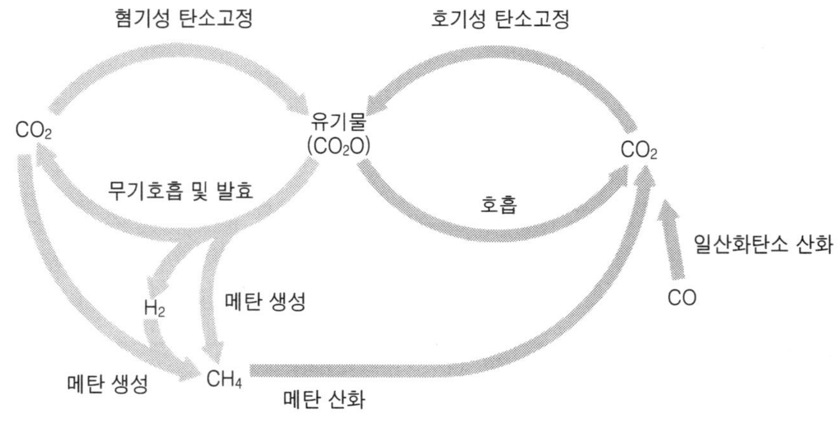

그림 6-10. 환경에서 일어나는 기본적 탄소 순환

논, 반추동물, 석탄광산, 하수처리장, 쓰레기 매립장, 습지 등은 메탄의 중요한 공급원이며, 지구의 대기 중 1.2~1.5 ppm을 차지하고 있다. 미생물이 이용하는 주된 유기물질은 표 6-5에 요약되어 있다. 이들 중 이전에 존재하던 미생물 생물량(microbial biomass)만이 미생물의 생장에 필요한 모든 영양을 가지고 있다.

키틴, 단백질, 미생물 자원, 핵산은 질소를 많이 포함하고 있다. 만일 이러한 물질들을 이용해 새로운 미생물을 증식시킨다면 새로운 미생물 자원에 사용되지 않는 과량의 질소와 다른 무기물은 무기질화(mineralization) 과정을 통해 주변 환경으로 방출될 것이다. 무기질화란 유기물이 분해되어 좀더 단순한 무기화합물(예를 들어 CO_2, NH_4^+, CH_4, H_2, N_2)로 변하는 과정을 말한다.

표 6-5에서 나타난 다른 복잡한 물질들은 단순히 탄소・수소・산소만을 포함하고 있다. 만약 미생물의 생장에 이러한 물질만 제공한다면 이들은 나머지 영양소를 고정

표 6-5. 분해와 분해성에 영향을 주는 복잡한 유기물 기질의 특징

기 질	기본 소단위	결합 (중요한 경우)	다량 존재하는 원소					분 해	
			C	H	O	N	P	산소가 있을 때	산소가 없을 때
녹말	포도당	$\alpha(1\rightarrow4)$, $\alpha(1\rightarrow6)$	+	+	+	-	-	+	+
셀룰로오스	포도당	$\beta(1\rightarrow4)$	+	+	+	-	-	+	+
헤미 셀룰로오스	C5 또는 C6 단당류	$\beta((1\rightarrow4)$, $\beta(1\rightarrow3)$, $\beta(1\rightarrow6)$	+	+	+	-	-	+	+
리그닌	페닐프로판 (phenylpropane)	C-C, C-O 결합	+	+	+	-	-	+	-
키틴	N-아세틸글루코사민	$\beta(1\rightarrow4)$	+	+	+	+	-	+	+
단백질	아미노산	펩티드 결합	+	+	+	+	-	+	+
탄화수소	사슬형, 고리형, 방향족		+	+	-	-	-	+	+-
지질	글리세롤, 지방산, 일부는 인산이나 질소를 포함	에스테르	+	+	+	+	+	+	+
미생물 생물량		다양함	+	+	+	+	+	+	+
핵산	퓨린, 피리미딘 염기, 당, 인산	인산에스테르 및 N-글리코시드결합	+	+	+	+	+	+	+

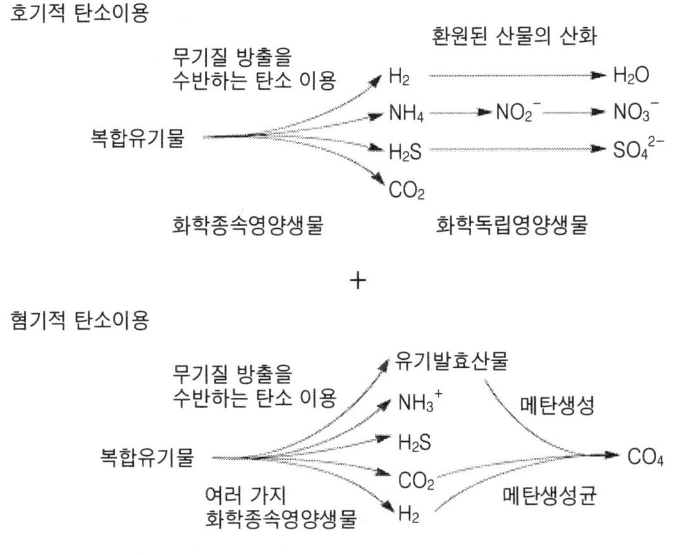

그림 6-11. 유기물 분해에 영향을 주는 산소

화(immobilization)라는 과정을 통해 환경에서 구할 것이다.

대부분의 물질들은 산소의 존재 유무와 상관없이 쉽게 분해될 수 있다. 그러나 탄화수소와 리그닌은 예외이다. 최근에 탄화수소는 질산염이나 황산염을 산화제로 사용하여 산소 없이 분해되는 것이 발견되었다. 리그닌의 생분해성은 산소의 존재에 의존하는 특이한 경우이다. 리그닌이 잘 분해되지 않는 것은 자연산 리그닌을 분해하는 곰팡이가 산소가 있는 조건에서만 작용하기 때문이다. 곰팡이 산화효소는 활성화 산소가 방출될 때만 작용한다.

산소의 존재나 결핍은 또한 미생물에 의해 유기물이 분해되고 무기질화 되면서 생성되는 최종산물에도 영향을 미쳤다. 산소가 있는 조건에서 미생물이 복잡한 유기물을 분해하면 질산염, 황산염, 이산화탄소와 같은(그림 6-11) 산화된 생성물을 만든다. 반면 산소가 없는 조건에서는 환원된 형태의 생성물인 암모늄이온, 황화물, 메탄과 같은 결과물이 축적된다. 만약 특정 장소에서 산소가 있거나 없는 환경이 지속된다면 이러한 산화되고 환원된 형태만이 계속 영양물질로 공급된다. 그러나 만약 환경에 변화가 생긴다면 환원된 것은 산화된 것으로, 산화된 것은 환원된 것으로 바뀌면서 추가적 반응이 생긴다. 산화물과 환원물이 혼합된 환경을 미생물 공동체가 이용하면서 천이와 영양물질의 순환이 한층 더 원활하게 진행되는 것이다.

2) 황 순환

미생물은 황 순환(sulfur cycle)에 크게 기여한다. 그림 6-12에서 단순화된 형태의

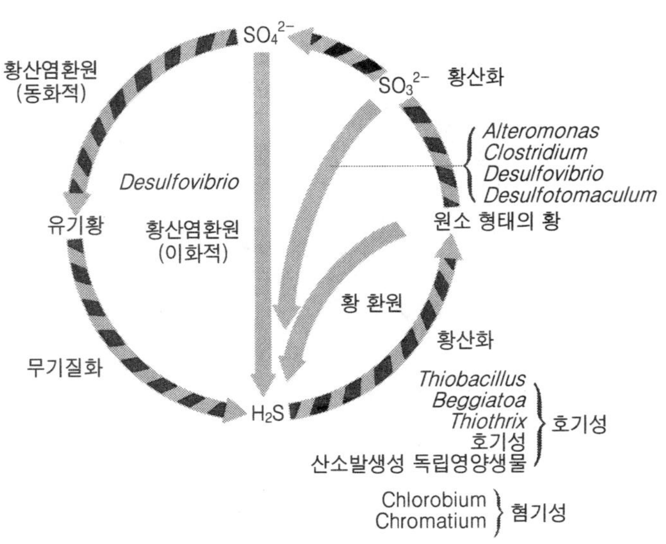

그림 6-12. 기본적인 황 순환

황의 순환을 볼 수 있다. 광합성 미생물은 황화합물을 전자의 공급원으로 이용한다. 이것이 *Thiobacillus*와 유사한 화학무기독립영양생물에 속하는 생물이 작용하는 방법이다.

반면 황산염은 환원성 서식지로 확산되어 황산염 환원(sulfate reduction)을 수행하는 다른 종류의 미생물에 의해 이용된다. 예를 들어 환원된 형태의 적당한 유기물질이 존재하는 경우 *Desulfovibrio*는 황산염을 산화제로 사용한다. 황산염을 외부 전자수용체로 사용해 황화물을 형성하는 것은 이화적 환원(dissimilatory reduction) 작용과 무산소호흡의 한 예이다. 황화합물은 주변 환경에 축적된다.

상대적으로 황산염의 환원은 아미노산과 단백질 생합성으로 사용되면서 일어나는데, 이는 동화적 환원(assimilatory reduction) 작용으로 설명된다. 황원소를 이화적으로 환원하는 미생물도 발견되었다. *Desulfuromonas*와 호열성 고세균 및 염분이 많은 침전층에 사는 시아노박테리아가 여기에 속한다.

아황산염은 중요한 또 하나의 중간산물이다. 이것은 다양한 미생물에 의해 황화합물로 환원될 수 있는데, *Alterromonas, Clostridium, Desulfovibrio, Desulfortomaculum* 등이 이에 속한다. Benka-Coker(1995) 등은 아프리카 나이지리아의 유전지대 물에서 Sulphatereducing bacteria(SRB)의 분포를 확인하였고, 건조기보다는 우기에 SRB의 개체수가 높게 나타났다고 보고하였다. Christensen(1996) 등은 SRB를 이용하여 금속에 오염된 하수에 있어서 효율적으로 금속들을 제거하였다고 보고하였다.

3) 질소 순환

질소 순환은 질화(nitrification), 탈질화(denitrification), 질소고정(그림 6-13)으로

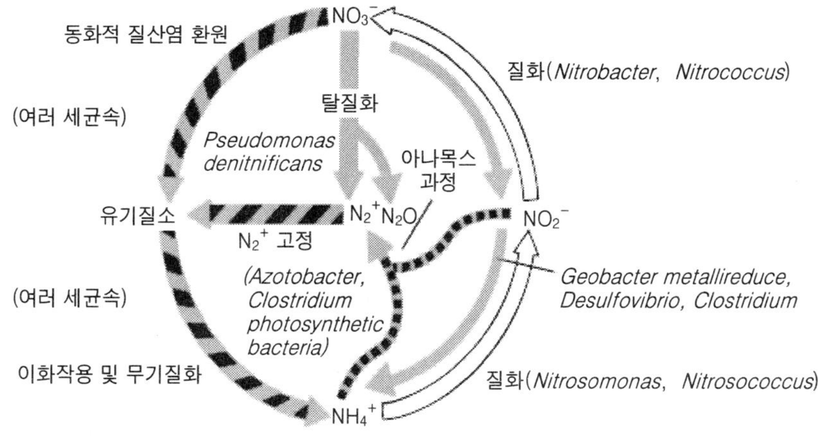

그림 6-13. 기본적인 질소 순

대별되어진다. 무산소 암모늄이온 산화(anoxic ammonium ion oxidation, anammox)가 일어난다는 것은 질화가 단순히 호기적 과정만은 아니라는 의미이다. 우리가 질소 순환을 비롯해 앞에서 다루었던 단순한 생물지구화학 순환만으로 생물지구화학 작용을 정확하게 이해하기 어렵다는 것을 알 수 있다. 대부분의 하수처리장에서 질소의 제거에는 3종류의 미생물군이 작용한다(nitrifiers, denitrifiers, heterotrophs).

질화(nitrification)는 암모늄이온(NH_4^+)을 아질산염(nitrite, NO_{2}-)으로 산화하고, 다시 아질산염을 질산염(nitrate, NO_{3}-)으로 산화하는 호기적 과정이다. *Nitrosomonas*와 *Nitrococcus*속에 속하는 세균은 첫 단계에서 중요한 역할을 하고, *Nitrobacter*와 관련된 화학무기독립영양세균은 두 번째 단계에 작용한다(Bent 등, 1996). 최근에는 *Nitrosomonas eutropha*가 이산화질소(nitrogen dioxide, NO_2)를 탈질화 관련 반응의 산화제로 이용해 암모늄이온을 혐기적으로 아질산염과 일산화질소(nitric oxide, NO)로 산화하는 것이 발견되었다. 덧붙여 종속영양적질화(heterotropic nitrification) 세균과 곰팡이는 좀더 산성 환경에서 이러한 반응에 참여한다.

탈질화(denitrification) 과정은 다른 환경조건을 필요로 한다. 질산염이 무산소호흡의산화제로 사용되는 이화적 과정은 일반적으로 *Pseudomonas denitrificans*와 같은 종속영양자가 관여한다. 탈질화의 주된 생성물은 질소가스(N_2)와 일산화질소(N_2O)이다. 그러나 아질산염(NO_{2}-) 또한 축적될 수 있다. 아질산염은 발암물질인 니트로사민(nitrosamine)의 형성에 관여하기 때문에 환경오염 문제를 야기한다. 마지막으로 질산염은 *Geobacter metallireducens, Desulfovibrio* spp., *Clostridium*과 같은 다양한 세균에 의해 이화적 환원과정을 거쳐 암모니아로 변형될 수 있다.

질소동화(nitrogen assimilation)는 무기질소가 영양물질로 사용되어 새로운 미생물 생물량으로 통합될 때 일어난다. 이미 환원된 형태의 암모늄이온은 큰 에너지를 소비하지 않고 바로 통합될 수 있다. 그러나 질산염이 동화될 때는 이의 환원에 많은 에너지가 필요하다. 이 과정 중에 아질산염이 일시적 중간산물로 축적될 수 있다.

질소고정(nitrogen fixation)은 원핵생물에서 산소가 있을 때나 없을 때 모두 일어난다. 그러나 진핵생물에서는 일어나지 않는다. 산소가 있을 때는 단독 생활하는 다양한 미생물속(*Azotobacter, Azospirillum*)이 이 과정에 참여한다. 산소가 없는 조건에서 단독 생활하는 중요한 질소고정 생물들은 대부분 *Clostridium*속에 속한다. 질소고정 과정은 에너지가 많이 소비되는 여러 단계의 환원과정을 거친다. 질소의 환원생성물인 암모니아는 아민 형태로 바로 유기화합물에 통합된다.

환원과정은 O_2에 매우 민감하여 호기성 세균에서도 반드시 산소가 없는 조건에서만 일어난다. 질소고정 효소는 다양한 방법으로 보호되는데, 일부 시아노박테리아에서는 이질낭(heterocyst)과 같은 물리적인 방어막도 만들고, O_2 제거 분자의 사용, 대사활성 속도의 증가 등으로 보호한다.

그림 6-13에서 보여주는 것처럼 산소가 없는 조건에서 NH_4^+의 산화와 NO_2-의 환원을 짝물림하여 기체형태의 질소를 생성하는 미생물이 밝혀졌다. 이것은 아나목스 작용(anammox process, anoxic ammonia oxidation process)으로 명명되었다. 이 작용은 담수와 해수의 생태에 영향을 미치는 하수공장의 배수구에서 나오는 질소의 농도를 낮출 수 있는 수단이 될 수 있다.

4) 철 순환

철 순환(iron cycle, 그림 6-14)에는 제1철(Fe^{2+})을 제2철이온(Fe^{3+})으로 변형시키는 여러 속의 철산화 미생물이 관여한다. *Thiobacillus ferrooxidans*는 산성조건에서 이 과정을 수행한다. *Gallionella*는 중성 pH에서 활동하고, *Sulfolobus*는 온도가 높고 산성인 조건에서 작용한다.

많은 초기 연구 결과들은 *Sphaerotilus*와 *Leptothrix*와 같은 다른 속의 세균들도 철의 산화에 관여할 것으로 추정했다. 이 두 속은 여전히 '철세균(iron bacteria)'으로 명명되고 있다. 그러나 이 두 속의 세균이 유기물질을 이용하여 자라는 동안 중성 pH에서 제1철이온이 제이철이온으로 되는 화학적 산화가 일어나기 때문에 혼동이 생겼다. 이 두 미생물은 현재 화학종속영양생물로 분류되고 있다.

최근에 질산염을 전자수용체로 이용해 Fe^{2+}를 산화하는 미생물이 발견되었다. 이 과정은 산소농도가 낮은 물의 침전 층에서 일어나며, 낮은 산소농도에서 산화철이 누적 생성되는 또 다른 과정으로 생각된다. 철의 환원은 산소가 없는 조건에서 일어나고, 산화 제1철이온이 축적 된다.

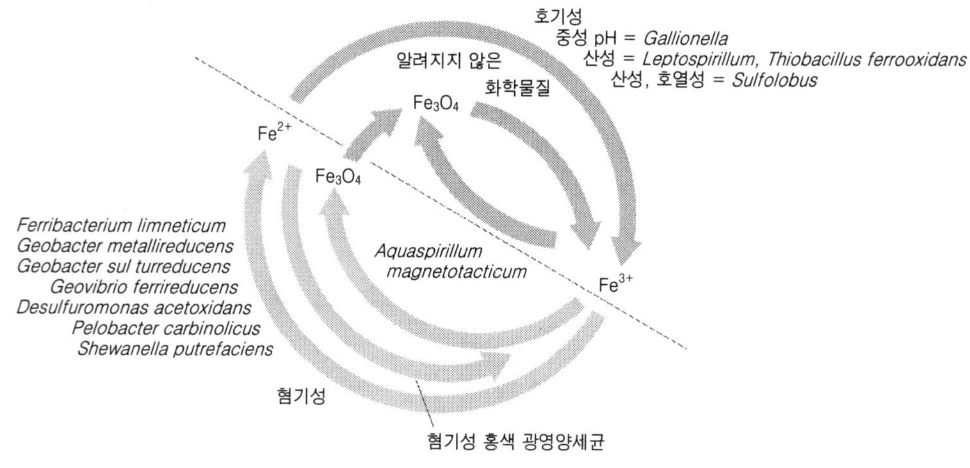

그림 6-14. 기본적 철 순환

많은 미생물이 그들의 대사과정에 소량의 철을 환원시키기는 하지만, 대부분의 철 환원은 특별한 철 호흡(iron-respiring) 미생물에 의해 일어난다. 철 호흡 미생물로는 *Geobacter metallireducens, Geobacter sulfurreducens, Ferribacterium limneticum, Shewanella putrefaciens* 등이 있으며, 이들은 산화 제2철이온을 산화제로 이용해 유기물에서 성장할 수 있는 에너지를 얻어낸다.

산화 제1철도 환원되는 비교적 단순한 과정 외에 *Aquaspirillum magnetotacticum* 과 같은 주자성(magnetotactic bacteria) 세균은 세포 외 철을 다양한 원자가를 가진 산화 철광석인 자철광(Fe_3SO_4)으로 바꾸어 세포내 자성 나침반을 만든다. 또한 이화적 철환원 세균은 자철광을 세포 외 생성물로 축적한다.

자철광은 침전물에서 발견되는데, 여기서 이들은 세균에서처럼 과립으로 존재한다. 이것은 세균이 철의 순환과정에 오랫동안 작용했다는 것을 말한다. 자철광을 합성하는 유전자를 다른 생물에 클로닝하여 자장에 반응하는 새로운 미생물을 만들 수 있었다. 자성을 가진 세균은 현재 주자성 주호기성 세균(magneto-aerotactic bacteria)으로 명명되었다. 이들은 자장을 이용해 습지나 늪에서 산소의 농도가 자신들에게 가장 적절한 위치를 찾기 때문이다.

지난 10년간 산화 제1철이온을 전자공여체로 사용하는 산소 비발생형 광합성을 하는 새로운 미생물들이 발견되었다. 즉, 철산화세균이 빛은 있으나 산소가 없는 지역에서 산화 제2철이온을 생성함에 따라 Geobacter와 Shewanella와 같은 생물이 화학영양에 기초하여 철을 환원할 수 있는 발판을 만들어 주고, 절대혐기적 철 산화환원 순환을 만들어 낸다.

5) 망간 순환

망간 순환(manganese cycle, 그림 6-15)에서 미생물의 중요성에 대한 인식이 더해가고 있다. 망간 순환은 망간이온(Mn^{2+})이 MnO_2(Mn^{4+}에 해당)로 산화되는 과정을 포함하며, 열수공, 습지 등에서 일어난다. 망간의 산화과정은 암석에 광택이 나는 작용에도 크게 관여한다. *Leptothrix, Arthrobacter, Pedomicrobium* 그리고 잘 알려지지 않은 Meta-llogenium류가 Mn^{2+}의 산화에 중요하게 작용한다. *Shewanella, Geobacter* 그리고 다른 화학유기영양생물들은 보조적인 망간 환원작용을 수행한다.

6) 미생물과 금속독성

철과 망간 같은 금속은 미생물과 동물에게 독성이 별로 없다. 그러나 미생물과 동물에게 다양한 독성을 보이는 여러 금속이 있다. 미생물은 이러한 금속의 독성을 변

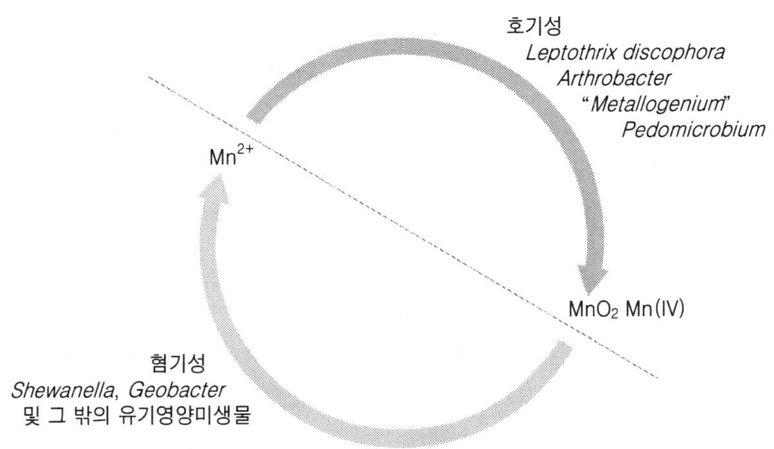

그림 6-15. 기본적인 망간 순환

표 6-6. 금속의 미생물과 정온동물에 대한 영향

금속그룹	금속	상호작용 및 형질전환	
		미생물	정온동물
귀금속	Ag 은 Au 금 Pt 납	미생물은 이혼형태를 원소형태로 환원시킬 수 있다. 환경으로 방출되는 적은 양의 이온성 금속은 항미생물 활성을 가진다.	많은 이들 금속은 원소형으로 환원될 수 있고, 일반적으로 혈-뇌 장벽을 통과하지 못하는 경향이 있다. 은의 환원은 피부에 불활성 침전물을 만들 수 있다.
안정된 탄소금속 결합을 하는 금속	As 비소 Hg 수은 Se 셀레늄	미생물은 무기 및 유기형태를 메틸화된 형태로 변형시킬 수 있다. 이들 일부는 먹이사슬 상부의 생물에 축적되는 경향이 있다.	일부 금속은 메틸화되면 혈-뇌 장벽을 통과하여 신경손상이나 사망을 초래한다.
기 타	Cu 구리 Zn 아연 Co 코발트	고농도의 이온화된 형태의 금속은 미생물을 직접적으로 저해할 수 있다. 이들은 미량원소로 적은 양만을 필요로 한다.	농도가 높아지면 세포질의 단백질 반응과 기타 다른 기작으로 고등생물로부터 제거된다. 이들 금속의 대부분은 낮은 농도의 미량원소로 작용한다.

형시키는 중요한 기능을 한다(표 6-6). 금속은 종류가 매우 다양하다. 귀금속류는 척추동물의 혈-뇌 장벽(blood-brain barrier)을 통과하지 않는 경향이 있는 반면 미생물에는 특유한 영향을 미칠 수 있다. 미생물은 귀금속이온을 원소 형태로 바꿀 수 있다.

두 번째 종류의 금속은 비금속류(metalloids)를 포함한다. 미생물은 이들을 메틸화하여 유기금속(organometals)이라는 좀더 운반하기 쉬운 산물로 바꿀 수 있다. 어떤 유기금속은 혈액-뇌 장벽을 통과하여 척추동물의 중추신경계에 영향을 미칠 수 있다. 유기금속은 탄소금속 결합을 가지고 있어서 이들을 분류하는 특징이 된다.

수은 순환은 특히 관심이 많은 것으로 이것은 메틸화될 수 있는 금속들의 특징을 많이 가지고 있다. 일본 남서부 미나마타(Minamata) 해안지역에서 공업용 수은이 해안으로 방출되면서 광범위한 수은 중독이 발생한 참혹한 사건이 있었다. 무기 수은은 해안의 진흙바닥에 축적되었고 이것은 *Desulfovibrio* 속의 혐기성 세균에 의해 메틸화되었다. 에틸화된 수은은 휘발성이 있고, 지방에 잘 녹으며, 수은농도는 먹이사슬(food-chain)을 올라가면서 생물농축(biomagnification)을 통해 증가했다. 결국 물고기의 최종 소비자인 사람에게 심한 신경장애를 일으켰다.

펄프제조 공장에서 미생물의 생장을 억제하기 위해 수은 화합물을 사용했던 미국과 캐나다에 있는 담수호에서도 비슷한 상황이 발생했다. 10년이 지난 후에도 이 펄프공장 아래쪽에 위한 호수의 물고기는 먹을 수가 없다.

세 번째 종류의 금속은 이온형태로 직접 미생물에 독성을 미친다. 이 종유의 금속은 복잡한 생물에도 영향을 미친다. 그러나 세포막 단백질이 이들과 반응하여 이들의 배출을 도와주므로 장기간 많은 양을 섭취하지 않으면 별 문제는 없다. 치명적인 효과가 생기려면 상대적으로 많은 양을 섭취해야 한다. 낮은 농도에서 이들은 미세 필수원소로 사용된다.

3.2 생물학적 처리의 목적

1) 생물학적 처리에 있어 전체적인 목적

① 용존성 및 입자성 생분해 가능한 성분을 수용 가능한 최종 생성물로 전환-산화
② 부유성 및 비침강성 콜로이드 고형물을 생물학적 플럭이나 생물막으로 포획하고 결합
③ 질소와 인 같은 영양물질의 전환이나 제거
④ 특정 미량 유기성분과 화합물의 제거

농업 관개용수가 하수에 유입된 경우에는 수생식물의 성장을 자극할 수 있는 물질, 즉 질소와 인 같은 영양물질의 제거가 주요 목적이 된다.

2) 생물학처리에서 미생물의 역할

하수에 존재하는 용존성과 입자성의 탄소성 BOD 제거와 유기물질의 안정화는 여러 종류의 미생물, 특히 박테리아에 의해서 생물학적으로 이루어진다. 미생물은 용존

성과 입자성의 탄소성 유기물질들을 간단한 최종 산물과 부가적인 미생물(biomass)로 산화 시킨다. 또한 미생물은 하수처리공정에서 질소와 인을 제거하는 데 이용된다. 특정 박테리아는 암모니아를 아질산과 질산성 질소로 산화(질산화)시킬 수 있으며, 또 다른 박테리아는 산화된 질소를 질소가스(N_2)로 환원시킬 수 있다. 인 제거를 위한 생물학적 공정들은 상당량의 무기성 인을 저장하고 방출할 수 있는 능력을 지닌 박테리아의 성장을 촉진시킬 수 있도록 구성되어 있다.

Diels(1995) 등은 하수처리에 있어서 *Alcaligenes eutrophus* CH34를 이용한 tubular membrane reactors(TMR) 방법으로 Cd, Zn, Cu, Pb을 50 ppb 이하로 저하시켰으며, Co, Ni, Pd, Ge 등은 100 ppb 이하로 낮출 수 있었다고 보고하였다.

3) 생물학적 하수처리

(1) 대사기능

① 호기성 공정 : 산소의 존재 하에 이루어지는 생물학적 처리공정

② 혐기성 공정 : 산소의 부재 하에 이루어지는 생물학적 처리공정

③ 무산소 공정 : 산소의 부재 하에 질산성 질소가 생물학적으로 질소가스로 전환되는 공정으로 탈질화로 알려져 있는 공정

④ 임의성 공정 : 분자성 산소의 존재 혹은 부재 하에 생물이 그 기능을 할 수 있는 생물학적 처리공정

⑤ 호기성/무산소/혐기성 혼합공정 : 특별한 처리 목적을 달성하기 위해서 호기, 무산소, 혐기성 공정의 다양한 혼합공정

(2) 처리공정

① 부유성장 공정 : 하수내 유기물질이나 기타 성분을 기체나 세포조직으로 전환시키는 미생물이 액체 내에서 부유상태로 유지되는 생물학적 처리공정

② 부착성장 공정 : 하수내 유기물질이나 기타 성분을 기체나 세포조직으로 전환시키는 미생물을 돌, 슬랙(slag), 그리고 특별히 설계된 세라믹이나 플라스틱 물질과 같은 불활성 고체의 표면에 부착시켜 처리하는 생물학적 처리공정. 부착성장 처리공정은 고정 생물막 공정으로도 알려져 있다.

③ 혼합공정 : 혼합공정을 설명하기 위해 사용되는 용어(부유와 부착성장 공정의 조합)

④ Lagoon 공정 : 다양한 모양의 크기와 깊이를 가진 연못이나 웅덩이를 사용한 처리공정

(3) 처리기능

① 생물학적 영양소 제거 : 생물학적 처리공정에서 질소(N)와 인(P)의 제거

② 생물학적 인 제거 : 미생물 내 인 축적과 축적된 미생물의 분리제거에 의한 인의 생물학적 제거

③ 탄소성 BOD 제거 : 하수 내에 탄소성 유기물을 세포조직과 다양한 기체상 최종 생성물로 생물학적 전환되는데 다양한 화합물 내에 존재하는 질소는 암모니아로 전환된다고 가정

④ 질산화 : 암모니아가 먼저 아질산성 질소(NO_2-N)로 전환된 후 질산성 질소(NO_3-N)로 전환되는 2단계 생물학적 공정

⑤ 탈질화 : 질산염이 질소와 기타 기체상의 최종 생성물로 환원되는 생물학적 공정

⑥ 안정화 : 1차 침전과 하수의 생물학적 처리로부터 생성된 슬러지 내 유기물을 대개 기체와 세포조직으로 전환시킴으로써 안정화시키는 생물학적 공정. 안정화가 호기성 조건하에서 수행되면 호기성 소화, 혐기성 조건하에서 수행되면 혐기성 소화

⑦ 기질 : 유기물질이나 영양염류는 생물학적 처리 동안에 전환되거나 생물학적 처리에 있어서 제한될 수 있다. 예를 들면 하수내 탄소성 유기물은 생물학적 처리 동안에 전환되는 기질로 간주된다.

4) 생물학적 공정의 유형

(1) 부유성장 공정

부유성장 공정들에서 처리를 담당하는 미생물들은 적당한 혼합방법에 의해 액상 부유상태로 유지된다. 도시하수와 산업폐수처리에 이용되는 많은 부유성장 공정들은 절대적인 용존산소 농도(호기성)로 운전되나, 혐기성 부유성장 반응기가 고농도 유기성 산업폐수와 유기성 슬러지 처리에 사용되기도 한다. 도시 하수처리에 사용되는 가장 일반적인 부유성장 공정은 활성 슬러지 공정이다.

활성 슬러지 공정은 1913년경 미국 Massachusetts의 Lawrence Experiment station에서 Clark와 Gage 그리고 영국 Manchester에 있는 Manchester sewage works의 Ardern과 Lockett(1914)에 의해 개발되었다. 활성 슬러지 공정이라고 명명하게 된 것은 호기성 조건에서 하수를 안정화시키는 활성화 미생물의 생산이 포함되었기 때문이다.

호기성 조에서 접촉시간은 일반적으로 혼합 부유고형물(MLSS) 또는 혼합 휘발성

부유 고형물(MLVSS)이라고 언급되는 미생물의 부유물(suspension)과 유입하수의 교반과 포기를 위해 제공된다. 공정내 혼합과 산소의 전달을 위해 기계장치(설비)가 사용된다.

혼합액은 미생물 부유물이 침전되고 농축되는 침전지로 흘러들어간다. 활성 미생물들의 존재 때문에 활성 슬러지로 묘사된 침전된 미생물(biomass)은 유입수내 유기성 물질을 계속해서 생분해시키기 위해 포기조로 다시 반송된다. 농축 슬러지의 일부는 매일 또는 주기적으로 제거해 주어야 하는데, 유입하수 내에 들어 있는 비생분해성 고형물이 축적되어 과잉의 미생물(biomass)이 공정 중에 생성되기 때문에 축적된 고형물을 제거해 주지 않으면 결국 방류수로 유출된다.

활성 슬러지 공정의 중요한 특징은 중력침전에 의해 제거될 수도 있고, 비교적 깨끗한 물의 유출수가 되게 하는 50～200 ㎛ 크기의 플럭 입자를 형성하는 것이다. 일반적으로 부유 고형물(SS)의 99% 이상이 침전단계에서 제거된다.

(2) 부착성장 공정

부착성장 공정에서는 유기물질이나 영양물질을 전환시키는 미생물이 불활성 충진제에 부착하게 된다. 유기성 물질과 영양물질들은 생물막이라고 알려진 부착성장을 통과하는 동안에 하수로부터 제거된다. 부착성장 공정에는 암석, 자갈, 슬래그, 모래, 적색목재(아메리카 삼나무) 그리고 플라스틱과 기타 합성물질이 충진제의 재료로 사용된다. 부착성장 공정은 호기성이나 혐기성 공정으로 운전이 가능하다. 충진제는 액체에 완전히 잠길 수도 있고, 잠기지 않을 수도 있으며, 생물막 액층 위에 공기나 가스 공간이 있을 수 있다.

가장 일반적으로 쓰이는 호기성 부착성장 공정은 살수여상 공정으로 물에 잠기지 않은 충진물들이 들어 있는 용기의 상단부로 하수가 분배(살수)된다. 역사적으로 과거에는 1.25～2 m의 깊이를 갖는 살수여상의 충진제로 쇄석이 가장 일반적으로 사용되었다. 최근 살수여상은 5～10 m의 높이로 바뀌었고, 생물막 부착을 위해 플라스틱 충진제를 채운다. 플라스틱 충진제는 탑 부피의 약 90～95%가 빈 공간(void space)이 되도록 설계된다.

자연적인 통풍이나 송풍기에 의한 빈 공간에서의 공기 순환은 부착 생물막으로 성장한 미생물을 위한 산소를 공급한다. 유입하수는 충진제 상부에서 살포되고, 부착된 생물막 위를 비정상류 액막으로 흐르게 된다. 주기적으로 부착 성장된 과잉의 미생물(biomass)이 떨어지고, 허용가능한 부유성 고형물 농도의 유출수를 제공하기 위해서는 고액분리를 필요로 한다. 침전고형물은 침전지 바닥에서 모아져서 폐슬러지 공정으로 제거된다.

3.3 미생물의 물리적 환경

1) 미세환경과 생태적 지위

미생물이 있는 특정한 물리적 장소를 미세환경(microenvironment)이라 한다. 이 물리적 미세환경에서 필요한 산화제, 환원제, 영양물질이 미생물이 실제로 있는 장소에 유입되는 것에는 한계가 있다. 동시에 고농도의 폐기물이 미생물의 생장에 영향을 미치지 않을 정도로 빨리 확산되지 않을 수도 있다. 이러한 물질의 유입과 농도 차는 독특한 생태적 지위(niche)를 형성한다. 생태적 지위는 미생물, 물리적 서식지, 자원이 사용되는 시간, 미생물의 생장과 활동에 사용될 자원을 포함한다.

이러한 물리적인 환경은 또한 원생동물의 포식활동을 제한할 수도 있다. 만약 미세환경이 지름 3~6 ㎛ 정도의 작은 구멍을 가진다면 구멍은 영양물질과 폐기물의 확산은 허용하면서 세균이 잡아먹히지 않도록 보호할 것이다. 만약 구멍의 지름이 6 ㎛ 이상이라면 원생동물은 세균을 포식할 수 있다. 여기서 미생물은 자신의 미세환경과 생택적(그림 6-16) 지위를 만들 수 있다는 점을 강조할 필요가 있다. 예를 들어 집락(colony)의 내부에 있는 미생물은 표면이나 가장자리에 있는 미생물 집단과 확연히 다른 미세환경과 생태적 지위를 가지고 있다.

2) 생물막과 미생물 매트

앞에서 언급한 바와 같이 미생물은 자신의 미세환경과 생태적 지위를 만들어 간다. 적절한 물리적 환경이 구축되어 있지 않더라도 생물막(biofilm)을 만들어 이를 가능

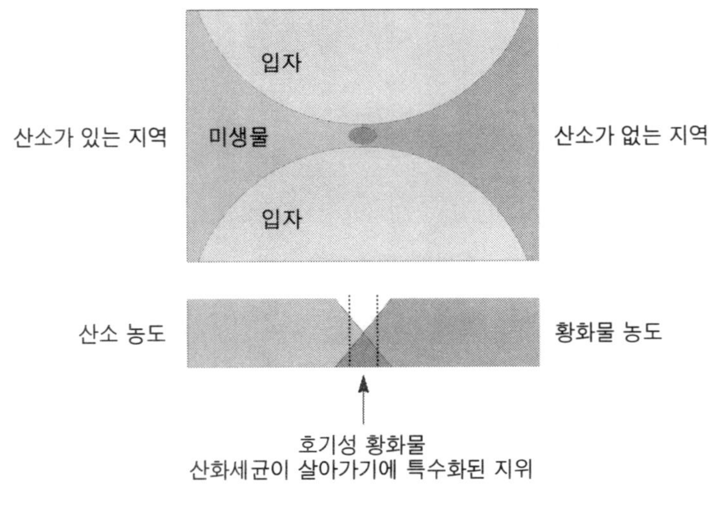

그림 6-16. 미세환경에서 생태적 지위의 생

하게 한다. 생물막이란 여러 층의 미생물세포들이 표면에 부착하여 형성하는 조직적인 미생물 체계이다. 생물막은 그림 6-17의 (a)에서 보여주는 것과 같이 미생물의 거의 모든 분야에서 중요한 작용을 한다. 단순한 생물막은 미생물이 부착하여 단층의 세포층을 형성할 때 만들어진다.

미생물 생장환경의 특수성(빛, 영양, 확산속도)에 따라 이러한 생물막은 더 복잡하게 다양한 종류의 생물이 여러 층을 이루어 형성될 수도 있다(그림 6-17 (b)). 전형적인 생물막에는 표면에 광합성 생물이, 중간에 선택적 화학유기 영양생물이, 바닥층에 황산염 환원성 미생물 같은 것이 있다.

좀더 복잡한 생물막은 세포덩어리, 사이 공간, 통로가 있는 4차원 구조를 형성할 수도 있다(그림 6-17 (c)). 이러한 구조는 독립 생활하는 미생물이 지속적으로 부착되어 고정되면서 표면에 많은 세포가 부착되어 생물막이 확장되면서 생성된다. 이러한 구조를 이루면 영양물질이 생물집단 내로 도달하는 것이 가능해진다. 통로는 원생동물이 세균을 먹어서 생긴 것이다.

식물이나 동물과 같은 살아 있는 생물 위에 생물막을 형성하는 미생물은 추가적 이득을 가진다. 종종 이들 표면에서는 떨어져 나오는 피부세포나 기체형태의 영양물질을 방출하기 때문이다. 이들 생물막은 또한 질병을 일으키기도 한다. 이들은 살균제로부터 병원체를 보호하여 나중에 질병이 일어날 수 있는 거점을 만들어 주기도 하고, 숙주의 면역에 영향을 미치는 미생물이나 미생물 산물을 방출하기도 한다. 생물막은 눈병의 발병에 결정적인 영향을 준다. 콘택트렌즈나 세척액 등과 같이 눈과 접

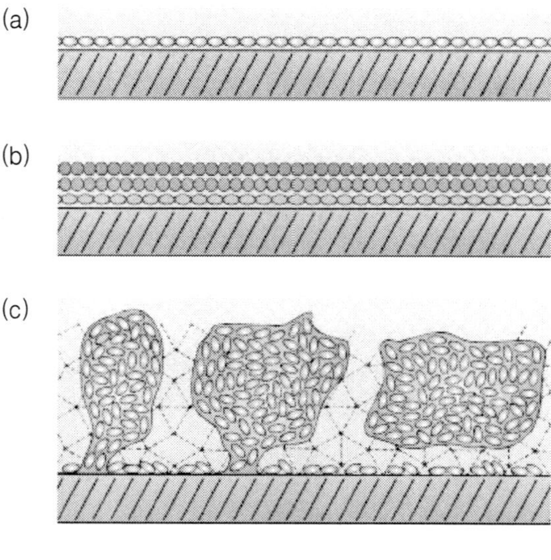

그림 6-17. 생물막의 성장

촉하는 물질에 Chlamydia, 포도상구균 그리고 다른 병원체가 서식하기 때문이다.

환경조건에 따라 생물막은 거대해져서 눈에 보이는 정도가 될 수 있다. 다른 색을 가진 미생물 층이 확연히 나타날 수도 있다. 이렇게 나타난 생물막을 미생물 매트(microbial mat)라고 하는데, 담수나 해양환경에서 많이 볼 수 있다. 이러한 생물막은 복잡한 다층의 미생물 집단으로 고염농도 호수, 담수호수, 석호, 온천, 해변의 자갈표면이나 침전물에서 형성된다. 이들은 시아노박테리아와 같은 섬유형 미생물 균사로 이루어져 있다. 이 매트의 중요한 특징은 극단적인 층상구조를 한다는 점이다.

빛은 약 1 mm 밖에는 투과하지 못하므로 맨 위층은 광합성 구역이고, 아래쪽으로 혐기성 조건을 가지므로 황산염 환원세균이 주된 역할을 담당한다. 이러한 생물이 생성하는 황화합물은 산소는 없으면서 빛이 있는 지역으로 확산되어 황 의존 광합성 미생물이 생장할 수 있게 한다. 미생물 매트가 토양의 생태 형성을 가능하게 했다고 생각하는 학자들도 있다. 스트로마톨라이트라 부르는 화석화된 미생물 매트의 화석은 유관속식물이 나타나기 전인 35억 년 전에 형성되었다. 분자생물학적 기술과 안정적인 동위원소의 측정으로 이 독특한 미생물 공동체를 좀더 이해할 수 있게 되었다.

참고문헌

1. 고광백 외, 2004. 폐수처리공학. 동화기술.
2. 김경민 외, 2003. 미생물학. 라이프사이언스.
3. 김영민 외, 2003. 일반미생물학. 라이프사이언스.
4. 서명교 외, 1999. 상·하 폐수처리. 동일출판사.
5. 환경공학연구회, 1994. 환경공학용어사전. 성안당.

제 2 편

미생물실험법

제 1 장

미생물 측정법의 종류

축산식품의 위생적 품질을 알기 위한 방법의 하나로서 총 균수, 생균수 및 대장균군과 그리고 특수한 병원성 세균수 등의 미생물을 검사한다. 축산식품의 미생물을 검사하는 목적은 사람이 축산식품을 섭취함으로써 일어날 수 있는 건강상 위해를 미리 방지하고 생산 및 유통과정이 위생적으로 실시되고 있는지를 알아보는 데 있다. 이 밖에도 축산식품 공장에 있어서 자체 위생관리의 지표로서 미생물 검사를 실시하고 있다.

1. 시료 채취법

우유시료를 채취할 때는 멸균한 교반기로 내용물을 충분히 혼합시킨 다음 미리 멸균한 채취관을 깊이 넣어 상단을 손가락으로 막은 후 그대로 들어올려 멸균 채취병에 취한다. 이 조작을 여러 차례 반복하여 시료를 채취한다. 병 또는 종이 용기에 들어있는 제품은 동일 살균조 그리고 동일 처리과정의 것은 두 개 이상 채취하며, 판매점 등의 유통과정에 있는 제품은 같은 롯트(lot)로부터 두 개 이상을 채취한다.

시료의 온도 측정은 검사용 시료를 채취하고 나서 바로 하며, 채취 년 월 일, 시간, 장소, 온도, 롯트 번호, 그밖에 검사에 필요한 사항, 판매점의 관리상황 등을 기입한 다음 시료를 밀폐된 얼음상자에 넣어(5℃ 이하로 유지) 검사실로 보낸다. 일반적으로 시료 채취 후부터 검사 시작까지 24시간을 초과해서는 안 되며, 24시간을 초과한 경우에는 그 사유를 기재한다.

2. 직접현미경 계수법

총균수 측정법은 일정 시료 중에 들어 있는 세균[생균(生菌)과 사균(死菌) 포함]

을 현미경으로 측정하는 방법이며, 원유의 위생적 품질을 판정하는 데 있어 정확성은 떨어지지만 신속하게 세균수를 측정할 수 있는 장점이 있다.

1) 재료

$1cm^2$의 크기로 구획된 breed 슬라이드, 피펫 또는 주사기(0.01 mℓ을 채취할 수 있는 것), carbol thionin 염색액(methylene blue), xylol, 메탄올, 에탄올 등이 있다.

2) 방법

① Breed 슬라이드나 $1cm^2$의 구획을 그린 종이 위에 평면 슬라이드를 올려놓고 시료 0.01 mℓ를 채취하여 $1cm^2$구획 내에 도말한다(그림 1-1).

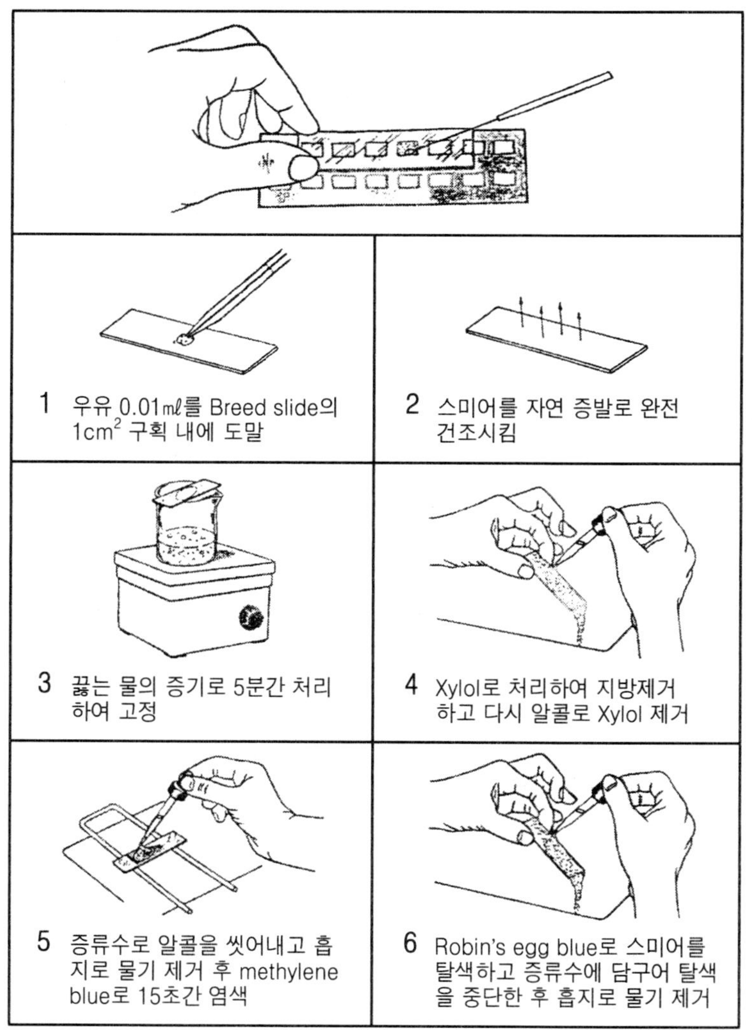

그림 1-1. 슬라이드 글라스 사용법

② 상온 또는 알코올 램프를 이용하여 말리되, 먼지가 앉지 않도록 주의한다.
③ 끓는 물의 증기로 5분간 처리하여 고정시킨다.
④ Xylol로 처리하여 지방을 제거한다.
⑤ 알코올로 처리하여 xylol을 제거한다.
⑥ 증류수를 이용하여 알코올 성분을 씻어내고, 흡지로 물기를 제거한다.
⑦ Carbol fuchsin(또는 methylene blue)으로 15초간 처리한다.
⑧ 알코올이 함유된 Robin's egg blue로 슬라이드를 탈색시킨 다음 증류수에 살며시 담구어 탈색을 중단, 흡지로 물기를 제거한다.

표 1-1. 우유 및 유제품의 미생물학적 시험법

검사의 종 류	검사의 성 질	검사내용	검사항목	주요 대상검체
직접시험	정량검사	균수 측정	총 균수 생균수 대장균군 내열성 균 저온성 균 산 생성균 단백분해균 지방분해균 세균포자 효모, 곰팡이	원유 원유, 유제품 원유, 유제품 원유, 유제품 원유, 유제품 원유, 발효유제품 액상유, 치즈 크림, 버터, 치즈 원유, 살균유, 분유 연유, 젖산균 음료
	정성검사	병원성균 검출	살모넬라 및 적리균 결핵균 포도상구균 리스테리아균 용혈성 연쇄구균	우유 및 유제품
간접시험	정성검사	신선도 측정	산도 측정 알코올 시험 자비 응고시험	원유, 크림 원유
		색소 환원성	MBRT, RRT 시험 TTC 환원시험	원유 원유, 살균유
		유방염유 검출	체세포수 측정 유방염균 배양시험	원유
		미생물 발육 억제물질	항생물질 방부 및 살균제	원유

⑨ 유침하여 최소한 20군데 이상의 현미경 시야에 나타난 세균수를 세고, 평균을 구한다(이때 세균 덩어리는 하나로 세며, 세균 외의 다른 세포의 수도 함께 계수한다).

※ 세균 계수법

우유 1 mℓ당 세균수는 다음과 같이 구한다.

① 현미경 시야의 넓이를 슬라이드 마이크로미터를 이용하여 계산한다.

② 현미경 시야당 평균 세균 수 = 측정한 전체 세균수/측정한 현미경 시야의 수

③ 도말 부위 $1cm^2$당 현미경 시야의 수 = $1cm^2$/현미경 시야 면적

④ 우유 1 mℓ당 세균수 = 현미경 시야 당 평균 세균수 × $1cm^2$당 현미경 시야의 수 × 100

이 방법은 사용한 피펫, 눈금의 정확도 및 세척상태, 그리고 백금이 도말, 염색, 세척 및 세균수 측정과정에 의해서 오차가 생길 수 있다. 특히 세균수가 적은 원유, 살균유를 조사할 때는 표준 평판계수법보다 신뢰도가 낮다. 이와 같은 오차를 줄이기 위

현미경 시야당 평균 세균수	조사해야 할 현미경 시야의 수
0～3	64
4～6	32
7～12	16
13～25	8
26～50	4
51～100	2
100 이상	1

표 1-2. 여러 가지 세균수 측정법

방 법	종 류
총균수 측정법	Breed법, Bactoscan, Bacterial count chamber, Hemacytometer, Direct epifluorescent filter technique 등
Colony forminig unit 측정법	Plate count method(평판상에 나타난 집락을 계수), Plate loop method, Spiral plate count method 등
Bacterial activity에 의한 방법(Indirect methods)	Dye reduction tests-Methylene blue or resazurin test, Nitrate reduction test, Pyruvate and other metabolites 측정, Impedance method(Bactometer, Malthus 등)
기 타	Catalase test, Dissolved oxygen determination, ATP method

해서는 현미경 시야당의 세균수에 따라 측정해야 할 현미경 시야의 수를 다음 표에 따라 결정한다.

3. 우유의 체세포 측정법

3.1 직접현미경법

우유시료를 충분히 혼합한 후에 채취하여 6℃ 이하에서 보관, 12시간 이내에 검사해야 한다. 우유의 체세포수는 저장기간이 길면 감소하며, 1～2일 동안에 많이 감소한다. 따라서 시료 채취로부터 2～3일 후의 체세포 검사는 신빙성이 없다. 체세포수의 측정은 핵을 가진 모든 세포를 계수하고 핵이 없는 세포질 덩어리, 하얗게 보이는 지방구, 세균 등은 계수하지 않는다.

3.2 Hemacytometer 측정법

체세포 시료용액을 trypan blue(0.2%)로 염색한 후, hemacytometer에 올려서 현미경으로 체세포수를 계수한다.

3.3 체세포수 자동측정법

체세포를 자동 측정하는 장치에는 Fossomatic과 Somacount가 있는데, Fossomatic의 측정원리와 과정을 소개하면 다음과 같다.

① 원 리: 우유 내의 체세포(체세포 속의 DNA)를 형광물질로 염색을 한 후 일정 시간 동안에 통과되는 발광 세포수를 측정하는 형광현미경법

② Procedure

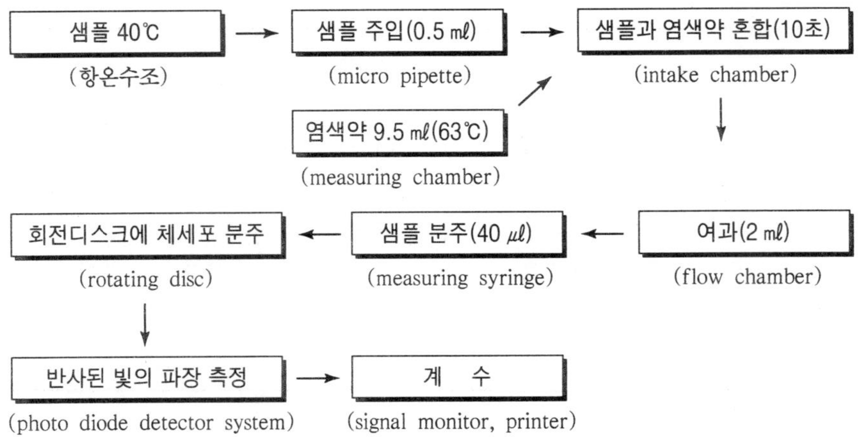

표 1-3. Newman-Lampert stain 염색액 조성

염색 시약 조성	시약 제조법
Methylene blue 0.6 g Ethyl alcohol 95% 54 mℓ Tetrachlorethane 40 mℓ Glacial acetic acid 6 mℓ	에틸알콜과 tetrachloroethane을 혼합하여 60～70℃ water bath에서 가열한 후 메칠렌블루를 주의 깊게 첨가한다. 4℃로 식힌 다음, glacial acetic acid를 첨가하여 pore size 10～12 micron 이하의 filter로 여과하여 사용.

- 염색방법 : 유리 slide 1 cm^2에 우유 0.01 mℓ 도말 건조, 염색액에 2분간 침지, 염색액 제거, 수돗물로서 3회 씻고 건조하여 현미경 관찰, working factor를 곱하여 원유 1 mℓ당 체세포수로 산정함.

현미경 직경 시야 0.016 cm의 유침렌즈의 시야수와 working factor 관계

시야수	1	10	25	50	100	200
Working factor	500,000	50,000	20,000	10,000	5,000	2,500

- 현미경 관찰 : ① 10배 접안렌즈와 1.8 mm 유침렌즈 사용시의 시야 직경 0.16 mm (0.016 cm) 조정 가능
  ② 한 시야의 면적은 $r^2 \times 3.1416$

$$\text{현미경계수} = \frac{100(\text{우유희석배수}) \times 100(cm^2\text{를 } mm^2\text{로 환산})}{r^2(\text{반지름}) \times 3.1416} = \frac{10{,}000}{0.082 \times 3.1416} = 500{,}000$$

측정 예)
50시야를 측정한 결과, 체세포수가 30개라면 우유 1 mℓ 중의 체세포수는 30만이 된다.
working factor 10,000 × 측정수 30 = 300,000

표 1-4. Hemacytometer에 의한 체세포수 측정법

시 약	염 색 방 법
· Trypan blue 0.2 g · 증류수 100 mℓ · 제조법 : 증류수에 trypan blue를 완전히 녹인 다음, 여과지로 여과하여 사용	· 헤마사이토메타는 건조시킨 것을 사용, 체세포 시료 500 μℓ와 trypan blue 염색액 500 μℓ를 충분히 혼합. · 혼합된 용액을 헤마사이토메타 위에 카바글라스를 올려놓고 혼합 용액을 피펫으로 계수판 안에 스며들게 한다. · 배율 200 혹은 400에서 파랗게 염색된 체세포를 헤아린다.
총 체세포수 산출/mℓ 시료 희석배율 × 백혈구(계산 면적에서 헤아린 체세포수) × 10^4	

4. 배양에 의한 생균수 측정법

4.1 표준 평판배양법(Standard plate count ; SPC)

적당한 농도로 희석한 시료 일정량을 평판에 취하여 표준 한천배지로 혼합 응고시켜 일정한 온도로 일정시간 배양하여 발생한 집락수를 계수하여 시료 중에 존재하는 세균수를 측정하는 방법이다.

1) 준비

① 피 펫 : 1.0 mℓ의 표준형, 1.1 mℓ와 2.2 mℓ의 표준형

② 희석병 : 99 mℓ의 희석액을 사용하는 경우 약 150 mℓ(직경 5 cm)의 병, 9 mℓ의 희석액일 때는 25 mℓ의 시험관을 사용하며, 완전 밀봉이 가능한 것

③ 희석액 : 일반적으로 제2인산 칼륨용액을 사용한다. 제2인산 칼륨(KH_2PO_4) 34 g을 500 mℓ의 증류수에 용해시켜 이에 0.1N NaOH 175 mℓ를 가하고 증류수로 채워 1L로 한다(pH 7.2로 조정).

이것을 원액으로 작은 병에 분주하여 121℃에서 15분간 고압증기 멸균시켜 냉장고에 보존한다.

④ 배 지 : 표준 한천배지(Standard plate count agar)를 사용한다.

Pancreatic digest casein ························· 5 g
Yeast extract ···································· 2.5 g
Glucose ···1 g
Agar, Bacteriological grade ·····················15 g
Microbiologically suitable water ··················1L

증류수에 위 성분을 넣어 약간 가열하여 완전히 용해시킨 다음, pH를 조정하여 121℃에서 15분간 고압증기 멸균한다(최종 pH 7.0±0.2).

⑤ 시료의 조제 : 종이팩 우유의 경우 개봉부위를 알코올로 닦고 불꽃에 접근시켜 소독한 다음, 세균이 오염되지 않도록 개봉하여 내용물 1 mℓ를 피펫으로 9 또는 99 mℓ 멸균희석병에 옮긴다. 다음으로 희석병을 30 cm의 진폭으로 7초 이내에 25회 흔들어 시료를 혼합시킨 후, 한 평판 안에 25~250개의 집락이 형성되도록 희석배수를 조절하여야 한다. 예를 들면 표준 평판배양 세균수가 mℓ당 10,000~200,000으로 추산될 때는 1 : 100과 1 : 1,000의 희석배수를 택한다. 1 mℓ의 시료를 사용할 경우 피펫으로 시료 1 mℓ를 99 mℓ의 희석액에 옮긴다. 1 mℓ

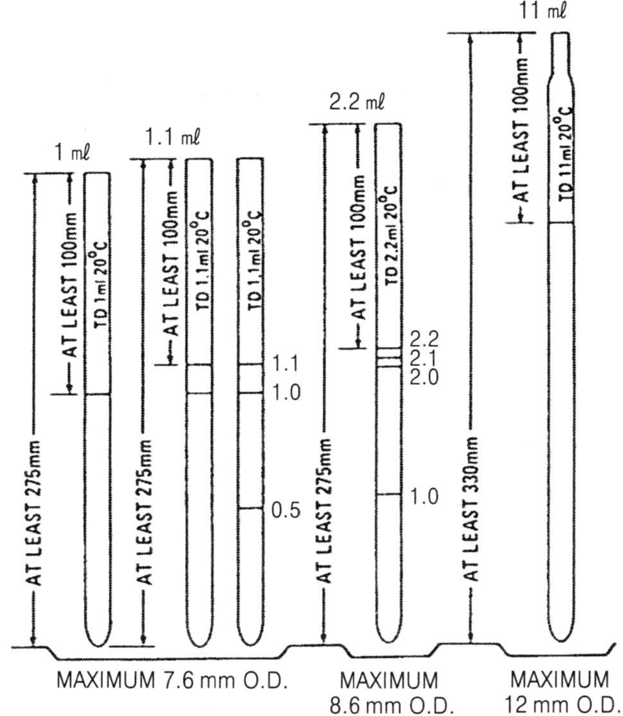

그림 1-2. 우유 희석용 피

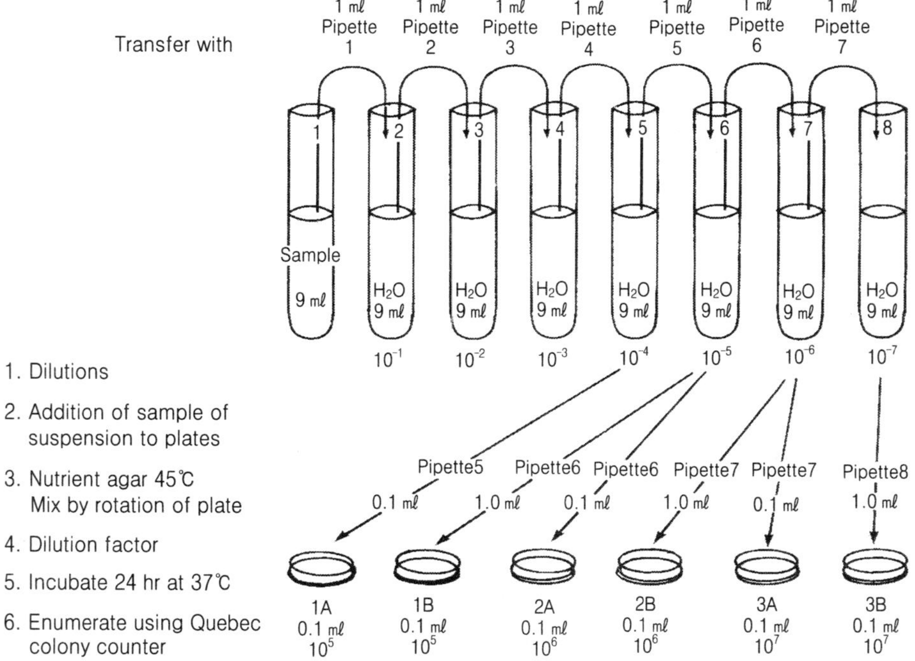

그림 1-3. 시료의 희석과 분배방법

의 시료를 희석한 희석병(1 : 100)을 흔들어 충분히 혼합한 다음 다른 피펫으로 그 1 mℓ를 제2희석병(99 mℓ)에 주입 혼합하고, 같은 피펫으로 희석시료(1 : 100)를 제1평판에 1 mℓ, 제2평판에 0.1 mℓ를 접종한다. 제2희석병(1 : 10,000)의 경우도 제1희석병의 경우와 동일한 방법으로 희석 분배한다(그림 1-3).

⑥ 배 양 : 멸균된 표준 한천배지를 온수조에서 44~46℃로 식힌 다음, 10~12mℓ을 평판에 가하여 시료와 혼합한다. 용해시킨 배지는 3시간 이내에 사용하여야 한다. 시료를 희석하기 시작해서 평판에 배지를 부을 때까지 20분이 초과하지 않도록 한다.

평판에 배지를 부은 다음 평판을 전후, 좌우로 각각 5회, 그리고 시계방향과 그 반대방향으로 5회씩 회전하여 잘 혼합시킨다. 배지가 완전히 굳으면 평판을 뒤집어 30℃로 조정된 배양기에 넣어 72±3시간 배양(IDF, 1981)한다. 정기검사에는 시료 희석단계에 대하여는 duplicate 또는 그 이상의 평판을 사용한다.

4.2 표준 평판배양(SPC)의 집락수 계수법

일정시간 배양하여 평판 위에 나타난 집락 수를 즉시 계수하여야 하지만 그렇지 못할 경우에는 5℃에 보관하되 24시간을 넘지 않도록 한다. 총 집락의 수 또는 평균수(만약 같은 희석액을 duplicate한 경우)에 사용한 희석배수의 역수를 곱한다. 왼쪽으로부터 2개의 숫자만 사용하고 나머지는 반올림한다.

1) 한 희석당 1개 평판 사용시

① 25~250 집락을 가진 평판이 하나일 때

⇒ 다른 평판이 25~250 범위 밖이거나 spreader(퍼짐, 확산) 혹은 실수가 있을 때의 계산은 25~250의 집락을 포함하는 평판 균수(밑줄친 부분)를 사용한다.

1 : 100	1 : 1000	SPC
<u>234</u>	23	23,000
305	<u>42</u>	42,000
Spr	<u>31</u>	31,000
<u>243</u>	LA	24,000

② 두 개의 평판이 25~250개의 집락을 가질 때

⇒ 두 희석의 평균(단, 희석배수가 높은 쪽이 낮은 쪽에 비해 집락 수가 두 배 이

상보다 많을 때는 희석배수가 낮은 쪽을 택한다)

1 : 100	1 : 1000	count ratio※	SPC
240	41	1.7	33,000
140	32	2.3	14,000

※계산 1) : 41,000 / 24,000 = 1.7, 계산 2) : 32,000 / 14,000 = 2.3

③ 어느 한쪽도 25~250개 집락을 갖지 않을 때

⇒ 250에 가장 가까운 희석 수의 평판을 사용한다(ESPC).

1 : 100	1 : 1000	SPC
275	20	28,000 ESPC

④ 두 평판의 집락이 모두 25개 이하일 때

⇒ 가장 낮은 희석 수준의 균수를 사용한다(ESPC).

1 : 100	1 : 1000	SPC
18	2	1,800 ESPC

⑤ 두 평판에서 하나의 집락도 발견되지 않을 때

⇒ 가장 낮은 희석배수보다 작다라고 나타낸다.

1 : 100	1 : 1000	SPC
0	0	< 100 ESPC

⑥ 두 평판이 너무 많은 확산(spreader)을 나타낼 때

⇒ Spr라고 표기한다.

1 : 100	1 : 1000	SPC
Spr	Spr	Spr

⑦ 두 평판의 집락 수가 100/cm^2 이상일 때

1 : 100	1 : 1000	SPC
TNTC TNTC※※※	7,150※ 6,490※※	> 6,500,000※ ESPC > 5,900,000※※ ESPC

※ Plate 면적 65 cm^2에 근거
※※ Plate 면적 59 cm^2에 근거
※※※ TNTC : Too numerous to count

⑧ 두 평판의 집락 수/cm^2가 10보다 많고 1000 이하일 때

1 : 100	1 : 1000	SPC
TNTC	975※	980,000※ ESPC

※ Plate 면적 65 cm^2에 근거

⑨ 두 평판의 집락 수가 250 이상, 혹은 10/cm^2 이하일 때

⇒ 높은 희석 수준의 것을 택한다(평균 8개/cm^2인 경우 평판 면적 65cm^2에 대하여 표기하는 예).

1 : 100	1 : 1000	SPC
TNTC	520※	520,000※ ESPC

※ Plate 면적 65cm^2에 근거

2) 한 희석당 2개 평판 사용시

① 한 단계의 희석에서만 25에서 250의 집락을 보일 때

⇒ 25～250의 수를 보인 희석의 평균을 사용한다.

1 : 100	1 : 1000	SPC
175 208	16 17	19,000

② 두 희석에서 모두 25~250개의 집락을 보일 때

⇒ 각 희석의 평균 값(단, 높은 희석의 균수가 낮은 희석의 균수보다 2배 이상인 경우에는 낮은 희석의 균수를 채택한다)

1 : 100	1 : 1000	count ratio	SPC
230 246	28 36	1.3	28,000
138 162	42 30	2.4	15,000

③ 두 희석에서 모두 25~250개의 집락을 벗어날 때

⇒ 250에 가장 가까운 희석 수준 쪽의 두 평판의 평균을 사용한다.

1 : 100	1 : 1000	SPC
287 263	23 19	28,000 ESPC

④ 두 희석에서 모두 25개 집락 이하일 때

⇒ 가장 낮은 희석의 두 수의 평균을 사용한다.

1 : 100	1 : 1000	SPC
18 14	2 0	1,600 ESPC

⑤ 두 희석의 모든 평판에서 집락이 전혀 없을 때

⇒ 가장 낮은 희석배수보다 작다고 표기한다(ESPC).

1 : 100	1 : 1000	SPC
0 0	0 0	< 100 ESPC

⑥ 단 한 개의 평판에서만 25~250개의 집락을 가질 때

⇒ 25~250개 집락을 나타낸 희석의 2개의 평판 균수를 평균하여 채택한다.

1 : 100	1 : 1000	SPC
272	23	26,000
248	19	

⑦ 각 희석의 한 평판씩 25~250개이고, 다른 한쪽 평판은 이 범위를 벗어날 때

⇒ 두 단계 희석의 4개 평판을 모두 사용한다.

1 : 100	1 : 1000	SPC
275	22	27,000
240	35	

⑧ 한 희석의 두 평판이 25~250개 집락을 가지고, 다른 희석의 한쪽만 25~250을 가질 때

⇒ 만약, spreader 혹은 실수로 제외되지 않는다면 4개의 평판을 모두 사용한다.

1 : 100	1 : 1000	SPC
258	33	28,000
250	28	
250	33	25,000
236	20	
224	25	23,000
200	Spr	
229	25	24,000
245	LA	

4.3 나선형 평판배양법(Spiral plate count method : SPLC)

1) 원리

SPLC plater는 희석단계 없이 준비된 배지 위로 시료내의 500~500,000/mℓ 정도의 생균수를 측정하는 방법이다. 나선형 접종기의 중심은 액체시료를 회전하는 배지의 표면에 접종시키는 정밀하게 만들어진 접종장치로, 접종기는 준비된 평판배지 표

면에 아르키메데스 나선(archimedean spiral)의 형태로 시료의 양이 줄어들면서 접종하게 된다.

접종장치의 팔 부분은 배지 중심으로부터 바깥쪽으로 움직이면서 나선으로 시료를 접종하며, 캠에 의해 작동되는 주사기는 시료의 양이 연속적으로 감소되도록 하여 하나의 평판배지에서 1000 : 1 이상의 농도차를 일으킨다. 이 접종방법은 배지의 특정 부분에서 시료의 양을 알 수 있고, 이것이 일정한 값을 갖게 한다. 배양 후 집락은 접종된 시료에 의해 만들어진 나선형 궤도를 따라 나타나는데, 집락 사이의 간격은 중심에서 멀어질수록 커진다. 농도는 간격이 잘 나타난 집락만 센 뒤 이 수를 계수한 지역에 포함된 시료의 양으로 나누면 된다.

계수는 특별히 설계된 검사 격자를 사용하여 수동으로 할 수도 있다. 만일 9 cm의 배양접시에서 남겨진 시료가 ㎖당 $400 \sim 4 \times 10^5$의 집락을 형성한다면 나선형 접종기로 만든 배지는 계수가 가능할 것이다. 이 방법은 우유 외에도 다른 식품에서도 사용이 가능하며, 일반 세균 외에도 효모나 곰팡이에 대해서도 연구되고 있다.

2) 장치 및 장비

① 나선형 접종기(SPLC plater)
② Spiral colony counter
③ 50～60cm Hg와 vaccum trap(vaccum bottle 2～4 L)
④ 5 ㎖ micro 비커
⑤ 배양접시
⑥ SMA
⑦ Polyethylene bags
⑧ 5% 차아염소액(Sodium hypochlorite solution)
⑨ 증류수
⑩ Syringe
⑪ 기타

3) 배지 준비

① 멸균배지를 자동적으로 분주하거나, 각각의 배양평판에 일정한 양을 주입하여 사용한다.
② 평판의 배지가 굳은 다음 10개가 넘지 않도록 쌓아 놓는다.
③ Polyethylene bags 내의 굳힌 배지를 넣고 끈으로 묶거나 밀봉하여 0～4℃에

저장한다.

④ 접종 전에 실온에 방치한다.

〈 실험방법 〉

① 1회용 micro beaker에 5% 차아염소산 용액을 넣고, 하나는 멸균 증류수, 하나는 시료를 넣은 뒤 이 beaker를 접종기에 위치시키면 시료접종 준비가 된다.
② 진공에 의해 시료가 접종기로 들어간다.
③ 접종바늘이 배지 표면에 접촉한 뒤 기기를 작동시킨다(두 시료 접종 사이에 접종기에 차아염소산 용액과 멸균 증류수를 흡입시켜 소독하므로 시료 사이의 교차로 인한 오염은 없다).
④ 32±1℃ 48±3시간에서 배양한다.

〈 주의사항 〉

① 미리 준비된 평판배지는 무균상태이며, 실온에서 배지 표면에 물기가 없어야 하며, 너무 건조하거나 커다란 구멍이나 과도하게 반들거리는 표면이 아니어야 한다.
② 튜브를 통한 유속의 감속은 장치의 장애물이나 재료에 의한다. 장애물은 사이린지(syringe)로부터 밸브를 제거해서 깨끗하게 만들며, 알코올 세척은 장치 벽면에 묻어 있는 잔존 물질을 제거해 주며, 산성 세제는 축적된 잔존물을 용해시키는 데에 사용된다.

5. 대사산물 검출에 의한 세균수 측정법

5.1 Bactometer system

1) 원리

미생물의 증식에 의한 대사활력의 변화에 따른 impedance나 conductance의 변화를 측정하는 방법으로 미생물의 활력은 비전극성을 가진 물질에서 ionic 물질로 전환되면서 배지 내의 impedance 변화를 초래하게 된다. Bactometer는 impedance법을 응용하여 여러 종류의 미생물을 모니터 할 수 있는 장비로 전극이 설치된 module 내에서 미생물을 증식시킨 다음, 그 과정 중에서 발생하는 전극간의 임피던스, 즉 전기저항의 변화를 측정하는 것이다.

배지 내의 impedance 변화는 존재하는 세균수가 10^6 CFU/㎖ 정도 성장할 때까지는 일정하게 유지되다가 threshold level에 도달하면 배지 내의 ionic constituency가 변함에 따라 급격히 변하기 시작하는데, 이는 세균의 증식에 따라 배지 내의 지방은 지방산, 단백질은 아미노산, 탄수화물은 유기산으로 변하게 된다. 이렇게 갑자기 impedance가 변화는 기점을 Impedance Detection Time(IDT)라고 하는데, IDT는 시료 내의 세균수가 threshold level에 도달하는 시간을 말하는 것이다. Impedance의 변화는 세균의 생육배지의 조성, 배양온도, 특정 미생물의 성장에 영향을 받는다.

2) 실험방법

① Module 준비 : 0.5 mℓ MPCA(Modified Plate Count Agar)를 첨가한 module의 배지가 균등히 분산되도록 가볍게 흔든 다음, module을 플라스틱 bag에 봉한 다음 사용하기 전까지 5℃ 냉장고에 보관하여 사용한다.

② BPU(Bactometer processing unit) 준비 : Bactometer로 IDT 결과를 측정하기 위하여 BPU의 온도를 적당히 설정하고 module을 삽입 후 즉시 가동한다.

③ Sample loading : 세균수 측정을 위해서 한 개의 module well에 잘 혼합된 원유 샘플을 0.1 mℓ씩 duplicate로 접종한 다음 BPU에 삽입하여 얻어진 IDT data에 따라 세균수를 측정한다.

5.2 Malthus system

1) 원리

Malthus system은 Bactometer와 유사한 원리의 세균 측정기로 미생물의 성장에 따른 배지 내의 전기적인 conductance의 변화를 모니터링하는 것이다. 이것은 Bactometer가 배지 내의 impedance의 변화에 의해 측정하는 것에 비해 Malthus는 conductance 변화를 측정하는 방법으로서 그 원리는 거의 비슷하다.

2) 실험방법

① Malthus special peptone yeast extract broth(SPYE) 2mℓ를 reusable cell에 분주한다.

② 원유 시료를 1mℓ씩 duplicate로 접종한 후 30℃에서 배양하여 산출된 detection time(D.T)으로 시료의 균수를 알 수 있다.

3) 특징

① 신속성 : 종전의 검사시간을 48～72시간에서 4～10시간까지 단축

② 자동화 : 시료의 전처리 과정이 간편하고 결과를 수시로 모니터를 통해 확인
③ 신뢰도 : 정확한 실험 결과를 제공받을 수 있다.
④ 응용성 : 기계 작동이 쉽고 시간에 구애를 받지 않으며, 동시에 서로 다른 실험을 할 수 있다.
⑤ 다양성 : 많은 종류의 미생물 검출이 가능하다.
⑥ 반복성 : 결과의 높은 신뢰도

5.3 Bactoscan

1) 원리

세균 이외의 원유 성분을 여러 단계에 걸쳐 제거한 뒤 acridine orange 등과 같은 형광물질로 세균을 염색한 뒤 균체로부터 반사되는 형광빛의 강도로 세균수를 측정하여 세균수를 산정하는 방법이다.

2) 방법

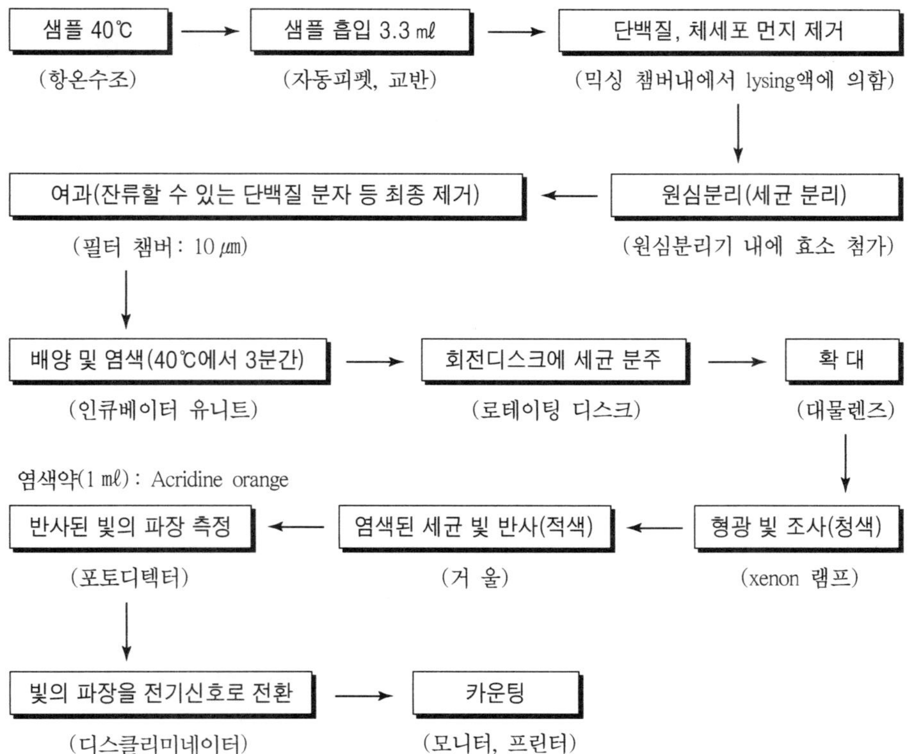

3) 능력 및 용량

① 측정 시간 : 5분/sample

② 측정 능력 : 80sample/hr(bactoscan-8000)

③ 측정 범위 : 300만(CFU)/mℓ

④ 시료 흡입량 및 샘플 온도 : 3.3 mℓ(측정량 : 2.5 mℓ), 40±2℃

제 2 장

오염 미생물별 생균수 측정법

1. 저온성균(Psychrotrophic bacteria)

SPC 생균수 검사법과 동일하나 7℃에서 10일간(IDF, 1981) 혹은 25℃, 72시간(食品公典, 1996) 배양하는 것이 다르다. 그리고 특별히 주의할 것은 희석 시료와 배지를 혼합할 때 배지온도가 45℃ 이상이 되지 않게 주의하여야 한다. 집락 수를 계수하여 1 mℓ(g)당 저온성 균수(Psychrotrophic bacterial count per mℓ(g) ; PBC/mℓ(g)라고 기재한다.

2. 내열성균(Thermoduric bacteria)

우유시료를 63℃, 30분간 water bath에서 가열처리한 다음 SPC 생균수 검사법과 동일한 방법으로 plating 하여 배양한다.

3. 대장균군

대장균군(coliform group)이란 Gram 음성의 무포자 간균, 유당을 분해하여 가스를 생성하는 모든 호기성 또는 통성 혐기성 균을 말한다. 따라서 분류학상의 대장균속과는 다르나, 대장균군의 시험법에는 유무를 확인하는 정성법과 균수를 측정하는 정량법이 있으며, 추정시험・확정시험・완전시험의 3단계로 이루어진다.

1) 정성시험법

〈 유당 bouillon법, BGLB법 〉

유당 bouillon법은 선택성이 낮기 때문에 영양분이 낮은 시료(물)에 적합하다.

2) 정량시험법

〈 Desoxycholate agar, Violet red bile agar, 최확수법 〉

대장균군은 종래에는 사람이나 동물의 분변 오염 여부를 알기 위한 분변오염 지표균으로서 사용해 왔으나 최근에는 생활환경의 개선으로 분변오염의 기회가 거의 없어졌으므로 대장균군 검사에 대한 개념이 환경위생 지표균으로 바뀌어졌다.

일반적으로 원유 중에는 대장균군이 들어 있지만 어느 정도의 균량이라면 60℃에서 15～20분간의 가열에 의하여 사멸되기 때문에 살균유로부터 대장균군이 검출되었을 경우에는 살균조작이 부적당하였거나, 열 저항성 대장균군이 존재하였거나 또는

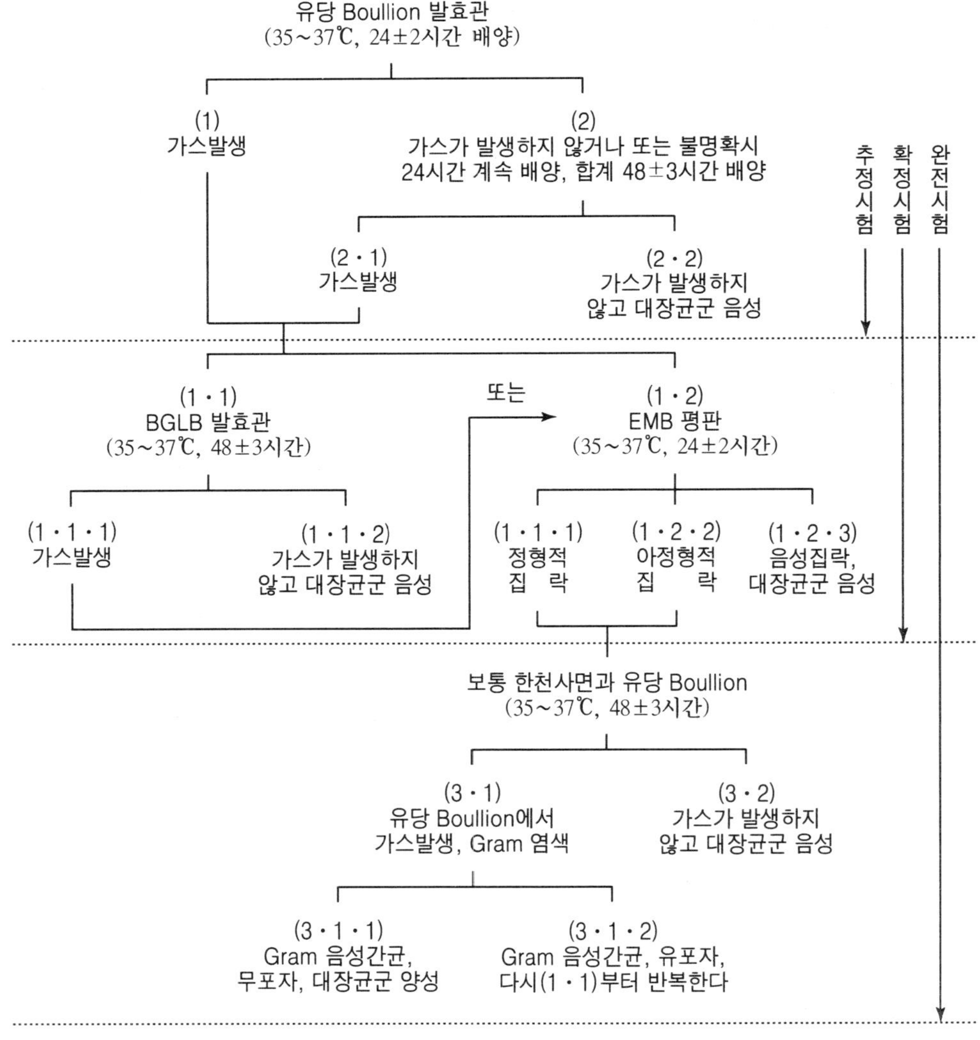

그림 2-1. 대장균군 수의 측정순서(발효관법)

대장균군수가 너무 많았기 때문이다. 그러나 현재 널리 이용되고 있는 초고온 순간가열법(UHT 살균)으로 처리하였을 경우 대장균군은 완전하게 사멸된다. 그러므로 제품에서 대장균군이 검출된다면 가열처리 과정에 문제가 있었거나 혹은 가열처리 후에 재오염되었다고 보아야 한다. 그리고 우유 또는 크림이 충분한 저온으로 보존되지 않은 경우 당초에 오염된 균수가 적더라도 유통 중 보존조건에 따라 급속하게 증식하여 다수의 대장균군이 검출될 수 있다.

결론적으로 오늘날 우유에 있어서 대장균군의 검출은 소화기계통 전염병의 오염 가능성을 암시하기보다는 우유처리 과정에 있어서 얼마나 위생적으로 취급되어지고 있나를 평가하는 데에 큰 의의가 있다.

〈 시료의 조제 〉

시료 속에 들어 있는 대장균군의 수에 따라 희석배수를 결정하는데, 그 방법은 생균수 검사법과 같이 시료 1 mℓ를 멸균피펫으로 9 mℓ, 99 mℓ의 희석액에 넣어 조작한다. 대장균군은 시료 중에 비교적 적게 들어 있다는 사실을 염두해 두어야 한다.

3.1 추정시험

1) 액체배지

BGLB법 : 적당히 희석한 시료를 2% BGLB 배지에 0.1～1 mℓ씩 접종하여 35℃에서 48±3시간 배양한 다음 가스의 발생 유무를 관찰한다. 가스가 발생하면 추정시험 양성으로 판정한다.

2) 고체배지

적당히 희석한 시료 1 mℓ씩을 평판에 접종한 후 44～46℃로 식힌 desoxycholate agar 또는 violet red bile agar 10～15 mℓ씩을 가하여 혼합한다. 배지가 응고된 다음 그 표면에 다시 같은 배지를 3～4 mℓ를 첨가하여 중층한 다음, 배지가 완전히 굳어지면 평판을 거꾸로 하여 35±1℃에서 20±2시간 배양한 후에 집락 형성 여부를 관찰한다. 직경 0.5 ㎜ 이상의 암적색 집락이 발생하였을 경우 추정시험 양성으로 하며, 계측한 집락 수에 그 희석배수를 곱하여 1 mℓ 중 ○○개라고 기재한다.

3.2 확정시험

BGLB 배지에서 35℃/48시간 배양해서 가스 생성이 된 경우, 이 검체를 Eosin Methylene Blue(EMB) 또는 Endo 배지에 도말 배양하여 전형적인 대장균군 집락이 확인되면 확정시험 양성으로 판정하고, 비전형적인 집락일 경우에는 완전시험으로 들어가야 한다.

3.3 완전시험

평판상의 집락이 Gram 음성, 무포자 간균이고, 유당을 분해하여 가스 생성을 확인하는 시험이다. 확정시험에서 Endo 또는 EMB 평판배지상에 비전형적인 집락이 나타나면 2개 혹은 그 이상을 따서 유당 bouillon 발효관과 보통 한천사면 배지에 이식하여 35℃, 48시간 배양하여 가스가 생성하면 그에 상응하는 한천사면 배지의 균을 Gram 염색하여 Gram 음성과 무포자 간균임이 확인되면 완전시험 양성으로 판정한다.

3.4 최확수법

최확수법이란 수단계의 연속한 동일 희석도의 검체를 수개씩 유당 bouillon 발효관에 접종하여 대장균군의 존재 여부를 시험하고, 그 결과로부터 확률론적인 대장균군의 수치를 산출하여 이것을 최확수(MPN)로 표시하는 방법이다. 최확수(표 2-1)는 검체 10, 1 및 0.1 mℓ씩을 각각 5개씩 또는 3개씩의 발효관에 가하여 배양 후에 얻은 결과에 의하여 검체 100 mℓ 중 또는 100 g 중에 존재하는 대장균군 수를 표시하는 것이다. 최확수란 이론상 가장 가능한 수치를 말한다.

1) 시험조작

대장균군의 정량시험에는 희석 검체(0.1 mℓ 이하의 경우에는 10배수 희석액 1 mℓ씩을 사용한다) 10, 1, 0.1 mℓ와 같이 연속해서 3단계 이상을 5개 또는 3개씩의 유당 bouillon 또는 BGLB 발효관에 접종시킨다. 이때 검체의 최대량을 가한 발효관의 대다수 또는 전부에서 가스를 발생하고, 최소량을 접종한 발효관의 전부 또는 대다수가 가스를 발생하지 않도록 적당히 희석하고 사용한다.

가스발생 발효관 각각에 대하여 추정・확정・완전시험을 행하고, 대장균군의 유무를 확인한 다음 최확수표로부터 검체 100 mℓ 중의 최확수를 구한다. 예를 들면 대장균군의 최확수법에 의한 정량시험에 의하여 검체 또는 희석 검체의 각각의 발효관을 3개씩 사용하여 다음과 같은 결과를 얻었다면 최확수표(표 2-1)에 의한 검체 100 mℓ 중의 MPN은 150이 된다.

표 2-1. 3단계 희석(10, 1, 0.1 mℓ) 시험관 3개씩 시험하였을 때의 양성에 대한 최확수와 95% 의 신뢰한계

양성관수			MPN	MPN의 신뢰한계		B			MPN	MPN의 신뢰한계	
10mℓ씩 5개	1mℓ씩 5개	0.1mℓ 씩 5개	100mℓ	하한	상한	10mℓ씩 5개	1mℓ씩 5개	0.1mℓ 씩 5개	100mℓ	하한	상한
0	0	0		0		2	0	0	9.1	1.0	36
0	0	1	3		9	2	0	1	14	2.7	37
0	0	2	6			2	0	2	20		
0	0	3	9			2	0	3	26		
0	1	0	3	0.085	13	2	1	0	12	2.8	44
0	1	1	6.1			2	1	1	20		
0	1	2	9.2			2	1	2	27		
0	1	3	12			2	1	3	34		
0	2	0	6.2			2	2	0	21	3.5	47
0	2	1	9.3			2	2	1	28		
0	2	2	12			2	2	2	35		
0	2	3	16			2	2	3	42		
0	3	0	9.4			2	3	0	29		
0	3	1	13			2	3	1	36		
0	3	2	16			2	3	2	44		
0	3	3	19			2	3	3	53		
1	0	0	3.6	0.085	20	3	0	0	23	3.5	120
1	0	1	7.2	0.87	21	3	0	1	39	6.9	130
1	0	2	11			3	0	2	64		
1	0	3	15			3	0	3	95		
1	1	0	7.3	0.88	23	3	1	0	43	7.1	210
1	1	1	11			3	1	1	75	14	230
1	1	2	15			3	1	2	120	30	380
1	1	3	19			3	1	3	160		
1	2	0	11	2.7	36	3	2	0	93	15	380
1	2	1	15			3	2	1	150	30	440
1	2	2	20			3	2	2	210	35	470
1	2	3	24			3	2	3	290		
1	3	0	16			3	3	0	240	36	1,300
1	3	1	20			3	3	1	460	71	2,400
1	3	2	24			3	3	2	1,100	150	4,800
1	3	3	29			3	3	3	22,400	460	

검체 접종량 가스 양성관 수	10 mℓ 3개	1 mℓ 2개	0.1 mℓ 1개

3.5 대장균의 감별

대장균을 동정하기 위하여 현재 널리 이용되고 있는 방법으로서 Indole 반응(I), Methyl red 반응(MR), Voges-proskauer 반응(VP), 구연산염 배지이용 시험(C) 즉, IMViC system이 있다.

1) Indole 반응

균을 SIM 배지에 찔러 접종하고, 37℃에서 18시간 배양한 다음 운동성과 황화수소, 산 생성능 검사와 더불어 다음 시험을 한다.

① Ehrlich-bohme법 : 작은 시험관에 Ehrlich 시약(dimethylaminobenzaldehyde 1 g을 순에탄올 95 mℓ에 용해시킨 다음 진한 염산 20 mℓ를 가하면 대황색으로 되며, 밀전 보관한다) 1 mℓ를 관벽으로부터 흘러내려 조용히 충적시킨다. 경계면에 적자색이 나타나면 양성으로 한다.

② Kovac's test : 클로로포름 0.5～1.0 mℓ를 배지 위에 중충시킨 다음 Kovac 시약(dimethylaminobenzaldehyde 5 g을 아밀알코올 75 mℓ에 넣어 열을 가하여 완전히 용해시킨 다음 진한 염산 25 mℓ를 가한다. 이 액은 처음에는 담갈색이지만 진한 갈색으로 변하며, 갈색병에 밀전 보존) 0.5 mℓ를 가한다. 양성인 경우에는 클로로포름층은 수분 이내에 적색으로 되는데, 음성이면 무색 또는 대황색이다.

2) Voges-Proskauer 반응

포도당 인산염 펩톤수에 균을 심고 30℃에서 24시간 배양한 다음, 그 1 mℓ를 다른 시험관에 취하여 6% α-naphthol alcohol 용액 0.5 mℓ와 40% 수산화칼륨 용액 2 mℓ를 가한다. 수분 간 흔들어 주면 양성인 경우 적색으로 되는데, 적색도는 시간이 경과함에 따라 강해진다. 핑크나 황색은 음성이다.

3) Methyl red 반응

포도당 인산염 펩톤수(MR-VPbroth)에 균을 심어 37℃에서 2일간 배양한 다음 methyl red 시약(methyl red 용액 0.5g, 순 에탄올 200 mℓ) 5～6방울 떨어뜨린다. 산이 형성되면 적색(양성), 알칼리가 형성되면 황색(음성)을 나타낸다. 등황색은 의

표 2-2. 대장균의 분류

Genus	IMViC Test			
	Indole	MR	VP	Citrate
Escherichia	+	+	−	−
Enterobacter	−	−	+	+
Klebsiella	−	−	+	+
Citrobacter	−	+	−	+

양성으로 판정한다.

4) 구연산염 이용시험

Simon's의 구연산나트륨 사면 한천배지에 백금이로 균을 도말하여 35～37℃에서 48시간 배양한다. 양성인 경우 배지가 짙은 청색으로 나타나지만, 음성인 경우 균이 발육하지 않고 배지의 색도 변화하지 않는다. 때때로 양성 반응이 늦게 나타나는 경우도 있으나 음성인 경우 72시간까지 배양하여 관찰한다. 그리고 37℃에서 음성 22℃에서 양성으로 나타날 때도 있다.

4. 장구균

장구균이라 함은 *Streptococcus* 속 중의 *Enterococcus* 군에 해당하며, 혈청학적 분류방법으로 D군에 속하는 *Streptococcus faecalis, Str. faecium, Str. bovis* 를 포함하는 균군이었으나, 1989년부터 *Str. faecalis* 와 *Str. faecium* 이 독립하여 *Enterococcus* 로 명칭이 변경되었다. 장구균은 사람과 동물의 장관에 상재하고 있기 때문에 대장균군과 같이 분변오염 지표균으로서 의의를 지니고 있으며, 분변 중의 균수는 대장균군보다 적지만 외계에서 증식하기 곤란하며, 물・토양 등의 자연계 분포가 대장균군보다 적은 점은 대장균군보다 지표균으로서 탁월하다. 그리고 식품을 냉동시킬 경우 대장균군은 거의 모두 사멸되지만, 장구균은 거의 살아남아 있으므로 냉동식품의 냉동 이전의 분변오염 상태를 알기 위해서는 대장균군보다 의의가 있다.

장구균은 비교적 대형 구균으로서 일반적으로 쌍구균이지만 단연쇄의 배열도 볼 수 있다. 10℃, 45℃, pH 9.6, 6.5% NaCl, 40% 담즙 등의 조건에서 증식하며 카탈라아제 음성이다. 포도당, 맥아당을 분해하여 산을 생성한다. 그리고 많은 경우 유당과 설탕을 분해하며 0.1% 메틸렌 블루 우유배지에서 증식한다. 영양요구성이 높아 아미노산・비타민을 필수영양소로서 요구한다. 배지에는 포도당을 가하여야 하며, 시

표 2-3. 장구균의 균종 동정

산 생 성	*Ent. faecalis*	*Ent. faecium*	*Ent. bovis (durans)*
Mannitol	+	+	−
Sorbitol	+	−	−
Arabinose	−	+	−

Ent. faecalis var. *liquefaciens* (젤라틴 액화+) *Ent. faecalis* var. *zymogenes* (β 용혈+)

료의 조제방법은 대장균군 검사법과 같다.

5. 산 생성균의 균수 측정

우유와 유제품의 산 생성균은 주로 젖산균이다. 젖산균 수 측정용 선택 배지에는 여러 가지가 있으나 아직 완전한 것은 없으며, 식품공전에는 BCP첨가 평판배지법이 표준법으로 정해져 있다. 다음은 젖산균을 주제로 한 산 생성균 수를 측정하는 예를 나타내고 있다. 또 그 외의 다른 *Leuconostoc* 속의 계수배지에 의한 균수측정 방법도 시도되고 있다.

1) BCP첨가 표준 평판배양법(식품공전)

생균수 측정의 표준 한천배지에 Bromcresol purple(BCP) 0.004～0.006%를 첨가한 배지를 사용하며, 표준 평판법과 같은 요령으로 실시한다. 35～37℃, 72시간 배양하여 황변하는 집락만을 계수한다.

2) 토마토주스 한천배양법

토마토주스 한천배지를 사용하여(TJA) 생균수 측정과 같이 실시한다. 배양온도와 시간은 37℃, 72시간이 바람직하다.

3) $CaCO_3$ 첨가 토마토주스 한천배양법

별표의 $CaCO_3$ 첨가 토마토주스 한천(CTJA)배지를 사용하여 평판배양을 실시한다. 산 생성균은 황변하며, $CaCO_3$를 용해시켜 집락의 주변에 투명환을 형성한다. 이 경우 알카리화성 균은 적자색 집락이 된다.

4) V-8 야채주스 한천배양법

별표의 V-8배지를 사용하여, 평판배양을 실시한다. 젖산균 집락은 암녹색이 되며,

황색환을 만든다. *Bacillus, Micrococcus* 및 *Sarcina* 는 이 배지에서 발육하지 못한다.

6. 단백분해균의 균수 측정

우유와 유제품에는 여러 종류의 단백분해균이 있으며, 우유를 펩톤화시키는 유해균이나 치즈의 숙성에 관여하는 젖산균들이 있다. 단백분해균의 균수 측정은 특히 원유, 버터 및 치즈에 이용되며, 이 실험은 표준법이 완전히 확립되어 있지 않다.

1) 실험법

시료 또는 그 일정 희석액을 페트리 평판에 생균수 측정과 마찬가지로 취하여 이것에 표준 한천배지와 그의 10%량의 멸균 탈지유를 혼합시켜 균일한 탁도가 생기도록 하여 응고시킨다. 보통 35～37℃, 버터나 치즈의 경우는 20～22℃에 48～72시간 배양하여 카제인을 용해시켜 투명환을 만드는 집락 수를 세어서 시료 1 ㎖ 또는 1g 당의 단백분해균 수를 표시한다.

7. 지방분해균의 균수 측정

유지방을 분해하는 세균은 *Pseudomonas, Alcaligenes, Micrococcus* 등이 있으며, 유해한 것도 많다. 지방분해균의 균수 측정은 현재는 표준법이 규정되어 있지 않지만 여러 가지 연구가 이루어지고 있다. 그 예를 들면 다음과 같다.

1) 시험법

중성 지방을 10% 양의 nile-blue-sulfate 또는 염화물과 혼합하여 지방을 염색한 다음, 수세에 의해 과잉 염색제를 제거한다. 염색 지방을 미리 멸균하여 적당한 용융 한천배지와 혼합하고, 지방을 균일하고 미세하게 분산시킨다. 페트리 평판에 양을 미리 알고 있는 시료 또는 그의 일정량의 희석액을 취하고, 상기 지방을 함유하고 있는 한천배지를 주입하여 지방을 균일하게 분산시켜 응고시킨다. 단백분해균과 마찬가지로 배양하여 핑크색으로 염색한 지방을 청색으로 변화시키는 집락을 지방분해균으로 판정한다. 다만 지방분해력이 약한 균은 그 색의 변화로 판정이 곤란한 경우가 있다.

8. 효모 및 곰팡이의 균수 측정

효모와 곰팡이 균수 측정은 세균과 같이 총 균수와 생균수에 대하여 실시한다. 일반적으로는 평판배양에 의해 생균수 측정을 실시하는 것이 보통이며, 주로 연유·분유·버터·치즈·아이스크림에 이용하고 있다.

8.1 총균수(Howard법)

세균의 경우 총 균수와 마찬가지로 현미경하에서 측정을 실시한다.

1) 효모와 곰팡이의 포자수 측정

세균의 경우 총 균수 측정이 적용되는 Howard법의 개량법으로서 희석액 대신 멸균수를 사용한다.

① 준 비 : 혈구 측정용 슬라이드 글라스, 커버 글라스, 멸균 flask, 피펫, 현미경, 멸균수

② 실시법 : 멸균수로 3배 희석한 조제시료 한 방울을 슬라이드 글라스와 커버 글라스 사이에 균일하게 펴서, 현미경하에 180배의 배율로 검경한다. 포자의 수는 종횡 5구획씩의 면적을 1단위로 하여 8단위분을 총계한다.

③ 계산과 표시 : 1단위분의 면적은 1구획의 면적(1/400 ㎟)의 25배, 즉, 1/16 ㎟에 상당하는 0.1 ㎜의 두께의 희석액으로서 1/160 ㎣의 용적에 상응한다. 따라서 8단위분의 측정액 양은 1/20 ㎣이 상당하기 때문이며, 원시료의 1/20 × 1/3 = 1/60 ㎣ 중의 포자수를 측정하는 일이 되므로 그 수를 60배로 하면 시료 1 ㎖당 효모와 곰팡이의 포자수가 된다.

2) 곰팡이의 균사 출현율 측정

일정한 면적의 현미경 시야를 여러 번 바꿔가면서 관찰하여 곰팡이의 균사 출현율을 조사하는 방법이 있으며, 주로 버터의 검사에 사용한다.

① 준 비 : Howard 균사 계산용 슬라이드 글라스, 커버 글라스, 현미경, 접안 마이크로 메타

② 실시법 : 버터의 경우, 적당한 안정제 수용액(3% pectin액에 405 포르말린액을 2% 첨가한 것) 7 g을 시료 버터 1 g과 가열 혼합하여 시료를 조제한 것이 좋다. 이 시료 한 방울을 슬라이드 글라스의 원반상에 떨어뜨려 균일하게 도말한 후 커버 글라스로 가볍게 씌운다. 90배 배율의 현미경으로 시야의 직경을 1.382 ㎜로 조절하여 50시야 이상을 관찰한다. 이 시야 면적으로 직경의 약 1/6 이상의 길이를 갖는 긴 균사의 출현 횟수를 세어서 관찰시 양수에 대한 곰팡이의 균사 출현율을 산출한다.

8.2 효모 및 곰팡이 생균수

1) 표준법

효모와 곰팡이의 생균수 측정의 표준법은 Potato glucose agar(PGA) 배지를 사용하여 세균의 생균수 측정의 표준법과 동일하게 실시한다.

① 시험법 : 시료는 표준 평판배양법과 같이 조제하여 10배 희석액을 만들어 멸균평판에 넣는다. 15 mℓ 정도 분주한 PGA 배지를 가열 용해하여 45~50℃로 평판에 넣어 10%의 주석산 용액으로 pH 3.5로 만들어 균일하게 시료를 분산시켜 굳게 만든다. 21℃ 또는 25℃에서 5일간 배양하여 표준 평판법과 동일하게 집락수를 계수한다. 효모와 곰팡이는 개별적으로 수를 측정하는 것이 바람직하다. 결과는 시료 1g당 효모 및 곰팡이의 생균수로 표시한다.

2) 산성 Waxman 한천배양법

산성 Waxman 한천배지를 이용하여 분유의 효모와 곰팡이의 생균수 측정에 좋은 결과를 얻었으며, 그 개요는 다음과 같다.

① 시험법 : 분유 10배 희석액을 만들어 일련의 희석단계를 거쳐 각 1 mℓ를 평판에 취한다. 산성 Waxman 한천(AWA)배지 약 10 mℓ을 혼합하여 굳은 후 25℃, 5~7일간 배양 후 집락 수를 계수한다. 계수시에는 집락 수 100 이하의 희석단계의 평판을 선택하며, 세균의 경우와 마찬가지로 산출한다.

9. 유방염 원인균 시험법

유방염유의 검사에는 유방염에 의하여 일어나는 우유의 이상을 간접적으로 검사하는 이화학적 시험과 유방염유 중의 원인균을 검사하는 세균학적 시험이 있다. 이화학적 시험에는 알코올 시험, pH 측정, 염소(Cl) 혹은 염화물의 정량, 전기전도도의 측정, 이상단백질의 검사, 카탈라제 시험, reductase 시험, 백혈구 수의 측정 등이 있고, 그 중에서 이상단백질 검사에는 자비 응고시험, Strip cup법, White side 시험, CMT 시험 등이 알려져 있다.

유방염유의 검출을 위하여 주요한 세균학적 시험에는 다음과 같은 것이 있으며, 주로 *Streptococcus agalactiae* 의 검출을 목적으로 고안한 것들이다.

9.1 Hotis 시험

Hotis 등이 고안한 *Str. agalactiae* 의 검출 시험법으로서 이 균에 의한 유방염유의 검출에 매우 효과적이다. 멸균한 0.5% BCP 수용액 0.5 mℓ와 검체우유 9.5 mℓ를 멸균 시험관에 취하여 37.5℃, 24시간 배양한 후, 우유의 황변과 시험관벽에 부착한 황색의 플레이크상 물질의 생성에 의하여 양성을 판정한다. 이 방법과 현미경법을 겸하여 검사하는 방법도 Schalm에 의하여 개발되어 있다.

9.2 용혈성 시험

Str. agalactiae 는 혈액 한천배지에서 용혈을 일으키고 그 β-용혈의 검출에 의하여 판정한다. 여러 가지 선택배지가 개발되어 있지만 Edward 배지가 특히 우수하다. 이것은 육즙한천배지(Beef extract agar, pH 7.4) 1L에 0.1% Crystal violet 2 mℓ, 탈섬유 생혈(生血) 50 mℓ 및 esculine 1 g을 첨가하여 조제한다.

검체우유는 생균수 측정에 준하여 평판배양 하며 37℃, 16～24시간 후에 용혈성을 관찰하여 판정한다. 그 후 Azide crystal violet 혈액 한천배지도 이용한다.

9.3 CAMP 시험

용혈성 시험의 특수한 방법으로서 *Str. agalactiae* 의 검출 정밀도가 매우 우수하고, 여러 나라에서 이용하고 있다. 혈액 한천평판의 한 직경의 방향으로 *Staph. aureus* 의 β-용혈균주를 도말하여 검체우유 중의 연쇄상구균을 그것과 직각방향의 양측에 *Str. aureus* 와 접촉하지 않도록 도말한다.

37℃에 하룻밤 배양한 다음에 양자의 용혈대가 만들어지는데, 그 중첩된 부분에 명료한 투명대를 만드는 경우 이 균을 *Str. agalactiae* 로 판정한다.

9.4 침강반응 시험

Str. agalactiae 의 항원항체 반응을 이용하여 혈청학적 방법으로서 brown의 간편성이 있다. 1%당 첨가 bouillon 5～10 mℓ의 37℃, 18～24시간 배양액의 상등액을 버리고 1 mℓ만을 남겨서 여기에 0.04% meta-cresol purple액 2방울을 첨가한다. 이 지시약이 담홍색으로 될 때까지 1% HCl을 적하하여 15분간 끓는 물 중에 가열 교반한다. 냉각 후 1% NaOH로서 암황색(pH 7.5)으로 될 때까지 중화하고 상등액을 항원액으로 한다.

작은 시험관에 이 항원액 0.1 mℓ를 취하여 미리 *Str. agalactiae* 를 동물에 접종하여 얻은 항혈청 0.1 mℓ를 이 위에 가볍게 중층한다. 30분간 두 액층의 경계면을 관찰하여 ring을 형성하면 양성으로 한다.

9.5 응집시험

침강반응 시험과 함께 많이 이용하는 것이 면역학적 시험으로서 간편한 slide 응집 시험이 있다. Slide glass 위에 앞에서 설명한 항혈청을 취한 다음, 즉시 *Str. agalactiae*의 배양액을 여러 방울 혼합한다. 매초 1회의 비율로서 slide glass를 기울려 회전하면서 양 액을 혼합하고 검은 종이 위에서 1분 이내에 관찰하여 그 응집을 조사한다. 응집을 나타내는 것을 양성으로 판정한다.

10. 혐기성 세균검사법

10.1 혐기배양법의 종류

1) Steel wool법과 혐기 Jar 사용법

Steel wool(grade 0)를 산성 황산동액($CuSO_4$ 60 g + Tween-80, 20 g + 정제수 2,000 mℓ을 가열 용해한 다음, 정제수 6,000 mℓ와 2N H_2SO_4 90 mℓ를 혼합하여 폴리에틸렌 용기에 넣어 보존)에 담그면 그 표면에 환원동 피막이 형성되어 O_2를 급속히 흡수하여 붉은 산화철로 되는 반응을 이용한 것이다. 3 L 용적의 혐기 Jar에는 약 30 g의 steel wool(grade 0)과 약 500 mℓ의 산성 황산동액이 필요하다. 황산동액에 담근 steel wool은 고무장갑으로 꼭 짜서 흐르는 물기를 뺀 다음에 Jar 내에 넣는다. 이것을 혐기 Jar, Plate-in-Bottle 등의 방법에 이용한다. 혐기 Jar가 없을 때에는 유리로 된 데시케이터를 사용하여도 좋다.

혐기 Jar에 CO_2의 주입 요령은 Jar를 진공펌프에 연결하여 공기를 뽑아 내고 난 후에 진공 gage 압력침이 60 mmHg 정도 되면 진공펌프를 잠그고 CO_2 가스밸브를 천천히 열어 Jar 내를 CO_2로 채워서 700 mmHg 정도 되면 CO_2 밸브를 잠그고 이것을 한 번 더 반복한다. 지나치게 음압으로 하면 Jar의 접촉부위가 파손되기 쉽다. 혐기배양 과정에서 steel wool의 색이 적동색(赤銅色)이면 혐기조건이 양호한 것이고, 흑색이면 혐기상태가 불량한 증거이다.

10.2 Gas-Pak법

실온에서 작용하는 촉매(cold catalyst)의 작용으로 H_2와 O_2가 반응하여 H_2O로 되면서 Jar 내부의 O_2를 제거하는 방법인데, Gas-Pak(BBL)라고 하는 H_2와 CO_2 발생 주머니를 사용하는 방법이다. 탄산가스 탱크나 진공펌프를 필요로 하지 않는다.

평판을 소형 Jar(plate 10개 들이)에 넣고 Gas-Pak 한 개의 모서리를 잘라내고 물

10 mℓ를 주입하여 Jar 내에 넣어 밀봉해 두면 H_2와 CO_2가 서서히 발생하며, 뚜껑 밑에 장착되어 있은 금망 내의 촉매에 의하여 Jar 내의 잔류 산소가 소비되면서 혐기상태로 되는데, 보통 2시간이 소요된다. 촉매는 사용 직전에 가스버너로 빨갛게 가열하여 재생한 것을 사용한다. Jar 내에 수분이 많으면 가스발생이 불량해진다. 지시약의 색깔이 백색이면 혐기상태가 양호한 것이고, 청색이면 산소가 들어간 것으로서 혐기배양은 실패한 것이다.

대형 Jar(페트리 평판 30개 들이)에는 가스발생 주머니 3개를 넣는다. 혐기상태를 확인하기 위한 지시약으로서는 여과지를 메칠렌 blue 지시약(10% 포도당 수용액 4 : 4% NaOH 0.1 : 0.0017% 메칠렌 blue 수용액 0.1의 혼합액)에 담그었다가 사용하면 혐기상태를 확인할 수 있다.

10.3 Plate - in - Bottle법

전기로(電氣爐)에서 가열한 환원동을 통하여 O_2를 완전히 제거한 CO_2를 분사하면서 검체를 plate - in - bottle 안에 있는 평판에 콘라디봉으로 접종한다. 균주의 분리는 CO_2를 분사하면서 용이하게 분리할 수 있고, colony는 병 안으로부터 평판을 꺼내어 관찰할 수 있다.

표 2-4. 혐기 Jar법과 Pre-reduced media를 이용한 방법과의 분변 총균수 비교

Author	Medium	Incubation method	Total viable counts(log/g)
Anaerobic jar method			
Smith & Cradd(1961)[27]	RCM blood agar	95% H_2 + 5% CO_2	9.7(8.3～10.1)
Zubrzycki & Spaulding(1962)[28]	Trypticase soy blood agar	Anaerobic jar	9.8～10.5
Haenel & Müller-Beuthow(1963)[26]	Blood agar	Serratia method	10.0±0.2
Van Houte & Gibbons(1966)[25]	Blood agar	Anaerobic jar	9.9
Gorbach et al.(1967)[29]	Blood agar	Steel wood jar	9.7±0.4
Mitsuoka(1969)[30]	EG agar, BL agar	Steel wood jar replaced air with CO_2	10.8±0.4
Prereduced media method			
Mitsuoka(1963)[4]	RGCA medium	Roll tube	10.9(10.3～11.2)
Drasar et al.(1969)[30]	Cooked blood agar	Glove box	11.0
Mitsuoka et al.(1969)[30]	Medium 10	Plate-in-bottle	11.2±0.2
Eller et al.(1971)[34]	Medium 10	Roll tube	11.0
Moore & Holdman(1974)[33]	RGCA medium	Roll tube	11.0
Attebery et al.(1972)[38]	Blood agar	Glove box	10.8～10.9

10.4 혐기성 Slant와 보존균주

혐기성 Roll tube법과 동일한 방법으로 배지를 만들어 사면으로 응고시킨다. 여기에 O_2 free CO_2를 분사하면서 균주를 접종하여 고무마개로 막는다. 이와 같이 여러 가지 방법이 개발되어 있으나 막상 어떤 방법으로 특정 시료를 검사할 것인가에 대하여는 약간의 전문가적인 지식이 필요하다.

10.5 *Bifidus*균 배양법

1) 식품공전(1996)

식품공전의 방법을 요약하면, "시료를 10% 탈지분유 혹은 생리식염수로서 희석, 균질하여 각 희석액 0.05 mℓ씩을 BL 한천배지상에 접종하여 멸균 초자봉으로 도말한 다음, 혐기성 상자에 넣어 37℃, 48~72시간 배양한 후에 나타난 집락수를 계수하여 희석배율을 곱하여 검체 g당의 균수로 한다"라고 기술하고 있다. 그러나 *Bifidus*균은 혐기성 세균이므로 혐기조건 하에서 시료를 희석하고 배양조건도 혐기성 상태를 유지해야 한다. 보통 많이 사용하는 혐기 Jar에 배양할 경우 CO_2 가스를 주입하느냐 안 하느냐에 따라서 상당히 다르게(10^2~10^3/mℓ) 나타난다.

혐기성 세균의 배양에 있어서 가장 중요한 문제는 혐기성 조건을 어떻게 만들어 주느냐이다. 무조건 장치에만 의존할 경우 실패할 염려가 많다. *Bifidus*균이라 할지라도 균종에 따라서 혐기성 요구조건이 상당히 다르기 때문에 검사하기 전에 충분한 검토가 있어야 한다.

2) X-α-Gal

비피더스균이 서식하고 있는 장내에는 수많은 세균이 함께 생존하고 있어서 비피더스균만을 선택적으로 배양해 내는 비피더스균 선택배지는 BS가 대표적이다. 이것은 BL배지에 BS용액을 첨가한 것이다. BS용액은 100 mℓ 멸균 비커에 sodium propionate 30 g을 달아서 정제수 80 mℓ에 용해한 후, paromomycine sulfate(amidine 주사액, 협화발효) 100 mg, neomycine sulfate 400 mg, lithium chloride 6 g을 용해하여 100 mℓ의 멸균 메스플라스크에 옮겨 정제수로서 총량을 100 mℓ로 한 것이다.

비피더스균을 첨가한 발효유의 비피더스균 수 측정배지로 식품공전에서도 BS배지로 정해 놓고 있으나 비피더스균의 종류에 따라서 이 배지에서 잘 자라는지 확인할 필요가 있다. 왜냐하면 균종에 따라서 항생물질의 저항성이 다르므로 적당한 농도의 검토가 선행되어야 한다.

이와 같이 지금까지 비피더스균의 선택배지는 항생물질을 첨가하여 다른 균의 생육을 억제하는 방법이었으나 최근에는 비피더스균의 효소를 이용하는 방법이 개발되고 있다. 민 등(1993)은 *Bifidobacterium* 의 α-galactosidase 활성이 강하다는 점을 활용하여 개발된 X-α-Gal based medium(Chevalier 등, 1991)을 가지고 일반 젖산균과 비피더스균의 선별시험을 하였다.

이 배지는 *Bifidobacterium* 의 α-galactosidase 효소가 분해하는 기질 X-α-Gal(5-Bromo-4-Chloro-3-indolyl-α-D-galactopyranoside)을 배지에 첨가하여 배양하면 이 기질이 분해되면서 colony가 청색을 나타내도록 하는 방법이다. 일반 젖산균들은 α-galactosidase 활성이 매우 약하거나 거의 없고, 비피더스균에는 이 효소의 활성이 강하기 때문에 X-α-Gal 기질을 분해하는 정도에 차이가 나타나게 된다. 따라서 MRS 배지에 X-α-Gal(5-Bromo-4-Chloro-3-indolyl-α-D-galacto-pyranoside)을 100 ㎛ 첨가하여 비피더스균을 배양하면 α-galactosidase의 작용으로 X-α-Gal은 산화되어 diazo화합물을 형성하여 청색 집락을 나타낸다.

표 2-5. X-α-Gal을 100 ㎛ 함유한 MRS 배지에 나타난 *Bifidobacterium* 과 일반 젖산균의 colony 색깔 (姜 등, 1992)

균 종	colony 색깔
B. longum	Blue
B. infantis	Blue
B. bifidum	Blue
B. breve	Blue
L. bulgaricus	Light blue
L. helveticus	White
L. plantarum	white
L. casei	White
Str. thermophilus	White
Str. cremoris	White
Str. faecalis	White
Ped. cerevisiae	White
Leu. mescenteroides	Light blue

김 등(1990)은 *Bifidus* 균과 *Lb. acidophilus* 의 혼재 시료로부터 비피더스균 만을 선택적으로 분리하기 위하여 aniline blue 0.1% 첨가한 Reinforced clostridial agar medium(RCAM)를 사용하여 시험한 결과, *Bifidobacterium*은 2 ㎜ 정도의 광택 있는 회백색 colony였고, *Lb. acidophilus* 는 직경 1 ㎜ 정도의 회백색 colony로서 육안으로 쉽게 구분할 수 있다고 하였다.

그러나 *Lactobacillus helveticus, L. plantarum, L. casei, Lactococcus cremoris, Enterococcus. faecalis, Str. thermophilus, Pediococcus cerevisiae* 는 백색의 colony, *L. bulgaricus, Leuconostoc mescenteroides* 는 연한 청색을 나타내었다. 그러나 비피더스균의 집락은 진한 청색을 나타내었다. 이와 같이 하여 발효유 중에 일반 젖산균과 비피더스균이 혼재하는 경우에 이 방법을 사용하면 집락의 색깔을 보고 구분할 수 있다.

10.6 *Clostridium* 배양법(春田 등, 1989)

Clostridium 이라고 하면 독성이 강한 혐기성 세균으로 인식되고 있다. 그러나 우리 건강에 유익한 낙산균(*Clostridium butyricum*)도 있고, 대부분의 클로스트리디움은 독성이 없거나 약하여 우리 몸에 독성을 일으키지 않는다. 여기서는 식중독 균종에 대한 검사법을 소개한다.

1) *Clostridium perfringens*(*Welchii* 균)

① 검사목적

편성혐기성 세균으로서 각종 가축·가금·사람의 장 내에 서식하고 있으며, 토양이나 해변가의 진흙에도 분포하고 있어서 식육, 생선 조개류, 혹은 야채 등 많은 식품에 오염되어 있다. 이 균은 내열성 아포를 형성하여 가열처리하여도 완전히 사멸하지 않을 수 있기 때문에 조리식품이나 가공식품에서도 검출되는 경우가 있어서 식품의 위생관리상 문제가 많은 세균이다. 동물이나 식품에서 검출되는 모든 웰시균이 사람에게 식중독을 반드시 일으키는 것이 아니라 이러한 세균들 중에서 enterotoxin을 생산하는 일부의 웰시균이 식중독의 원인균으로 작용한다.

식품 중에서 웰시균이 증식할 수 있는 혐기적 조건이 구비된 것은 스프, 고기만두, 식육, 생선조리 식품 등이 원인식품으로 된다. 식품 1 g 중에 10^6 이상 존재하면 감염증상을 일으키고, 다른 식중독 세균의 감염 수준보다 더 많은 균수를 필요로 한다. 웰시균이 많이 검출되는 식품에는 병원성 웰시균(enterotoxin 생산 균주)의 오염 가능성이 높아진다. 따라서 식품의 품질 평가를 위해서는 일반적인 웰시균의 균수검사로서 충분하다.

② 검사방법

- 파우치법(Pouch method) : 혐기배양 장치를 필요로 하지 않으며 소규모의 검사실에서도 실시하기에 편리하다. 시료의 원액 혹은 10배 희석액 10 mℓ를 파우치

주머니에 넣어 50℃ 핸드 포드 개량배지 15 mℓ를 첨가하여 충분히 혼합한 다음, 기포를 제거하면서 파우치의 목부분을 플라스틱 접착기로 봉한다. 이것을 46℃, 24시간 배양한다.

- 평판도말법 : 시료 원액 혹은 10배 희석액 0.1 mℓ를 카나마이신 첨가 난황 CW 한천에 적하, 콘라지 유리봉으로 도말한다. 35℃, 24시간 혐기배양 한다.

③ 판정기준

파우치법에 의한 웰시균은 황화수소를 생산하여 흑색이면서 약간 크기가 있는 집락을 형성한다. 핸드 포드 개량배지에 포함되는 항생물질에 의하여 웰시균 이외의 균은 발육이 억제된다. 또, 46℃의 고온 배양조건에서는 다른 혐기성 세균의 생육도 억제되므로 2～3 mm의 흑색 집락을 웰시균으로 추정해도 된다.

④ 결과 평가

웰치균은 자연계에 널리 분포하고 있기 때문에 식품오염을 완전히 방지한다는 것은 어려운 일이며, 아포에 의한 오염도 많다. 원재료나 식품으로부터 웰치균이 대량으로 검출되면 품질저하 뿐만 아니라 식중독 사고를 일으킬 위험도 높아진다. 가열가공품으로부터 웰시균이 대량으로 검출된 경우에는 가열처리의 불충분, 보관조건의 문제점을 생각해 볼 수 있다.

2) *Clostridium botulinum*

① 검사목적

Botulinus 균은 하천, 호수, 늪, 해안, 바다, 논, 밭 등의 토양에 분포하고 있는 혐기성 세균이다. 그 분포 상황은 나라와 지역에 따라서 현저하게 다르다. 일본에서는 북해도, 아오모리, 아끼다 등의 지방에서는 E-형의 Botulinus 균이 하천, 호수, 바다 등에 분포하고 있어서 이러한 지방의 민물고기나 조개류, 그리고 바다의 생선 조개류에 이 균이 감염되어 있다. 미국에서는 하천이나 호수에 E-형의 Botulinus 균이 오염되어 있을 뿐만 아니라 농경지에도 A형 균과 B형 균이 오염되어 있어서 야채나 과일, 버섯 등에 오염되어 있고, 목초를 통하여 오염된 가축의 고기가 이 균에 감염되었다고 한다.

식품에서 이 균이 증식하여 Botulinus 독소를 생성하면 식중독을 일으킨다. Botulinus 독소의 원인균의 증식은 통조림, 병조림, 진공포장식품, 소시지, 햄, 훈제생선, 발효식품 등의 혐기상태로 장기간 보관하는 식품에서 일어난다.

한 살 이하의 어린아이가 Botulinus 균의 아포를 섭취하면 장 내에서 이 균이 증식하여 중독을 일으키는데, 이것을 유아 Botulinus 증이라 한다. Botulinus 중독에 걸리기 쉬운 원료나 가공식품에 관하여 Botulinus 균의 안전성을 평가하기 위하여 그 식품에 대한 Botulinus 균 검사를 실시하고 있다. 그러나 이 균의 검사방법이 매우 복잡하고, 또한 검사시의 증식균으로 인한 환경오염을 방지해야 할 필요성이 있는 문제점 등으로 인하여 이 균의 검사는 특수한 경우가 아니면 검사할 필요가 없다. 평상시의 식품 품질검사에서는 Welchii 균 검사나 *Clostridium* 검사로서 충분하다.

② 검사방법

식품으로부터의 간편한 Botulinus 검사법은 아직 개발되어 있지 않다. 이 균의 검사에는 균의 분리과정과 독소의 증명과정이 필요하다. 여기서는 식품의 배양액으로부터 독소의 증명에 의한 검사법을 설명한다. 식품을 생리식염수로서 2～5배로 희석하여 그 희석액 1 mℓ씩을 0.3% 포도당, 0.2% 전분 첨가 cooked meat 배지 5개에 접종하여 30℃, 3～7일간 혐기배양한다. 배양액의 일부를 취하여 원심 분리하여 상등액과 침전 부분으로 나눈다. 상등액을 0.2% 젤라틴첨가 인산완충액으로서 10배 희석하여 이것을 2마리 마우스 복강 내에 0.5mℓ씩 접종한다.

③ 판정기준

마우스가 Botulinus 독소에 의하여 전형적인 증상(복벽의 함몰, 뒷다리의 전신 마비, 호흡곤란)을 나타내거나 사망하는 경우는 시료 중에 Botulinus균의 오염이 있다고 추측한다. 이것을 확인하기 위해서는 독소의 중화시험을 실시한다. 즉, 항독소 혈청 A, B, E, F 혼합액과 원심 상등액을 혼합하여 37℃, 30분 반응 후 마우스 복강 내에 접종한다. 이때 80℃, 30분 가열한 상등액도 함께 시험한다. 항독소 혈청에 의하여 특이적으로 중화된 경우에는 각각의 항독소 혈청에 의한 중화시험에 의하여 독소형을 결정한다. 필요하면 배양액으로부터 Botulinus균을 분리 배양한다. 분리균의 동정은 전문기관에 의뢰한다.

④ 결과 평가

Botulinus균의 증식이 가능한 가공식품으로부터 이 균이 검출된 경우에는 소비하지 않도록 대책을 세워야 한다. Botulinus균 검사에 사용한 기구・배지 등은 모두 고압멸균한 후에 버린다. 실험실 오염 혹은 다른 식품으로의 오염을 방지할 대책과 실험자가 실수로 시료나 배양액을 섭취하는 경우를 대비하여 만전의 대책을 세워야 한다.

Clostridium 배지로서 TYG 배지와 GAM 배지의 조성은 표 2-6과 같다.

표 2-6. TYG 배지와 GAM 배지의 조성표

TYG 배지	GAM 배지
Biotrypticase 3% Yeast extract 2% Glucose 0.5% Sodium thioglycholate 0.1% pH 7.4	Peptone 10.0 g Soybean peptone 3.0 Proteose peptone 10.0 Yeast extract 5.0 소화혈청분말(消化血淸粉末) 13.5 Meat extract 2.2 Liver extract powder 1.2 Glucose 3.0 KH_2PO_4 2.5 NaCl 3.0 수용성 전분 5.0 L-Cystein 염산염 0.3 Na-thioglycholate 0.3

증류수 1L에 가온 용해하여 115℃, 15분 autoclave

11. 병원균 검출법

11.1 살모넬라 및 이질균

살모넬라 분리에는 아황산 창연(蒼鉛), 한천(BSA), 살모넬라 시겔라(SSA) 및 Brilliant green 한천(BGA)배지를, 이질균에는 데속시콜산-구연산-유당-자당 한천(DCLSA) 또는 SSA 및 McConkey 한천(MCA)배지를 사용한다.

살모넬라는 BSA배지에 흑녹색을 나타내며, 다른 균의 증식을 억제시키고, SSA배지에는 반투명 집락, BGA배지에는 티푸스균 이외의 살모넬라에 있어서 엷은 홍색 집락을 나타낸다. 이질균은 DCLSA, SSA, MCA 배지의 어느 것을 사용하더라도 반투명 집락을 만든다.

우유시료 1백금이를 상기 평판배지에 도말하여 35℃, 24~48시간 배양 후 대표적인 집락을 Triple sugar iron(TSI) 한천의 사면배지에 접종하여 생화학 실험과 면역학적 검사를 실시하여 동정한다. 좀더 정밀한 검사를 요할 경우 시료를 10배량의 증균용 액체배지에 접종하여 35℃, 24시간 배양하여 증균시켜 상기 평판배지에 도말하여 판정하는 것이 좋다. 증균용 액체배지는 여러 가지가 있지만 대표적인 것으로는 다음과 같은 것들이 있다.

① 살모넬라용 증균배지 : Tetra Thionate Bouillan(TB) 배지, Selenite Bouillon-

(SB) 배지, 또는 Selenite Cystine Bouillon(SCB) 배지
② 살모넬라 또는 적리균용 증균배지 : Gram 음성 부이온(GNB) 배지

11.2 결핵균

1) 직접검경법

원래 생유 중에는 결핵균이 적기 때문에 시료를 미리 원심 분리하여 침전 또는 크림층을 검경한다. 먼저, 슬라이드 글라스에 상기 시료를 도말 건조하여 지방이 많을 때는 에테르 또는 xylol로 가볍게 수세하여 탈지시킨다. 티오 석탄산 부게인액에 담구어서 적어도 3분간 염색 후, 3% HCl을 함유한 95% 알코올에 10초 가량 담구어 탈색시켜 레흐렐 메틸렌블루 용액에 약 10초간 대비 염색한다. 수세, 건조시켜 검경하면 결핵균은 적색으로 확인할 수 있다.

타르 석탄산 훅신액은 10% 염기성 훅신 알코올 용액 105㎖을 5% 석탄산수 용액 1L로 적정한 것이다. 레흘렐 메틸렌블루의 용액은 메틸렌불루 원액 30㎖와 0.01% NaOH 100 ㎖의 혼합액이다.

2) 배양법

주된 방법에는 수산화나트륨법과 황산법이 있다. 수산화나트륨법은 검유의 원심 침전과 크림층의 혼합물에 8% NaOH액을 같은 양을 가하여 혼합하여, 그 0.1 ㎖ 또는 그 희석액을 3% 제1인산 칼륨배지 분주시험관의 유동 사면에 흘려 유입시킨다. 경사지게 하여 37℃ 1～2일간 방치하여 배지표면이 건조되면 관구(管口)를 밀봉하여 세워서 배양한다. 60～90일간 배양하며, 3주째부터 주 1～2회 관찰하여 집락의 유무를 조사한다. 같은 방법으로 1% 제1인산 칼륨배지를 사용하는 방법이며, 제3인산 칼륨법도 있다.

황산법은 검사용 우유의 원심침전법과 크림층의 혼합물에 약 5배량의 4～5% 황산수를 첨가하여 30분간 방치 후 3,000회전, 10～15분간 원심 침전시켜 사면배지에 도말한다. 이것을 밀봉하여 37℃에서 소천배지와 같이 배양한다. 배지로는 Lowenstein-Jesen 배지, Dorset 배지, Petragnani 배지나 계란배지가 많이 이용된다.

3) 동물접종법

이 방법은 제일 확실성이 있으며, 튜버클린 음성의 몰모트나 토끼를 실험동물로 이용한다. 시료의 원심 침전물과 크림층의 혼합물을 동물 복강내에 주사하여 4주 후에 튜버클린 시험을 행한다. 튜버클린 음성의 것은 결핵균으로 인정한다.

11.3 포도상구균

1) 분리방법

포도상구균 110(SA 110)배지, mannitol가염 한천(MSA)배지, 또는 텔룰라이트그리신 한천(TGA)배지 평판 위에 우유시료를 도말하여 35℃, 48시간 또는 32℃, 3일간 배양하여 전형적인 집락을 보통한천사면 배지에 접종한다. 24시간 배양 후 Gram 염색을 실시하여 그 외의 생화학적 시험을 실시한다.

2) Coagulase 시험

Brain heart infusion(BHI) 배지를 시험관에 상기의 분리균을 접종하여 35℃, 18~20시간 배양한다. 그 배양액 0.1 mℓ을 토끼 또는 사람의 혈청 1/3희석액 0.5 mℓ을 함유한 소시험관에 가하여 35℃에 배양한다. 1시간에서 3시간 관찰하여 3시간 이내에 응고를 나타내는 것을 양성이라 한다. 10% 혈청액에 배양하는 특별한 방법도 있다.

3) Enterotoxin 시험(동물실험)

적당한 포도상구균용 액체배지에 균액을 35℃, 18~24시간, 30% CO_2을 함유한 공기 중에 진탕배양을 2회 행하여 세균 여과시킨다. 여액을 30분 끓여서 α-toxin 혹은 β-toxin을 파괴하여 그 액을 새끼 고양이의 복강 또는 정맥 내에 주사하여 0.5~4시간 이내에 구토하는 반응이 일어나는 것을 양성이라 한다.

11.4 용혈성 연쇄구균

혈액 한천배지를 이용하여 용혈성 균수를 측정하는 경우와 같이 실시한다. β-용혈을 일으키는 집락을 혈액 한천사면에 이식하여 균 형태, Gram 염색 등을 실시함으로써 포도상구균과 식별한다.

제 3 장

기타 시험법

1. 세포의 염색

① 세균 세포의 성분은 주로 산성물질로 구성 : nucleic acids, acidic polysaccharides, proteins 등
② 염색에 사용하는 색소는 알칼리성 : methylene blue, crystal violet, basic fuchsin, eosin γ, safranin O 등

1.1 Gram 염색

1) 염색성

① Violet-Iodine 결합물이 남아 있으면 양성
② Violet-Iodine 결합물이 알코올에 탈색되면 음성
③ Gram 음성으로 착색되는 색소(safranin, eosin, Brilliant green, Bismark brown)
④ 염색액을 너무 심하게 탈색하거나 오래된 배양액 중의 세균은 거의 Gram 음성으로 나타남.

2) 염색을 위한 균체 고정법

슬라이드 위에 증류수 한 방울 올려놓고, 백금이로 균액이나 집락을 찍어서 현탁·도말하여 자연건조 혹은 화염에 가볍게 접촉하여 건조시킨 후, 화염 중에 가볍게 2~3회 통과시켜 고정한다. 균액 도말부위를 염색액으로 덮어 1~2분 방치한 다음 과잉 염색액은 버린다. 슬라이드 뒷면을 가볍게 수돗물이나 증류수로 씻어내고 색소가 없어질 때까지 세척한다. 세척한 다음 물기를 제거하고 여지로 건조한 후 검사한다.

3) Gram 염색법

〈 시약 조제 〉

① 제1용액 : Crystal violet 0.3 g을 95%알코올 20 mℓ에 용해한 후 증류수로 10배 희석

② 제2용액 : 수산암모니움(ammonium oxalate) 0.8 g을 증류수 80 mℓ에 용해

③ Lugol 용액 : KI 2 g을 5～10 mℓ 증류수에 용해하고, 여기에 요드(I2) 1 g을 혼합하여 용해한 다음 증류수를 첨가하여 300 mℓ로 한다.

④ Safranin 용액 : Safranin 0.25 g을 95% 알코올 100 mℓ에 용해하여 증류수로 10배 희석한다.

⑤ 95% 에틸알코올

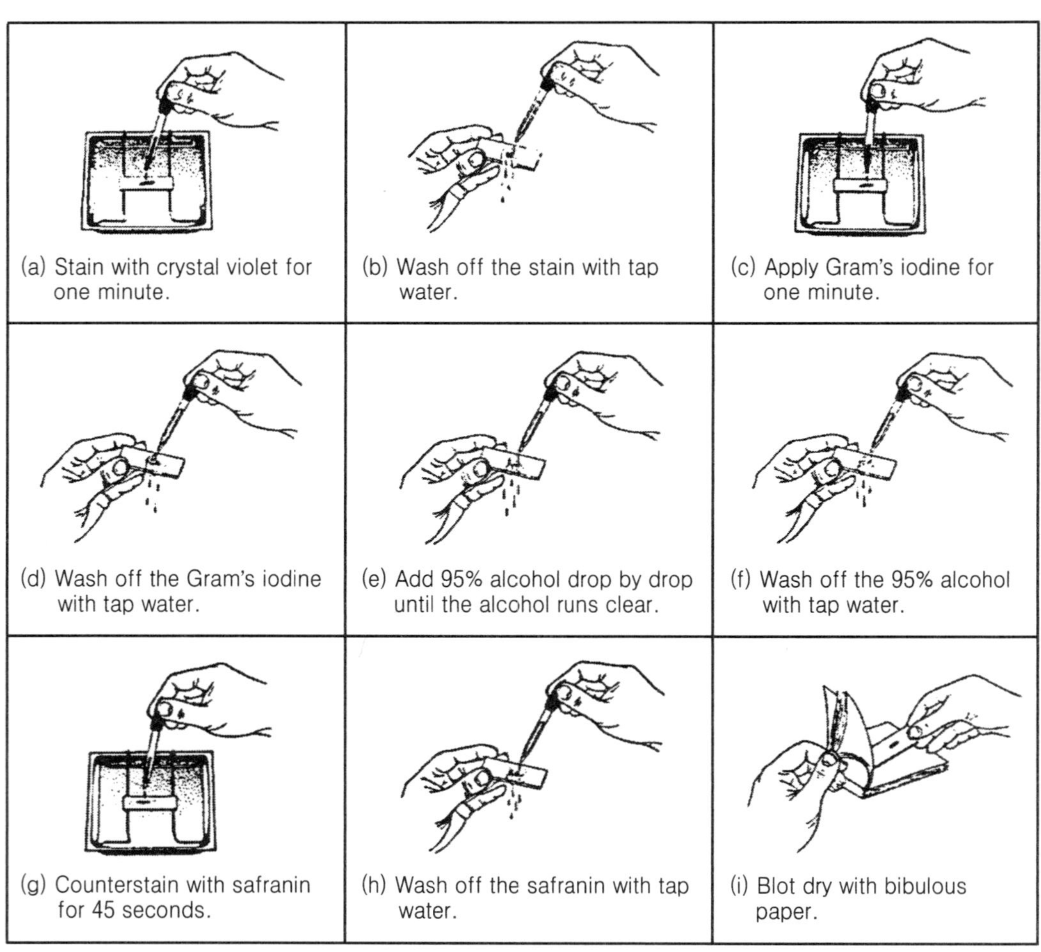

(a) Stain with crystal violet for one minute.

(b) Wash off the stain with tap water.

(c) Apply Gram's iodine for one minute.

(d) Wash off the Gram's iodine with tap water.

(e) Add 95% alcohol drop by drop until the alcohol runs clear.

(f) Wash off the 95% alcohol with tap water.

(g) Counterstain with safranin for 45 seconds.

(h) Wash off the safranin with tap water.

(i) Blot dry with bibulous paper.

그림 3-1. Gram 염색 순서

〈 염색조작 순서 〉

① 제1용액과 제2용액을 20 mℓ씩 혼합한 용액으로 1분간 염색한다.
② 물로 세척, 여지로 물기를 흡수시킨다.
③ Lugol액으로 1분간 침지한다.
④ 물로 세척, 여지로 물기 흡수, 완전 건조시킨다.
⑤ 가볍게 알코올로 약 30초간 탈색시킨다.
⑥ 물로 세척, 여지로 물기를 흡수시킨다.
⑦ Safranin 용액으로 45초간 대비 염색한다.
⑧ 물로 세척하여 건조시킨다.
⑨ 현미경 검사 후 포가 암청색으로 나타나면 Gram 염색 양성, 분홍색으로 나타나면 Gram 염색 음성으로 판정한다.

1.2 Methylene Blue 염색(Cell 내의 과립 염색)

〈 시약 조제 〉

① Solution A(90% 성분 함유의 methylene blue 0.6 g + 95% 에틸알콜 60 mℓ)
② Solution B(KOH 0.02 g + 증류수 200 mℓ)

〈 염 색 〉

혼합 용액(A + B)을 사용한다. *Lb. bulgaricus*와 *Lb. helveticus*을 염색하여 cell 내부의 과립이 보이면 *Lb. bulgaricus*로 판단한다. Gram 염색에서는 보이지 않는 과립이 염색에서는 잘 보인다.

1.3 Spore 염색(Mŏller 법)

보통의 방법으로 시료를 커버글라스 위에 도말·건조·고정한다. 5% 크롬산 용액에 1~2분간 침지하여 포자막의 지방을 제거한 물로 세척한 후 carbolic fuchsin으로 거품이 날 때까지(1~2분간) 가열하여 염색하고 다시 물로 세척한다. 1~3% 황산으로 가볍게 탈색하고 물로 씻는다. 이것을 methylene blue로서 30초~1분간 염색하고 물로 씻은 후 건조하여 현미경으로 검사한다. 포자는 붉은색으로, 세포는 푸르게 염색된다. 세균 포자의 관찰은 보통 2~5일간 배양한 후에 실시한다.

효모의 포자형성을 위해서는 포도당 0.25%, NaCl 0.5%, 육즙 1%, 한천 1%의 배지를 시험관에 분주하여 멸균, 사면배지로 만들어 왕성한 Koji 배양균을 접종하여 25℃에서 배양한다.

2. 박테리오파아지(Bacteriophage) 검사법

시료 중에 bacteriophage(또는 phage라고 함)가 함유되어 있는지 그것을 검출하는 가장 일반적인 방법은 한천 중층법에 의한 플라크 계수법(plaque count method)이다. 파아지(phage)를 일정량의 숙주균과 함께 한천 평판배지에 혼합해서 숙주균의 생육적온에서 배양하면 숙주균의 증식에 의하여 배양접시(petri dish)가 균일하게 혼탁해진다. 파아지(phage)가 존재하는 시료는 phage의 증식으로 숙주균이 용균(lysis)되어 투명한 반점으로 나타난다. 이것을 파아지 플라크(phage plaque)라고 한다.

파아지 플라크 하나는 1개의 phage에 의하여 유래된 것이므로 이 플라크 수를 계수하여 시료 중의 phage 수로 측정하게 된다. Phage 검출용의 숙주균을 지시균(indicator bacteria)이라고 하며, phage는 숙주에 대한 특이성이 있는데, 이것을 phage의 숙주범위(host range)라고 한다. 즉, *L. acidophilus* 의 phage를 검출하기 위해서는 지시균으로서 *L. acidophilus* 균주를 사용해야 한다. 박테리오파아지 검사법은 다음과 같다.

2.1 준비사항

① 지시균 : 보존중인 지시균은 MRT 액체 배지(Murata, 1968)에 접종하고 적온에서 하룻밤 배양하여 10^9/mℓ 정도 증식시킨다. 실험 당일 아침에 하룻밤 배양액을 신선한 MRT 배지에 1/20～1/10량 접종한 후 3～5시간 배양한 균액(4～6 × 10^8/mℓ)을 준비하여 지시균으로 사용한다.

② Phage 시료 : 종균, 균액, 공장의 배수 및 기타의 시료 5～10 mℓ를 취해 3,000 rpm으로 15분간 원심분리 하여 상등액을 사용한다.

③ MRT 연한천(soft agar) : MRT 배지에 한천을 0.75% 첨가하고 121℃에서 15분간 멸균한 것을 2.5 mℓ씩 멸균한 작은 시험관에 분주하여 48～50℃의 온수에 보관한다.

④ MRT 경한천(hard agar) : MRT 배지에 한천을 1.5% 첨가하여 121℃에서 15분간 멸균한 것을 배양접시에 약 15 mℓ씩 분주하여 응고시킨다.

⑤ Plate 시료 희석액 : 멸균한 MRT 액체배지 또는 생리식염수(0.85%의 NaCl)를 phage 시료의 희석에 사용한다.

2.2 시험조작

① phage 시료 0.1 mℓ를 MRT 경한천(hard agar) 평판배지 위에 놓는다.

② 연한천배지(soft agar)에 지시균 0.2 mℓ 정도를 넣어 가볍게 섞은 후, 연한천배

지에 혼합된 지시균액을 평판배지 위에 부어 phage시료와 신속하게 잘 혼합되도록 흔들어 연한천배지를 수평하게 응고시킨다.

③ 이것을 24시간 배양하여 배양접시에 출현한 파아지 플라그(phage plaque)수를 측정한다.

④ 지시균 자체의 오염 유무를 관찰하기 위하여 phage 시료를 넣지 않고 지시균만을 넣은 연한천배지를 평판배지 위에 깔아 응고시켜 대조시료로 한다.

3. 미생물 동정시험법

3.1 당 분해시험

1) 목 적

미생물이 탄수화물을 발효적으로 이용하는지 산화적으로 이용하는지 확인하기 위해 실시한다.

2) 재 료

① phenol red glucose broth(3시험관) ② phenol red lactose broth(3시험관)
③ phenol red sucrose broth(3시험관) ④ phenol red maltose broth(3시험관)

3) 방 법

① 순수 분리된 미생물을 당이 첨가된 배지에 접종한다.
② 접종한 배지를 37℃에서 24시간 배양한다.
③ 배양이 끝난 후에 당 배지에 나타난 결과를 판독한다.

3.2 Oxidation-Fermentation(O/F) 시험

1) 재 료

① 미생물 배양액
② 적당한 탄수화물로 최종 당의 농도가 1% 되게 만드는 O/F 배지

- NaCl 5.0 g
- bromthymol blue 0.03 g
- peptone 2.0 g
- agar 3.0 g
- K_2HPO_4 0.3 g
- 당 용액 100 mℓ

2) 실 험

① 잘 자란 미생물 배양물을 O/F glucose 배지 두 개에 천자배양한다.
② 멸균된 paraffin oil을 두 배지 중 한 배지에 1.5cm 두께가 되도록 주입한다.
③ 35℃에서 18~24시간 동안 배양한다.

3) 판 정

유기산이 형성되지 않았을 경우 배지는 blue 상태로 남지만, 형성될 경우 배지의 색상은 황색으로 변한다(반응에는 세 가지 가능성이 있다).

① 밀폐된 tube와 열린 tube 모두 산성 ⇒ 발효(F)
② 열린 tube 만이 산성 ⇒ 산화(O)
③ 두 tube 모두 산성이 아님 ⇒ glucose를 사용하지 못함

3.3 Indole 검사법

1) 목 적

① Tryptophan으로부터의 인돌 생성을 확인하기 위해 실시한다.
② 이 실험은 *Klebsiella*와 *E. coli*를, 그리고 *Proteus mirabilis*를 분리하는 데 이용된다.

2) 재 료

① Indole 검사용 peptone broth 배지

Bactotryptone(Difco)	1.0 g
NaCl	0.5 g
증류수	100 mℓ
pH 7.0±0.2	

② Kovac's reagent

Amyl alcohol	150 mℓ
ρ-Dimethyl aminobenzaldehyde	10 g
HCl	20 mℓ

ρ-Dimethyl aminobenzaldehyde를 amyl alcohol에 서서히 녹이고 염산을 가한다. Kovac's 시약은 연황색이어야 하고, 만약 갈색이면 사용하지 않아야 한다. 4℃에서 1년간 유효하다.

3) 반 응

① Peptone broth에 시험균을 접종한다.
② Vortex mixer로 혼합한다.
③ 35℃에서 18～24시간 동안 배양한다.
④ Kovac's reagent 0.5 mℓ를 가하고 흔들어 섞는다.

4) 판 정

시험관내 배지 상층에 붉은 착색이 나타나면 양성, 하층 부위가 전체적으로 엷은 황색이면 음성으로 판정한다.

3.4 Catalase 반응시험

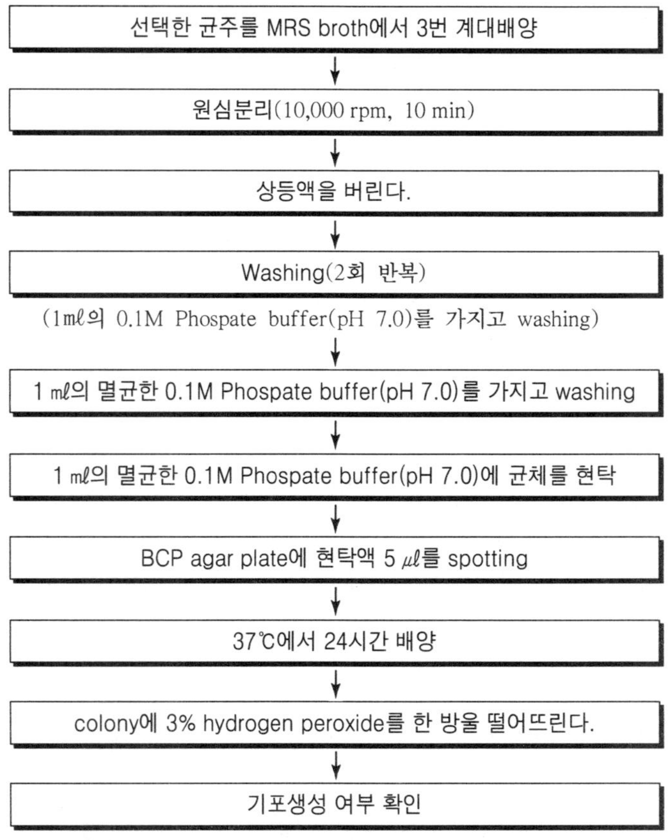

그림 3-2. Catalase 반응 시험순서

1) 재 료

① Slide glass ② 30% H_2O_2 용액 또는 3% H_2O_2 용액

2) 반응 및 판정

① 30% H_2O_2를 사용할 때에는 10배로 희석하여 3%로 낮추어 사용한다.
② Slide glass 위에 3% H_2O_2 용액을 소량 떨어뜨린다.
③ 평판배지에서 자란 colony를 멸균한 백금이로 취하여 H_2O_2와 섞는다.
④ 반응 결과 산소(기포)가 발생되면 catalase 양성으로 판정한다.

4. 유용 젖산균의 screening을 위한 단계별 시험법

젖산균의 식품산업에 대한 이용 분야가 광범위해지면서 젖산균의 분리에 대한 관심이 높아지고 있다. 이러한 경우에 무엇을 목적으로 하여 어떻게 분리・동정하는 것이 효율적이고 바람직한가에 대하여는 정답이 없지만, 현재까지 검토되어 온 여러 가지 관심 사항을 정리하여 보면 다음과 같다.

① 우선 많은 종류의 젖산간균 종류 중에서 어떤 균종을 중심으로 분리할 것인가를 결정한다.
② 어떤 시료에서 분리해낼 것인가를 결정한다.
③ 분리하는 과정에서 선발할 항목을 결정한다.

다음은 젖산간균 *Lactobacillus acidophilus*를 분변에서 선발해 내는 과정을 예로 들어 설명한다. 선발 항목은 내산성, 호모 젖산발효성, 담즙 내성, 콜레스테롤 소화성 등을 중심으로 한다. 시험용 표준 균주(type strain)는 다음과 같은 것을 사용하는 것이 좋다.

・*Lactobacillus acidophilus* ATCC4536, ATCC4796, ATCC4962, ATCC43121, IFO3205

・*Lactobacillus bulgaricus* SKDI

・*Lactobacillus casei* SKD6

4.1 선발 균주의 보관을 위한 명명법

선발 균주의 수가 많아지면 혼란스럽게 되므로 다음과 같이 nomenclature(명명법)를 정하여 놓고 규칙적으로 처리하는 것이 좋다.

□ □ □ □ □ □
1 2 3 4 5 6

1. Source : Feces : F　　Yoghurt : Y	□ 1
2. Sample의 구체적인 사항 : 01부터 99까지	□ □ 2 3
3. 성별 또는 yoghurt의 특징(성별　남 : M, 여 : F)	□ 4
4. 같은 sample에서 얻은 균주의 일련번호 : 1부터 30까지	□ □ 5 6

5. 미생물 살균효과 측정법

우유와 유제품의 살균이 적당한지 여부를 판정하는 방법에는 여러 가지 방법이 보고되어 있지만, 그 중에서도 주요한 것은 효소 검출법, 혈청단백질 검출법 등이 있다.

5.1 효소의 검출에 의한 판정법

원유에는 많은 효소가 존재한다. 살균처리의 불완전 혹은 살균유에 원유의 혼입에 의하여 원유의 효소가 검출된다. 일반적으로 우유의 phosphatase는 62.8℃, 30분(저온살균), 또는 71.1℃, 15～30초(HTST살균)에 의하여 파괴되며, peroxidase는 70℃, 15분 또는 80℃, 25초에 파괴된다. Lipase, xanthinoxidase, amylase 등도 특정의 살균조건에서 파괴된다. 이러한 일정한 가열온도와 시간에 의한 효소활성의 소실이 살균효과의 판정에 이용되며, 특히 phosphatase 시험법과 storch법이 중요하다.

1) Phosphatase 시험(Scharer's method)

저온살균, HTST 살균, UHT살균 등의 살균효과를 측정하는 방법으로서 미국에서는 Scharer I(신속)법, Scharer II(실험실)법, AOAC법 등 여러 가지의 표준법으로서 보고되어 있다. 여기서는 Scharer I(신속)법에 대하여 설명한다.

① 준비기구

시험관(12 × 114 mm), 피펫(0.5 mℓ 눈금새김 5 mℓ 혹은 1.1 mℓ), 저온조, 1/4온스 갈색 광구병, 낮색광 전구 20 W 및 필터, 수동식 균질, 1 L 용량의 플라스크.

② 시약류

- 탄산나트륨 완충액 : $NaHCO_3$, Na_2CO_3, $2H_2O$ 100 g을 물에 용해하여 1 L로 한다.
- 기질 완충액 : 페닐인산 2나트륨결정(phenol을 함유하지 말 것) 0.5 g을 물에 용해하여 탄산나트륨 완충액 25 mℓ를 첨가하여 500 mℓ로 한 다음 냉장한다.
- CQC시약 : 2, 6-dichloroquinonechloroimide(CQC)결정 30 mg을 알코올 10 mℓ에 용해하여 냉장하고 1주일 이내에 사용한다.
- 황산동액 : $CuSO_4 \cdot 5H_2O$ 200 mg을 100 mℓ의 물에 용해한다.
- n-Butyl alcohol : 끓는점 116～118℃의 것을 사용하며, BTB 지시약으로 청록색이 될 때까지 0.1N NaOH로서 중화한다.
- 표준 색소용액 : 특급 phenol을 정확하게 1 g 측량하여 0.1N HCl로서 1 ℓ에 맞추어 원액으로 저장한다. 이것의 1 mℓ는 phenol 1 mg을 함유하며 수개월간 안정하다. 사용 전에 100배 희석액(1 mℓ = 10 ㎍ phenol)과 이 용액을 다시 5배 희석액(1 mℓ = 2 ㎍ phenol)을 만들며, 1 mℓ에 phenol 1 ㎍을 함유하는 용액을 1단위로 하여 여러 가지 단위의 표준액을 조제한다. 각 표준액은 부틸알코올 3 mℓ로서 추출하여 동등량의 부틸알코올로서 희석한다.

③ 시료의 조제

액상우유는 잘 혼합하며, 치즈와 같은 고형 시료는 잘 분쇄하여 7.5% 부틸알코올 수용액으로 용해하여 정치 후에 중간의 투명액을 이용한다. 방부할 경우에는 1～3% 정도의 클로로포름을 첨가한다.

④ Blank의 조제

조제시료 5 mℓ를 시험관에 취하여 80～90℃, 1분간 이상 가열한 것을 음성 blank로 한다. 신선한 원유 0.1 mℓ를 이미 끓여 놓은 우유 100 mℓ에 한 방울 첨가하여 이것을 양성 blank로 한다.

⑤ 실시법

필요한 시험관의 각각에 기질 완충액 5 mℓ를 취하여 잘 교반한 시료와 그 음성 blank 및 양성 blank 각각 0.5 mℓ를 각 시험관에 첨가하여 기울여서 혼합한다. 항온조에 넣고 39～40℃, 15분간 배양한 다음, CQC시약 6방울과 황산동액 2방울을 첨가하여 혼합하고, 다시 5분간 배양한 다음에 냉각 후 부틸알코올 3 mℓ를 첨가하여 가만히 전도시켜 옆으로 기울려서 2분간 방치한다.

부틸알코올 층을 취하여 다시 추출하고 추출액을 합하여 표준 광선 밑에서 표준색 용액과 비교한다. 음성 blank는 발색(청색)을 나타내지 않고 양성 blank는 발색을 나타낸다. 살균이 불완전한 시료는 발색하지만 표준액과 비교하여 시료 1 mℓ당 phenol 1 μg(1단위) 이상 나타내는 것을 가지고 양성으로 판정한다. 또 HTST 혹은 UHT살균유에서는 살균 후 냉장 중의 phosphotase가 다시 활성화하는 경우가 있으므로 $MgCl_2$를 첨가하여 다시 검사할 필요가 있다.

2) Storch법

우유 시료 20 mℓ에 3% 과산화수소 용액 10방울과 2% ρ-phenylenediamine 용액 1 mℓ를 첨가하여 농청색 혹은 청색을 나타내면 양성으로 한다. 원유 중의 peroxidase 검출법이면서 양성인 경우는 70℃ 이하의 살균처리 우유로 판정한다.

5.2 유청단백질 검출법

1) Aschaffenburg법

멸균유 200 mℓ에 황산암모니움 4g을 첨가하여 침전물을 여과한다. 여액 5 mℓ를 끓는 물에 5분간 담그고 그 투명도에 의하여 판정한다. 끓는점 이상으로 몇 분간 가열된 것은 투명하다.

2) Sulfhydril기 검출법

우유는 가열에 의하여 유청단백질로부터 SH기를 유리하는데, 이것을 nitril frursid법, thiamindisulfide법 등에 의하여 검출하는 방법이다. Harland 등에 의하면 우유는 thiamindisulfide를 환원하지 않지만 90~95℃ 가열우유는 환원한다는 것이다.

참고문헌

1. American Public Health Association, 1993. Standard Methods for the Examination of DairyProducts(15th ed.), p. 213~283.
2. Chevalier, P., Roy, D. and Savoie, L., 1991. X-α-Gal based medium for simultaneous enumeration of Bifidobacteria and lactic acid bacteria in milk. Journal of Microbiological Methods 13 : 75~83.

3. International Dairy Federation, 1981. Enumeration of microorganism(Colony count method Technigue at 30℃ IDF Standard 100.
4. 春田三佐夫. 細貝 太郎. 宇田川俊一, 1989. 目で見る 食品衛生検査法. 中央法規出版.
5. 岡光知足. 昭和 50年, 1976. 腸內菌叢と その 意義. 臨床と細菌. 近代出版.
6. 강국희, 박용하, 1985. 한국 성인의 장내세균 분포에 관한 연구. 대한보건협회지 11(2) : 59～65.
7. 강국희, 이시경, 백운화, 민해기, 1992. α-galactosidase에 의한 *Bifidobacteria* 균수 측정에 관한 연구. 성균관대학교 논문집 43(2) : 785～793.
8. 姜國熙, 1993. 우유의 신속한 세균수 측정법. 유가공연구 11(1) : 1～16.
9. 강국희, 왕지원, 박흥수, 이규종, 김경민, 1993. Limulus Amoebocyte Lysate 법에 의한 원유와 살균유의 세균수 측정. 성대 과학기술 44(2) : 277～284.
10. 강국희, 1995. 제1차 食品. 화장품. 飼料의 미생물 검사 워크샵. 성균관대학교 생명자원과학연구소 주최.
11. 국립수의과학검역원, 2005. 축산물의 가공기준 및 성분규격, p. 151～167.
12. 김상희, 강국희, 1984. 한국유아의 분변 중 *Bifidobacterium* 의 분포. 한국낙농학회지 6(2) : 126～134.
13. 민해기, 이시경, 강국희, 1993. α-galactosidase의 활력 차이에 의한 *Bifido-bacterium* 의 선별. 한국농화학회지 36(3) : 191～196.
14. 보건복지부, 1996. 食品公典(별책) 일반시험법, p. 94～110.
15. 정충일, 강국희, 이재영, 1986. 원유의 저온성 세균의 증식에 의한 유질변화에 관한 연구. 한국식품위생학회지 1(2) : 151～156.

찾아보기

Index

C

D

E

F

G

H

M

N

R

S

응용축산미생물학

2023년 11월 25일 재판 인쇄
2023년 11월 30일 재판 발행

저 자 : 박승용 · 백영진 · 정충일
조진국 · 김기일 · 배귀석

펴낸이 : 천승배
펴낸곳 : 도서출판 유한문화사

주소 : 경기도 고양시 덕양구 지도로124번길 8-35
전화 : 2668-2055
팩스 : 2668-2565
http://www.yuhansa.com
E-mail : yuhansa@hanmail.net
등록 : 제 5-31호. 1979. 3. 6.

값 24,000 원

ISBN : 89-7722-549-3 93570